本书精彩案例欣赏

▲ 果味奶糖包装设计

▲ 红酒包装设计

▲ 月饼礼盒设计

▲ 食品包装袋设计

▲ 标志设计

▲ 彩妆杂志内页版面

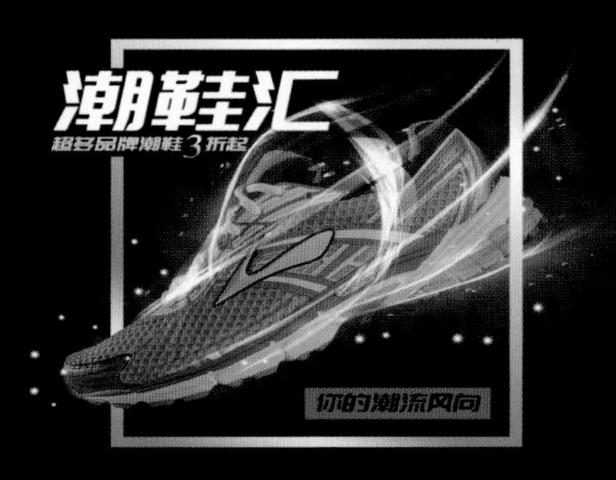

产品信息
PRODUCT INFORMATION

产品简介
PRODUCT PROFILE

DNALOFT智能减振
依照跑步者体重，智能减振

适合不同的脚型需求

防滑耐磨，随时发挥抓地性

采用轻量级3D印花打印技术

排汗速干保持脚部凉爽干燥

产品细节
PRODUCT DETAILS

颜色展示
COLOR DISPLAY

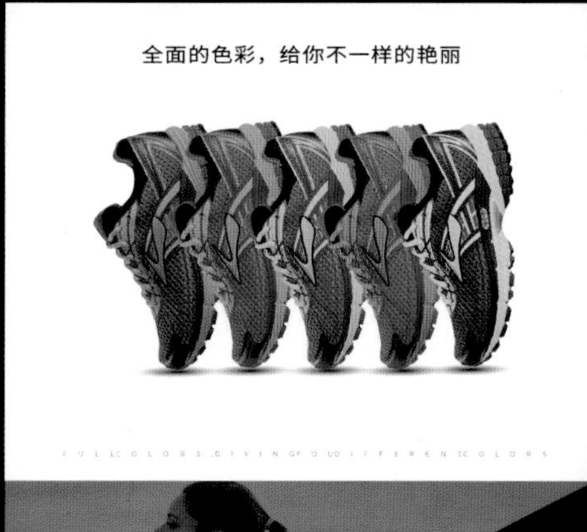

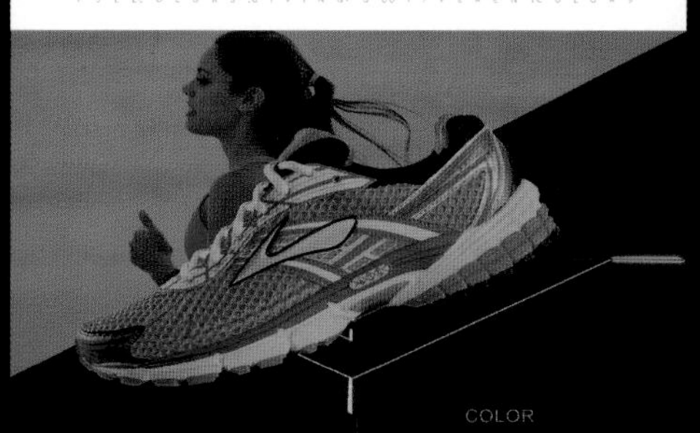

COLOR
▲粉色/紫色

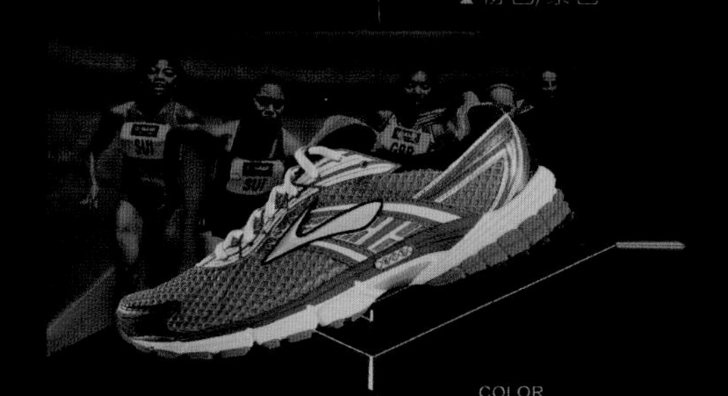

COLOR
▲粉红/橙黄

COLOR
▲草绿/碳灰

▲ 企业画册内页版式设计

▲ 影视杂志内页设计

▲ 儿童书籍封面设计-立体效果

本书精彩案例欣赏

▲ 企业VI设计1

▲ 企业VI设计2

▲ 企业VI设计3

▲ 旅行网站首页设计

中文版CorelDRAW 2022从入门到实战
（全程视频版）
（下册）

190集同步视频+**74个**综合实例+**赠送**海量资源+**在线交流**

☑ 配色宝典 ☑ 构图宝典 ☑ 创意宝典 ☑ 商业设计宝典 ☑ Illustrator 基础视频
☑ Photoshop 基础视频 ☑ PPT 课件 ☑ 素材资源库 ☑ 工具速查 ☑ 快捷键速查

瞿颖健 编著

• 北京 •

内容提要

CorelDRAW是一款常用的矢量制图软件，本书上下册分别从CorelDRAW软件的基础核心功能和实战案例应用两个部分系统地讲述了CorelDRAW的基础知识和矢量绘图、图形编辑、文本编辑、图形特效、位图处理等核心技术，以及CorelDRAW在广告设计、网页设计、版式设计等平面设计领域中的实战应用，是一本全面讲述CorelDRAW软件应用的完全自学教程、案例视频教程。

全书共15章，上册8章，是CorelDRAW核心功能部分，主要从CorelDRAW的基础知识、绘制简单图形、填充与轮廓、高级绘图、对象编辑与管理、文本的创建与编辑、图形特效、位图处理等方面进行讲解；下册7章，主要以案例的形式讲解了CorelDRAW软件在标志设计、广告设计、网页设计与电商美工、App UI设计、包装设计、书籍杂志设计、视觉形象设计中的具体应用，对CorelDRAW知识了进行全面梳理和综合应用讲解，帮助读者提高实战技能。

本书提供了大量的教学资源、练习资源和拓展学习资源：

（1）全书190集同步视频+74个综合实例+素材源文件。

（2）软件学习资源，包括《CorelDRAW常用快捷键速查》《CorelDRAW工具速查》《Illustrator基础视频教程》《Photoshop基础视频教程》和《CorelDRAW 基础教学PPT课件》。

（3）设计理论及色彩技巧资源，包括《构图宝典》《配色宝典》《创意宝典》《色彩速查宝典》《行业色彩应用宝典》《解读色彩情感密码》《43个高手设计师常用网站》《商业设计宝典》和常用颜色色谱表。

（4）练习资源包括1000个实用设计素材。

本书适合CorelDRAW初学者学习使用，也适合相关院校及培训机构作为教材使用，还可作为所有CorelDRAW爱好者的学习参考资料。本书在CorelDRAW 2022版本基础上编写，CorelDRAW 2021、CorelDRAW 2020等较低版本的读者也可参考使用。

图书在版编目（CIP）数据

中文版 CorelDRAW 2022 从入门到实战：全程视频版：全两册 / 瞿颖健编著 . — 北京：中国水利水电出版社，2023.5

ISBN 978-7-5226-1467-0

Ⅰ . ①中… Ⅱ . ①瞿… Ⅲ . ①图形软件 Ⅳ . ① TP391.412

中国国家版本馆 CIP 数据核字 (2023) 第 054029 号

书　名	中文版CorelDRAW 2022从入门到实战（全程视频版）（下册） ZHONGWENBAN CorelDRAW 2022 CONG RUMEN DAO SHIZHAN
作　者	瞿颖健　编著
出版发行	中国水利水电出版社 （北京市海淀区玉渊潭南路1号D座 100038） 网址：www.waterpub.com.cn E-mail：zhiboshangshu@163.com 电话：（010）62572966-2205/2266/2201（营销中心）
经　售	北京科水图书销售有限公司 电话：（010）68545874、63202643 全国各地新华书店和相关出版物销售网点
排　版	北京智博尚书文化传媒有限公司
印　刷	北京富博印刷有限公司
规　格	190mm×235mm　16开本　30印张（总）　961千字（总）　2插页
版　次	2023年5月第1版　2023年5月第1次印刷
印　数	0001—5000册
总定价	128.00元（全两册）

凡购买我社图书，如有缺页、倒页、脱页的，本社营销中心负责调换

CorelDRAW是加拿大Corel公司开发的一款常用的矢量图形制作工具，因其具有功能全面、直观易用以及文件格式的兼容性、较快的处理速度、先进的设计工具和友好的用户界面等优点，深受广大设计人员喜欢，因此被广泛应用于平面设计、VI设计、标志设计、书籍画册设计、包装设计、网页美工设计、插图绘制、印刷制版等领域。本书采用CorelDRAW 2022版本进行编写，因此建议读者安装CorelDRAW 2022版本进行学习和练习。

本书显著特色

1. 配备大量视频讲解，手把手教你学CorelDRAW

本书配备了大量的教学视频，涵盖全书几乎所有案例、常用重要知识点，如同老师在身边手把手教你，让学习更轻松、更高效！

2. 扫描二维码，随时随地看视频

本书在章首页、重点、难点等多处设置了二维码，手机扫一扫，就可以随时随地看视频（若个别手机不能播放，可下载视频后在计算机上观看）。

3. 内容全面，注重学习规律

本书涵盖CorelDRAW 2022 几乎所有的常用工具、命令，同时采用“知识点+理论实践+操作实战+综合实战+技巧提示”的模式编写，符合轻松易学的学习规律。

4. 案例丰富，强化动手能力

步骤式的操作讲解便于读者动手操作，在模仿中学习。“练习案例”用来加深印象，熟悉实战流程。大型商业案例则可以为将来的设计工作奠定基础。

5. 案例效果精美，注重审美熏陶

CorelDRAW只是工具，设计好的作品时一定要有美的意识。本书案例效果精美，目的是加强读者美感的熏陶和培养。

6. 配套资源完善，便于深度、广度拓展

除了提供几乎覆盖全书案例的配套视频和素材源文件外，本书还根据设计师必学的内容赠送了大量教学与练习资源。

（1）软件学习资源包括《CorelDRAW常用快捷键速查》《CorelDRAW工具速查》《Illustrator基础视频教程》《Photoshop基础视频教程》和《CorelDRAW 基础教学PPT课件》。

（2）设计理论及色彩技巧资源包括《构图宝典》《配色宝典》《创意宝典》《色彩速查宝典》《行业色彩应用宝典》《解读色彩情感密码》《43个高手设计师常用网站》《商业设计宝典》和常用颜色色谱表。

（3）练习资源包括1000个实用设计素材。

7. 专业作者心血之作，经验技巧尽在其中

作者系艺术专业高校教师、中国软件行业协会专家委员、Adobe创意大学专家委员会委员、Corel中国专家委员会成员，设计和教学经验丰富，将大量的经验和技巧融入书中，极大地提高了学习效率，让读者少走弯路。

8. 提供在线服务，随时随地交流学习

提供公众号、QQ群等在线互动、答疑及资源下载服务。

关于本书资源的使用及下载方法

（1）加入本书学习QQ群：283827818（群满后，会创建新群，请注意加群时的提示，根据提示加入相应的群），查看群公告，获取本书所有资源的下载链接，读者需将资源从网盘下载到计算机，解压后才能使用。这是最快捷、最常规的下载方法。

（2）扫描并关注下方的“设计指北”微信公众号，可以及时获取图形图像、辅助设计等方面的最新出版信息。另外，回复关键词CDR1467，即可获取本书的资源下载链接（将链接复制到计算机浏览器的地址栏中进行下载，下载完成并解压后方可进行学习）。

提示：本书提供的下载文件包括教学视频和素材等，教学视频可以演示观看。要按照书中案例操作，必须安装CorelDRAW 2022软件之后才可以进行。读者可以通过以下方式获取CorelDRAW 2022简体中文版。

（1）登录Corel官方网站https://www.corel.com/cn/查询。

（2）可到网上咨询、搜索购买方式。

说明：为了方便读者学习，本书提供了大量的素材资源，这些资源仅限于读者个人学习使用，不可用于其他任何商业用途。否则，由此带来的一切后果由读者个人承担。本书案例及插图中出现的企业、机构、品牌、文字、图形等内容均属虚构，仅用于辅助软件功能的讲解以及案例效果的展示，不具有任何实际作用。

本书部分案例中使用到的文字为“假字”，仅用作保证作品画面效果的完整性。请勿执着于插图中文字的具体含义，多多关注软件功能的学习即可。

关于作者

本书由瞿颖健编写，参与本书资料整理等工作的还有曹茂鹏、 瞿学严、杨力、曹元钢、张玉华、杨宗香、孙晓军等，在此一并表示感谢。

编　者

2023年1月

目录

Contents

目 录

Chapter 9

第9章

标志设计

本章内容简介

标志是品牌形象的核心部分(也被称为logo)，是一种视觉语言符号。它以简洁、易识别的图形或文字符号作为视觉语言，能够快速地传递某种信息，凸显某种特定的内涵。本章主要学习标志的基础知识，通过相关案例进行标志的设计和制图的练习。

9.1 标志设计基础知识

标志是品牌形象的核心部分（也被称为logo），是一种视觉语言符号。它以简洁、易识别的图形或文字符号作为视觉语言，能够快速地传递某种信息，凸显某种特定的内涵。

9.1.1 认识标志

“标志”的英文logo来自希腊文的logos，本意为“字词”和“理性思维”。而“标志”一词在《现代汉语词典》中被解释为“表明特征的记号”。标志以其凝练的表达方式向人们表达了一定的含义和信息。

广义上标志可以分为两大类，一类是商业性的，另一类是非商业性的。

商业性的标志是以营利为目的、以经济收入为目的的标志。在世界范围内，标志非常容易被人们理解、接受，成为国际化的视觉语言。

而非商业的标志不是以经济回报为目的，而是以立足于社会可持续发展为根本目标的标志。

标志的功能在于传达其背后的内涵，起到与外界沟通交流的作用。标志的内容不同，其应用的范围与发挥的功能就不同。一个优秀的标志设计，首先考虑的是最终目的，这样才能做出与之相匹配的设计。标志的功能主要体现在以下几点。

- 向导功能：为观者起到一定的向导作用，同时确立并扩大企业的影响力。
- 区别功能：为企业之间起到一定的区别作用，使企业具有自己的形象从而创造一定的价值。
- 保护功能：为消费者提供了质量保证，也为企业提供了品牌保护功能。

9.1.2 不同类型的标志

从标准图形的组成要素来看，标志可以分为文字标志、图形标志和图文结合标志3种，无论采用哪种类型，标志都需要简练、概括、有艺术性。

1. 文字标志

文字标志主要包括汉字、字母及数字3种类型文字。主要是通过文字的加工处理进行设计，可根据不同的象征意义进行有意识的文字设计，如图9–1和图9–2所示。

图 9–1

图 9–2

2. 图形标志

图形标志主要以图形为主，分为具象型和抽象型两种。图形标志比文字标志更加清晰明了，易于理解。

具象形式是对采用对象的一种高度概括和提炼，它对采用的对象进行了一定的加工处理又不失原有的象征意义。其素材有自然物、人物、动物、植物、器物、建筑物及景观造型等。具象形式的图形标志如图9–3和图9–4所示。

图 9–3

图 9–4

抽象形式是对抽象的几何图形或符号进行有意义的编排与设计。它利用抽象图形的自然属性带给观者的具有一定内涵与寓意视觉感受，来表现主体所暗含的深意。其素材有三角形、圆形、多边形等。抽象形式的图形标志如图9–5和图9–6所示。

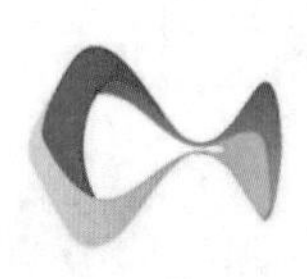

图 9–5

图 9–6

3. 图文结合标志

图文结合标志是以图形加文字的形式进行设计的。其表现形式更加多样，效果也更加丰富，因此应用的范围更加广泛。图文结合标志如图9–7和图9–8所示。

图 9-7

图 9-8

9.2 项目案例：层次感字母标志

文件路径	资源包\第9章\层次感字母标志
难易指数	★★★★★
技术掌握	“钢笔”工具、“文本”工具、调整顺序

扫一扫，看视频

案例效果

案例效果如图9-9所示。

图 9-9

操作步骤

步骤 01 新建一个A4大小的横向文档，选择工具箱中的“矩形”工具，在文档中间绘制一个矩形，如图9-10所示。

步骤 02 为绘制的矩形填充渐变色。将绘制的矩形选中，选择工具箱中的“交互式填充”工具。在属性栏中单击“渐变填充”按钮，将“渐变类型”设置为“椭圆形渐变填充”。设置完成后编辑一个橙色系渐变，去除轮廓线。效果如图9-11所示。

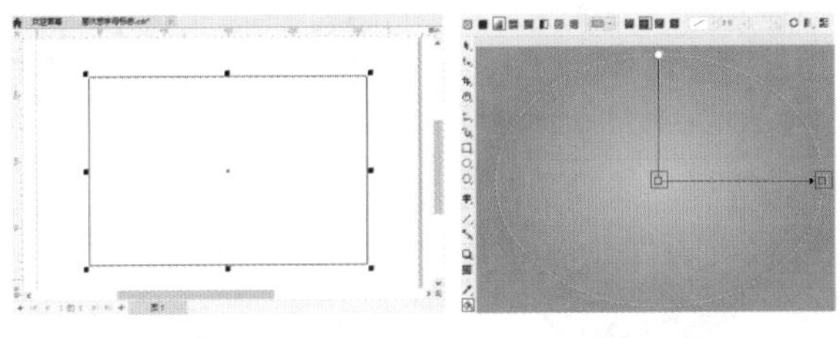

图 9-10　　图 9-11

步骤 03 为了后面的操作不对背景产生影响，可以将背景矩形锁定。选中矩形，执行“对象”→“锁定”→“锁定”命令，将矩形锁定。此时矩形周围出现一圈小锁，如图9-12所示。

步骤 04 锁定后的对象，无法对其进行任何操作，而其他操作也不会对其产生影响。同时也可以在图形选中状态下右击，在弹出的快捷菜单中执行“锁定”命令，将其进行快速锁定，如图9-13所示。

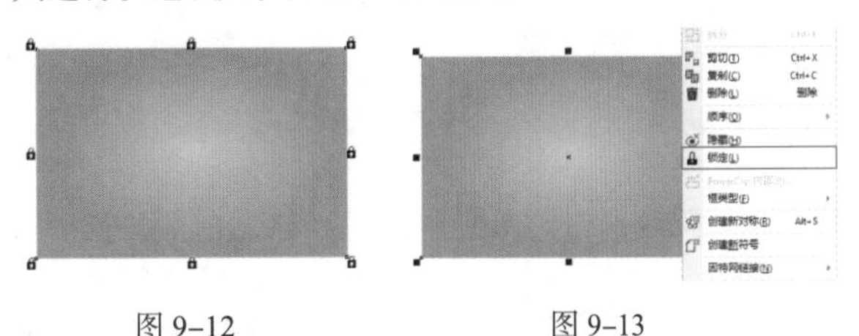

图 9-12　　图 9-13

步骤 05 如果要将锁定的对象解锁，可以执行“对象”→“锁定”→“解锁”命令，将其解除锁定。此时图像周围出现黑色的控制点。效果如图9-14所示。

步骤 06 同时也可以在图形锁定状态下，右击执行“解锁”命令，将其解除锁定，如图9-15所示。

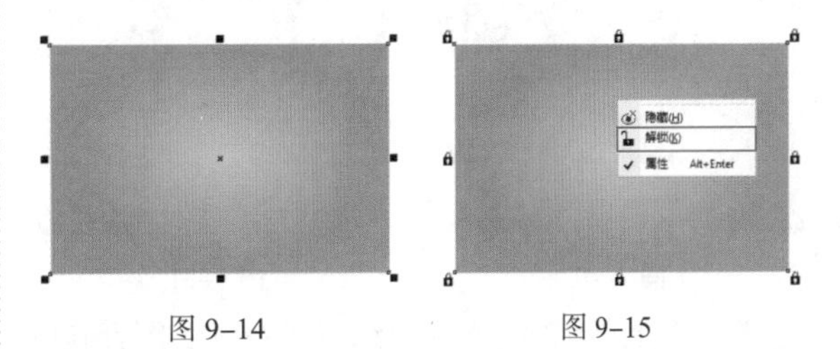

图 9-14　　图 9-15

步骤 07 制作字母标志。选择工具箱中的“钢笔”工具，在绘图区中绘制一个平行四边形。然后将其填充为白色，去除黑色的轮廓线。效果如图9-16所示。

步骤 08 选中绘制的白色平行四边形，按住鼠标左键的同时再按住Shift键，拖动至合适位置时右击将其在水平方向快速复制一份。效果如图9-17所示。

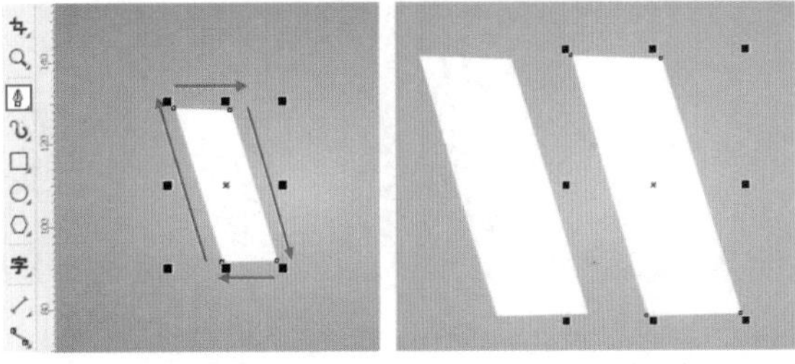

图 9-16　　图 9-17

步骤 09 使用“钢笔”工具，在两个白色平行四边形中间绘制一个土黄色平行四边形。效果如图9-18所示。

步骤 10 在案例效果中，土黄色平行四边形在白色平行四边形下，所以现在需要对其排列顺序进行调整。将土黄色平行四边形选中，执行“对象”→“顺序”→“向后一层”命令，将其移动至白色平行四边形后方。效果如图9–19所示。

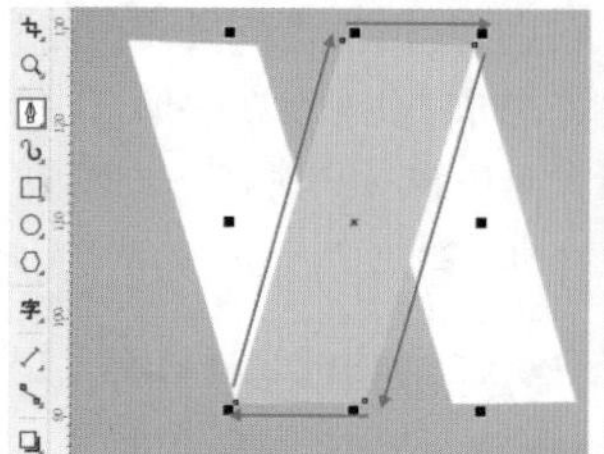

图 9–18

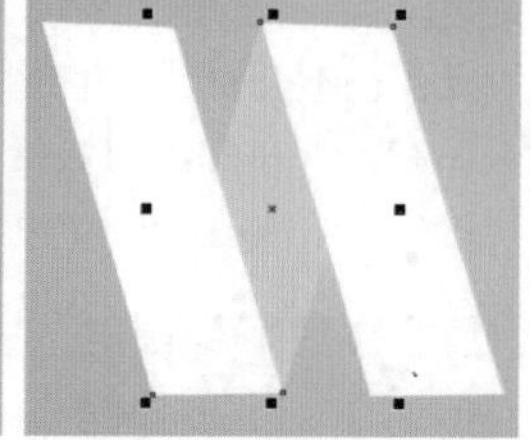

图 9–19

步骤 11 除了执行菜单栏中的命令外，在土黄色平行四边形选中状态下右击，在弹出的快捷菜单中执行“顺序”→“向后一层”命令，可以得到相同的效果，如图9–20所示。

步骤 12 在土黄色平行四边形选中状态下，按住鼠标左键向右侧拖动，将其快速复制一份，组合成一个完整的字母W效果，如图9–21所示。

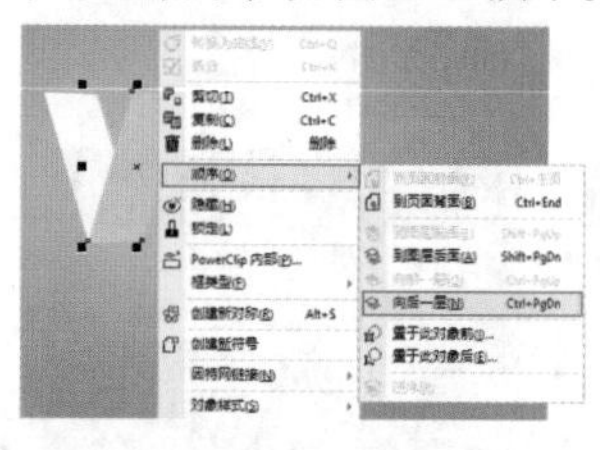

图 9–20

图 9–21

步骤 13 复制得到的土黄色平行四边形在白色平行四边形上方，需要对其进行摆放顺序的调整。将该平行四边形选中，多次执行“对象”→“顺序”→“向后一层”命令，将其移动至白色平行四边形后方。效果如图9–22所示。

步骤 14 制作字母W右上角的小图形。使用“钢笔”工具，在字母W的右上角绘制图形。然后将其填充为白色，并去除轮廓线。效果如图9–23所示。

图 9–22

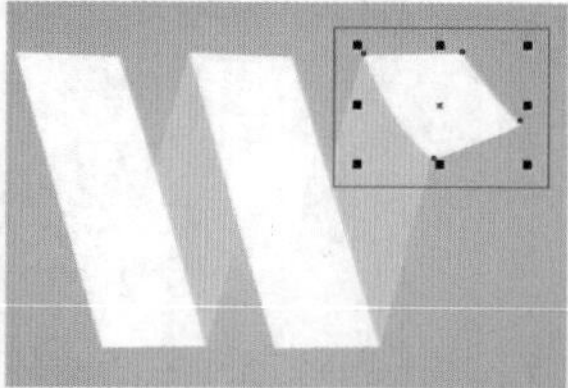

图 9–23

步骤 15 在字母W下方添加文字。选择工具箱中的“文本”工具，在字母W下方输入文字。选中文字，在属性栏中设置合适的字体和字号，同时将字体颜色设置为白色。效果如图9–24所示。

步骤 16 使用“选择”工具适当移动文字的位置。至此，本案例制作完成，效果如图9–25所示。

图 9–24

图 9–25

9.3 项目案例：书法感标志

扫一扫，看视频

文件路径	资源包\第9章\书法感标志
难易指数	★★★★★
技术掌握	“钢笔”工具、“文本”工具、“交互式填充”工具、“透明度”工具

案例效果

案例效果如图9–26所示。

图 9–26

操作步骤

步骤 01 新建一个A4大小的横向空白文档。选择工具箱中的“矩形”工具，绘制一个与绘图区等大的矩形。将其填充为白色，同时去除黑色的轮廓线。效果如图9–27所示。

步骤 02 绘制案例效果中上下顶端的长条矩形。使用“矩形”工具，在白色矩形顶部绘制一个枯叶绿色的长条矩形，去除黑色的轮廓线。效果如图9–28所示。

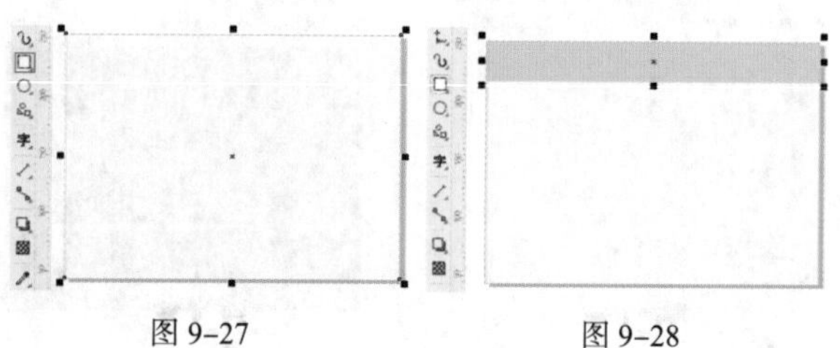

图 9–27　　图 9–28

步骤 03 使用“矩形”工具，在白色矩形底部再次绘制一个与顶部矩形颜色相同的长条矩形。效果如图9-29所示。

步骤 04 在绘制的枯叶绿色长条矩形上添加纹理以增强画面的视觉质感。将顶部的长条矩形选中，使用快捷键Ctrl+C进行复制，使用快捷键Ctrl+V进行粘贴。接着在复制得到的图形选中状态下，选择工具箱中的“交互式填充”工具，在属性栏中单击“位图图样填充”按钮，在“填充挑选器”下拉面板中选择合适的填充图案。设置完成后为其填充图案，同时拖动控制柄来调整填充图案的位置与显示比例。效果如图9-30所示。

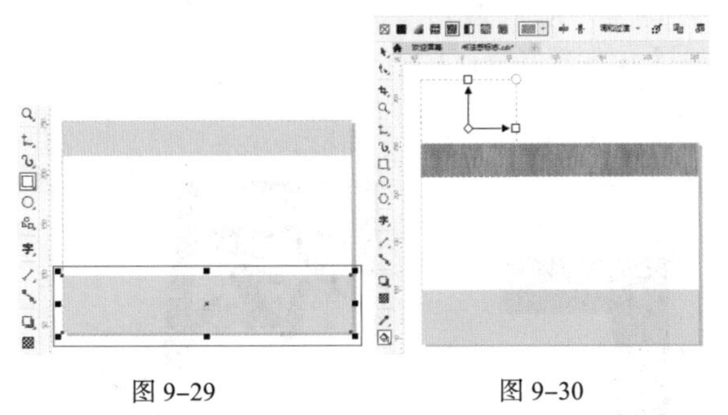

图 9-29　　图 9-30

步骤 05 填充的图案将底部图形遮挡住，这时需要调整透明度将两者融为一体。将填充图案的长条矩形选中，选择工具箱中的“透明度”工具，在属性栏中单击“均匀填充”按钮，设置“合并模式”为“减少”，“透明度”为50，此时可以看到两者融为了一体，同时增强了画面的视觉感。效果如图9-31所示。

步骤 06 使用同样的方法对下方长条矩形进行复制，使用“交互式填充”工具为其填充相同的图案，然后再使用“透明度”工具为其设置相同的“合并模式”和“透明度”数值。效果如图9-32所示。

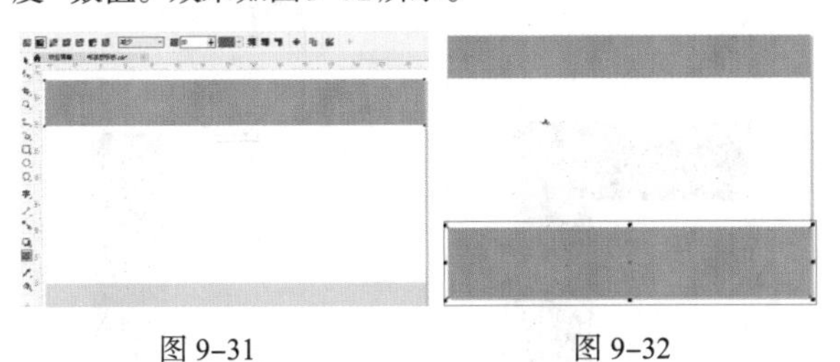

图 9-31　　图 9-32

步骤 07 制作案例效果中的祥云图形。选择工具箱中的“钢笔”工具，在白色矩形中间绘制一个枯叶绿色的祥云图形，去除黑色的轮廓线。效果如图9-33所示。

步骤 08 在绘制的祥云图形上添加标志文字。选择工具箱中的“文本”工具，在祥云图形上添加文字。选中文字，在属性栏中设置合适的手写字体和字号，同时单击“将文本更改为垂直方向”按钮，从而得到竖排文字。效果如图9-34所示。

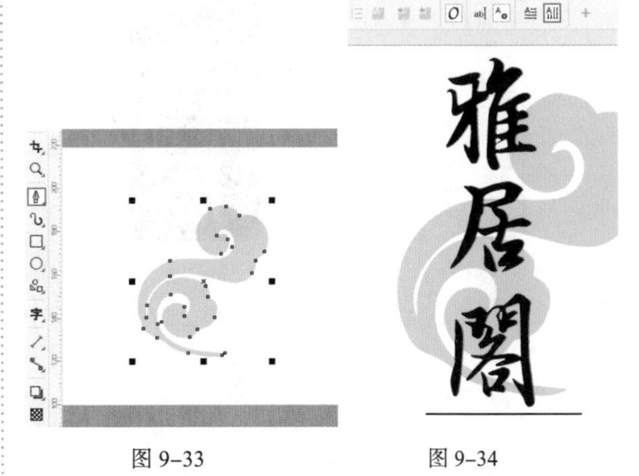

图 9-33　　图 9-34

步骤 09 使用“文本”工具，在标志文字左侧添加两行小文字。这样做一方面可以增强画面的细节设计感，另一方面也具有补充说明的作用。效果如图9-35所示。

图 9-35

步骤 10 制作代表企业经营性质的文字。首先制作文字底部的圆角矩形载体，选择工具箱中的“矩形”工具，在属性栏中单击“圆角”按钮，设置“圆角半径”为0.7mm。设置完成后在小文字下方绘制一个深绿色图形。效果如图9-36所示。

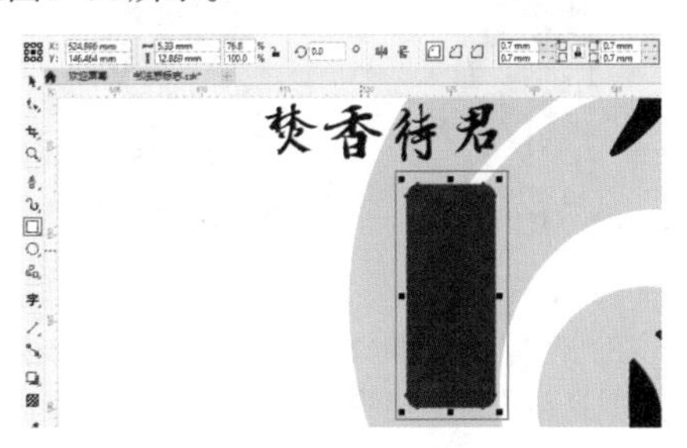

图 9-36

步骤 11 选择工具箱中的“文本”工具，在圆角矩形上添加文字。选中文字，在属性栏中设置合适的字体和字号，同时将文字颜色设为白色。效果如图9-37所示。

图 9-37

步骤 12 制作标志文字左侧的祥云图形。选择工具箱中的“钢笔”工具，在标志文字左侧绘制一个与圆角矩形颜色相同的祥云图形。效果如图9-38所示。

步骤 13 将标志文字下的祥云图形复制一份，将其进行等比例缩小并放置在合适的位置。效果如图9-39所示。

图 9-38　　图 9-39

步骤 14 单击属性栏中的“水平镜像”按钮，然后将其进行适当旋转。效果如图9-40所示。

步骤 15 将其放在左侧已有祥云图形下方，同时将其填充色更改为深绿色。效果如图9-41所示。

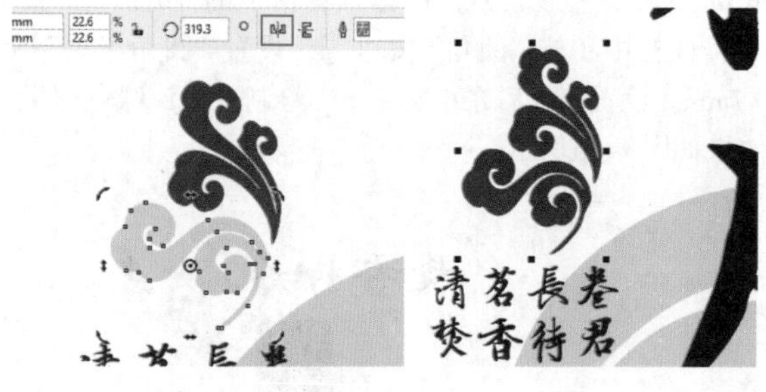

图 9-40　　图 9-41

步骤 16 在文字左上角添加矩形，增强标志的视觉聚拢感。选择工具箱中的“矩形”工具，在文字左上角绘制一个深绿色的矩形。效果如图9-42所示。

步骤 17 使用“矩形”工具，在刚绘制的矩形右侧绘制一个水平方向的小矩形。效果如图9-43所示。

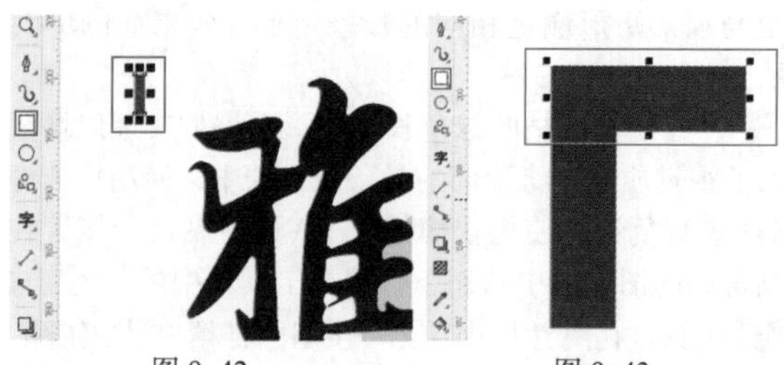

图 9-42　　图 9-43

步骤 18 将两个小矩形合并为一个图形。按住Shift键依次加选两个小矩形，在属性栏中单击“焊接”按钮，将两者合并为一个图形。效果如图9-44所示。

步骤 19 制作文字右下角的矩形。将左上角的合并图形选中，按住鼠标左键向右下角拖动，拖动至合适位置时右击将其复制一份。效果如图9-45所示。

图 9-44　　图 9-45

步骤 20 将复制得到的图形选中，在属性栏中单击“水平镜像”按钮，对其进行水平方向上的翻转。效果如图9-46所示。

步骤 21 在图形选中状态下，在属性栏中单击“垂直镜像”按钮，对其进行垂直方向上的翻转。效果如图9-47所示。

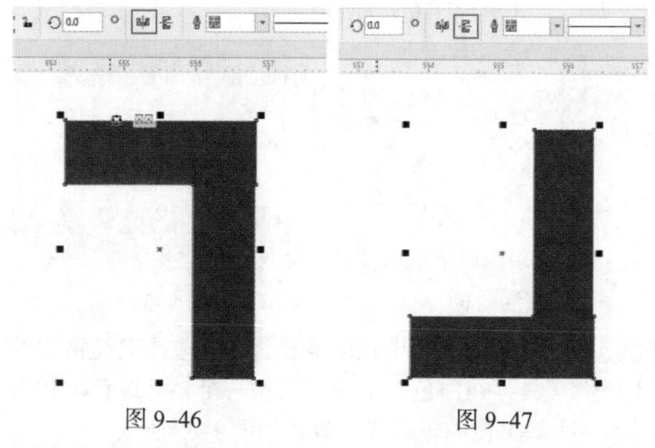

图 9-46　　图 9-47

步骤 22 将图形摆放在合适的位置，效果如图9-48所示。至此，本案例制作完成，效果如图9-49所示。

图 9-48

图 9-49

9.4 项目案例：拼色标志

文件路径	资源包\第9章\拼色标志
难易指数	★★★★★
技术掌握	“智能填充”工具

扫一扫，看视频

案例效果

案例效果如图9-50所示。

图 9-50

操作步骤

步骤 01 新建一个A4大小的横向空白文档。使用“矩形”工具绘制一个与绘图区等大的矩形，然后将其填充为黑色，去除轮廓线。效果如图9-51所示。

步骤 02 在画面中制作标志的图形部分。首先需要将标志的轮廓绘制出来。选择工具箱中的“矩形”工具，在属性栏中单击“圆角”按钮，设置“圆角半径”为3.0mm，设置完成后按Enter键。然后在黑色矩形中绘制圆角矩形，效果如图9-52所示（为了便于观察，此处可以去除填充色，将轮廓色设置为白色）。

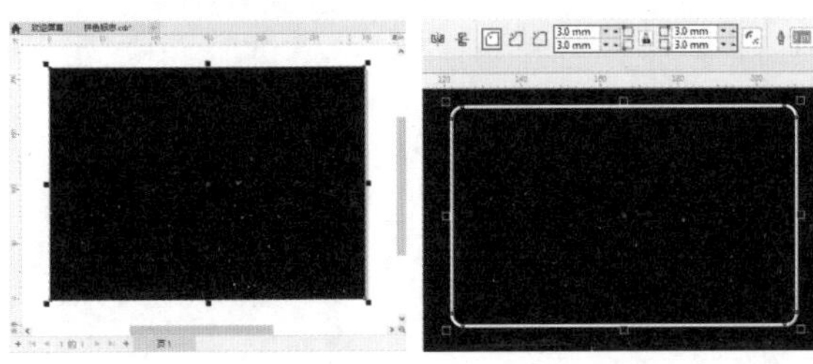

图 9-51

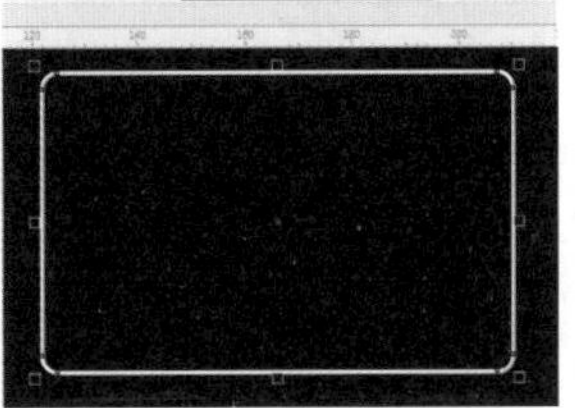

图 9-52

步骤 03 选中绘制的矩形，在图形上单击调出旋转控制点。然后将光标放在一角处的控制点处，按住鼠标左键进行适当旋转。效果如图9-53所示。

步骤 04 将该矩形复制一份，放在其左侧。对其进行适当旋转。效果如图9-54所示。

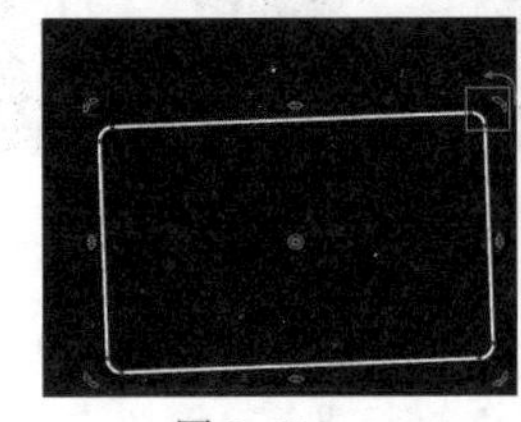

图 9-53

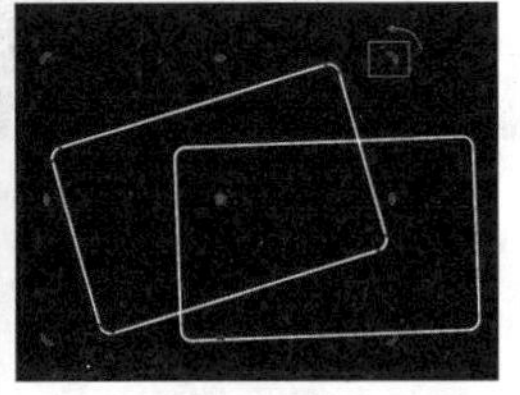

图 9-54

步骤 05 再复制一份该图形，放在已有图形上，进行移动和旋转，得到重叠的图形效果。效果如图9-55所示。

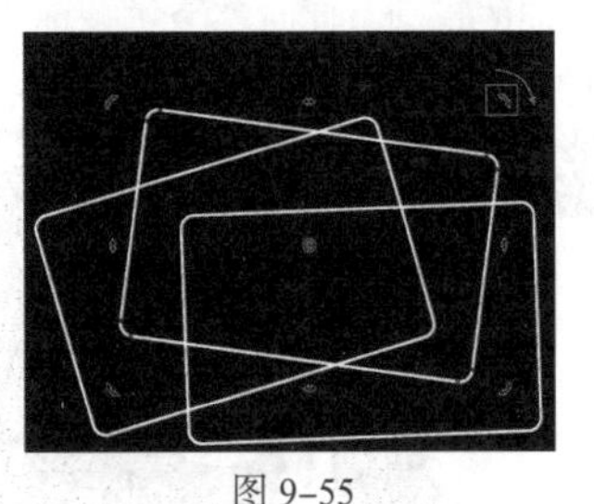

图 9-55

步骤 06 绘制案例效果中的正圆形。选择工具箱中的“椭圆形”工具，在已有矩形中间位置按住Ctrl键的同时按住鼠标左键拖动绘制一个正圆形。效果如图9-56所示。

步骤 07 对图形进行色彩填充。选择工具箱中的“智能填充”工具，在属性栏中单击“填充色”下拉按钮，在弹出的下拉面板中设置合适的颜色，同时设置“轮廓”为“无轮廓”。设置完成后在图形的最左侧的交叉区域单击，即可为该区域填充颜色。效果如图9-57所示。

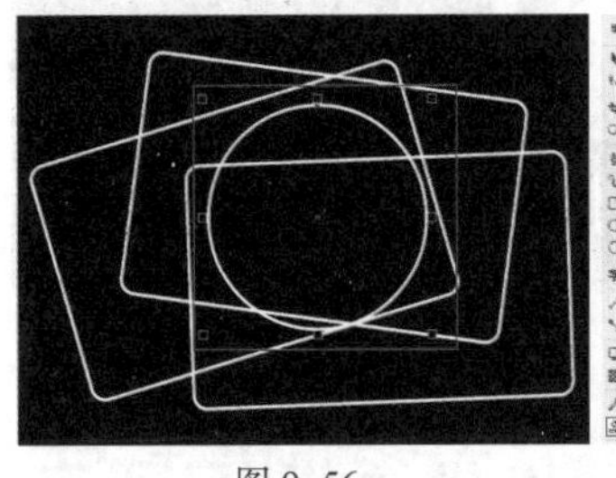

图 9-56

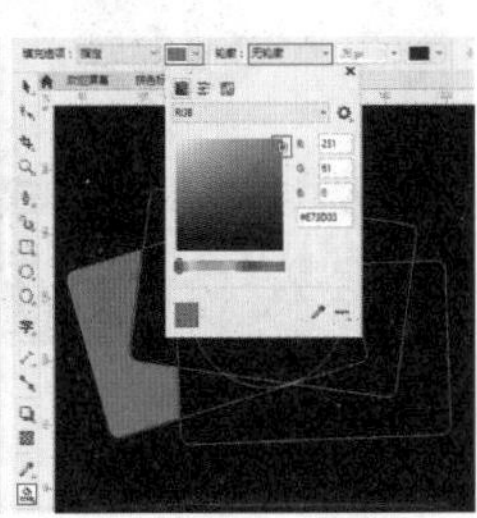

图 9-57

步骤 08 在使用“智能填充”工具的状态下，在属性栏中设置合适的颜色，然后在不同区域单击填充颜色。效果如图9-58所示。

步骤 09 将所有图形选中，去除白色的轮廓线，如

图9-59所示。

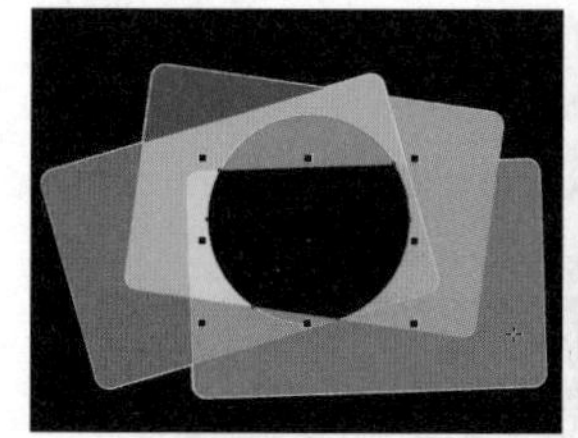

图 9-58

图 9-59

步骤 10 在正圆内部继续绘制图形，以此丰富标志的细节效果。选择工具箱中的“椭圆形”工具，在标志中间的黑色图形上绘制一个白色的正圆。效果如图9-60所示。

步骤 11 使用“椭圆形”工具，在白色圆形上方绘制另外3个大小不同的正圆。此时整个拼贴标志图形制作完成。效果如图9-61所示。

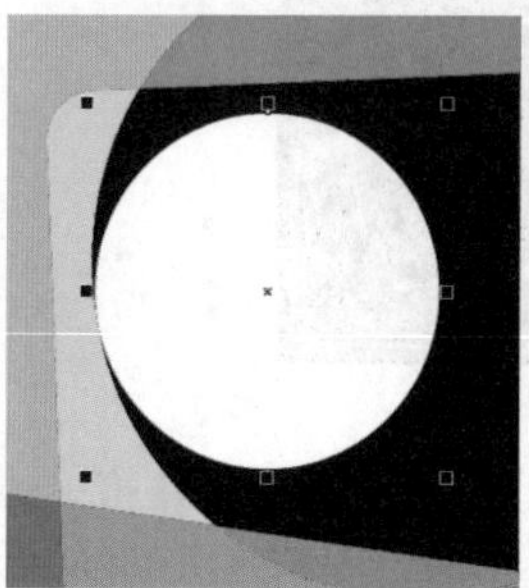

图 9-60

图 9-61

步骤 12 在画面中添加标志文字。使用工具箱中的“文本”工具，在图形下方输入文字。选中文字，在属性栏中设置合适的字体和字号。效果如图9-62所示。

步骤 13 使用同样的方法继续在画面中添加第二行较小的文字。效果如图9-63所示。

图 9-62

图 9-63

9.5 项目案例：童装网店标志

扫一扫，看视频

文件路径	资源包\第9章\童装网店标志
难易指数	★★★★★
技术掌握	“交互式填充”工具、“轮廓图”工具

案例效果

案例效果如图9-64所示。

图 9-64

操作步骤

步骤 01 新建一个A4大小的横向文档。使用“矩形”工具，绘制一个和绘图区等大的矩形。然后去除轮廓线，选择工具箱中的“交互式填充”工具，在属性栏中单击“渐变填充”按钮，设置“渐变类型”为“线性渐变填充”，设置完成后在画面中按住鼠标左键拖动控制杆调整渐变，设置节点的颜色。效果如图9-65所示。

步骤 02 选择工具箱中的“椭圆形”工具，按住Ctrl键的同时按住鼠标左键拖动，绘制一个正圆。效果如图9-66所示。

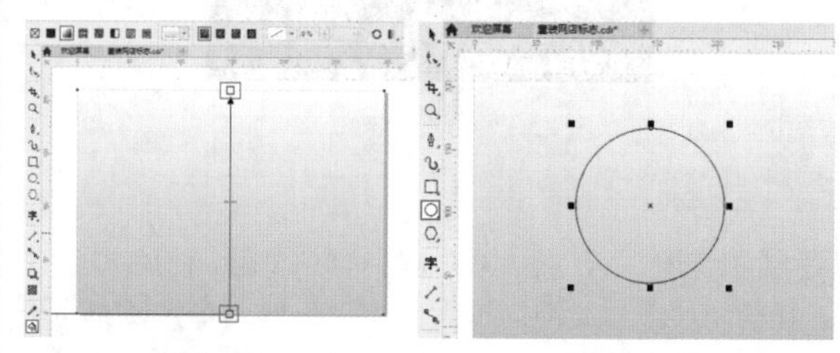

图 9-65　图 9-66

步骤 03 选中正圆，在调色板中单击淡黄色色块，将其填充为淡黄色，去除轮廓线。效果如图9-67所示。

步骤 04 执行“文件”→“导入”命令，将素材导入画面，放在淡黄色正圆的中间位置。效果如图9-68所示。

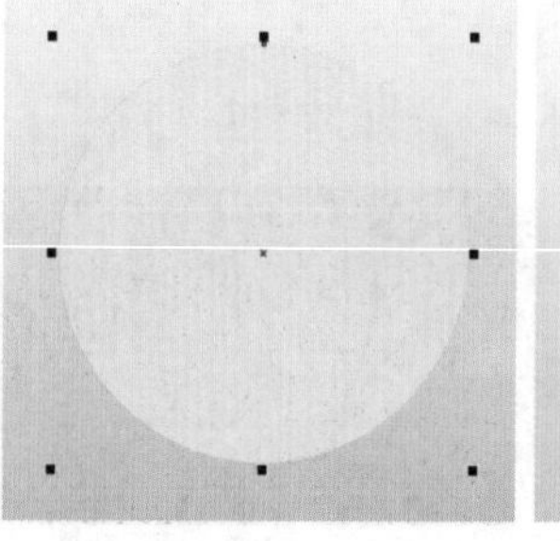

图 9-67

图 9-68

步骤 05 选择工具箱中的“轮廓图”工具，在刚写入的素材上按住鼠标左键向外拖动，为卡通小狗添加轮廓。在属性栏中单击“外部轮廓”按钮，设置“轮廓图步长”为1，“轮廓图偏移”为4.0mm，“轮廓图角”为“圆角”，“填充色”为深紫色。效果如图9–69所示。

图 9–69

步骤 06 在画面中绘制小狗的爪印。选择工具箱中的“钢笔”工具，在小狗右侧绘制爪印，并将其填充为深紫色。效果如图9–70所示。

步骤 07 使用同样的方法绘制另外一个图形，设置“填充色”为白色。效果如图9–71所示。

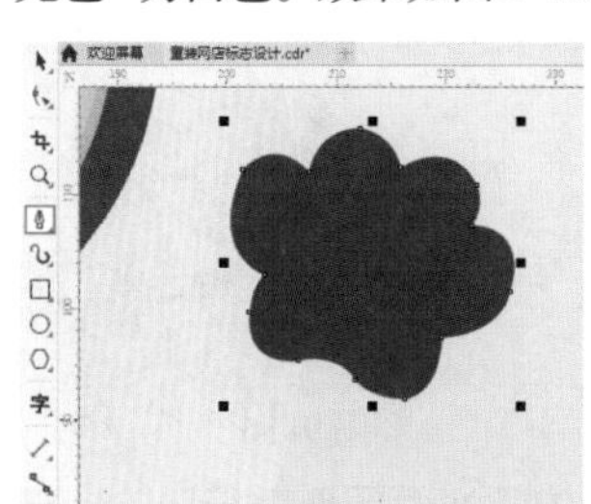

图 9–70　　图 9–71

步骤 08 单击工具箱中的“椭圆形”工具按钮，在画面中绘制白色的椭圆。效果如图9–72所示。

步骤 09 使用同样的方法绘制其他白色椭圆，将其进行适当旋转。选中所有爪印图形，使用快捷键Ctrl+G将其编组。效果如图9–73所示。

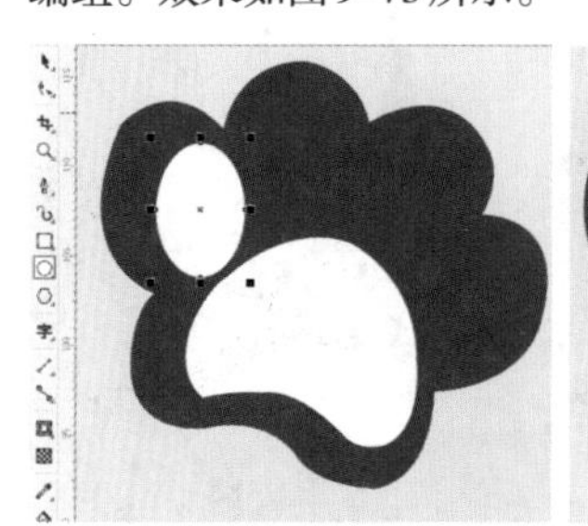

图 9–72　　图 9–73

步骤 10 制作标志的主体文字。选择工具箱中的“文本”工具，在小狗图形上输入文字。选中文字，在属性栏中设置合适的字体和字号，将文字颜色设置为白色。效果如图9–74所示。

图 9–74

步骤 11 使用“轮廓图”工具创建轮廓。文字效果如图9–75所示。

图 9–75

步骤 12 对文字进行适当旋转，执行“对象”→“顺序”→“向后一层”命令，将其放在爪印后。效果如图9–76所示。

步骤 13 使用同样的方法制作第二行文字，效果如图9–77所示。

图 9–76　　图 9–77

步骤 14 此时文字间有空隙，应将其遮挡住。选择工具箱中的“矩形”工具，绘制一个深紫色的矩形。然后旋转矩形使其能将文字间的空隙遮挡住。效果如图9–78所示。

步骤 15 选择新绘制的矩形，使用快捷键Ctrl+Page Down，将其放置在文字下。至此，本案例制作完成，效果如图9–79所示。

图 9-78

图 9-79

9.6 项目案例：负形标志设计

文件路径	资源包\第9章\负形标志设计
难易指数	★★★★★
技术掌握	快速描摹、移除前面对象

案例效果

案例效果如图9-80所示。

图 9-80

操作步骤

步骤 01 新建一个A4大小的横向空白文档。选择工具箱中的"矩形"工具，绘制一个和绘图区等大的矩形，将其填充为浅青色，去除黑色的轮廓线。效果如图9-81所示。

步骤 02 为绘制的矩形填充渐变色。将绘制的矩形选中，选择工具箱中的"交互式填充"工具，在属性栏中单击"渐变填充"按钮，设置"渐变类型"为"椭圆形渐变填充"。设置完成后编辑一个青色系的椭圆形渐变。效果如图9-82所示。

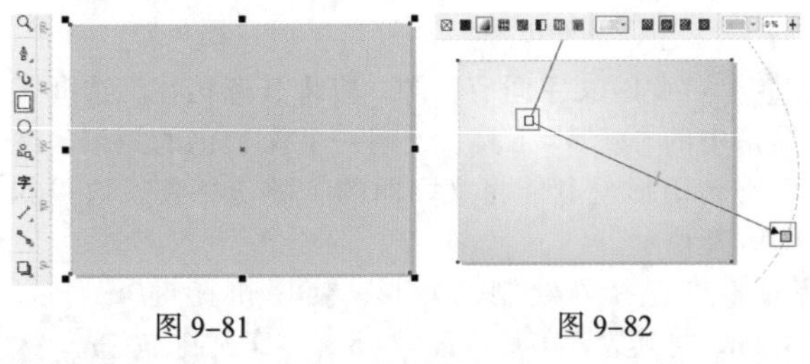

图 9-81　　图 9-82

步骤 03 制作标志图形。从案例效果中可以看出，图形是一只在天空中翱翔的飞鸟。所以本案例首先需要将图像素材导入并进行描摹，得到矢量图形后将蓝色的天空去除，只保留飞鸟图形。合并为单一的图形后再通过执行"造型"命令下的"修剪"命令，制作出负形标志图形。因此这里导入素材，执行"文件"→"导入"命令，将图像素材导入。效果如图9-83所示。

步骤 04 选中导入的图像素材，执行"位图"→"快速描摹"命令，对位图图像进行描摹，快速转换为矢量图。效果如图9-84所示。

图 9-83　　图 9-84

步骤 05 将蓝色的天空去除，只保留飞鸟图形。将描摹图像选中，右击执行"取消群组"命令，将其取消编组，如图9-85所示。

步骤 06 将天空部分的图形选中，按Delete键进行删除。效果如图9-86所示。

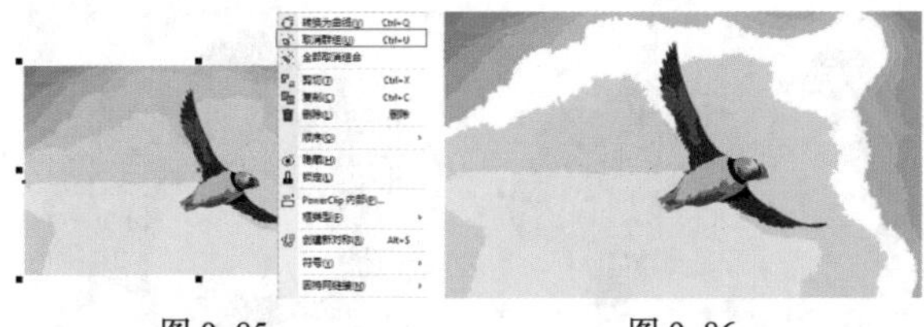

图 9-85　　图 9-86

步骤 07 继续使用"选择"工具选中图形进行删除，最后只保留飞鸟部分。效果如图9-87所示。

步骤 08 合并飞鸟图形，设置颜色。将飞鸟图形选中，在属性栏中单击"焊接"按钮，如图9-88所示。

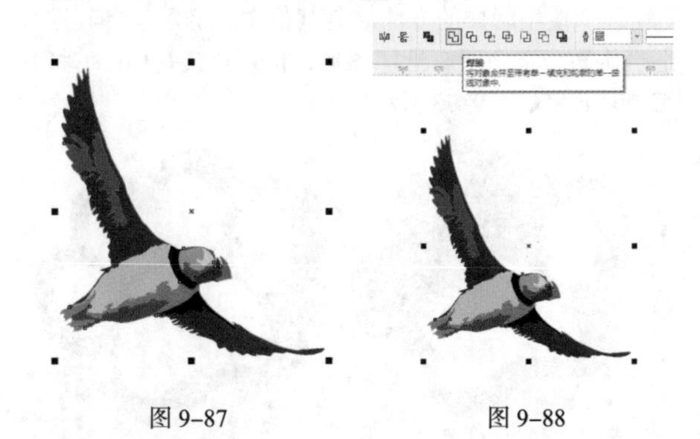

图 9-87　　图 9-88

步骤 09 将其合并为一个图形，可以对图形进行任意颜色的填充。效果如图9-89所示。

步骤 10 将焊接的飞鸟图形选中，将其填充色更改为青色，效果如图9-90所示。把调整完成的图形暂时放在绘图区外，以备后面操作时使用。

图9-89　　图9-90

步骤 11 制作标志图形。选择工具箱中的“椭圆形”工具，在渐变背景矩形左侧，按住Ctrl键的同时按住鼠标左键，拖动绘制一个比飞鸟颜色稍浅一些的青色正圆，如图9-91所示。

步骤 12 将飞鸟图形移动至绘图区内，使用快捷键Shift+Page Up将其放在正圆上。效果如图9-92所示。

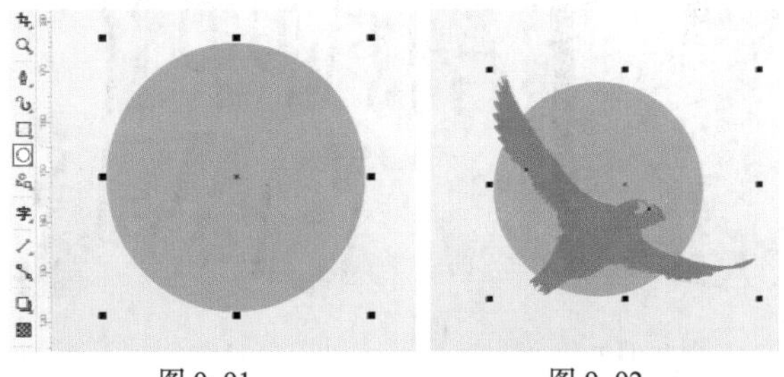

图9-91　　图9-92

步骤 13 在飞鸟图形选中状态下，按住鼠标左键向右上方拖动，至合适位置时右击进行复制。效果如图9-93所示。

步骤 14 将复制得到的飞鸟图形选中，进行适当旋转。效果如图9-94所示。

图9-93　　图9-94

步骤 15 制作负形效果。按住Shift键依次加选复制得到的飞鸟图形和正圆，如图9-95所示。接着在属性栏中单击“移除前面对象”按钮。效果如图9-96所示。

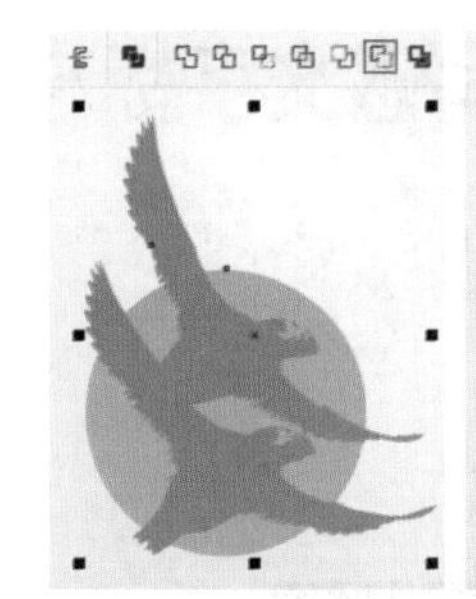

图9-95

图9-96

步骤 16 标志图形制作完成后在文档右侧添加文字。输入文字后，选中文字，在属性栏中设置合适的字体和字号，设置文字颜色为与飞鸟图形颜色相同的青色，同时单击“粗体”和“斜体”两个按钮B I。效果如图9-97所示。

步骤 17 使用“文本”工具，在主标题文字下方添加其他小文字，丰富整个标志的细节效果，如图9-98所示。同时在文字选中状态下，执行“对象”→“转换为曲线”命令。

图9-97　　图9-98

步骤 18 选择工具箱中的“矩形”工具，在小文字上绘制一个长条矩形。调整对象顺序，将其放在文字下。效果如图9-99所示。

步骤 19 制作镂空文字效果。按住Shift键依次加选转换为曲线的文字和底部的长条矩形，在属性栏中单击“移除前面对象”按钮，如图9-100所示。操作后的效果如图9-101所示。至此，本案例制作完成，效果如图9-102所示。

图9-99　　图9-100

图9-101

图9-102

9.7 项目案例：手写感文字标志

扫一扫，看视频

文件路径	资源包\第9章\手写感文字标志
难易指数	★★★★★
技术掌握	"文本"工具、"钢笔"工具、"手绘"工具

案例效果

案例效果如图9-103所示。

图9-103

操作步骤

步骤 01 新建一个A4大小的横向文档。为了方便绘制，可以先使用"文本"工具创建文字，之后按照文字的形态绘制手写感文字。因此，选择工具箱中的"文本"工具，在画面中输入一个字母。选中字母，在属性栏中设置合适的字体和字号。效果如图9-104所示。

步骤 02 以同样的方法继续输入另外几个字母，调整其他字母的位置及角度。效果如图9-105所示。

图9-104　图9-105

步骤 03 绘制出变形文字的外轮廓。选择工具箱中的"钢笔"工具，以已有文字的形态为基础，通过多次单击的形式，绘制出形态更加灵活的字母。效果如图9-106所示。

步骤 04 以同样的方法继续绘制其他字母。效果如图9-107所示。

图9-106

图9-107

步骤 05 将原有文字删除，选中新绘制的文字，单击调色板中的橘色色块，将文字颜色设置为橘色，同时将文字的轮廓线去除。效果如图9-108所示。

步骤 06 使用"钢笔"工具，在这3个字母上方绘制本应是空缺部分的形状。效果如图9-109所示。

图9-108　图9-109

步骤 07 制作字母的立体效果。选择字母H，将其复制一份，适当移动位置。然后将下层的字母的颜色更改为更深的颜色。效果如图9-110所示。

步骤 08 使用同样的方法制作其他字母的立体效果。效果如图9-111所示。

图9-110　图9-111

步骤 09 绘制文字上的高光。使用"手绘"工具，在文字上绘制不规则的形状作为高光，然后将不规则的形状填充为黄色。效果如图9-112所示。

步骤 10 使用同样的方法绘制其他文字的高光。效果如图9-113所示。

图9-112　图9-113

步骤 11 选择工具箱中的"矩形"工具，在画面中按住Ctrl键绘制正方形，然后将其填充为深灰色。效果如图9-114所示。

步骤 12 使用"矩形"工具绘制大小不一的正方形并填充为深灰色。将正方形放置在字母的不同位置，效果如图9–115所示。

图9–114　　图9–115

步骤 13 制作字母的整体外形。选择工具箱的"钢笔"工具，绘制出文字的外轮廓并将其填充为棕色，同时去除轮廓线，使用快捷键Ctrl+End将其放在所有字母下。效果如图9–116所示。

步骤 14 使用同样的方法制作出立体效果。效果如图9–117所示。

图9–116　　图9–117

步骤 15 执行"文件"→"导入"命令，将玉米素材和钟表素材导入画面，将玉米素材摆放在右上角，钟表素材摆放在第二行第二个字母顶部。此时手写感的标志文字制作完成，效果如图9–118所示。按住Shift键依次加选各个部分，使用快捷键Ctrl+G将其编组，并移动至绘图区以外的空白区域。

步骤 16 执行"文件"→"导入"命令以导入包装袋素材。效果如图9–119所示。

图9–118

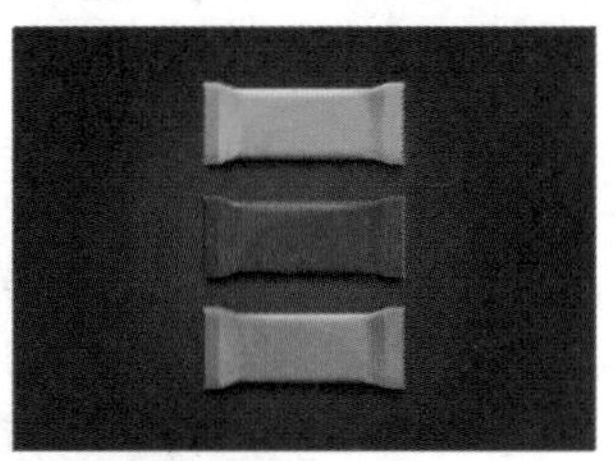
图9–119

步骤 17 复制制作好的标志，调整其大小，摆放在包装袋中央，如图9–120所示。

步骤 18 将该标志复制两份放在另外两个包装袋上。至此，本案例制作完成，效果如图9–121所示。

图9–120

图9–121

9.8 项目案例：促销活动标志

文件路径	资源包\第9章\促销活动标志
难易指数	★★★★★
技术掌握	"阴影"工具、"透明度"工具、"封套"工具、置于图文框内部、艺术笔

案例效果

案例效果如图9–122所示。

图9–122

操作步骤

9.8.1 制作标志背景

步骤 01 新建一个A4大小的横向空白文档。选择工具箱中的"矩形"工具，在绘图区绘制一个与其等大的矩形。将矩形填充为紫色，去除黑色的轮廓线。效果如图9–123所示。

扫一扫，看视频

步骤 02 为绘制的矩形添加渐变色。将矩形选中，选择工具箱中的"交互式填充"工具，在属性栏中单击"渐变填充"按钮，设置"渐变类型"为"椭圆形渐变填充"。设置完成后编辑一个紫色系的椭圆形渐变。效果如图9–124所示（为了让渐变的过渡效果更加丰富，可以在渐变控制柄上双击添加多个节点，然后再进行颜色的设置）。

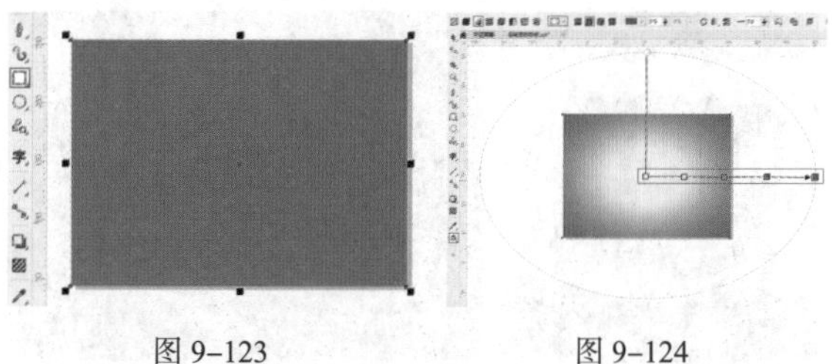

图 9-123　　图 9-124

步骤 03 制作背景中间的彩色光晕。选择工具箱中的“椭圆形”工具，在渐变矩形中间绘制一个洋红色的椭圆。效果如图9-125所示。

步骤 04 将图形的边缘虚化，制作光晕效果。在椭圆形选中状态下，选择工具箱中的“透明度”工具，在属性栏中单击“渐变透明度”按钮，设置“渐变类型”为“椭圆形渐变透明度”。此时图形的边缘得到一定的弱化，如果对调整效果不满意，也可通过拖动控制柄进行调节。效果如图9-126所示。

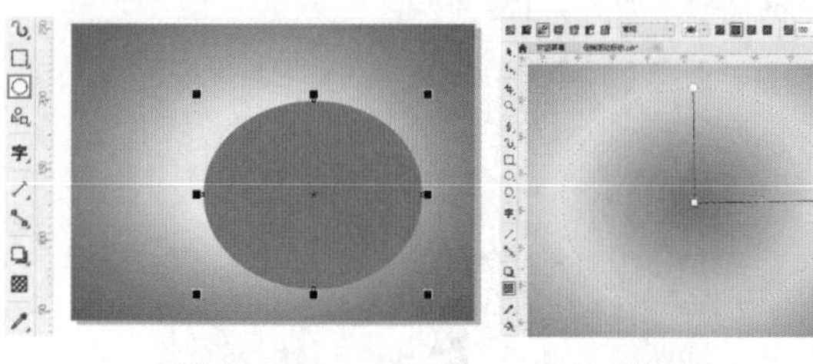

图 9-125　　图 9-126

步骤 05 使用“椭圆形”工具绘制一个黄色和一个蓝色的椭圆形，再使用“透明度”工具对边缘进行柔化来制作光晕效果。效果如图9-127所示。

步骤 06 制作案例效果中文字呈现的圆形载体。选择工具箱中的“椭圆形”工具，在光晕上绘制一个蓝色的椭圆形，同时去除黑色的轮廓线。效果如图9-128所示。

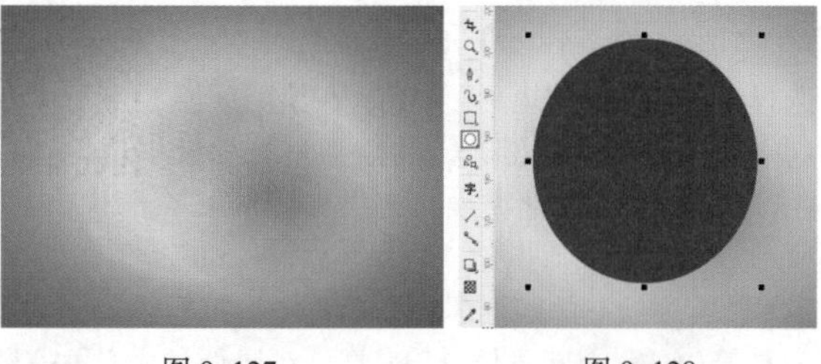

图 9-127　　图 9-128

步骤 07 再使用“椭圆形”工具，在蓝色椭圆上绘制一个稍小的白色椭圆，去除轮廓线。效果如图9-129所示。

步骤 08 绘制一个稍小一些的蓝色椭圆，效果如图9-130所示。

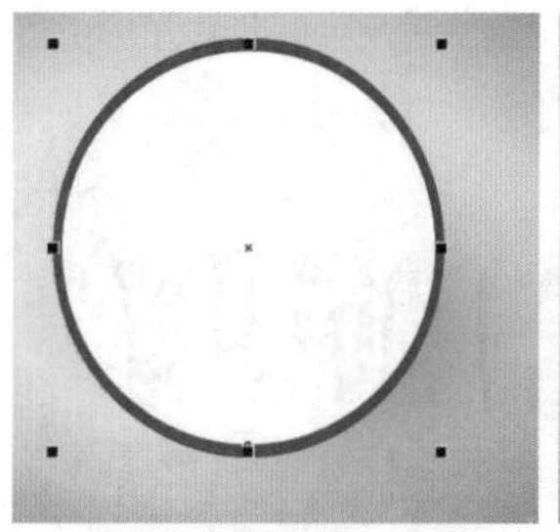

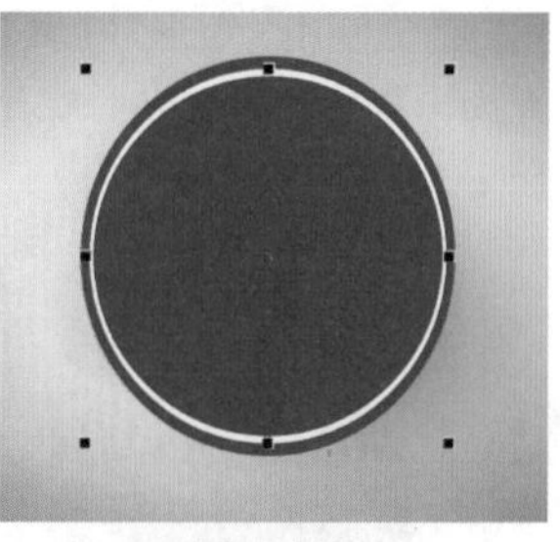

图 9-129　　图 9-130

步骤 09 使用“椭圆形”工具，在已有椭圆上绘制一个更小一些的椭圆，去除轮廓线。接着为其填充图案，选择工具箱中的“交互式填充”工具，在属性栏中单击“向量图样填充”按钮，在“填充挑选器”下拉列表中选择合适的图案。椭圆形上就出现了相应的图案，可以配合拖动控制手柄来调整图案的大小。效果如图9-131所示。

步骤 10 将填充图案的椭圆形选中，使用快捷键Ctrl+C进行复制，使用快捷键Ctrl+V进行粘贴。然后将其填充为蓝紫色。效果如图9-132所示。

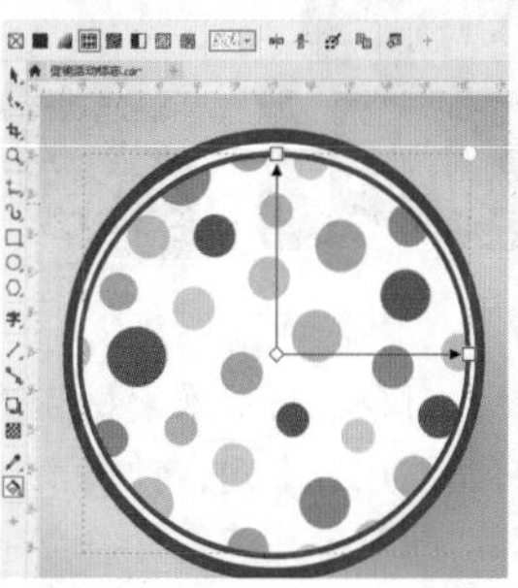

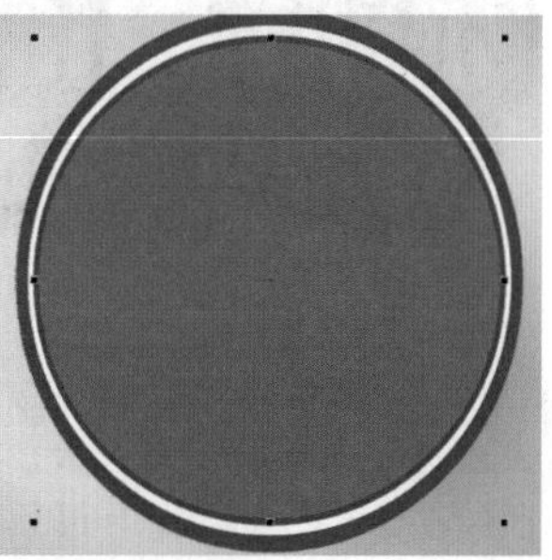

图 9-131　　图 9-132

步骤 11 对最顶部椭圆的透明度进行调整，使其能够显示下面的图形。在图形选中状态下，选择工具箱中的“透明度”工具，在属性栏中设置“合并模式”为“减少”。此时将下面的图形效果显示了出来，同时也降低了画面的鲜艳程度。效果如图9-133所示。

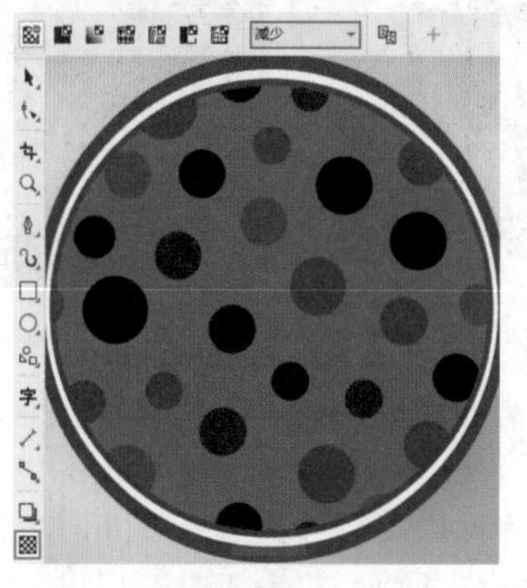

图 9-133

9.8.2 制作顶部说明性文字与同心圆

扫一扫，看视频

步骤 01 制作文字效果，首先制作顶部的倾斜文字。选择工具箱中的“矩形”工具，在属性栏中单击“圆角”按钮，设置“圆角半径”为0.9mm。设置完后在椭圆形顶部绘制一个蓝色的圆角矩形。效果如图9-134所示。

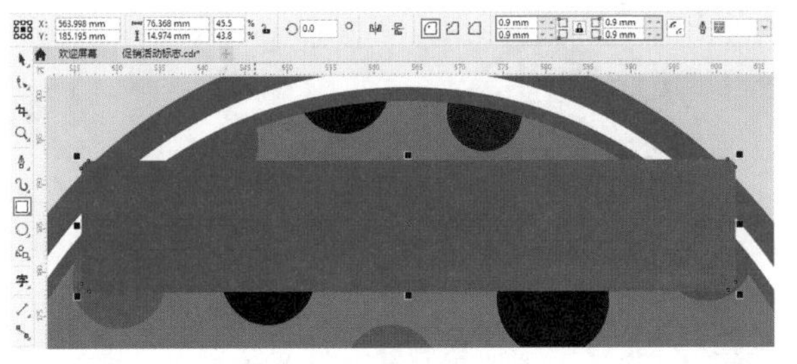

图 9-134

步骤 02 对圆角矩形进行旋转。将图形选中，在属性栏中设置“旋转角度”为355.0° 。效果如图9-135所示。

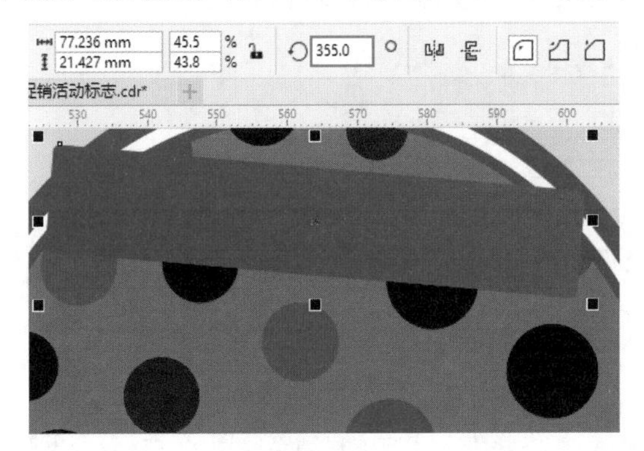

图 9-135

步骤 03 制作图形上的立体文字效果。选择工具箱中的“文本”工具，在圆角矩形上添加文字。选中文字，在属性栏中设置合适的字体和字号，设置填充色为深蓝色。效果如图9-136所示。

步骤 04 将文字选中，对其进行旋转，在属性栏中设置“旋转角度”为355.0° 。效果如图9-137所示。

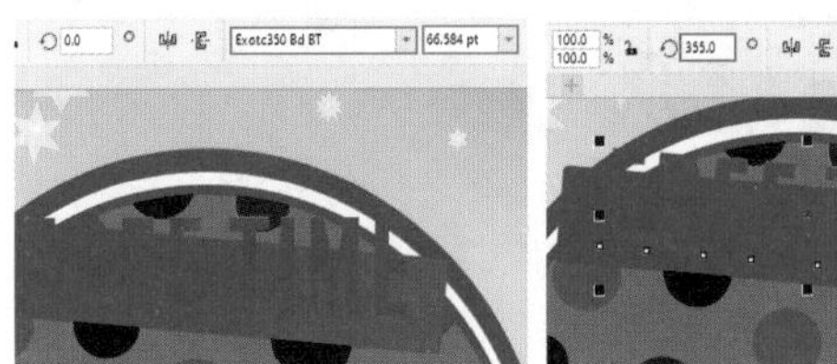

图 9-136

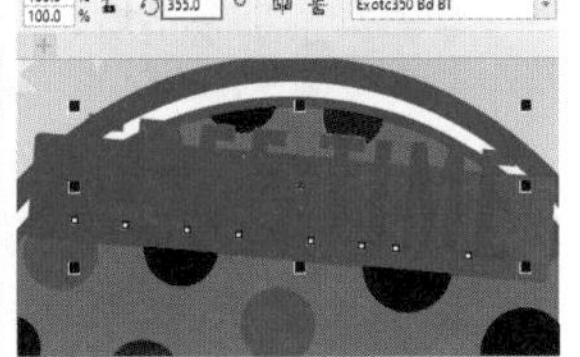

图 9-137

步骤 05 在文字选中状态下，对其进行旋转，使用快捷键Ctrl+C进行复制，使用快捷键Ctrl+V进行粘贴，同时将其填充色更改为紫色。然后借助键盘上的上下左右键，将其向左上角移动，把下方文字显示出来，从而得到立体的文字效果。效果如图9-138所示。

步骤 06 复制紫色的文字，将复制得到的文字填充为白色。然后将其适当向左上角移动，此时多层次立体文字效果制作完成。效果如图9-139所示。

图 9-138　　图 9-139

步骤 07 选择工具箱中的“椭圆形”工具，在画面中按住Ctrl键的同时按住鼠标左键，拖动绘制一个淡紫色的正圆。效果如图9-140所示。

步骤 08 选中淡紫色正圆，使用快捷键Ctrl+C进行复制，使用快捷键Ctrl+V进行粘贴，同时将其颜色更改为紫色。然后将光标放在控制点一角，按住Shift键的同时按住鼠标左键拖动，对其进行比例中心缩小。效果如图9-141所示。

图 9-140

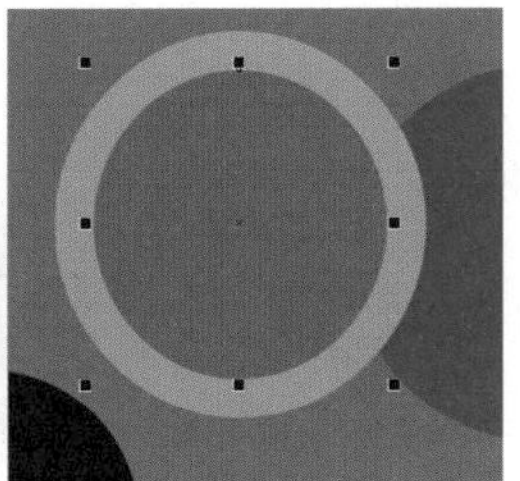

图 9-141

步骤 09 复制紫色正圆，将复制得到的圆形填充为黄色。然后使用同样的方法，对其进行等比例中心缩小，显示出下面的图形。效果如图9-142所示。至此，本案例的效果如图9-143所示。

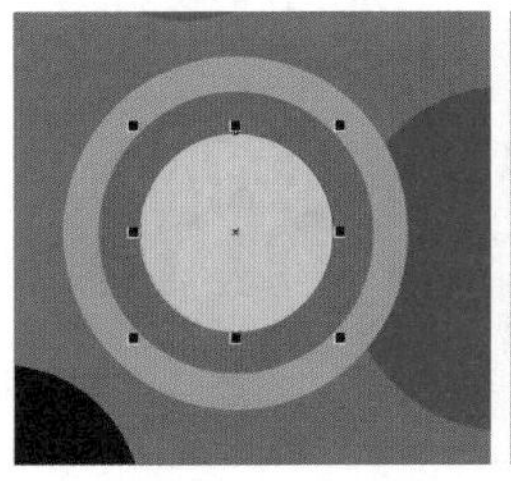

图 9-142

图 9-143

9.8.3 制作主标题文字与星形图形

扫一扫，看视频

步骤 01 制作主标题文字。选择工具箱中的"文本"工具，在画面中添加文字。然后选中文字，在属性栏中设置合适的字体和字号，并将其填充色设置为黄色。效果如图9-144所示。

图 9-144

步骤 02 对文字进行变形处理。在文字选中状态下，执行"对象"→"转换为曲线"命令，此时可以看到文字上方出现了很多锚点。效果如图9-145所示。

步骤 03 使用工具箱中的"封套"工具，此时文字周围出现可以进行调整的锚点。效果如图9-146所示。

图 9-145

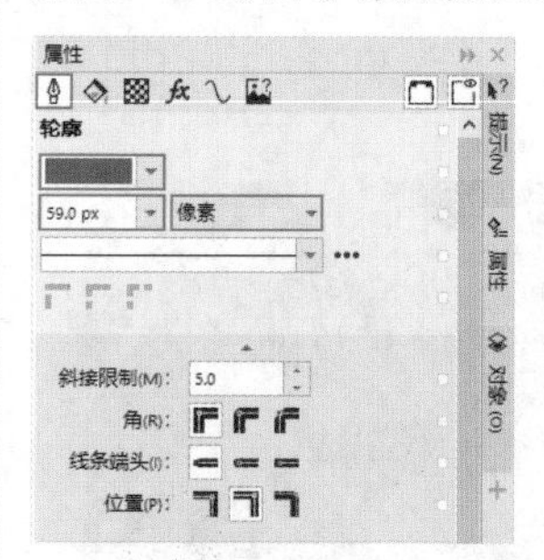

图 9-146

步骤 04 将光标放在锚点上向上方拖动，此时文字外观得到改变，效果如图9-147所示。

步骤 05 在使用"封套"工具的状态下，拖动锚点对文字进行变形处理，效果如图9-148所示。将变形完成的文字复制两份放在绘图区外，以备后面操作时使用。

图 9-147

图 9-148

步骤 06 为黄色的变形文字添加渐变效果。在文字选中状态下，选择工具箱中的"交互式填充"工具，在属性栏中单击"渐变填充"按钮，设置"渐变类型"为"线性渐变填充"。设置完成后编辑一个从黄色到橙色的线性渐变，如图9-149所示。然后将渐变文字与圆形组合在一起，以便接下来操作。

步骤 07 选择在绘图区外的一份复制文字，将其填充色更改为紫色。效果如图9-150所示。

图 9-149

图 9-150

步骤 08 为文字添加轮廓线。将文字选中，执行"窗口"→"泊坞窗"→"属性"命令，在弹出的"属性"泊坞窗中，设置"轮廓颜色"为紫色，"轮廓宽度"为59.0px，如图9-151所示。效果如图9-152所示。

图 9-151

图 9-152

步骤 09 将紫色文字选中移动至绘图区，接着调整图层顺序，将其放在黄色文字下。效果如图9-153所示。

步骤 10 制作最底部的立体文字效果。选中绘图区外的黄色文字，将其填充色设置为颜色稍浅一些的紫色。效果如图9-154所示。

图 9-153

图 9-154

步骤 11 在文字选中状态下，调出"属性"泊坞窗，设置"轮廓颜色"为淡紫色，"轮廓宽度"为118.0px，如图9-155所示。效果如图9-156所示。

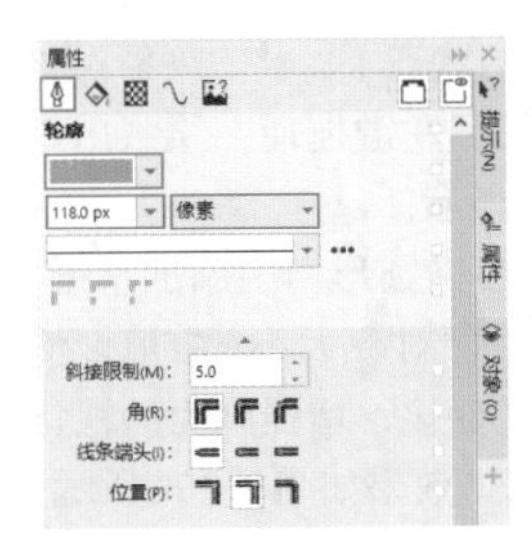

图 9-155

图 9-156

步骤 12 淡紫色的文字要放在最底部，同时为其添加投影效果，增强整体文字的立体感。将该文字选中，选择工具箱中的“阴影”工具，在属性栏中设置“阴影颜色”为黑色，“阴影不透明度”为80，“阴影羽化”为5。设置完成后，在文字上确定好起始位置，然后按住鼠标左键向右拖动，为其添加阴影效果。效果如图9-157所示。

步骤 13 将添加阴影的淡紫色文字移动至绘图区，通过调整图层顺序，将其放在紫色文字下。效果如图9-158所示。

图 9-157

图 9-158

步骤 14 为了增强文字的视觉立体感，将为最上方的黄色文字添加阴影效果。将黄色文字选中，在文字上按住鼠标左键，从左向右拖动添加阴影。接着选择工具箱中的“阴影”工具，在属性栏中设置“阴影颜色”为黑色，“阴影不透明度”为80，“阴影羽化”为5。效果如图9-159所示。

步骤 15 制作文字上的高光效果。将最上方的黄色文字选中，使用快捷键Ctrl+C进行复制，使用快捷键Ctrl+V进行粘贴。将其填充色更改为白色。效果如图9-160所示。

图 9-159

图 9-160

步骤 16 选中复制后得到的文字，选择工具箱中的“透明度”工具，在属性栏中单击“渐变透明度”按钮，设置“渐变类型”为“线性渐变透明度”。设置完成后在文字上方调整控制柄，单击底部节点，在悬浮框中设置“节点透明度”为0。效果如图9-161所示。

步骤 17 文字的高光需要借助“置于图文框内部”功能限定高光的区域。选择工具箱中的“钢笔”工具，在文字上绘制出需要显示的大致范围。效果如图9-162所示。

图 9-161

图 9-162

步骤 18 选中高光文字，执行“对象”→PowerClip→“置于图文框内部”命令，当光标变为朝右的黑色小箭头时，在钢笔绘制的图形上单击，多余的部分被隐藏。效果如图9-163所示。

步骤 19 选择该对象，去除黑色的轮廓线，效果如图9-164所示。

图 9-163

图 9-164

步骤 20 使用制作主标题文字的方法，制作底部的变形文字。效果如图9-165～图9-168所示。

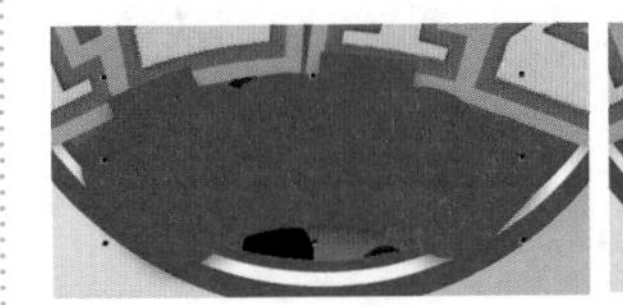

图 9-165

图 9-166

图 9-167

图 9-168

步骤 21 制作环绕在文字周围的装饰图形。选择工具箱中的“艺术笔”工具，在属性栏中单击“喷涂”按钮，在

"类别"下拉面板中选择"星形"，在"喷射图样"下拉面板中选择黄色的星形图形，同时设置"喷射对象大小"为50。设置完成后，在文字左上角按住鼠标左键绘制弧线。效果如图9-169所示。

步骤 22 释放鼠标，即可出现喷射的星形图形，效果如图9-170所示。

图 9-169

图 9-170

步骤 23 在使用"艺术笔"工具的状态下，将"喷射对象大小"的数值调小，然后按住鼠标左键拖动，绘制出稍小一些的星形。效果如图9-171所示。

步骤 24 使用"艺术笔"工具，在椭圆形周围添加星形。在绘制的过程中，随时调整"喷射对象大小"数值，使绘制出来的星形在不同大小之间变化，增强画面的视觉层次感。至此，本案例制作完成，效果如图9-172所示。

图 9-171

图 9-172

Chapter 10

第10章

广告设计

本章内容简介

广告是一种用于传播信息的媒介形式，广告扮演的是推销员的角色，其通过画面视觉效果向消费者推销产品，同时广告在很大程度上也代表了企业的形象。可以说，广告是提升产品竞争力的重要工具，优秀的广告设计作品是极具审美价值和艺术价值的。本章学习广告设计的基础知识，通过相关案例制作不同类型的广告。

10.1 广告设计基础知识

广告，顾名思义，广而告之。广告主要用于宣传企业形象、兜售企业产品及服务、传播某种信息。

10.1.1 认识广告

从广告的组成来看，广告设计是通过图像、文字、色彩、版面等元素进行平面艺术创作而实现广告目的和意图的一种设计活动和过程。随着科技的发展，广告已经融入人们的生活中，随时随地可以看到不同形式、不同风格的广告。常见的广告展示形式有平面广告、户外广告、影视广告等。

1. 平面广告

平面广告主要是以一种静态的形式呈现，多附着于纸张之上，虽然承载的信息有限，但其具有较强的随意性，可进行大批量的生产和传播。常见的平面广告包含招贴广告、POP广告、报纸杂志广告、网页广告、DM单广告、企业宣传册广告、书籍广告等，如图10-1 ～图10-5所示。

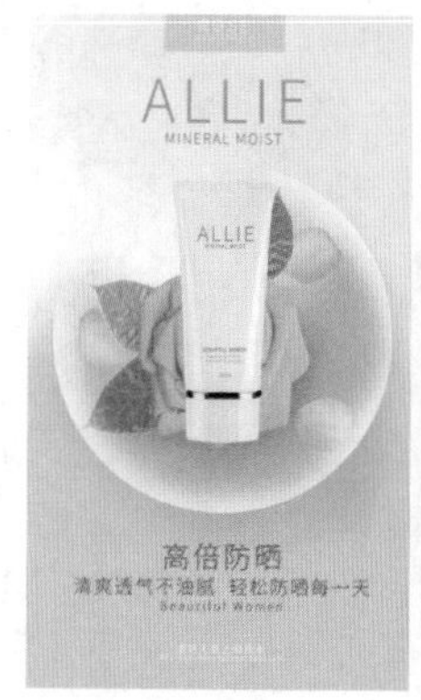

图 10-1

图 10-2

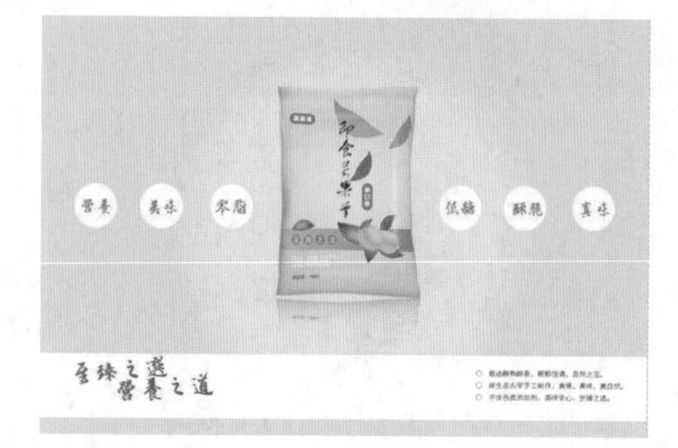

图 10-3

图 10-4

图 10-5

2. 户外广告

户外广告主要投放于人流量较大的户外场所，它具有视觉效果强烈、影响力大的特点。常见的户外广告有灯箱广告、霓虹灯广告、单立柱广告、车身广告、场地广告、路牌广告等，如图10-6和图10-7所示。

图 10-6

图 10-7

3. 影视广告

影视广告是一种通过叙事的形式来宣传的广告，常见于电视、网络等可承载视频播放的媒介。其融汇了各种特点，使作品更具感染力和号召力，如图10-8和图10-9所示。

图 10-8

图 10-9

10.1.2 广告的常见类型

广告的类型多种多样。随着社会的进步，广告的分类也越来越细化。根据不同行业、不同目的可以将广告大致分为5类，分别是商业广告、文化广告、电影广告、公益广告和艺术广告。

1. 商业广告

商业广告是用来宣传商品或商品服务的商业性广告。商业广告的设计需要恰当地配合产品的格调和受众对象，如图10-10和图10-11所示。

图 10–10　　图 10–11

2. 文化广告

文化广告是用来宣传文化、社会娱乐活动的广告。文化广告的参与性比较强，因此设计师需要了解宣传意图，才能够运用恰当的方法表现其内容和风格，如图 10–12 和图 10–13 所示。

图 10–12　　图 10–13

3. 电影广告

电影广告主要用来宣传电影、吸引观众和刺激票房。在电影广告中，通常会出现电影的名称、上映时间与地点、演员和内容，配上与电影内容相关的画面，有时还会将电影的主演加入进来，以此扩大宣传力度，如图 10–14 和图 10–15 所示。

图 10–14　　图 10–15

4. 公益广告

公益广告通常是从社会公益的角度出发，传递一种社会正能量，这类广告不以营利为目的。公益广告带有一定的思想性，如环境保护、反腐倡廉、奉献爱心、保护动物、反对暴力等，如图 10–16 和图 10–17 所示。

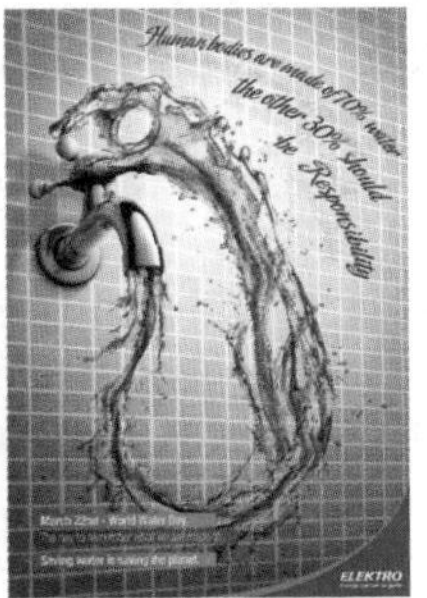

图 10–16　　图 10–17

5. 艺术广告

艺术广告主要满足人类精神层次的需要，强调教育、欣赏、纪念，多用于精神文化生活的宣传，包括文学艺术、科学技术等广告，如图 10–18 和图 10–19 所示。

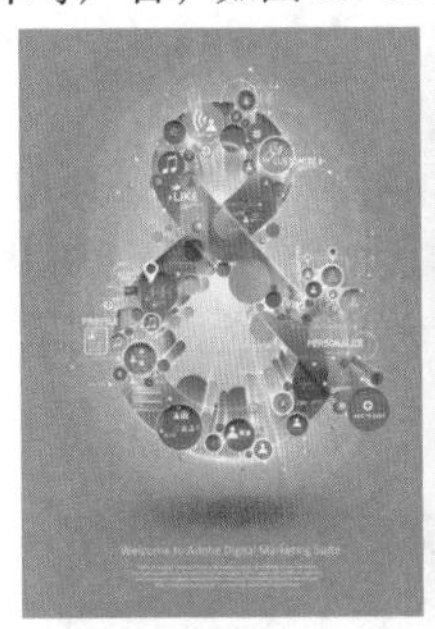

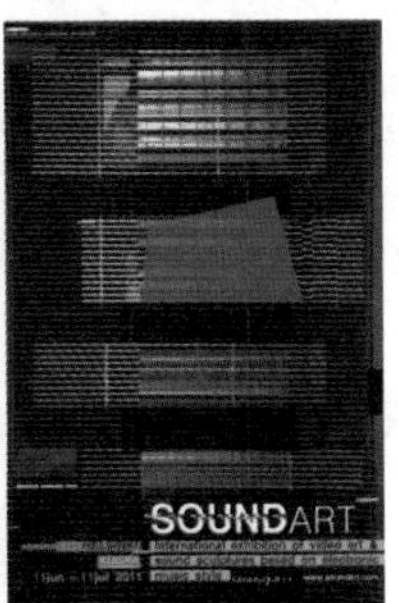

图 10–18　　图 10–19

10.1.3　广告设计的基本原则

广告设计需要调动形象、色彩、构图、文字、形式感等多方面因素才能形成强烈的视觉效果，要制作出具有感染力的广告设计作品须遵循以下 3 个原则。

（1）简洁明确。广告是瞬间艺术，这需要在一瞬间、一定距离之外将其看清楚。因此在设计时需要去繁就简，简洁明确，这样才能突出重点。

（2）紧扣主题。只有清晰、明确地表达出广告的主题，这幅广告才有存在的意义。在设计广告时应从广告的主题出发，明确主题的含义，这样才能创作出紧扣主题的作品。

（3）艺术创意。艺术创意是广告设计中的一种重要表达手段，它是将一种再平常不过的事物以其他人想象不到的方法表达出来。好的广告创意，可以引发人的深思，给人留下深刻的印象，就像一壶陈年佳酿，回味悠长。

10.2 项目案例：炫彩图形海报

扫一扫，看视频

文件路径	资源包\第10章\炫彩图形海报
难易指数	★★★★★
技术掌握	"阴影"工具、"透明度"工具、置于图文框内部

案例效果

案例效果如图10-20所示。

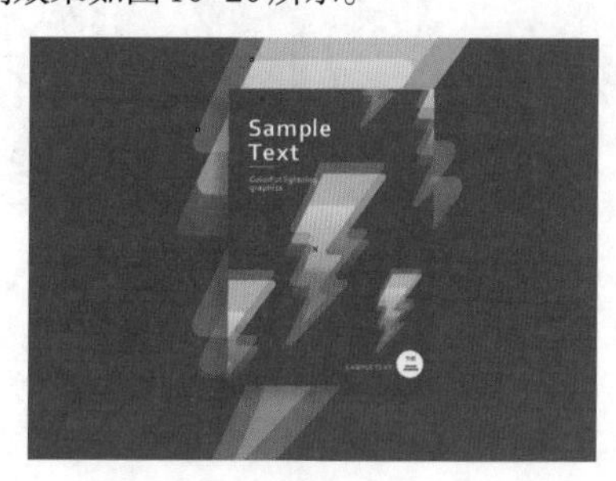

图 10-20

操作步骤

步骤 01 新建一个A4大小的横向空白文档。使用"矩形"工具，绘制一个与绘图区等大的矩形，然后将其填充为蓝色，同时去除轮廓线。将该矩形作为海报展示的背景，如图10-21所示。

图 10-21

步骤 02 使用工具箱中的"矩形"工具，在绘图区外绘制一个相同颜色的竖向矩形。将该矩形作为海报本身的背景，如图10-22所示。

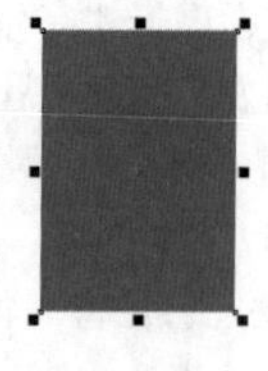

图 10-22

步骤 03 为绘制的较小的矩形添加阴影，增强视觉立体感。在矩形选中状态下，使用"阴影"工具，在矩形中间按住鼠标左键，然后向左下方拖动，为其添加阴影效果，然后在属性栏中设置"阴影颜色"为黑色，"阴影不透明度"为30，"阴影羽化"为10。效果如图10-23所示。

步骤 04 制作炫彩的闪电图形效果。从案例效果中可以看出，炫彩图形由形状差异不大，但是大小略有不同的闪电图形构成，所以首先需要绘制出基本的闪电图形。使用"钢笔"工具，在蓝色矩形中间绘制一个绿色的闪电图形，同时去除轮廓线。效果如图10-24所示（复制该图形，摆放在画面以外的区域，以备后续使用）。

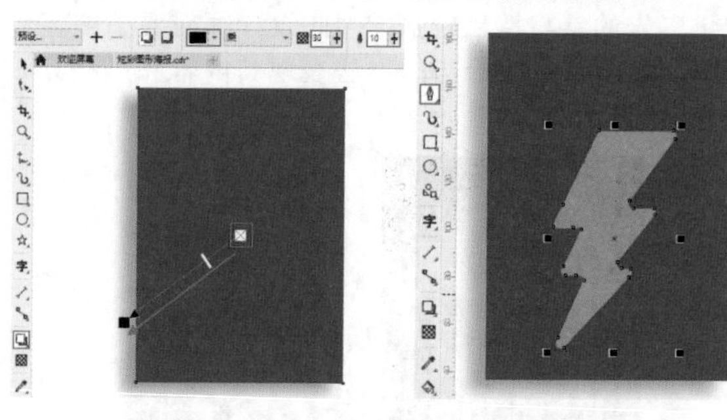

图 10-23　　图 10-24

步骤 05 对闪电图形进行透明度的调整。将图形选中，使用"透明度"工具，在属性栏中单击"渐变透明度"按钮，设置"合并模式"为"颜色减淡"，同时单击"线性渐变透明度"按钮。设置完成后在图形上拖动，单击上方节点，在浮动控件中设置"节点不透明度"为30。随后设置下方节点的"节点不透明度"为100。效果如图10-25所示。

步骤 06 复制闪电图形，更改颜色为洋红色，适当调整形态和摆放位置，使之与之前的图形产生错位的效果，如图10-26所示。

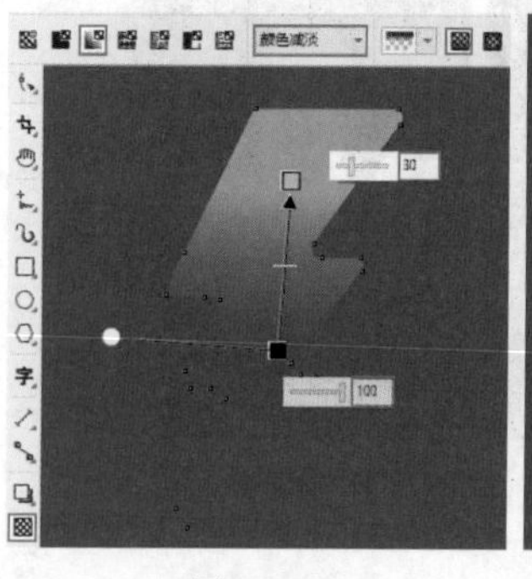

图 10-25　　图 10-26

步骤 07 选中该图形，单击工具箱中的“透明度”工具，在属性栏中设置“合并模式”为“屏幕”。效果如图10-27所示。

步骤 08 再次复制闪电图形，适当缩小，将其填充为淡绿色。效果如图10-28所示。

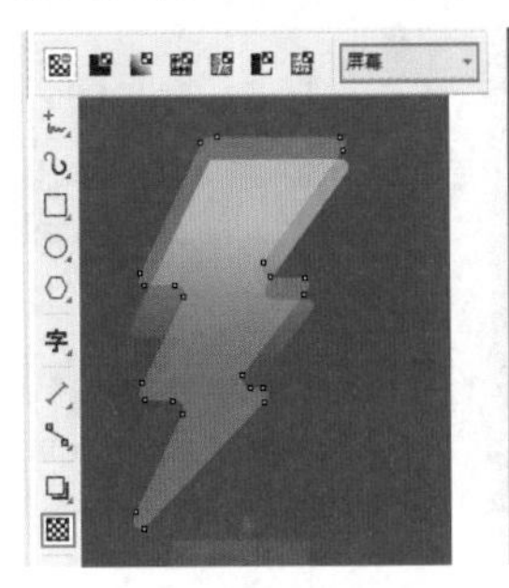

图 10-27

图 10-28

步骤 09 选中该图形，使用“透明度”工具为其设置合适的透明度与合并模式，如图10-29所示。选中所有闪电图形，用快捷键Ctrl+G将其编组。

步骤 10 选中编组的闪电图形，按住鼠标左键并向右下方拖动至合适位置时右击将其复制一份，同时进行适当缩小。效果如图10-30所示。

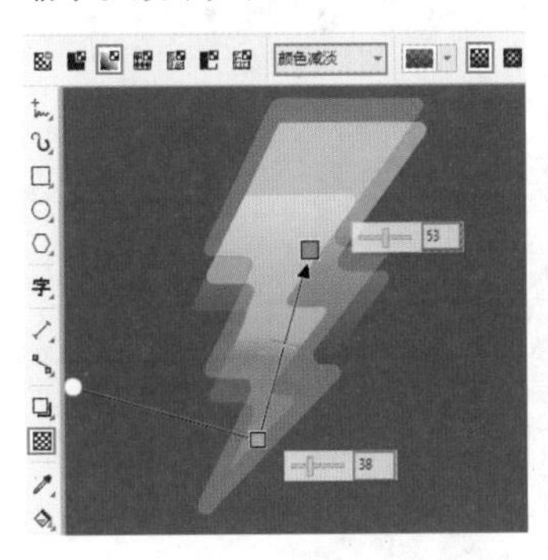

图 10-29

图 10-30

步骤 11 继续复制得到3份闪电图形，调整大小后放在画面的其他位置，效果如图10-31所示。在3份闪电图形选中状态下，使用快捷键Ctrl+G进行编组（由于闪电图形设置了“颜色减淡”的合并模式，所以超出蓝色矩形的部分，无法清楚地显示出来）。

步骤 12 再次复制得到一份闪电图形，将其适当放大，放在横向矩形背景中间的位置。效果如图10-32所示。

步骤 13 将闪电图形超出背景的部分进行隐藏。使用“矩形”工具绘制作为限制显示范围的图文框，效果如图10-33所示。

步骤 14 在3个编组的闪电图形选中状态下，右击执行“PowerClip内部”命令，待光标变为黑色的朝右小箭头后，在黑色描边矩形框上单击，如图10-34所示。

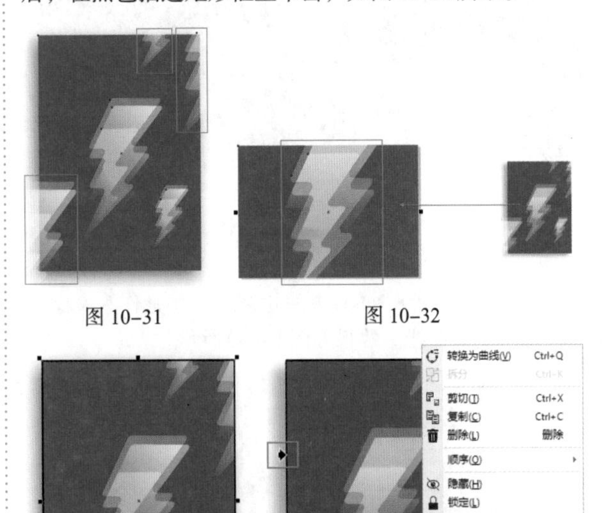

图 10-31　　图 10-32

图 10-33　　图 10-34

步骤 15 矩形以外的区域被隐藏后，将黑色的轮廓线去除。效果如图10-35所示。

步骤 16 在画面的空白部分添加文字，丰富整体的细节效果。使用“文本”工具，在画面中单击插入光标，在属性栏中设置合适的字体和字体大小，同时单击“粗体”按钮B。设置完成后输入文字，使文字以两行的形式进行呈现。同时设置文字颜色为白色。效果如图10-36所示。

图 10-35

图 10-36

步骤 17 对添加文字的行间距进行调整。在文字选中状态下，调出“文本”泊坞窗。接着单击“段落”按钮跳转到“段落”面板中，设置“行间距”为80.0%。此时可以观察到文字上下变得更加紧凑了。效果如图10-37所示。

步骤 18 使用“文本”工具，在已有文字下方添加文字。效果如图10-38所示。

图 10-37

图 10-38

步骤 19 使用“矩形”工具，在主标题文字下方绘制一个白色的长条矩形，同时去除轮廓线。将其作为文字与文字之间的分割线。效果如图10-39所示。

图 10-39

步骤 20 对文字及长条矩形的左侧进行对齐设置。按住Shift键依次加选文字及矩形，执行“窗口”→“泊坞窗”→“对齐与分布”命令，打开“对齐与分布”泊坞窗。接着单击“左对齐”按钮，对三者的左侧进行对齐。效果如图10-40所示。

步骤 21 使用“椭圆形”工具，在竖向矩形右下角按住Ctrl键的同时按住鼠标左键，拖动绘制一个白色正圆。效果如图10-41所示。

图 10-40

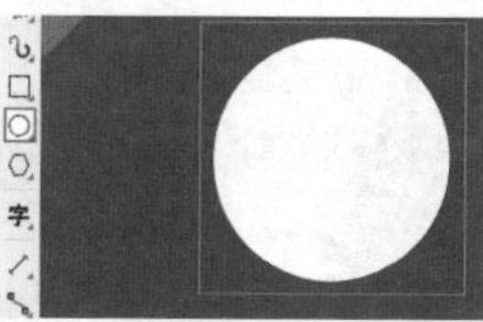

图 10-41

步骤 22 在正圆上添加两组文字。效果如图10-42所示。

步骤 23 使用“文本”工具在正圆的左侧添加一行稍小一些的白色文字。效果如图10-43所示。

图 10-42

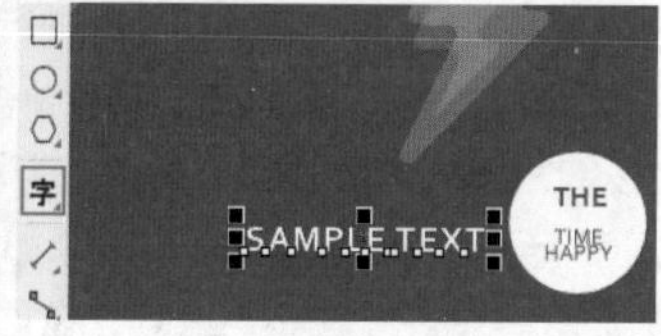

图 10-43

步骤 24 选中绘图区以外构成海报的所有图形，使用快捷键Ctrl+G进行编组。效果如图10-44所示。

步骤 25 将编组的图形组移动至绘图区的背景中。至此，本案例制作完成，效果如图10-45所示。

图 10-44

图 10-45

10.3 项目案例：简洁文字海报

扫一扫，看视频

文件路径	资源包\第10章\简洁文字海报
难易指数	★★★★★
技术掌握	“2点线”工具、“涂抹”工具、“转动”工具、置于图文框内部

案例效果

案例效果如图10-46所示。

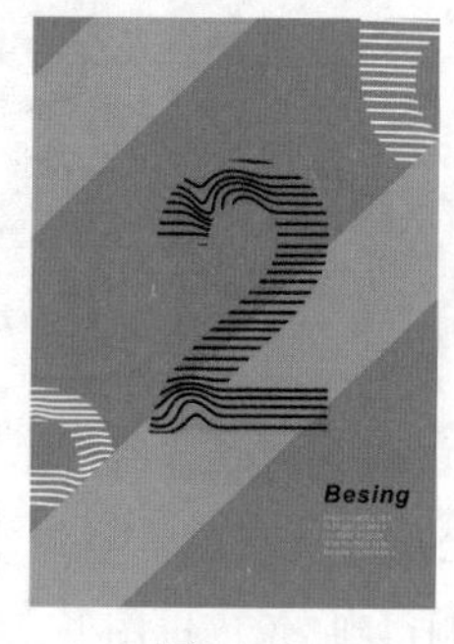

图 10-46

操作步骤

步骤 01 新建一个A4大小的竖向空白文档。使用“矩形”工具绘制一个与绘图区等大的矩形。将其填充为橘红色，同时去除轮廓线，如图10-47所示。

步骤 02 制作中间的数字2。从案例效果中可以看出数字2上有一些不规则弯曲的线段，所以首先需要制作由多条直线段构成的图形，通过“涂抹”工具、“转动”工具等对直线段进行变形。然后将数字2作为图文框，通过执行PowerClip命令来控制线段图形显示的区域。因此将制作直线段图形，使用“2点线”工具，在绘图区以外的空白区域按住Shift键的同时按住鼠标左键，拖动绘制一条水平直线段，接着在属性栏中设置“轮廓宽度”为1.5mm，如图10–48所示。

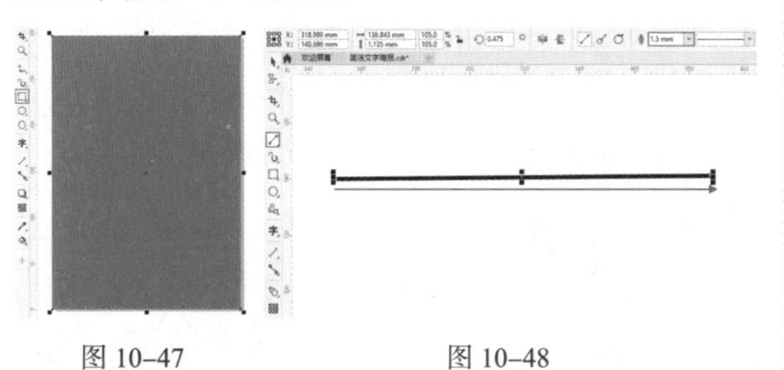

图 10–47　　图 10–48

步骤 03 将直线段选中，按住鼠标左键向下拖动的同时按住Shift键，使图形保持在同一水平线上。拖动至合适位置时右击对其进行复制。效果如图10–49所示。

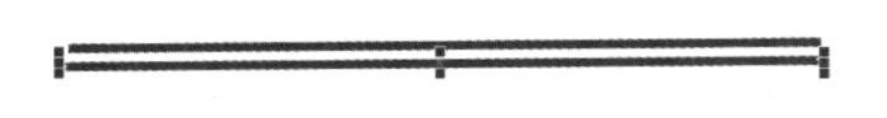

图 10–49

步骤 04 多次使用再制快捷键Ctrl+D进行直线段的复制。效果如图10–50所示。将得到的所有直线段框选，使用快捷键Ctrl+G进行编组，同时将其复制两份放在绘图区外，以备后面操作时使用(为了使制作出来的效果更加自然，可以对直线段之间的间距进行适当的调整，不需要全都是一样的间距)。

步骤 05 对编组的直线段图形进行变形操作。将直线段图形选中，使用“转动”工具，在属性栏中设置“笔尖半径”为50.0mm，“速度”为10，单击“逆时针转动”按钮。设置完成后将鼠标放在图形上，按住左键稍停片刻，图形就按照设置的参数发生了相应的变化，效果如图10–51所示。在进行参数的设置时会多次尝试，不同的参数可以呈现出不同的效果。

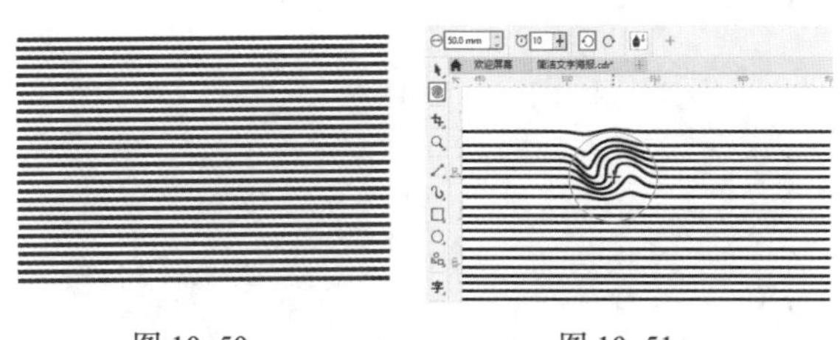

图 10–50　　图 10–51

步骤 06 对直线段图形的底部进行变形操作。使用“涂抹”工具，在属性栏中设置“笔尖半径”为60.0mm，“压力”为85，单击“平滑涂抹”按钮。设置完成后将光标放在曲线底部，按住鼠标左键从下向上拖动，效果如图10–52所示。如果一次的调整效果不满意，可以多次进行涂抹。

步骤 07 在使用“涂抹”工具的状态下，将“笔尖半径”适当调小，在已有变形左侧按住鼠标从上向下拖动，制作出不同方向的涂抹变形效果，如图10–53所示。

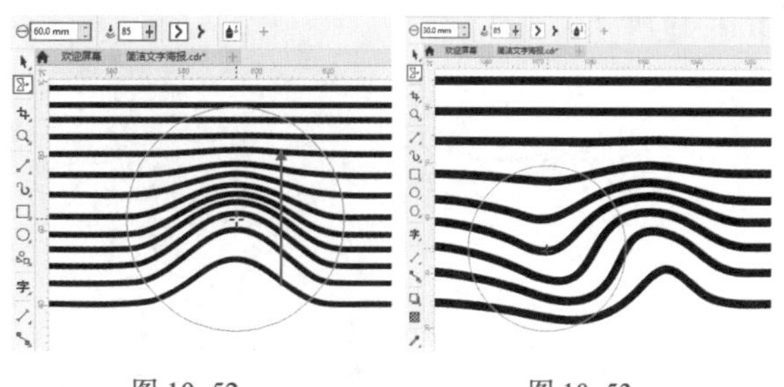

图 10–52　　图 10–53

步骤 08 当变形的直线段图形制作完成后，在画面中添加作为图文框的数字。使用“文本”工具，在空白位置输入文字。选中文字，在属性栏中设置合适的字体和字体大小，同时单击“粗体”按钮B，将文字加粗。效果如图10–54所示。

步骤 09 去除文字的填充色，设置合适的轮廓色。将文字选中，单击调色板中的“无”按钮，去除填充色。右击黑色，设置轮廓色为黑色。效果如图10–55所示。

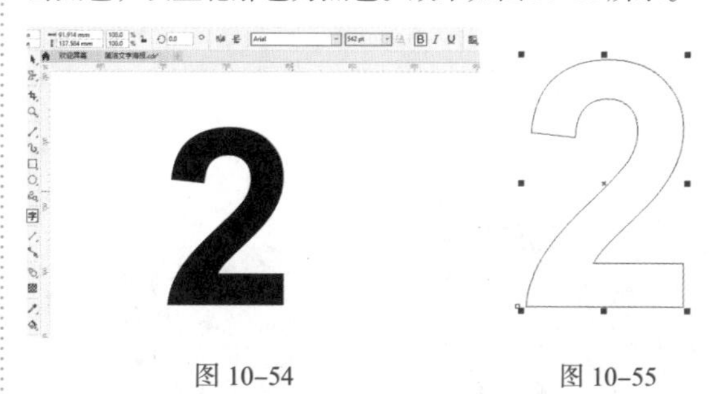

图 10–54　　图 10–55

步骤 10 在数字2后输入数字9，同时为其设置相同的轮廓色样式，以备后面操作使用。效果如图10–56所示。

步骤 11 将数字2移动至线段图形上。效果如图10–57所示。

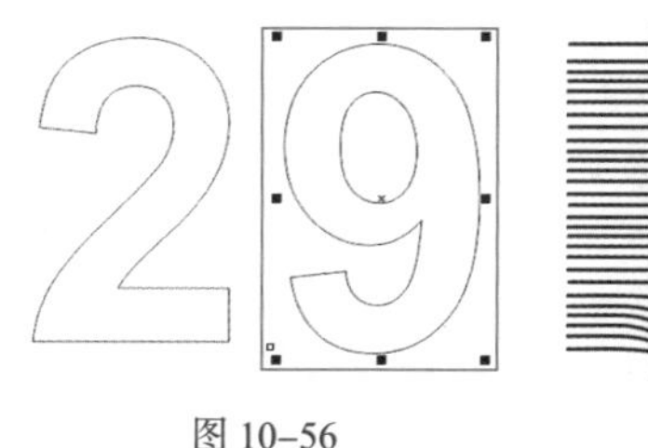

图 10–56　　图 10–57

步骤 12 将线段图形选中，执行“对象”→PowerClip→“置于图文框内部”命令。此时光标变为朝右的黑色小箭头，然后在数字2上单击即可将线段图形不需要的部分隐藏。去除黑色的轮廓线。效果如图10-58所示。

步骤 13 将制作完成的数字2移动至绘图区中间，如图10-59所示。

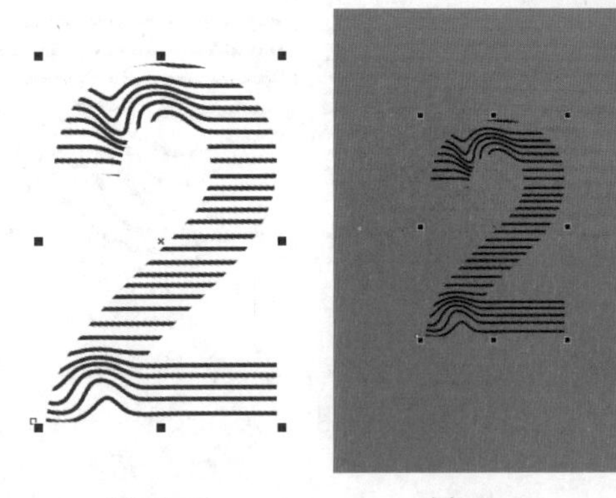

图 10-58　　图 10-59

步骤 14 为数字2添加阴影效果，增强视觉立体层次感。将数字2选中，使用“阴影”工具，按住鼠标左键从下向上拖动，为其添加阴影效果。然后在属性栏中设置“阴影颜色”为深红色，“阴影不透明度”为33，“阴影羽化”为5。效果如图10-60所示。

步骤 15 使用同样的方法制作另外两个数字。效果如图10-61所示。

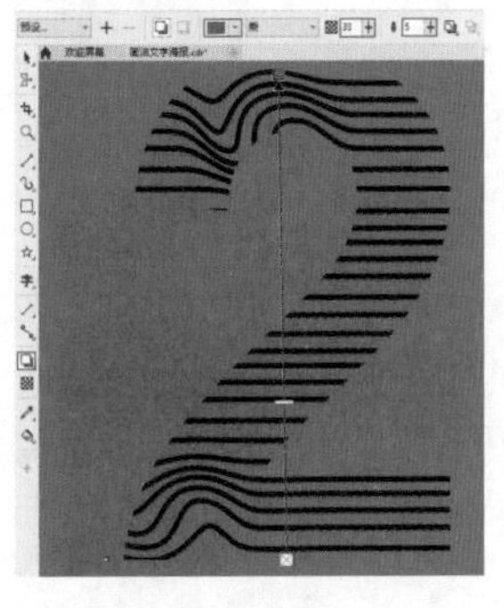

图 10-60

图 10-61

步骤 16 去除数字外框的轮廓线。效果如图10-62所示。

步骤 17 制作案例效果中的两个倾斜矩形。使用“矩形”工具，在文档中绘制一个橘色的长条矩形，同时去除轮廓线。效果如图10-63所示。

步骤 18 对绘制的矩形进行适当旋转。在使用“选择”工具状态下将图形选中，再次单击矩形，调出旋转定界框，然后将光标放在定界框一角，按住鼠标左键进行旋转。效果如图10-64所示。

步骤 19 选中旋转完成的矩形，按住鼠标左键向右下方拖动至合适位置时右击将其复制一份。效果如图10-65所示。

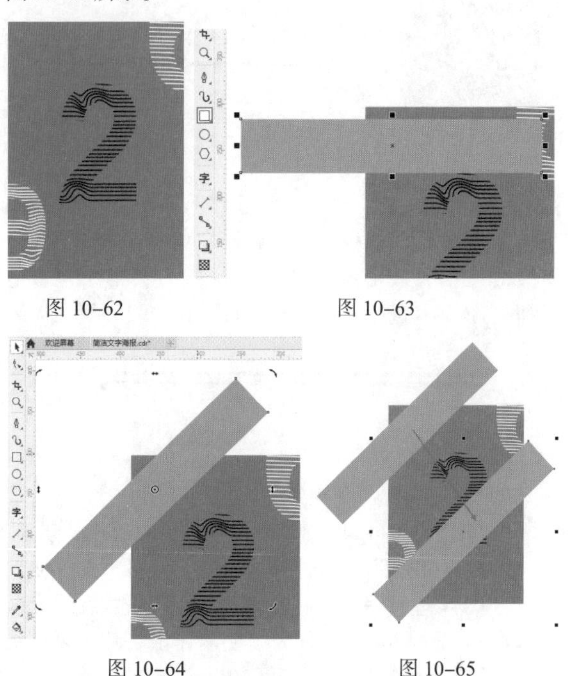

图 10-62　　图 10-63

图 10-64　　图 10-65

步骤 20 选中数值2，执行“对象”→“顺序”→“到页的前面”命令，将其放在矩形上。效果如图10-66所示。

步骤 21 在文档右下角添加文字，从而丰富整体的细节设计感。因此要添加点文字，使用“文本”工具，在右下角单击并输入文字。选中文字，在属性栏中设置合适的字体和字体大小，同时单击“粗体”和“斜体”按钮 B I。效果如图10-67所示。

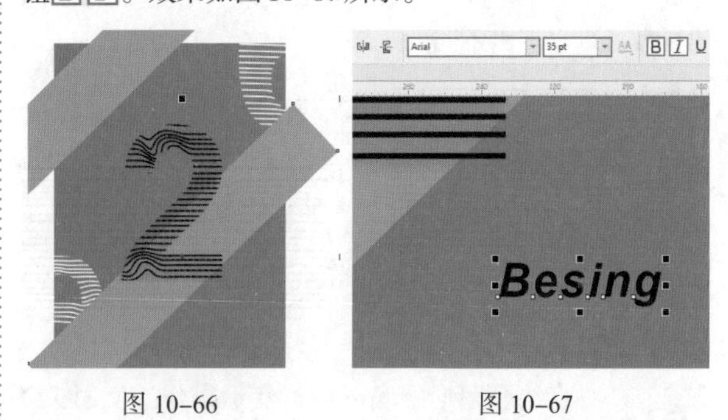

图 10-66　　图 10-67

步骤 22 使用“文本”工具，在点文字下方绘制段落文本框，输入段落文字。选中文字，在属性栏中设置合适的字体和字体大小，同时将文字颜色设置为白色。效果如图10-68所示。

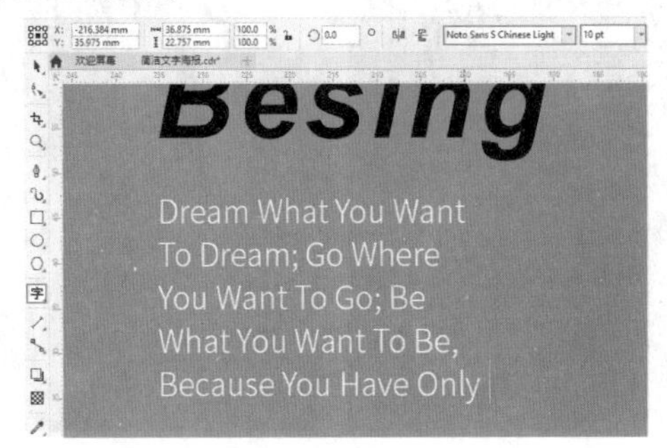

图10-68

步骤 23 调整输入的段落文字的行间距。将段落文字选中，在“文本”泊坞窗中单击“段落”按钮，设置“行间距”为90.0%，使行间距变得更加紧凑。效果如图10-69所示。

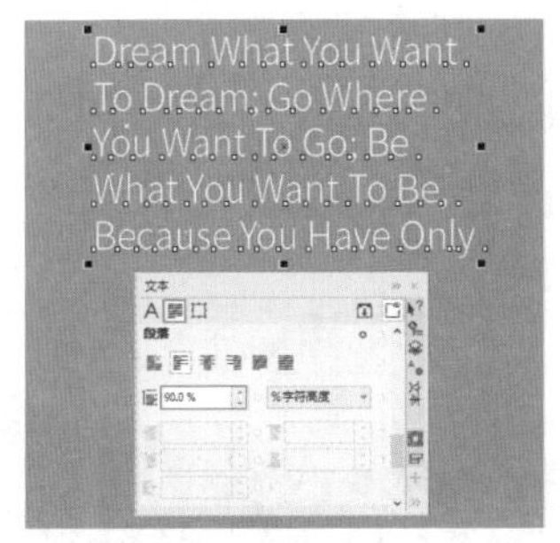

图10-69

步骤 24 海报基本制作完成，然而绘制的图形有超出绘图区的部分，需要对其进行裁剪处理。使用“裁剪”工具，按住鼠标左键从左上向右下拖动，绘制出需要保留的范围。绘制完成后单击左上角的“裁剪”按钮确认裁剪操作，如图10-70所示。至此，本案例制作完成，效果如图10-71所示。

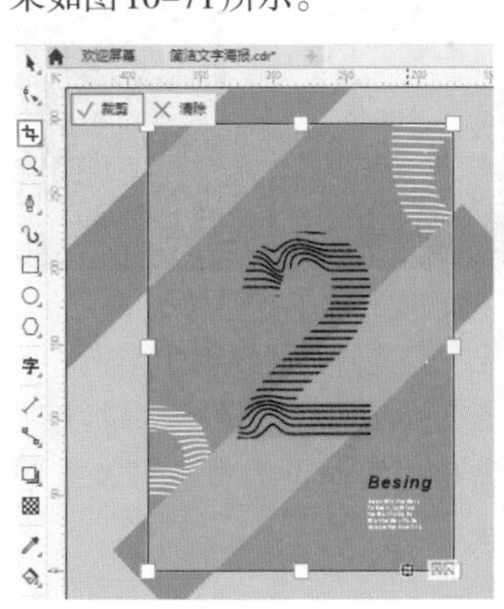

图10-70

图10-71

10.4 项目案例：运动产品广告

文件路径	资源包\第10章\运动产品广告
难易指数	★★★★★
技术掌握	“矩形”工具、织物效果、“钢笔”工具、“文本”工具

案例效果

案例效果如图10-72所示。

图10-72

操作步骤

10.4.1 制作广告背景

步骤 01 新建一个A4大小的竖向文档。使用“矩形”工具，绘制一个和绘图区等大的矩形，将其填充为黄色，如图10-73所示。继续使用“矩形”工具，绘制一个比黄色矩形稍小一些的黑色矩形，如图10-74所示。

扫一扫，看视频

图10-73

图10-74

步骤 02 选中黑色矩形，执行“效果”→“创造性”→“织物”命令，在弹出的“织物”对话框中设置“样式”为“珠帘”，“粗细”为10，“完成”为100，“亮度”为33，设置完成后单击OK按钮，如图10-75所示。此时黑色矩形上出现特殊的肌理，细节效果如图10-76所示。

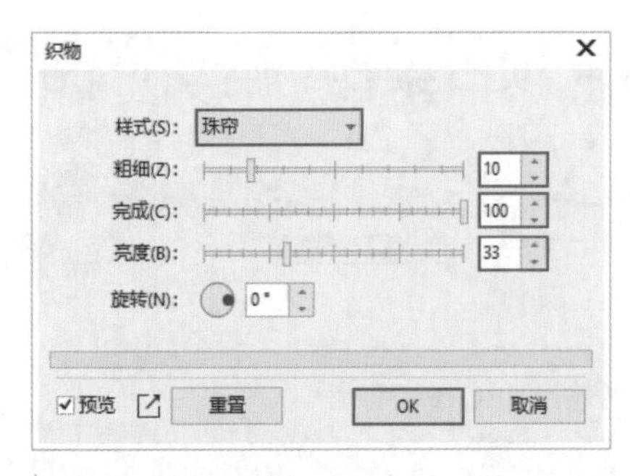

图 10-75

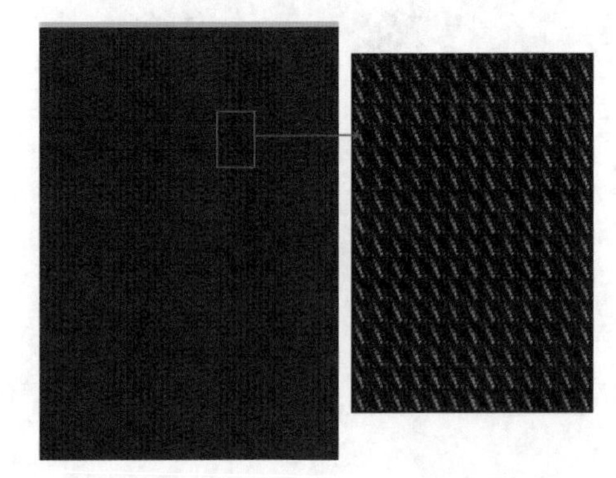

图 10-76

步骤 03 使用“钢笔”工具，在画面左上角位置绘制三角形，将三角形填充为黄色，去除轮廓线。效果如图10-77所示。

步骤 04 使用同样的方法绘制其他图形。效果如图10-78所示。

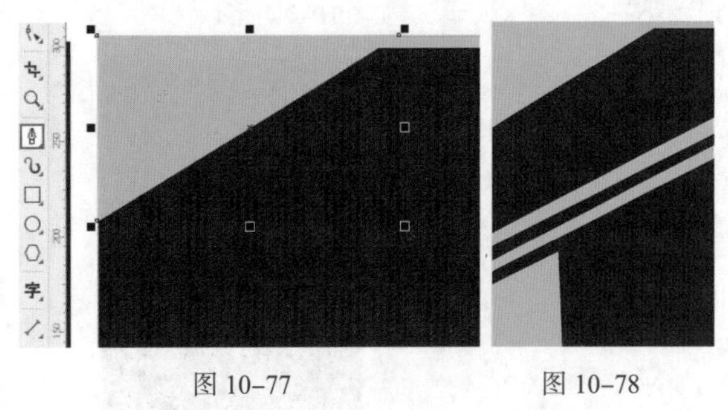

图 10-77　　图 10-78

10.4.2　添加图像和文字

扫一扫，看视频

步骤 01 执行“文件”→“导入”命令，将人物素材导入画面，效果如图10-79所示。

步骤 02 选中左上角的三角形，使用快捷键Shift+Page Down将其移动到人物素材前面，效果如图10-80所示。

图 10-79　　图 10-80

步骤 03 使用“文本”工具，在画面中单击插入光标后输入文字。选中文字，在属性栏中设置合适的字体、字体大小。效果如图10-81所示。

步骤 04 使用“文本”工具，输入其他文字。效果如图10-82所示。

步骤 05 使用“矩形”工具，在属性栏中单击“圆角”按钮，设置“圆角半径”为4.0mm，设置完成后在画面下方绘制矩形，将其填充为黄色。效果如图10-83所示。

图 10-81　　图 10-82

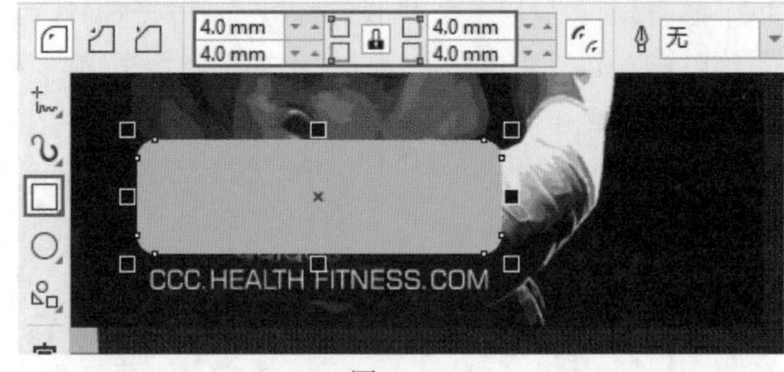

图 10-83

步骤 06 使用“交互式填充”工具，在属性栏中单击“渐变填充”按钮，设置“渐变类型”为“线性渐变填充”，设置完成后在画面中设置渐变的颜色为黄色。效果如图10-84所示。

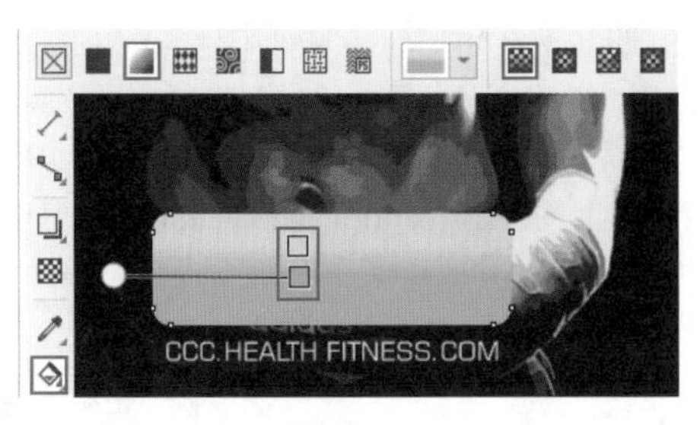

图 10-84

步骤 07 使用“文本”工具在矩形上输入文字，设置比较粗的字体。效果如图10-85所示。

步骤 08 此时本案例的平面效果图制作完成，如图10-86所示。按住Shift键依次加选各个对象对其进行编组。

图 10-85　　图 10-86

步骤 09 制作立体展示效果。将墙体素材导入画面，如图10-87所示。

图 10-87

步骤 10 选中制作完成的平面效果图，执行“对象”→“顺序”→“到页的前面”命令，将其放置在画面的最前方。然后调整其大小，将其放在立体展示墙体的框架中。至此，本案例制作完成，效果如图10-88所示。

图 10-88

10.5 项目案例：个性撞色海报

文件路径	资源包\第10章\个性撞色海报
难易指数	★★★★★
技术掌握	“钢笔”工具、“透明度”工具、“阴影”工具

案例效果

案例效果如图10-89所示。

图 10-89

操作步骤

10.5.1 制作海报背景图形

步骤 01 新建一个A4大小的竖向空白文档，使用“矩形”工具，绘制一个与绘图区等大的矩形，将矩形填充为合适的颜色，去除轮廓线。效果如图10-90所示。

扫一扫，看视频

步骤 02 使用“矩形”工具在其上绘制一个稍小的矩形，将其填充为浅粉色，同时去除轮廓线，效果如图10-91所示。

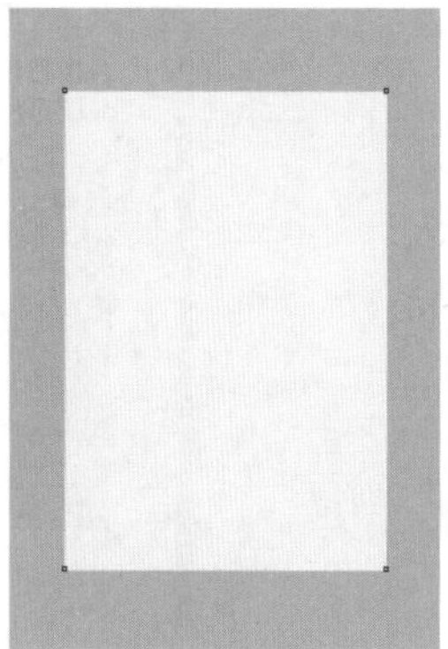

图 10-90　　图 10-91

步骤 03 为绘制的矩形添加阴影效果，增强立体感。在浅粉色矩形选中状态下，使用“阴影”工具，接着在矩形上按住鼠标左键拖动添加阴影。然后在属性栏中设置“阴影颜色”为黑色，“合并模式”为“乘”，“阴影不透明度”为30，“阴影羽化”为7。效果如图10–92所示。

图 10–92

步骤 04 在文档中添加文字。使用“文本”工具，在浅粉色矩形的左上角输入文字。选中文字，在属性栏中设置合适的字体和字体大小，同时单击“斜体”按钮 *I*。效果如图10–93所示。

步骤 05 将文字选中，按住鼠标左键向下拖动，至合适位置时右击将其复制一份。效果如图10–94所示。

图 10–93

SWEET
SWEET

图 10–94

步骤 06 使用“矩形”工具在画面中心绘制矩形，然后将其填充为蓝色。效果如图10–95所示。

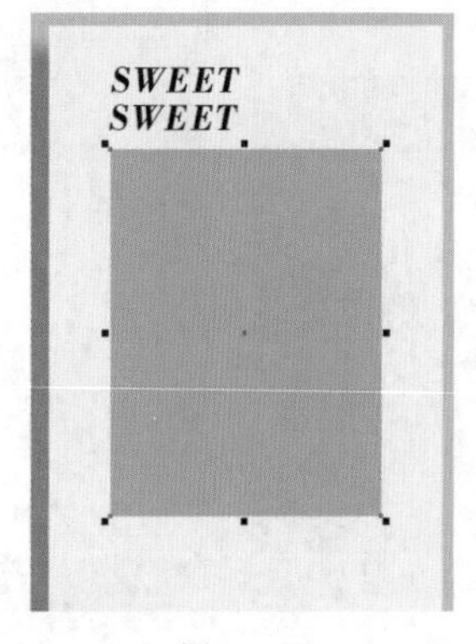

图 10–95

步骤 07 设置蓝色矩形的透明度。在蓝色矩形选中状态下，使用“透明度”工具，单击属性栏中的“底纹透明度”按钮，设置“底纹库”为“样本6”，然后单击“透明度挑选器”按钮，在下拉面板中单击第一个底纹。然后拖动控制点对底纹大小及角度进行调整。效果如图10–96所示。

图 10–96

步骤 08 制作蓝色矩形顶部的不规则图形。使用“钢笔”工具，在蓝色矩形顶部绘制图形，接着在属性栏中设置“轮廓宽度”为4.0mm，将其填充色设置为红色。效果如图10–97所示。

图 10–97

步骤 09 使用“钢笔”工具，在红色图形上方绘制一个橘黄色的不规则图形，去除轮廓线。效果如图10–98所示。

图 10–98

步骤 10 为绘制的橘黄色图形添加底纹效果。在该图形选中状态下，使用“透明度”工具，单击属性栏中的“底纹透明度”按钮▦，设置合适的底纹。效果如图10-99所示。

图 10-99

步骤 11 选择橘黄色图形，使用快捷键Ctrl+C进行复制，使用快捷键Ctrl+V进行粘贴。选择工具箱中的“透明度”工具，单击属性栏中的“无透明度”按钮▩去除透明度。效果如图10-100所示。

图 10-100

步骤 12 在复制得到的图形选中状态下，将填充色去除，设置轮廓色为黑色，“轮廓宽度”为4.0mm。效果如图10-101所示。

图 10-101

步骤 13 使用“矩形”工具绘制一个与蓝色矩形等大的矩形，然后在属性栏中设置“轮廓宽度”为4.0mm。效果如图10-102所示。

图 10-102

10.5.2 绘制细节图形

步骤 01 制作眼睛部分。使用“钢笔”工具，在蓝色矩形中间绘制一个眼睛图形，在属性栏中设置“轮廓宽度”为4.5mm。效果如图10-103所示。

扫一扫，看视频

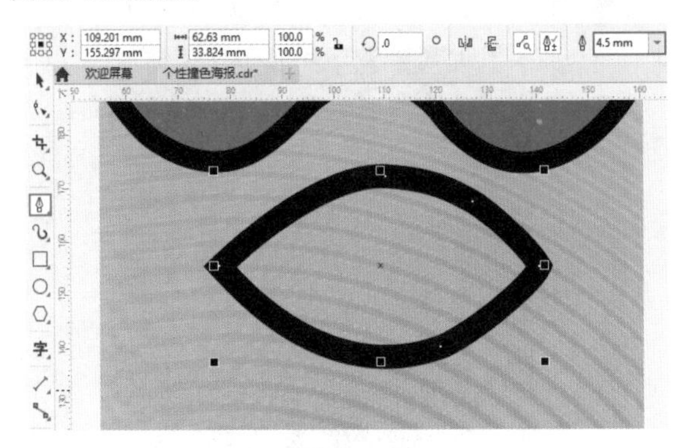

图 10-103

步骤 02 为绘制的眼睛图形添加底纹。选择该图形，使用“交互式填充”工具，单击属性栏中的“底纹填充”按钮▦，使用相同的底纹。效果如图10-104所示。

步骤 03 使用“椭圆形”工具，在属性栏中设置“轮廓宽度”为4.5mm。设置完成后按住Ctrl键绘制一个红色正圆图形。效果如图 10–105 所示。

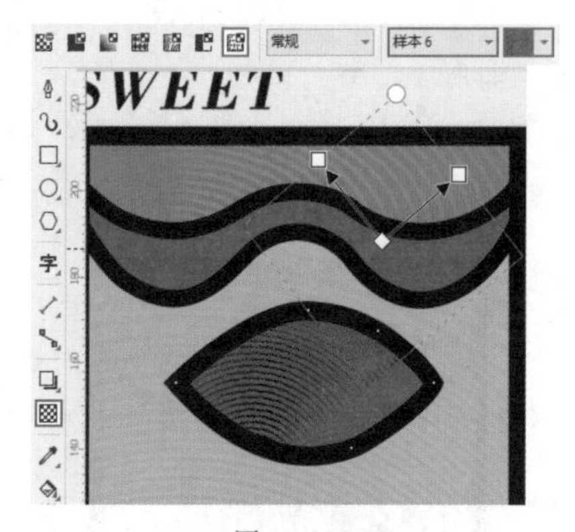

图 10–104

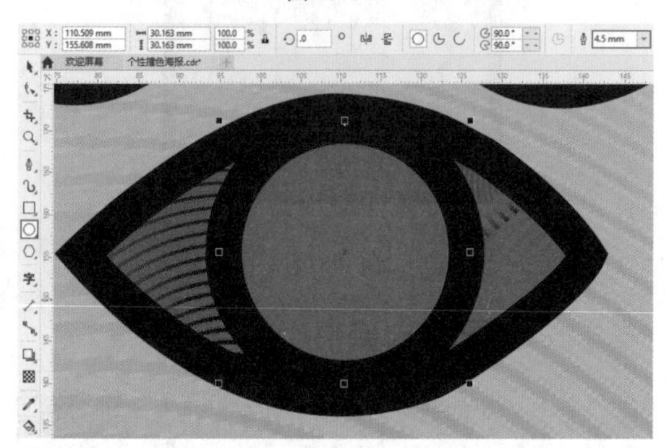

图 10–105

步骤 04 制作眼睛的高光效果。使用“钢笔”工具，在正圆上绘制一个白色月牙图形。效果如图 10–106 所示。

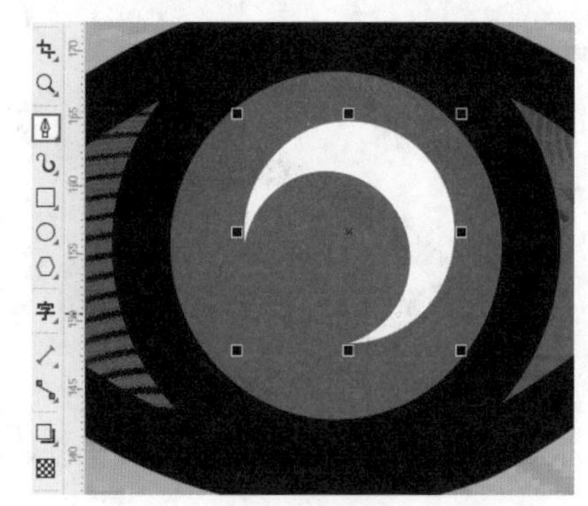

图 10–106

步骤 05 制作眼睛图形左侧类似鼻子的不规则图形。使用“钢笔”工具，在属性栏中设置“轮廓宽度”为 4.0mm。设置完成后在画面左侧绘制图形，将其填充为浅粉色。效果如图 10–107 所示。

步骤 06 使用“椭圆形”工具在画面右下角绘制正圆，设置“轮廓色”为黑色，“轮廓宽度”为 4.0mm。然后选择该正圆，选择工具箱中的“交互式填充”工具，单击属性栏中的“双色图样”按钮，然后选择合适的图样，接着设置“前景颜色”为黄绿色，“背景颜色”为红色，然后拖动控制点对双色图样的大小进行调整。效果如图 10–108 所示。

图 10–107　　图 10–108

步骤 07 使用“矩形”工具在正圆的下方绘制一个黑色的长条矩形，同时去除轮廓线。效果如图 10–109 所示。

步骤 08 使用“文本”工具，在文档的合适位置添加文字。至此，本案例制作完成，效果如图 10–110 所示。

图 10–109　　图 10–110

10.6 项目案例：甜美风格招贴广告

文件路径	资源包\第10章\甜美风格招贴广告
难易指数	★★★★★
技术掌握	“交互式填充”工具、“椭圆形”工具、“文本”工具

案例效果

案例效果如图 10–111 所示。

图 10-111

操作步骤

10.6.1 制作背景图形

步骤 01 新建一个A4大小的竖向文档。使用“矩形”工具，绘制一个和绘图区等大的矩形。然后使用“交互式填充”工具，在属性栏中单击“渐变填充”按钮，设置“渐变类型”为“椭圆形渐变填充”，设置完成后在画面中按住鼠标左键拖动调整渐变，设置节点的颜色。效果如图10-112所示。

扫一扫，看视频

步骤 02 使用“椭圆形”工具，按住Ctrl键的同时按住鼠标左键拖动绘制一个正圆，并将其填充为粉色，去除轮廓线。效果如图10-113所示。

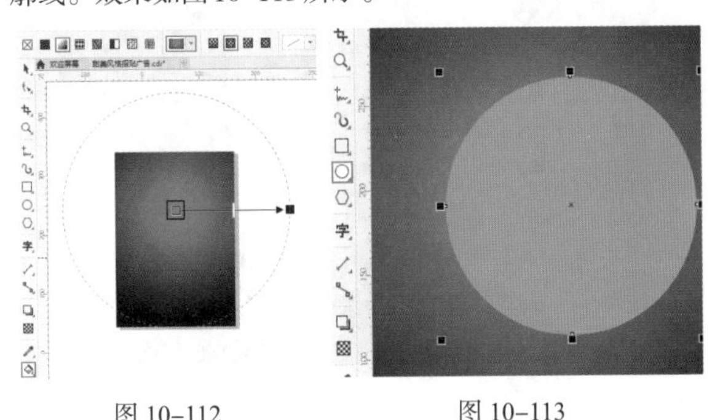

图 10-112　　图 10-113

步骤 03 使用“透明度”工具，在属性栏中单击“均匀透明度”按钮，设置“透明度”为50。效果如图10-114所示。

步骤 04 选中正圆，使用快捷键Ctrl+C进行复制，使用快捷键Ctrl+V进行粘贴。然后将其放在已有正圆的左下角。效果如图10-115所示。

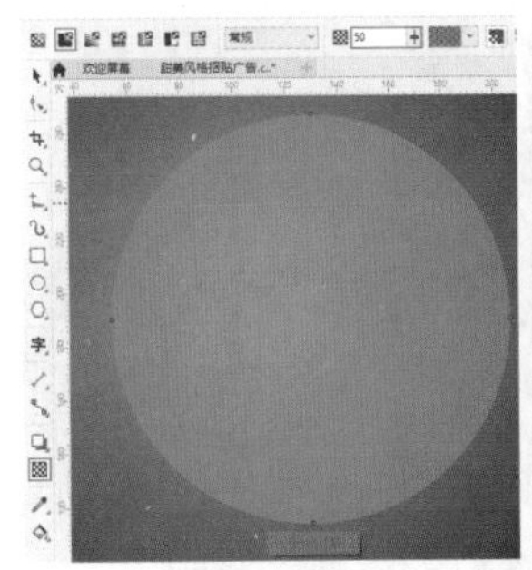

图 10-114　　图 10-115

步骤 05 使用“椭圆形”工具，在画面左上角绘制一个正圆。选中该图形，在“属性”泊坞窗中设置“轮廓颜色”为粉色，“轮廓宽度”为24.0pt，如图10-116所示。效果如图10-117所示。

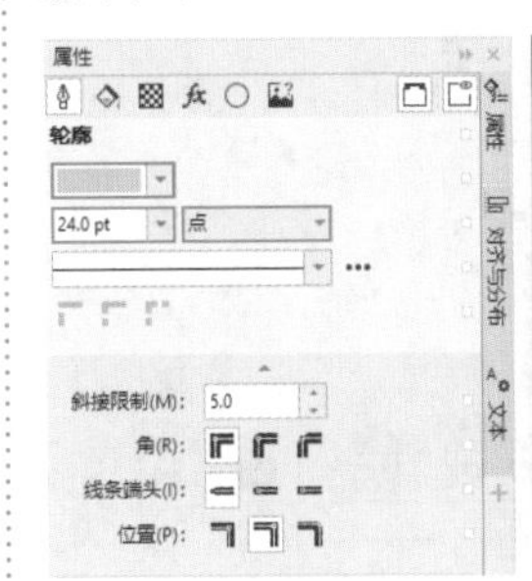

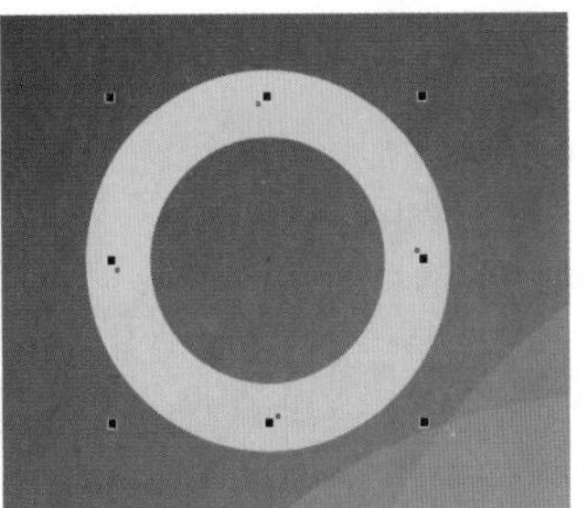

图 10-116　　图 10-117

步骤 06 选择粉色轮廓的正圆，使用“透明度”工具，在其属性栏中单击“均匀透明度”按钮，设置“透明度”为80。效果如图10-118所示。

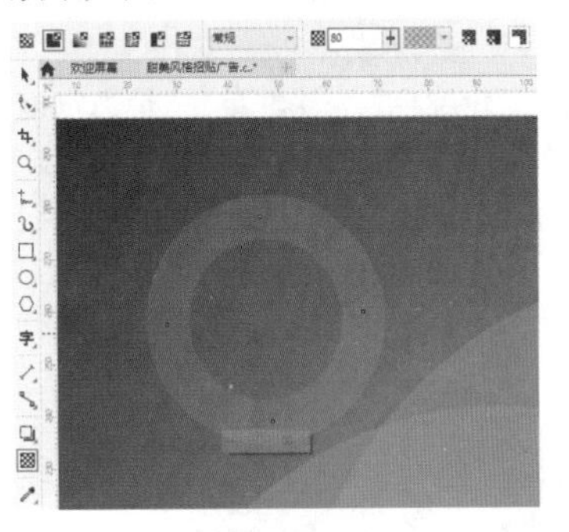

图 10-118

10.6.2 制作主体图像和文字

扫一扫，看视频

步骤 01 执行“文件”→“导入”命令，将人物素材导入画面。效果如图10-119所示。

步骤 02 在画面中添加文字。使用“文

本”工具，在画面下半部分输入文字。效果如图10-120所示。

图 10-119　　图 10-120

步骤 03 将文字适当旋转。效果如图10-121所示。

步骤 04 制作多重描边的文字。选中文字，在“文本”泊坞窗中设置文字的“轮廓宽度”为16.0pt，然后设置“轮廓色”为洋红色，如图10-122所示。

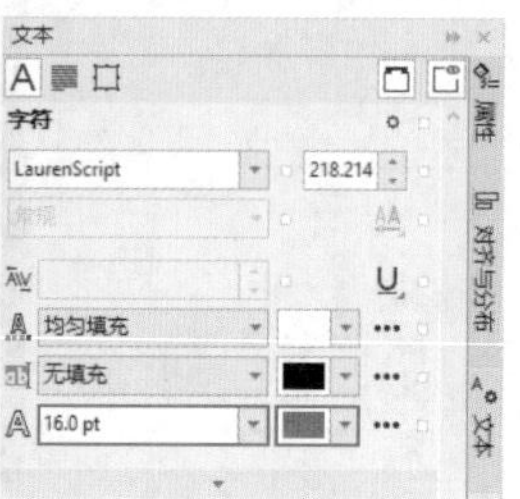

图 10-121　　图 10-122

步骤 05 去除文字的填充色。此时，文字效果如图10-123所示。

步骤 06 选中文字，使用快捷键Ctrl+C进行复制，使用快捷键Ctrl+V 进行粘贴，接着选中文字，在“文本”泊坞窗中设置“轮廓色”为深红色，“轮廓宽度”为 10.0pt，如图10-124所示。此时，文字效果如图10-125所示。

步骤 07 再次复制文字，设置“轮廓色”为粉色，“轮廓宽度”为4.0pt，如图10-126所示。

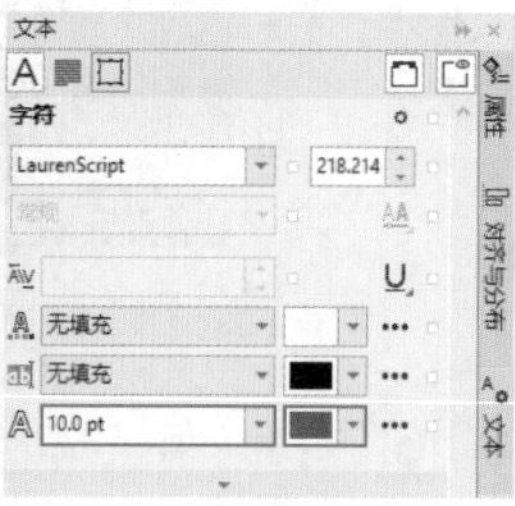

图 10-123　　图 10-124

图 10-125　　图 10-126

步骤 08 选择工具箱中的“交互式填充”工具，单击属性栏中的“渐变填充”按钮，设置“渐变类型”为“线性渐变填充”，接着编辑一个粉色系的渐变。效果如图10-127所示。

图 10-127

步骤 09 复制这3层文字，移动到原有文字上方并适当缩小。效果如图10-128所示。

图 10-128

步骤 10 使用“文本”工具更改文字内容，快速制作出副标题文字。效果如图10-129所示。

步骤 11 使用同样的方法制作其他文字。至此，本案例制作完成，效果如图10-130所示。

图 10-129

图 10-130

10.7 项目案例：清爽户外广告

文件路径	资源包\第10章\清爽户外广告
难易指数	★★★★★
技术掌握	“裁剪”工具、转换为位图、添加透视

案例效果

案例效果如图10-131所示。

图 10-131

操作步骤

10.7.1 制作广告背景

步骤 01 新建一个“宽度”为130.0mm、“高度”为60.0mm的空白文档。使用“矩形”工具在空白文档中绘制一个矩形，将其填充为蓝色，摆放在左侧。效果如图10-132所示。

扫一扫，看视频

步骤 02 使用同样的方法绘制另一个矩形，填充为浅蓝色。效果如图10-133所示。

图 10-132　　图 10-133

步骤 03 绘制一个细长的矩形，将其填充为黄色并去除轮廓线，然后对其进行旋转。效果如图10-134所示。

步骤 04 选中黄色矩形，然后使用“裁剪”工具，在黄色矩形上按住鼠标左键拖动绘制裁剪框，如图10-135所示。

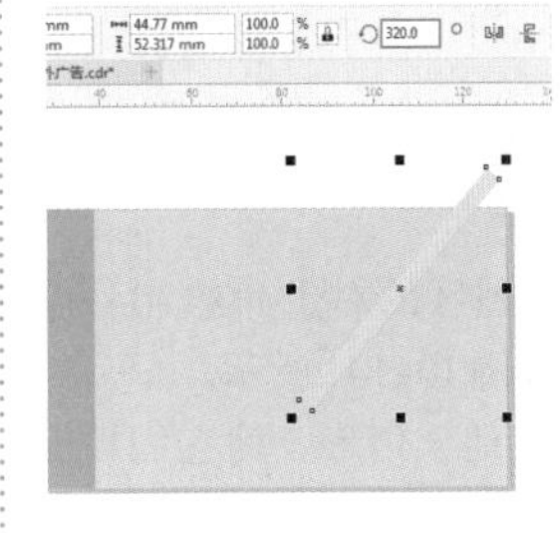
图 10-134

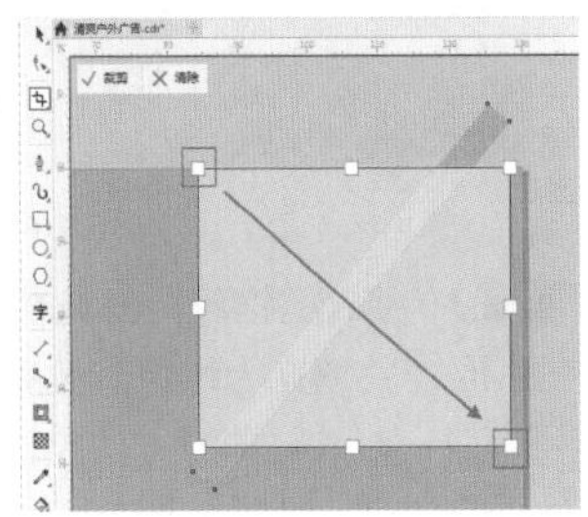
图 10-135

步骤 05 绘制完成后单击“裁剪”按钮，或者按Enter键确认裁剪操作。此时四边形效果如图10-136所示。

步骤 06 使用同样的方法制作其他倾斜的矩形，填充相应的颜色。效果如图10-137所示。

图 10-136

图 10-137

步骤 07 制作倾斜矩形下方的白色直线段。使用“2点线”工具，在黄色倾斜矩形下方绘制一条直线。效果如图10-138所示。

步骤 08 设置直线段的轮廓属性。在直线选中状态下，调出“属性”泊坞窗，设置直线的“轮廓宽度”为2.0px，“轮廓颜色”为白色，如图10-139所示。

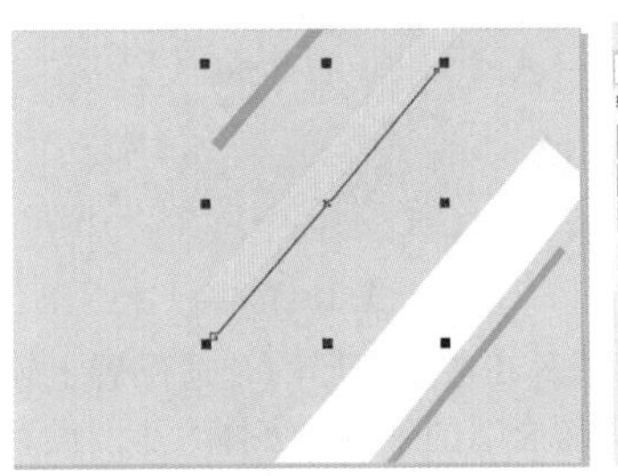
图 10-138

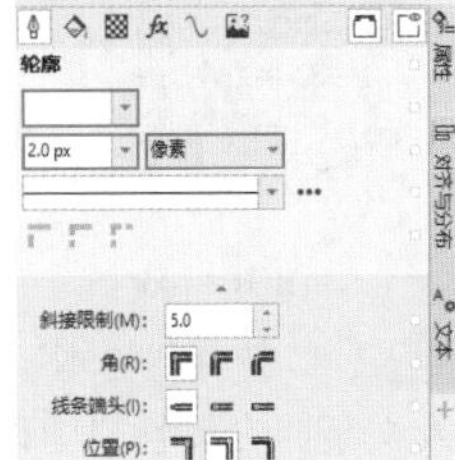

图 10-139

步骤 09 使用同样的方法绘制其他线条。效果如图10-140所示。

图 10-140

步骤 10 使用“钢笔”工具在绘图区的右上角绘制一个三角形，并填充为绿色。效果如图 10-141 所示。

步骤 11 使用同样的方法绘制其他三角形，为它们填充合适的颜色。效果如图 10-142 所示。

图 10-141

图 10-142

10.7.2 添加文字和图像

扫一扫，看视频

步骤 01 使用工具箱的“文本”工具，在蓝色矩形上单击插入光标，然后在属性栏中设置合适的字体、字体大小，设置完成后输入文字。效果如图 10-143 所示。

步骤 02 填充文本颜色为白色。效果如图 10-144 所示。

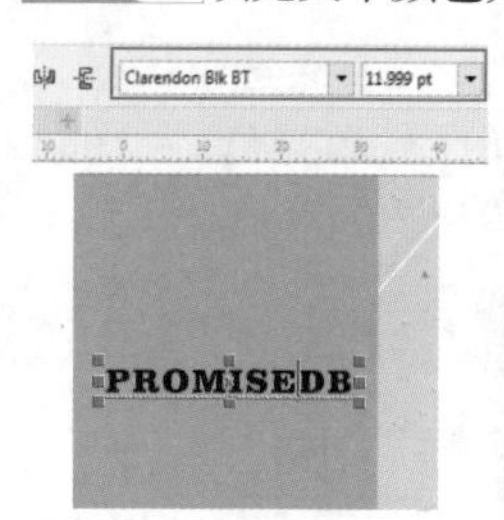

图 10-143

图 10-144

步骤 03 使用“文本”工具在蓝色矩形的合适位置上输入文字，在属性栏中设置合适的字体和字体大小。设置完成后在绘图区中的合适位置单击输入文字，同时设置合适的填充颜色。效果如图 10-145 所示。

步骤 04 在文档中添加正圆。使用“椭圆形”工具，按住Ctrl键拖动，绘制一个正圆，将其填充为黄色。效果如图 10-146 所示。

图 10-145　　图 10-146

步骤 05 选中正圆，使用快捷键Ctrl+C进行复制，使用快捷键Ctrl+V进行粘贴，将正圆复制两份并摆放在文字前方，效果如图 10-147 所示。

步骤 06 对绘制的3个正圆进行对齐设置。按住Shift键单击加选3个正圆，然后执行“窗口”→“泊坞窗”→“对齐与分布”命令，在弹出的“对齐与分布”泊坞窗中单击“水平居中对齐”按钮和“垂直分散排列中心”按钮，设置3个圆形的对齐方式，如图 10-148 所示。

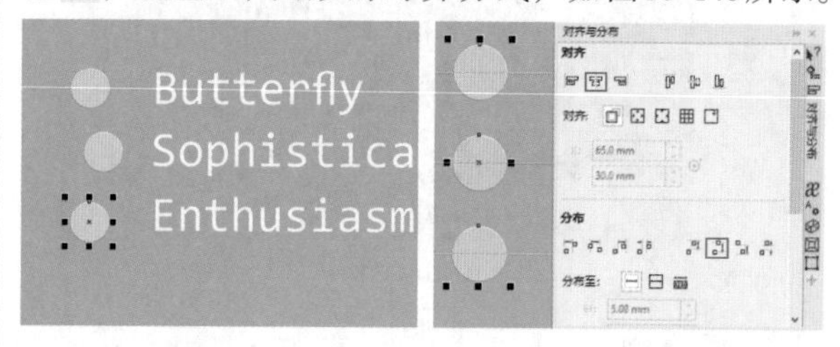

图 10-147　　图 10-148

步骤 07 使用“文本”工具在画面中单击插入光标，然后在属性栏中设置合适的字体、字体大小，输入文字，填充为绿色。效果如图 10-149 所示。

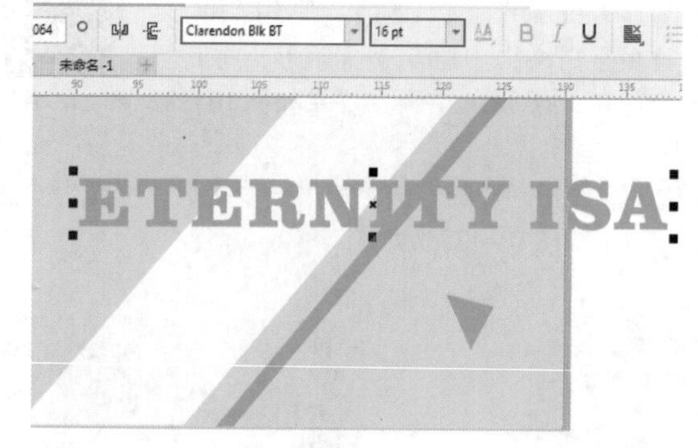

图 10-149

步骤 08 选中绿色文字，在属性栏中设置“旋转角度”为50°。效果如图 10-150 所示。

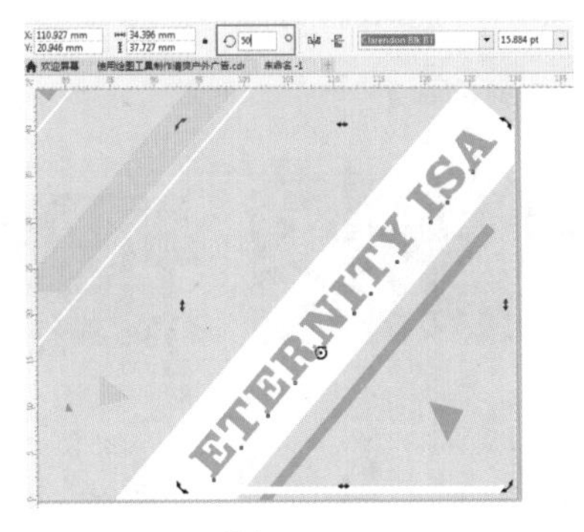

图 10–150

步骤 09 使用同样的方法添加其他文字，对其他文字进行合适旋转。效果如图 10–151 所示。

步骤 10 执行“文件”→“导入”命令，导入人物素材，将其移动到合适位置。此时平面效果图制作完成，如图 10–152 所示。框选制作完成的平面图，使用快捷键 Ctrl+G将其编组。

图 10–151

图 10–152

10.7.3 制作广告展示效果

步骤 01 制作立体效果。执行“文件”→“导入”命令，将广告素材导入画面。效果如图 10–153 所示。

扫一扫，看视频

步骤 02 选中制作完成的平面效果图，使用快捷键Ctrl+C 进行复制，使用快捷键Ctrl+V进行粘贴，接着将其移动到广告牌素材的上方。效果如图 10–154 所示。

图 10–153

图 10–154

步骤 03 选中平面图，执行“位图”→“转换为位图”命令，在弹出的“转换为位图”对话框中设置“分辨率”为300dpi，“颜色模式”为“RGB色(24位)”，设置完成后单击OK按钮，将矢量图转换为位图，如图 10–155 所示。

步骤 04 选中转换为位图的平面图，执行“对象”→“透视点”→“添加透视”命令，将光标放在画面的左上角，按住鼠标左键向右上方拖动，如图 10–156 所示。

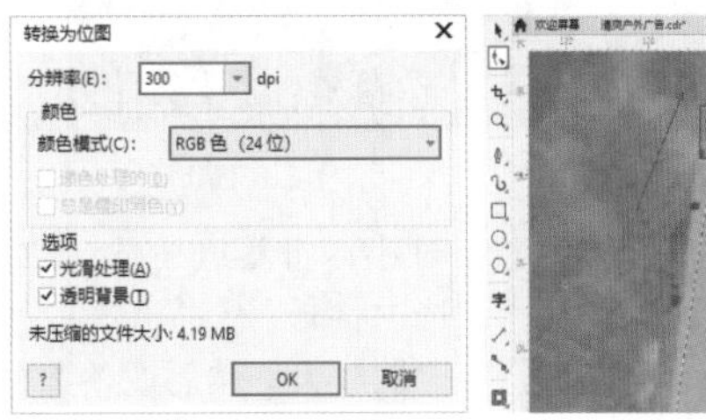

图 10–155　　图 10–156

步骤 05 使用同样的方法对其他三个角进行调整。至此，本案例制作完成，效果如图 10–157 所示。

图 10–157

10.8 项目案例：宽幅促销广告

文件路径	资源包\第10章\宽幅促销广告
难易指数	★★★★★
技术掌握	“透明度”工具、“交互式填充”工具、“轮廓图”工具、“阴影”工具

案例效果

案例效果如图 10–158 所示。

图 10–158

操作步骤

10.8.1 制作广告背景

步骤 01 执行“文件”→“新建”命令，创建一个宽幅文档。效果如图 10–159 所示。

扫一扫，看视频

步骤 02 制作广告背景。将背景素材导入空白文档。效果如图10–160所示。

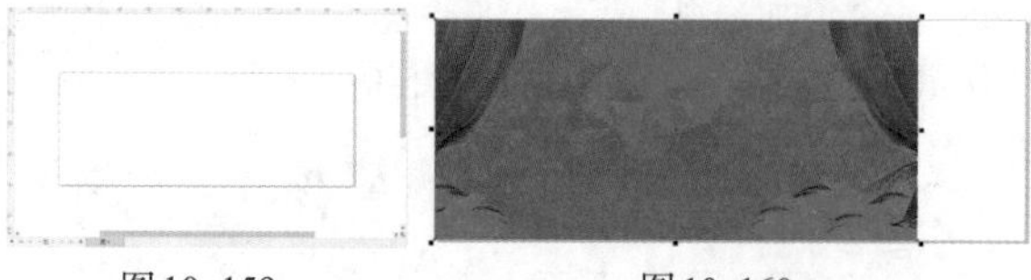

图10–159　　图10–160

步骤 03 此时可以看到素材过小，将其进行适当放大，从而覆盖住绘图区。在素材选中状态下，将光标放在定界框任意一角，将其进行等比例放大。然后调整素材的摆放位置。效果如图10–161所示。

步骤 04 放大的背景素材虽然能充满整个绘图区，但是需对其多余的部分进行隐藏。先将背景素材移出绘图区，方便下一步操作。使用“矩形”工具，绘制一个与绘图区等大的矩形。效果如图10–162所示。

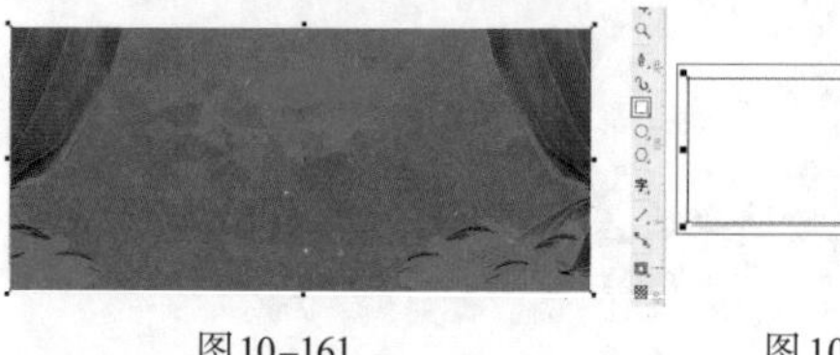

图10–161　　图10–162

步骤 05 选择背景素材，将其移动至绘图区中。同时使用快捷键Ctrl+Page Down，将其放置在矩形下。然后执行“对象”→PowerClip→“置于图文框内部”命令，此时光标变成黑色粗箭头，单击刚刚绘制的矩形，将素材不需要的部分隐藏。效果如图10–163所示。

步骤 06 继续使用“矩形”工具，在背景上绘制一个与背景等大的矩形。并设置矩形的填充色为红色，同时去除轮廓线。效果如图10–164所示。

图10–163

图10–164

步骤 07 设置矩形透明度，将矩形下的背景素材显示出来。在绘制的矩形选中状态下，使用“透明度”工具，在属性栏中单击“渐变透明度”按钮，设置“渐变模式”为“线性渐变透明度”。效果如图10–165所示。

步骤 08 使用“椭圆形”工具，在画面中间按住Ctrl键并按住鼠标左键拖动绘制一个稍大的正圆。效果如图10–166所示。

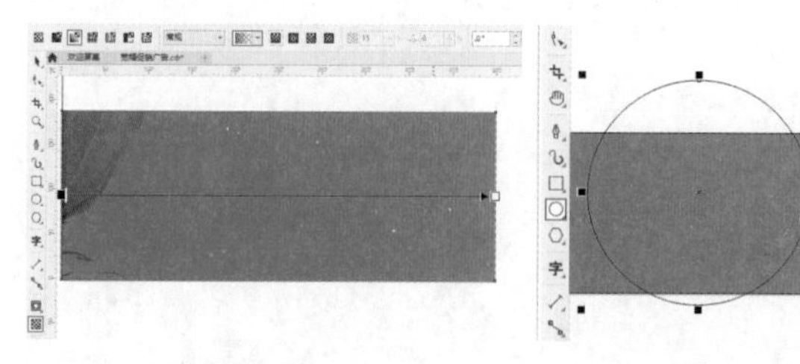

图10–165　　图10–166

步骤 09 选中该正圆，使用“交互式填充”工具，单击属性栏中的“渐变填充”按钮，设置“渐变类型”为“椭圆形渐变填充”，然后编辑一个“橙红色系渐变”，同时去除轮廓线。效果如图10–167所示。

步骤 10 使用“椭圆形”工具，在画面中间按住Ctrl键并按住鼠标左键拖动绘制一个正圆。然后选中该正圆，设置“轮廓宽度”为14.0pt，“轮廓色”为橙色。效果如图10–168所示。

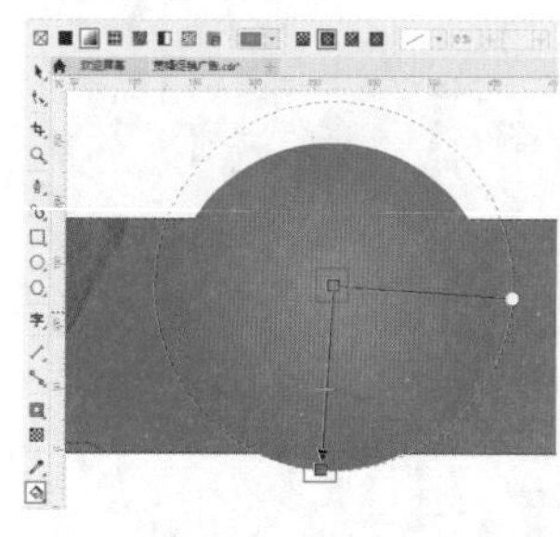

图10–167

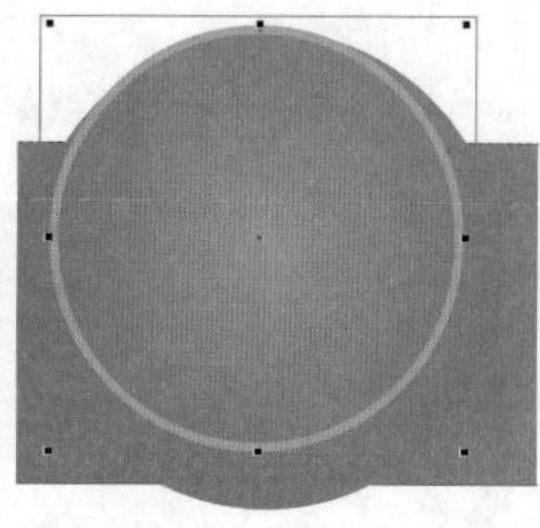

图10–168

步骤 11 由于绘制的正圆有超出绘图区的部分，需要将其进行隐藏。选中所有正圆，使用快捷键Ctrl+G进行编组。然后使用“矩形”工具，绘制一个与绘图区等大的矩形。效果如图10–169所示。

步骤 12 选中正圆组合，执行“对象”→PowerClip→“置于图文框内部”命令。当光标变成黑色粗箭头时，单击刚刚绘制的矩形，此时将正圆组合不需要的部分隐藏，同时去除矩形的黑色轮廓线。画面效果如图10–170所示。

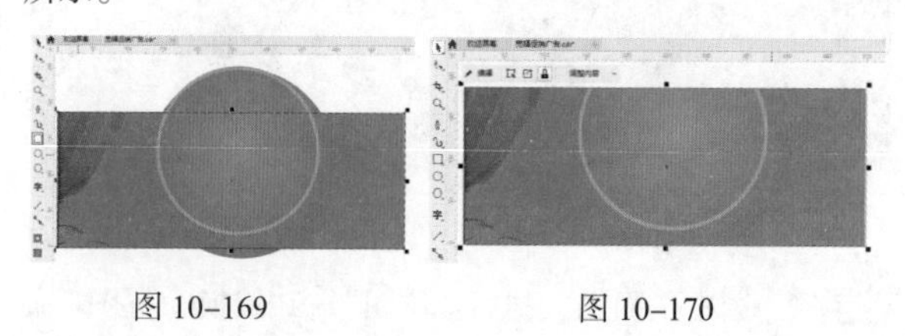

图10–169　　图10–170

10.8.2 制作主标题文字

扫一扫，看视频

步骤 01 输入文字。使用“文本”工具，在画面上单击，建立文字输入的起始点。接着在属性栏中设置合适的字体、字体大小，同时单击“粗体”按钮B。设置完成后在画面中输入相应的文字。效果如图10–171所示。

步骤 02 调整最后两个文字“好礼”的字体大小。使用“文本”工具在文字“开幕”后单击插入光标，按住鼠标左键拖动，使后边两个文字被选中。然后在属性栏中更改字体大小。此时，文字效果如图10–172所示。

图10–171

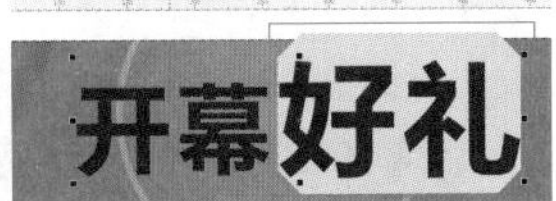

图10–172

步骤 03 调整文字的颜色。选中文字，将其填充为浅黄色。效果如图10–173所示。

步骤 04 为文字填充渐变色，丰富整体的视觉效果。使用“交互式填充”工具，在属性栏中单击“渐变填充”按钮，接着设置“渐变类型”为“矩形渐变填充”，“加速”为40.0，同时单击“自由缩放和倾斜”按钮。设置完成后编辑一个黄色系的渐变。效果如图10–174所示。

开幕好礼

图10–173

图10–174

步骤 05 为渐变文字创建轮廓。选中文字，使用“轮廓图”工具，在属性栏中单击“外部轮廓”按钮，设置“轮廓图步长”为1，“轮廓图偏移”为10.0mm，“轮廓图角”为“斜接角”，“填充色”为深红色，“最后一个填充挑选器”为稍深一些的深红色。效果如图10–175所示。

图10–175

10.8.3 制作副标题文字

扫一扫，看视频

步骤 01 制作副标题的底色图形。使用“钢笔”工具，在主标题文字下方绘制一个四边形。将四边形填充为红褐色，去除轮廓线。效果如图10–176所示。

步骤 02 使用“钢笔”工具在四边形上绘制一个新的四边形。效果如图10–177所示。

图10–176

图10–177

步骤 03 使用“交互式填充”工具，单击属性栏中的“渐变填充”按钮，设置“渐变类型”为“线性渐变填充”。设置完成后编辑一个黄色至白色的渐变。效果如图10–178所示。

步骤 04 使用“文本”工具，在四边形上方单击，建立文字输入的起始点，在属性栏中设置合适的字体、字体大小，同时单击“粗体”按钮B，将文字进行加粗。设置完成后在渐变图形上输入相应的文字，将文字颜色设置为红褐色。效果如图10–179所示。

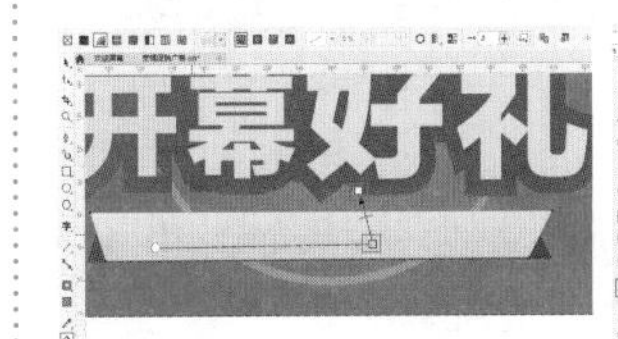

图10–178

图10–179

步骤 05 调整部分文字的颜色。在使用“文本”工具的状态下，在逗号后单击插入光标，按住鼠标左键向后拖动，使逗号后的文字被选中。然后在调色板中更改文字颜色。此时，文字效果如图10–180所示。

步骤 06 制作左上角的文字。单击工具箱中的“矩形”工具按钮，在画面左上角绘制一个矩形。将其填充为深灰色，同时去除轮廓线。效果如图10–181所示。

图10–180

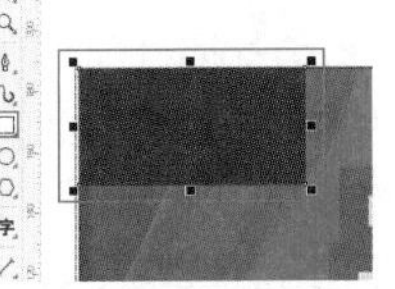
图10–181

步骤 07 在该矩形下方再绘制一个红色矩形。效果如

图10-182所示。

步骤 08 使用"多边形"工具，在属性栏中设置"点数或边数"为3。设置完成后在矩形上方拖动，绘制三角形，将其填充为相同的红色。效果如图10-183所示。

图10-182

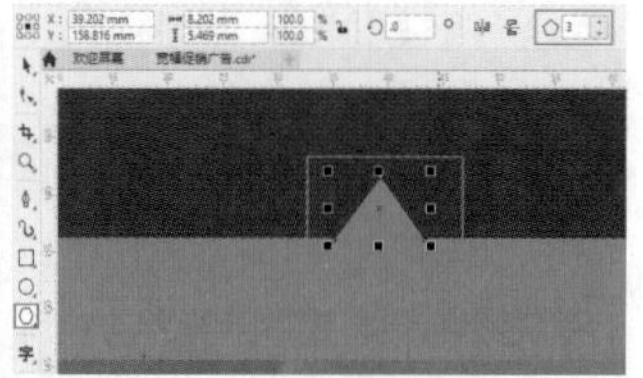
图10-183

步骤 09 在绘制的图形上添加文字。使用"文本"工具，在四边形上单击，建立文字输入的起始点，在属性栏中设置合适的字体、字体大小。设置完成后输入相应的文字。效果如图10-184所示。

步骤 10 继续使用"文本"工具在主标题文字上方输入相应的文字。选中文字，在属性栏中设置合适的字体、字体大小。效果如图10-185所示。

图10-184

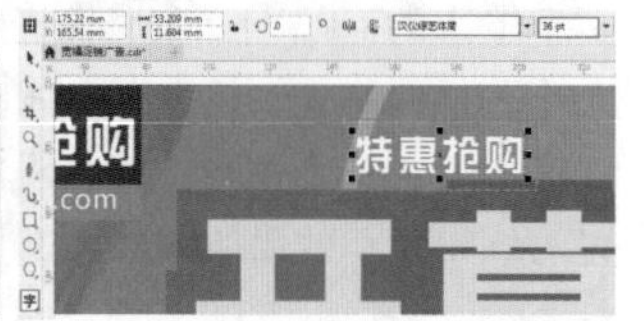

图10-185

步骤 11 使用"矩形"工具，在文字左侧绘制一个长条矩形，将其填充为白色，去除轮廓线。效果如图10-186所示。

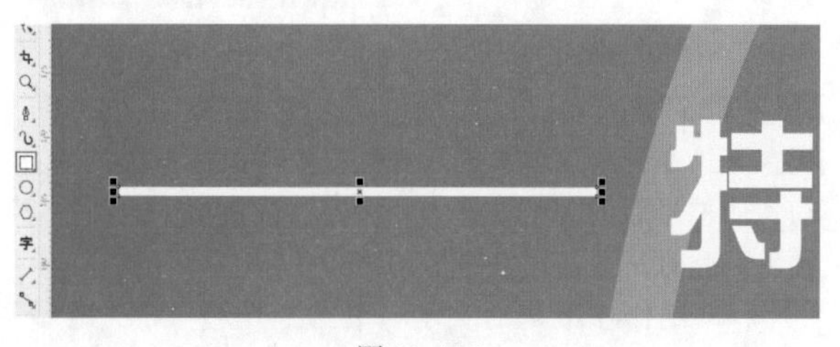

图10-186

步骤 12 设置长条矩形的透明度。在图形选中状态下，使用"透明度"工具，在属性栏中设置"透明度类型"为"均匀透明度"，设置"透明度"为50，同时单击"全部"按钮▩。效果如图10-187所示。

步骤 13 将透明矩形选中，使用快捷键Ctrl+C进行复制，使用快捷键Ctrl+V进行粘贴。然后将其移动到文字右侧。效果如图10-188所示。

步骤 14 制作主标题文字左下角的图形及文字。使用"钢笔"工具，在画面左侧绘制一个不规则图形，将其填充为橙红色，去除轮廓线。效果如图10-189所示。

步骤 15 在图形选中状态下，使用"透明度"工具，在属性栏中设置"透明度类型"为"渐变透明度"，"合并模式"为"添加"，"渐变模式"为"矩形渐变透明度"，同时单击"全部"按钮和"自由缩放和倾斜"按钮，设置完成后拖动节点调整渐变效果。效果如图10-190所示。

图10-187

图10-188

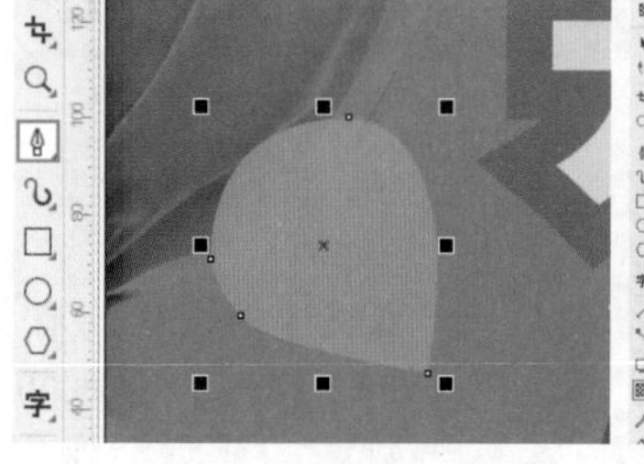
图10-189

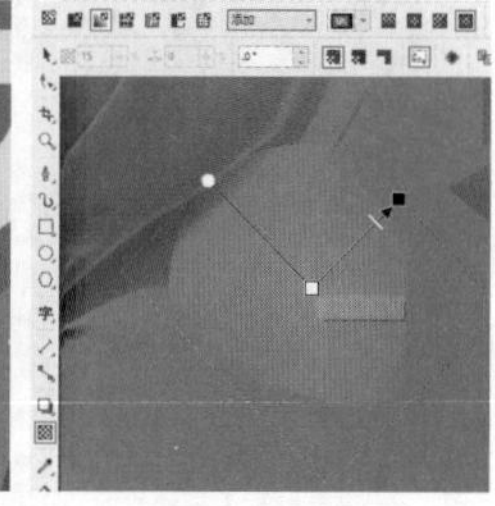
图10-190

步骤 16 使用"钢笔"工具在该图形上方再次绘制一个不规则图形，将其填充为红褐色。效果如图10-191所示。

步骤 17 使用"透明度"工具，在属性栏中设置"透明度类型"为"均匀透明度"，设置"透明度"为27，同时单击"全部"按钮。效果如图10-192所示。

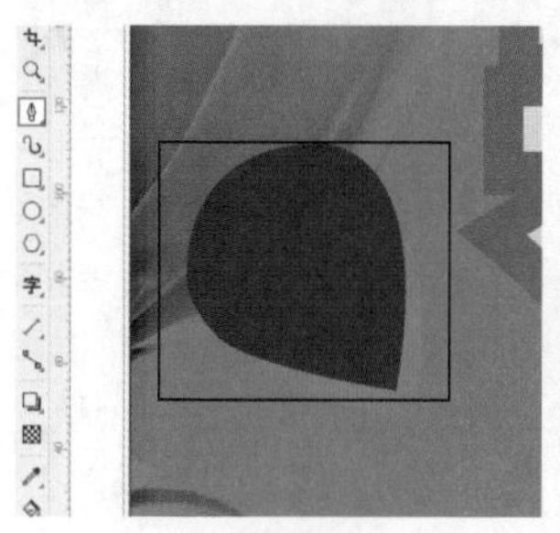
图10-191

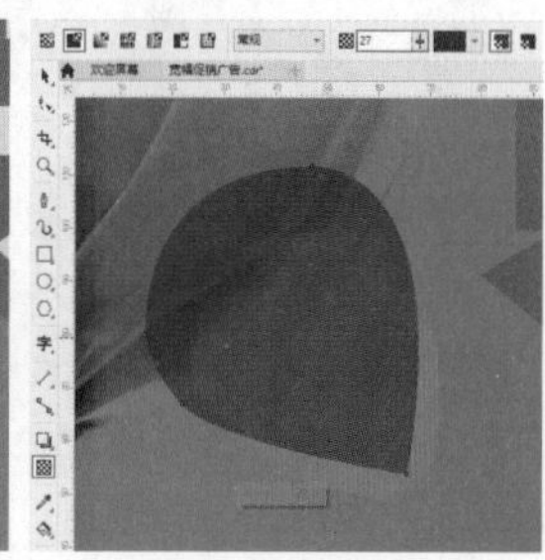
图10-192

步骤 18 选中刚刚绘制的两个图形，使用快捷键Ctrl+C进行复制，使用快捷键Ctrl+V进行粘贴，将新复制出来的矩形移动到画面右侧并进行水平方向的翻转。效果如图10-193所示。

步骤 19 使用工具箱中的"文本"工具，在左侧不规则图形上单击，建立文字输入的起始点，在属性栏中设置合适的字体、字体大小，然后输入相应的文字，设置文字颜色为黄色。效果如图10–194所示。

图10–193

图10–194

步骤 20 在属性栏中设置“旋转角度”为42.0°，对文字进行旋转。效果如图10–195所示。

步骤 21 使用“文本”工具，在右侧的相应位置输入文字，同时将文字进行相反角度的旋转。效果如图10–196所示。

图10–195

图10–196

步骤 22 在文档中添加光斑，从而提高整个画面的亮度。使用“椭圆形”工具，在画面下方按住Ctrl键并拖动鼠标左键绘制一个正圆，将其填充为黄色并去除轮廓线。效果如图10–197所示。

步骤 23 设置正圆的透明度效果。使用“透明度”工具，在属性栏中设置“透明度类型”为“渐变透明度”，“合并模式”为“添加”，“渐变模式”为“椭圆形渐变透明度”，设置“黑色节点透明度”为100，单击“全部”按钮和“自由缩放和倾斜”按钮。效果如图10–198所示。

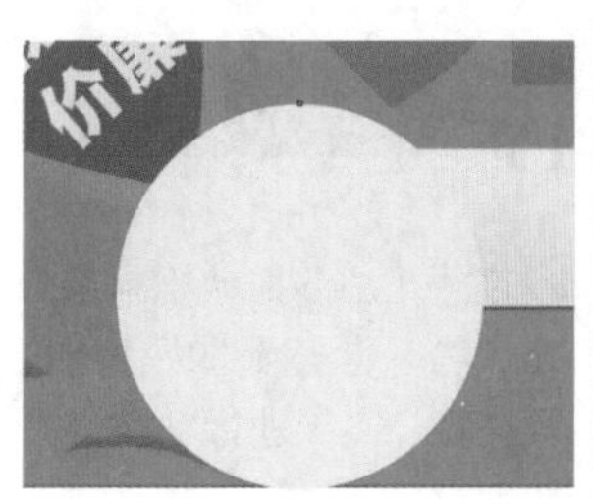

图10–197

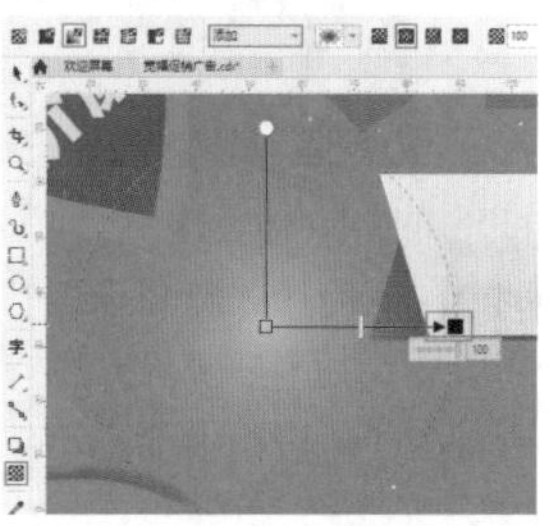

图10–198

步骤 24 使用“椭圆形”工具，在主标题文字上按住Ctrl键并拖动鼠标左键绘制一个白色的正圆。效果如图10–199所示。

步骤 25 选中正圆，使用“透明度”工具，在属性栏中设置“透明度类型”为“渐变透明度”，“合并模式”为“添加”，“渐变模式”为“椭圆形渐变透明度”。效果如图10–200所示。

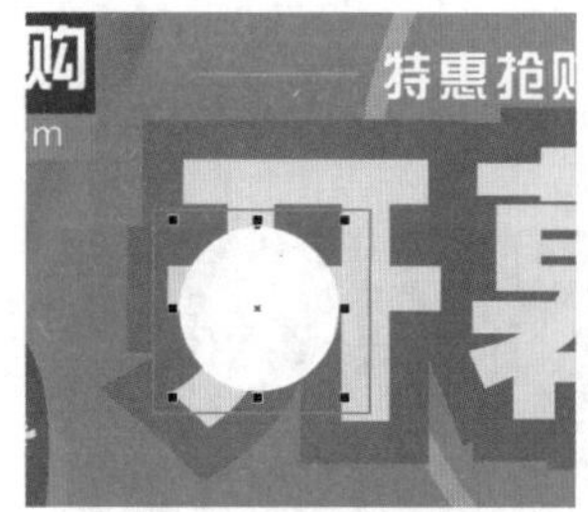

图10–199

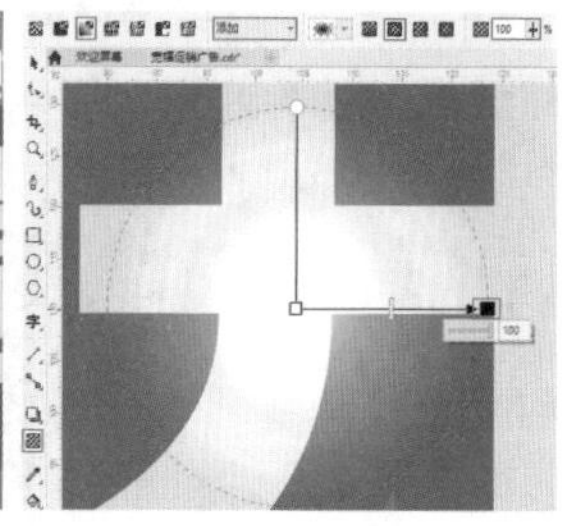

图10–200

步骤 26 复制制作好的光斑，摆放在不同位置并适当调整大小。至此，本案例制作完成，效果如图10–201所示。

图10–201

10.9 项目案例：游戏宣传广告

文件路径	资源包\第10章\游戏宣传广告
难易指数	★★★★★
技术掌握	“钢笔”工具、“交互式填充”工具、“文本”工具、“阴影”工具

案例效果

案例效果如图10–202所示。

图10–202

操作步骤

10.9.1 制作背景图形

扫一扫，看视频

步骤 01 执行“文件”→“新建”命令，新建一个“宽度”为340.0mm、“高度”为210.0mm的横向文档。效果如图10-203所示。

步骤 02 执行“文件”→“导入”命令，将背景素材导入画面，使其充满整个绘图区。效果如图10-204所示。

图 10-203

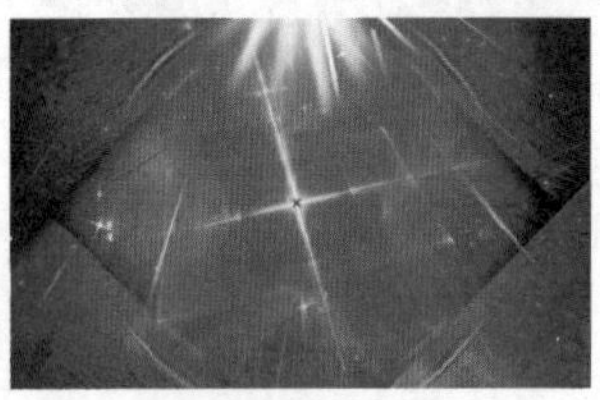

图 10-204

步骤 03 使用“钢笔”工具，在画面中间绘制形状。将其填充为深紫色，同时去除轮廓线。效果如图10-205所示。

步骤 04 复制该图形，将其填充为任意颜色，适当缩放，配合“形状”工具调整其形态。效果如图10-206所示。

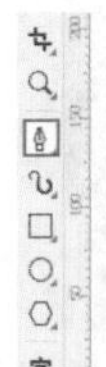

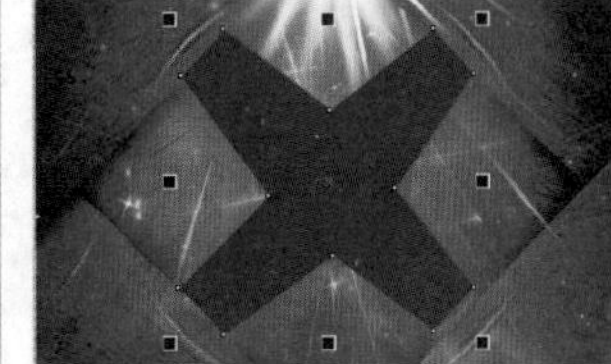

图 10-205

图 10-206

步骤 05 将网格素材导入画面，调整大小放在黄色图形上方。效果如图10-207所示。

步骤 06 使用快捷键Ctrl+Page Down将素材后移一层。效果如图10-208所示。

图 10-207

图 10-208

步骤 07 隐藏素材不需要的部分。选择素材图像，执行“对象”→PowerClip→“置于图文框内部”命令，此时光标变为黑箭头。效果如图10-209所示。

步骤 08 单击黄色图形，隐藏素材中多余的部分。效果如图10-210所示。

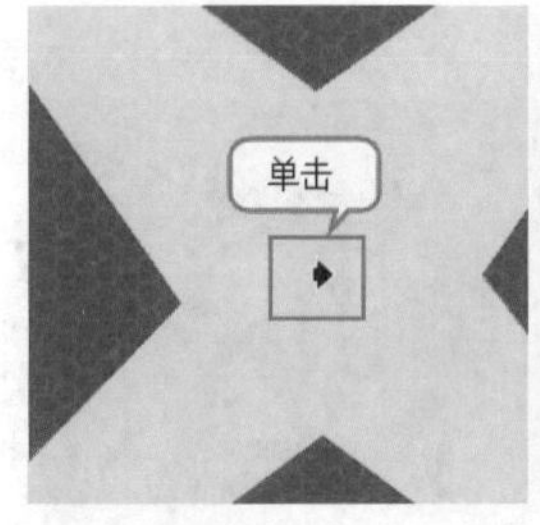

图 10-209

图 10-210

步骤 09 使用“矩形”工具，在属性栏中单击“圆角”按钮，设置“圆角半径”为4.0mm，“轮廓宽度”为25px，设置完成后在画面中绘制圆角矩形，将其填充为淡黄色，进行适当旋转。效果如图10-211所示。

步骤 10 使用同样的方法制作其他圆角矩形。效果如图10-212所示。

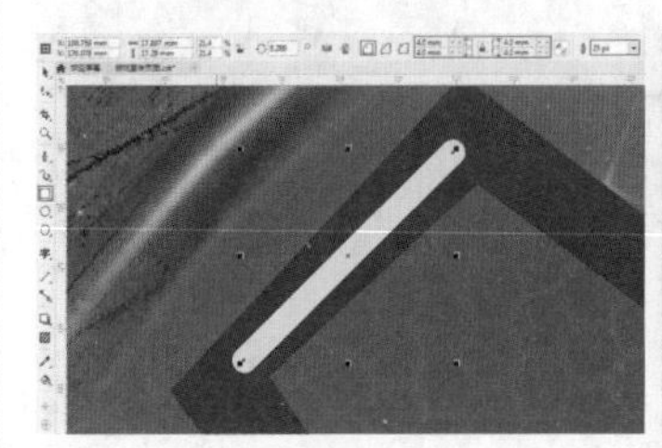

图 10-211

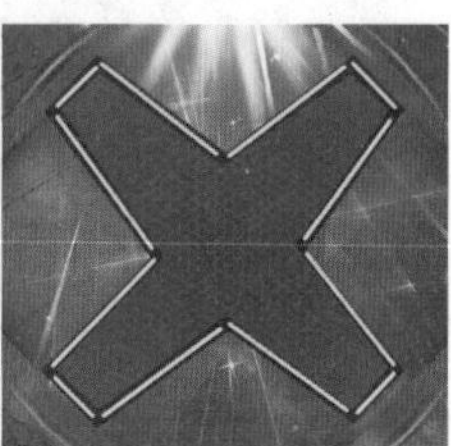

图 10-212

步骤 11 使用“钢笔”工具，在画面左上角位置绘制三角形，将其填充为深紫色并将轮廓线去除。效果如图10-213所示。

步骤 12 在该三角形上继续绘制一个青色的三角形。效果如图10-214所示。

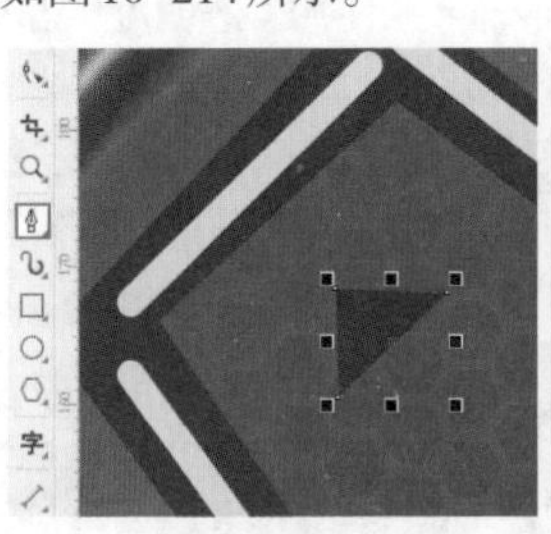

图 10-213

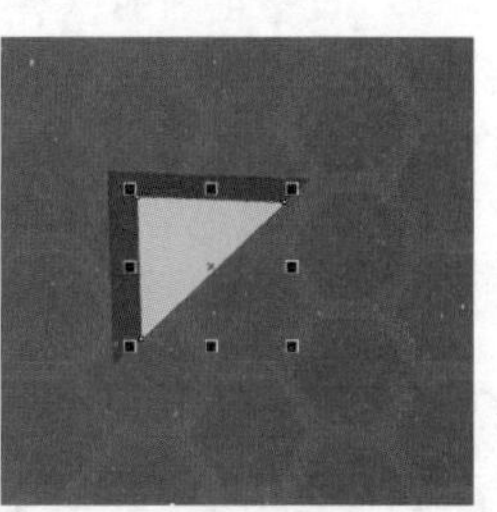

图 10-214

步骤 13 使用“椭圆形”工具，按住Ctrl键拖动绘制正圆并填充为黑色，放置在一角处。然后将正圆选中使用快捷键Ctrl+C进行复制，使用快捷键Ctrl+V进行粘贴，然后移动到另一角处。效果如图10-215所示。

步骤 14 按住Shift键单击加选两个正圆和三角形，使用快捷键Ctrl+G进行编组。接着将其复制一份，然后单击属性栏中的“水平镜像”按钮，调整图形的位置。效果如图10-216所示。

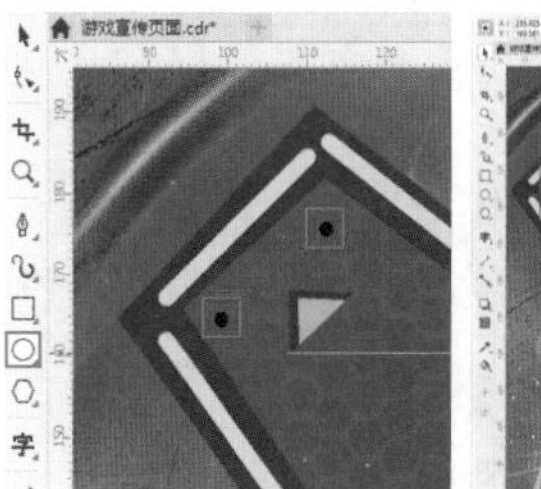

图10-215

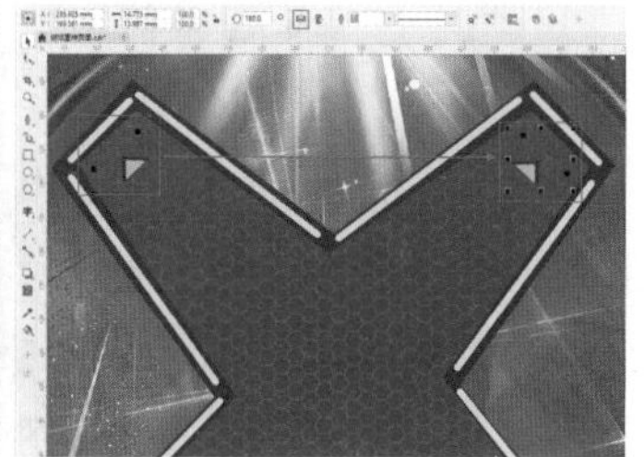

图10-216

步骤 15 使用同样的方法将图形复制两份并放置在合适位置，效果如图10-217所示。将制作好的图形加选后使用快捷键Ctrl+G进行编组。

步骤 16 选择编组的图形，将其复制一份。选中复制得到的图形，将其进行适当的旋转放大，再使用快捷键Ctrl+Page Down将其后移一层。效果如图10-218所示。

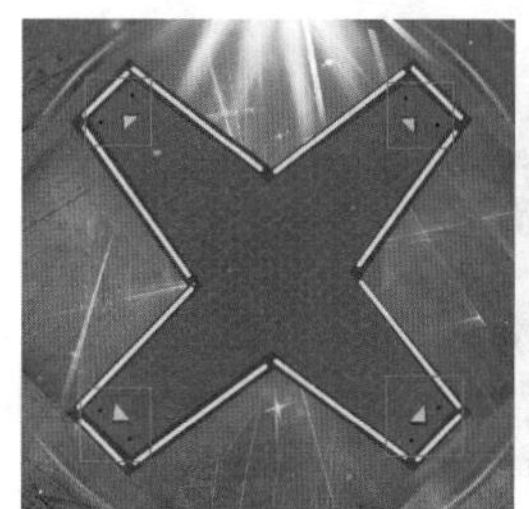

图10-217

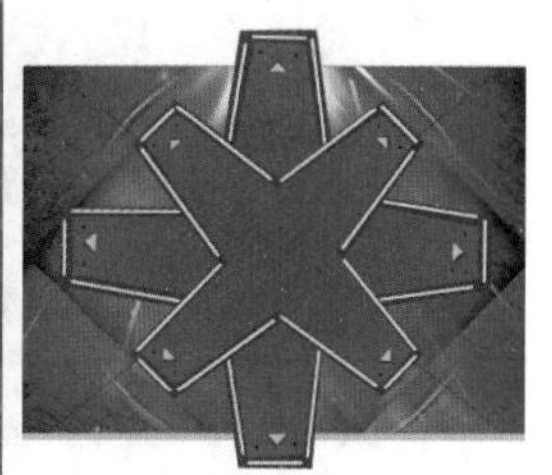

图10-218

步骤 17 隐藏超出绘图区的图形。使用“矩形”工具绘制一个矩形，将其填充为任意颜色并去除轮廓线。效果如图10-219所示。

步骤 18 选择超出绘图区的编组图形，执行“对象”→PowerClip→“置于图文框内部”命令，此时光标变为黑箭头，单击黄色图形上方，将多余的部分隐藏。效果如图10-220所示。

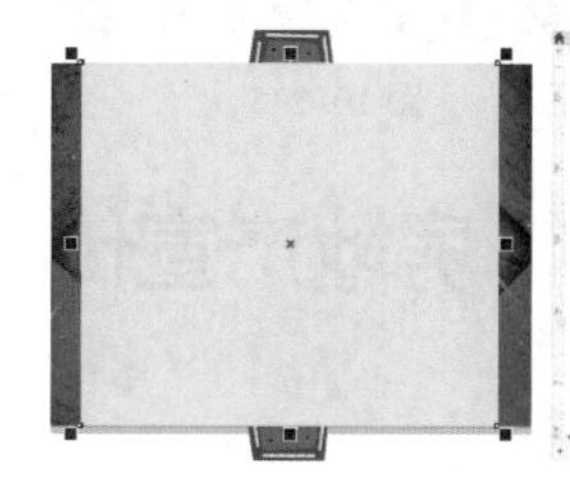

图10-219

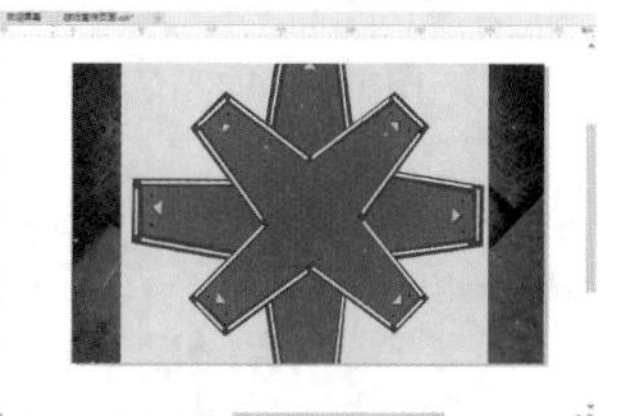

图10-220

步骤 19 在调色板中单击“无”按钮，将黄色矩形的填充色去除，使用快捷键Ctrl+Page Down将其后移一层。效果如图10-221所示。

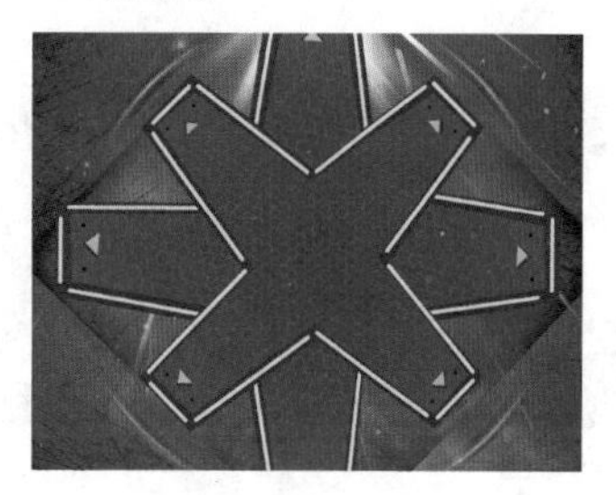

图10-221

10.9.2 制作主体文字

步骤 01 在画面中添加文字。选择“文本”工具，在画面中单击输入文字。选中文字，在属性栏中设置合适的字体、字体大小。效果如图10-222所示。

扫一扫，看视频

图10-222

步骤 02 使用“交互式填充”工具，在属性栏中单击“渐变填充”按钮，设置“渐变类型”为“线性渐变填充”，设置完成后在文字上按住鼠标左键拖动控制杆调整渐变，设置节点的颜色。效果如图10-223所示。

步骤 03 将该文字复制六份，对各个文字进行渐变颜色设置。效果如图10-224所示。

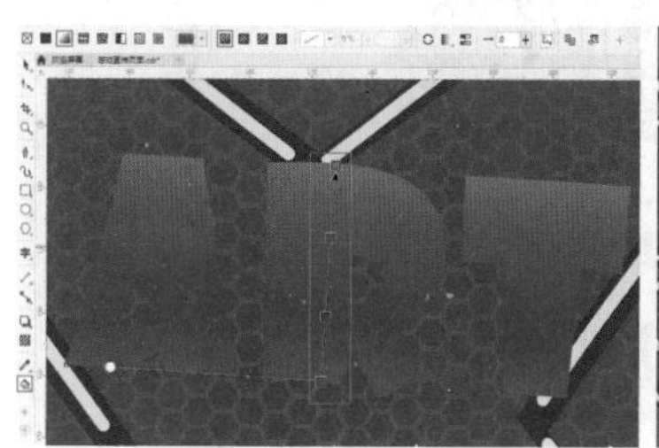

图10-223

图10-224

步骤 04 调整各个文字之间的间距，制作出多层文字叠放的立体效果。效果如图10-225所示。

步骤 05 使用同样的方法制作其他叠放文字。效果如图10–226所示。

图 10–225

图 10–226

步骤 06 使用“矩形”工具，在属性栏中单击“圆角”按钮，设置“圆角半径”为4.0mm，设置完成后在文字下方绘制矩形，填充为粉色。效果如图10–227所示。

步骤 07 使用“交互式填充”工具，为其设置粉色系渐变。效果如图10–228所示。

图 10–227

图 10–228

步骤 08 使用“矩形”工具在该圆角矩形上继续绘制图形，将其填充为蓝紫色。效果如图10–229所示。

步骤 09 绘制一个圆角矩形，设置填充色为无，轮廓色为黄色。选中该图形，在“属性”泊坞窗中设置图形的“轮廓宽度”为15.0px，“线条样式”为虚线，“角”为圆角，“线条端头”为“圆形端头”，“位置”为“居中的轮廓”，如图10–230所示，效果如图10–231所示。

图 10–229

图 10–230

图 10–231

步骤 10 使用“文本”工具，在黄色虚线框中输入文字。选中文字，在属性栏中设置合适的字体、字体大小，设置文字颜色为黄色。效果如图10–232所示。

图 10–232

步骤 11 使用“阴影”工具在文字上方按住鼠标左键拖动添加阴影，在属性栏中设置“阴影颜色”为黑色，“阴影不透明度”为50，“阴影羽化”为10。效果如图10–233所示。

图 10–233

步骤 12 使用同样的方法在画面上方位置输入文字，为文字添加阴影。效果如图10–234所示。至此，本案例制作完成，效果如图10–235所示。

图 10–234

图 10–235

10.10 项目案例：房地产宣传海报

文件路径	资源包\第10章\房地产宣传海报
难易指数	★★★★★
技术掌握	“钢笔”工具、“文本”工具、置于图文框内部、“轮廓笔”工具

案例效果

案例效果如图10–236所示。

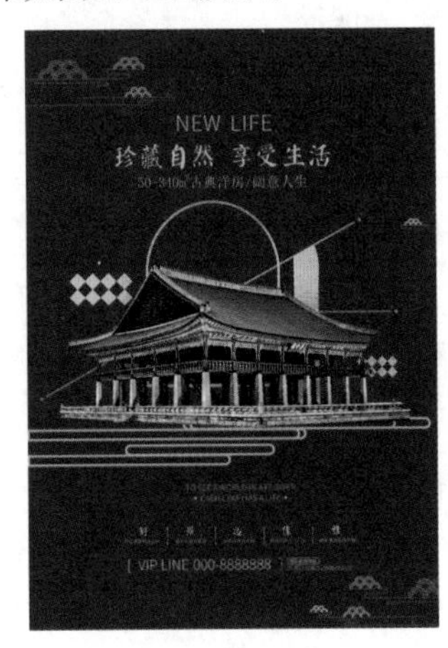

图 10–236

操作步骤

10.10.1 制作画面主体物

扫一扫，看视频

步骤 01 新建一个A4大小的竖向空白文档。使用“矩形”工具，绘制一个与绘图区等大的矩形，将其填充为深蓝色，同时去除轮廓线。效果如图10–237所示。

步骤 02 制作建筑物后面的线条元素。使用“矩形”工具，在绘图区空白位置绘制图形。接着在属性栏中单击“圆角”按钮，然后单击“同时编辑所有角”按钮将链接断开，设置左上角和右上角的“圆角半径”为45.0mm，同时设置“轮廓宽度”为2.0mm。效果如图10–238所示。

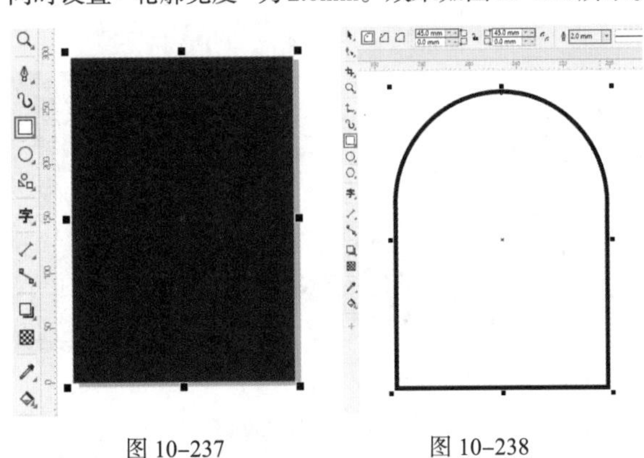

图 10–237　　图 10–238

步骤 03 绘制矩形上的倾斜直线段。使用“2点线”工具，在属性栏中设置“轮廓宽度”为1.0mm。设置完成后在矩形上绘制一条倾斜的直线段。效果如图10–239所示。

步骤 04 使用“2点线”工具，在已有直线段下方绘制一条较短的水平直线段。效果如图10–240所示。

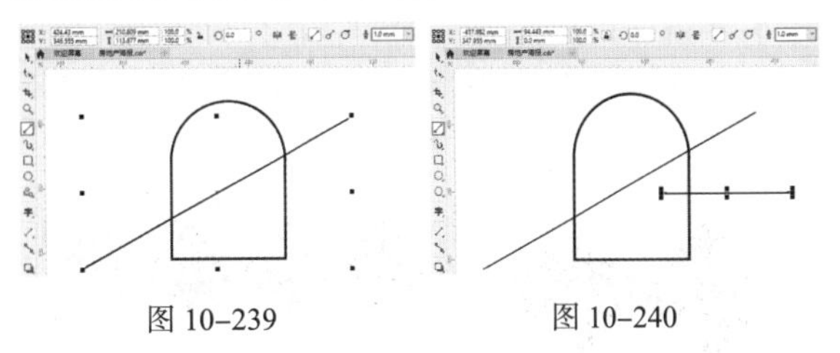

图 10–239　　图 10–240

步骤 05 使用“钢笔”工具，在倾斜直线段下方绘制一个不规则的图形，使其顶部与直线段相接。并将其填充为黑色，同时去除轮廓线。效果如图10–241所示。

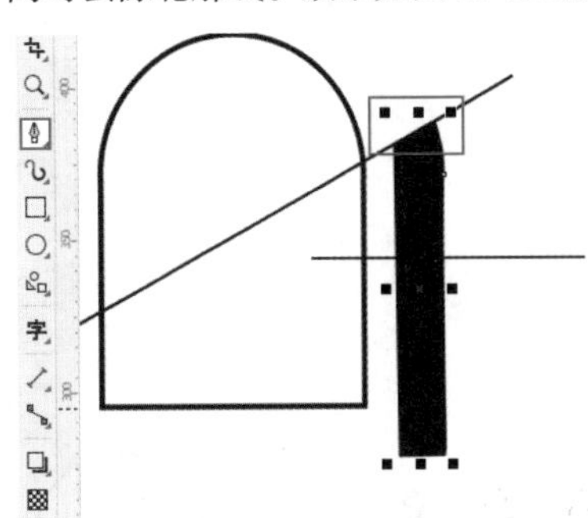

图 10–241

步骤 06 在矩形左侧绘制正方形。使用“矩形”工具，在属性栏中单击“圆角”按钮，设置“圆角半径”为0.6mm。设置完成后在矩形左侧，按住Ctrl键的同时按住鼠标左键拖动绘制图形，然后将其填充为黑色，同时去除轮廓线。效果如图10–242所示。

步骤 07 制作菱形。将正方形选中，在属性栏中设置“旋转角度”为45.0°，效果如图10–243所示。将制作完成的图形复制一份，放在绘图区外，以备后面操作时使用。

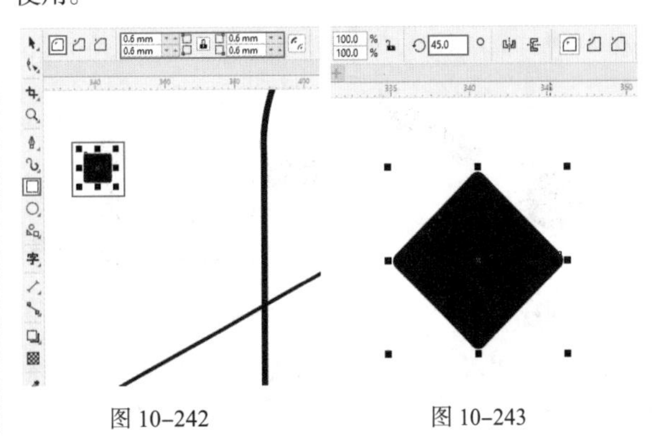

图 10–242　　图 10–243

步骤 08 选中菱形，按住鼠标左键向右拖动的同时，按住Shift键使其在同一水平线上。至合适位置时再右击将其复制，使两个图形的顶角相接。效果如图10-244所示。

步骤 09 使用同样的方法继续复制另外两个图形，将其放在已有图形右侧。效果如图10-245所示。

图 10-244　　图 10-245

步骤 10 选中4个菱形，按住鼠标左键向下拖动的同时按住Shift键，使其在同一垂直方向上移动。移动至合适位置时右击，将其复制一份，效果如图10-246所示。然后将所有菱形选中，使用快捷键Ctrl+G进行编组，以备后面操作时使用。

步骤 11 选中编组的菱形组，按住鼠标左键向右下方拖动至合适位置时右击将其复制一份。同时适当缩小复制得到的图形。效果如图10-247所示。

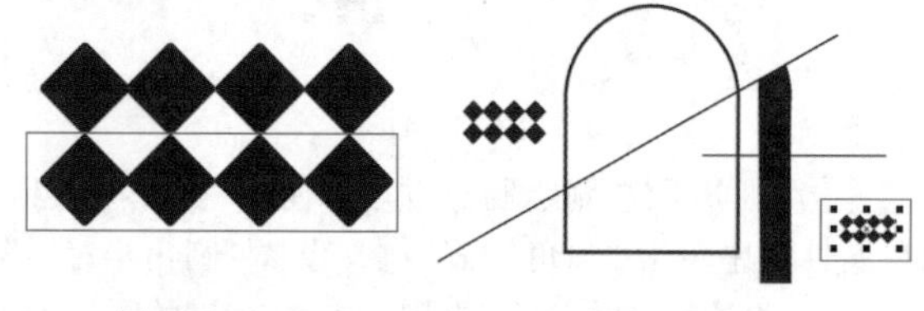

图 10-246　　图 10-247

步骤 12 在绘制的图形周围添加若干个小正圆，以丰富整体的细节设计感。使用“椭圆形”工具，在倾斜直线段的左下角的端点处，按住Ctrl键的同时按住鼠标左键拖动绘制一个黑色的正圆，去除轮廓线。效果如图10-248所示。

步骤 13 将黑色小正圆复制若干份，放在合适位置，让效果更加丰富，如图10-249所示。

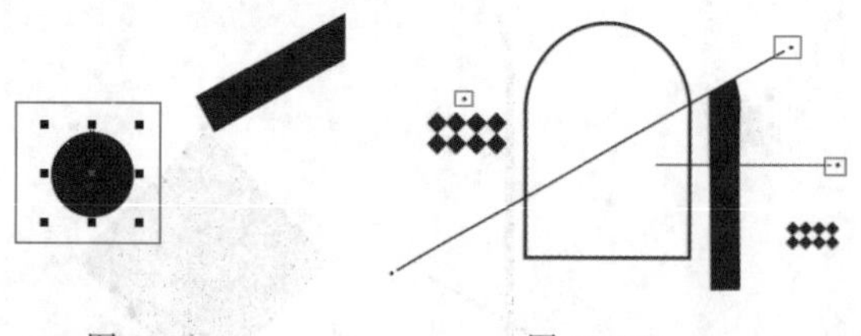

图 10-248　　图 10-249

步骤 14 选中两条直线与圆角矩形，执行“对象”→“将轮廓转换为对象”命令。接着框选所有图形，使用快捷键Ctrl+G进行编组，以备后面操作时使用，如图10-250所示。

步骤 15 添加金色的纹理质感。执行“文件”→“导入”命令，将纹理素材导入。调整大小放在编组图形上。效果如图10-251所示。

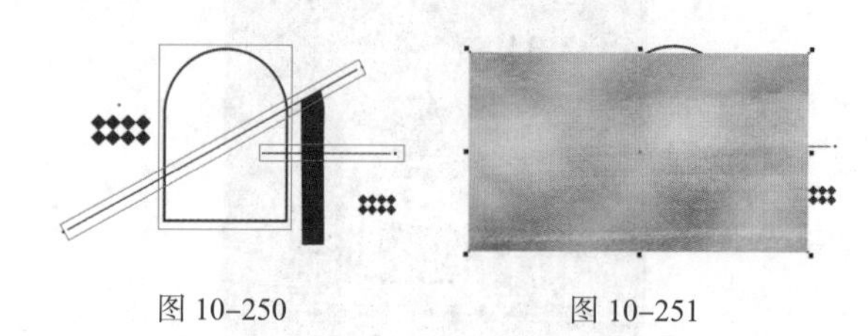

图 10-250　　图 10-251

步骤 16 执行“对象”→PowerClip→“置于图框内部”命令，此时光标变为朝右的黑色小箭头。接着在编组图形上方单击，将素材置入其内部，隐藏不需要的部分。效果如图10-252所示。

步骤 17 右侧部分图形没有被素材填充，因此需要将图形选中，单击左上角的“编辑”按钮 编辑 ，使其进入内容的编辑状态，如图10-253所示。

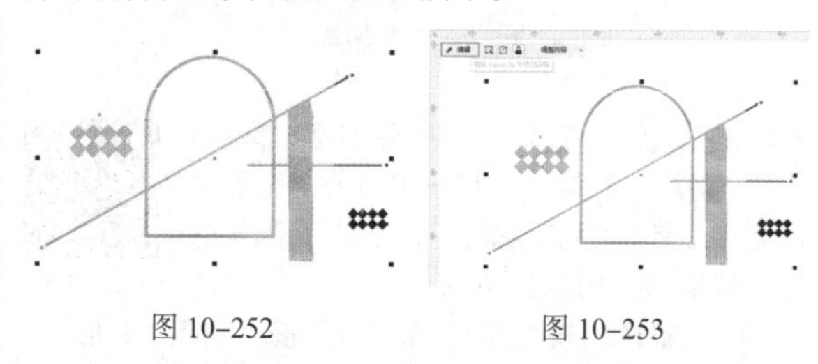

图 10-252　　图 10-253

步骤 18 将素材向右拖动，使其将编组图形全部覆盖住。调整完成后，单击左上角的“完成”按钮 完成 即可，如图10-254所示。

步骤 19 将在绘图区外的图形移动至深蓝色背景矩形中间，此时背景图形制作完成。效果如图10-255所示。

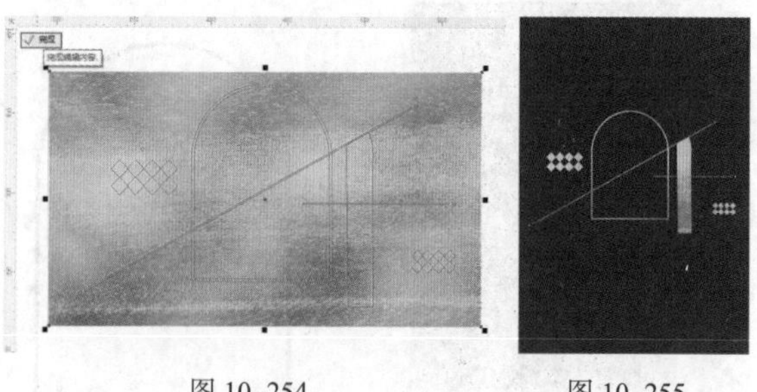

图 10-254　　图 10-255

步骤 20 制作金色编组图形下方的圆角矩形。使用“矩形”工具，在属性栏中单击“圆角”按钮，设置“圆角半径”为3.0mm，设置“轮廓宽度”为1.3mm。设置完成后在编组图形下方绘制一个同色系的圆角矩形。效果如图10–256所示。

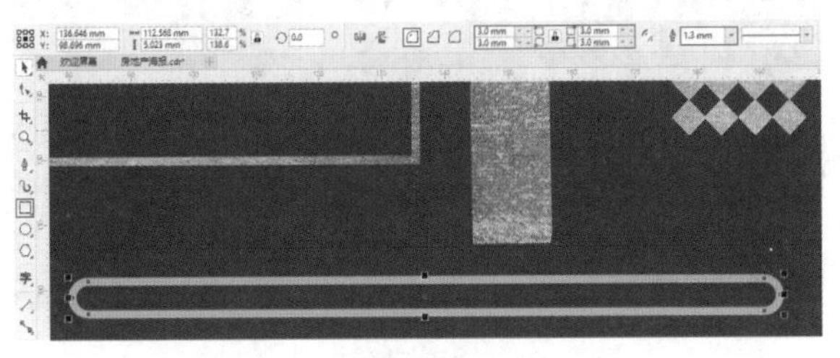

图10–256

步骤 21 将绘制的长条圆角矩形复制若干份，相互之间重叠摆放。同时将最左侧图形的圆角调整为直角，增强画面的细节设计感。效果如图10–257所示。

步骤 22 执行“文件”→“导入”命令，将建筑物素材导入，调整大小放在背景图形中间。效果如图10–258所示。

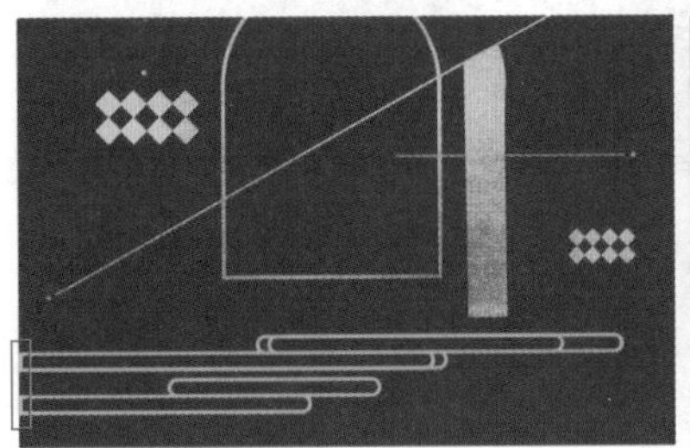

图10–257

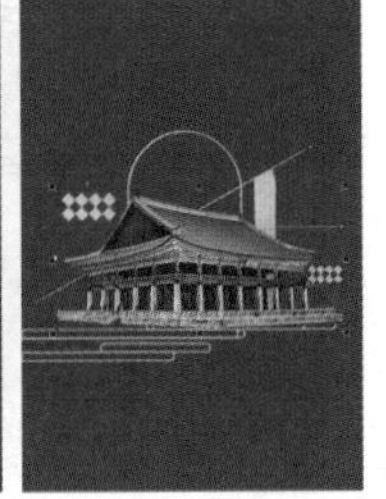

图10–258

10.10.2 添加广告语文字

步骤 01 使用“文本”工具，在建筑物上方添加文字。选中文字，在属性栏中设置合适的字体和字体大小，同时将其填充为淡橘色。效果如图10–259所示。

扫一扫，看视频

步骤 02 使用“文本”工具，在属性栏中设置合适的字体和字体大小。设置完成后在主标题文字上下分别添加文字。效果如图10–260所示。

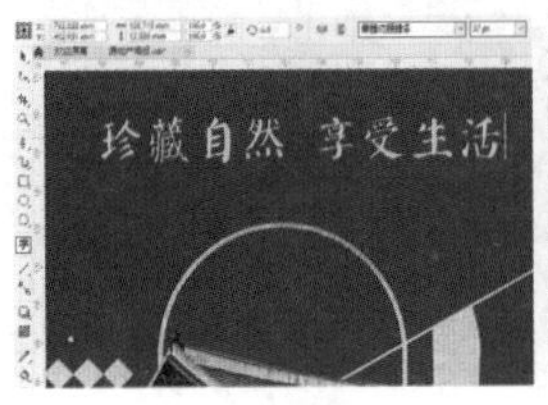

图10–259

图10–260

步骤 03 在长条圆角矩形下方继续添加文字。效果如图10–261所示。

步骤 04 对两行文字进行对齐方式的设置，在“文本”泊坞窗中“段落”面板中单击“中”按钮，使文字居中对齐，如图10–262所示。

图10–261

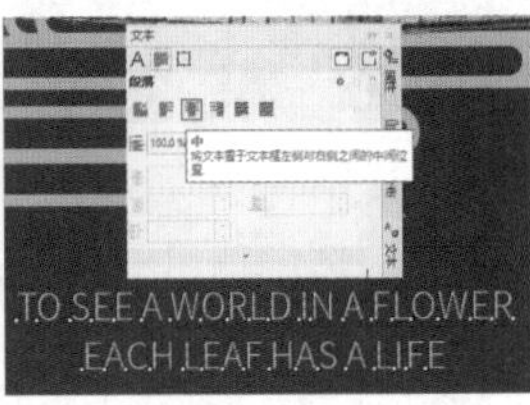

图10–262

步骤 05 制作文字左、右两侧的菱形装饰。使用“矩形”工具，在第二行文字的左侧按住Ctrl键拖动绘制一个与文字颜色相同的正方形，在属性栏中设置“旋转角度”为45°。效果如图10–263所示。

步骤 06 选中文字左侧的菱形，按住鼠标左键并拖动的同时按住Shift键，使其在同一水平线上移动。至右侧文字位置时右击将其复制一份。效果如图10–264所示。

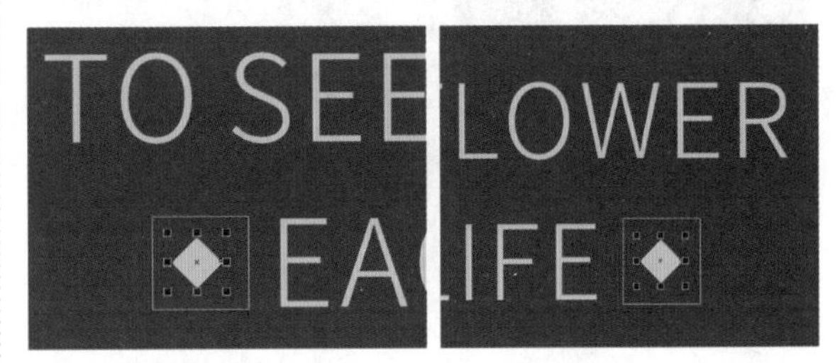

图10–263　　图10–264

步骤 07 制作底部的说明性文字。使用“文本”工具，在画面底部添加文字。效果如图10–265所示。

步骤 08 使用“文本”工具，在已有的单个文字下方继续输入文字。效果如图10–266所示。

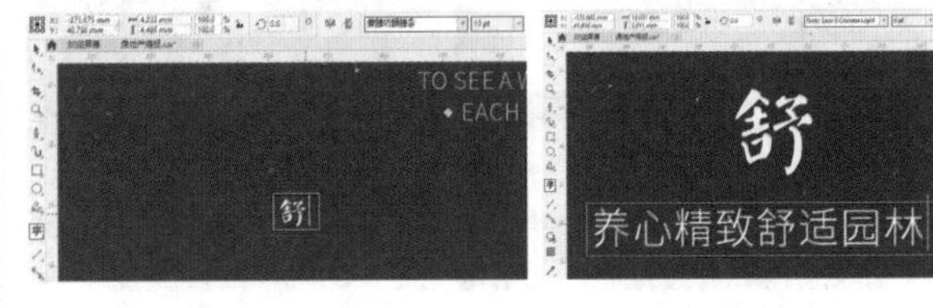

图10–265

图10–266

步骤 09 制作文字左右两侧的装饰元素。将淡橘色的菱形复制一份，放在文字“舒”的左侧，调整大小，填充为白色。效果如图10–267所示。

步骤 10 使用“矩形”工具，在菱形右侧绘制一个白色的长条矩形，同时去除轮廓线，效果如图10–268所示。然后按住Shift键加选菱形和其右侧的长条矩形，使用快捷键Ctrl+G进行编组。

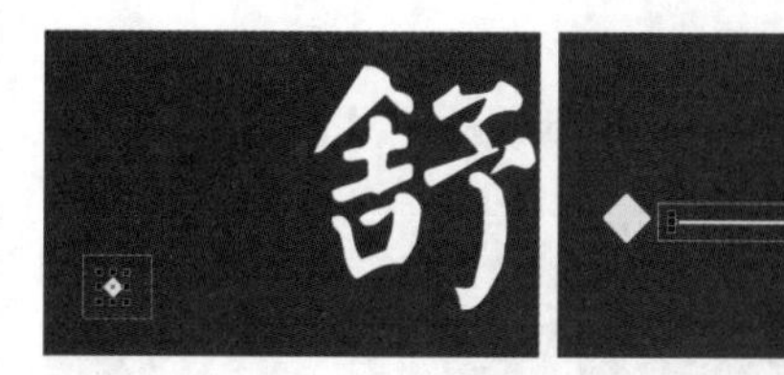

图 10-267　　图 10-268

步骤 11 选中编组的图形，按住鼠标左键向右拖动的同时按住Shift键，使其在同一水平线上移动。拖动至文字“舒”右侧时右击将其复制一份。然后单击属性栏的“水平镜像”按钮将其进行水平方向的翻转。效果如图10-269所示。

步骤 12 制作文字与文字之间的间隔虚线。使用“2点线”工具，在文字右侧按住鼠标左键的同时按住Shift键，拖动绘制一条垂直的直线段。选中该直线段，在属性栏中设置“轮廓宽度”为0.3mm，在“线条样式”下拉列表中选择合适的虚线样式。效果如图10-270所示。

图 10-269　　图 10-270

步骤 13 使用“矩形”工具，在虚线顶部按住Ctrl键绘制一个白色的小正方形。效果如图10-271所示。

步骤 14 将其复制一份，放在虚线底部。效果如图10-272所示。

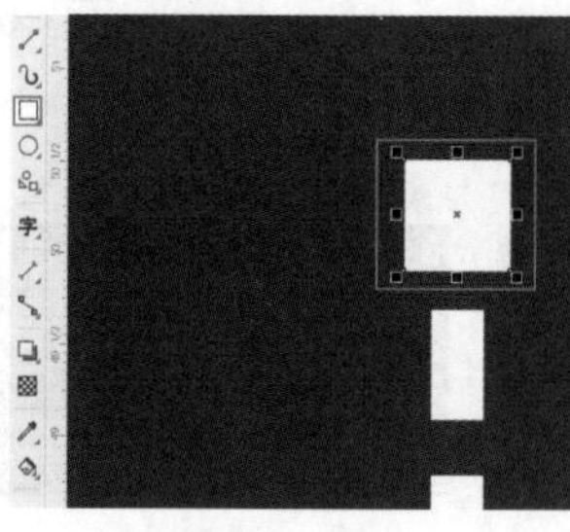

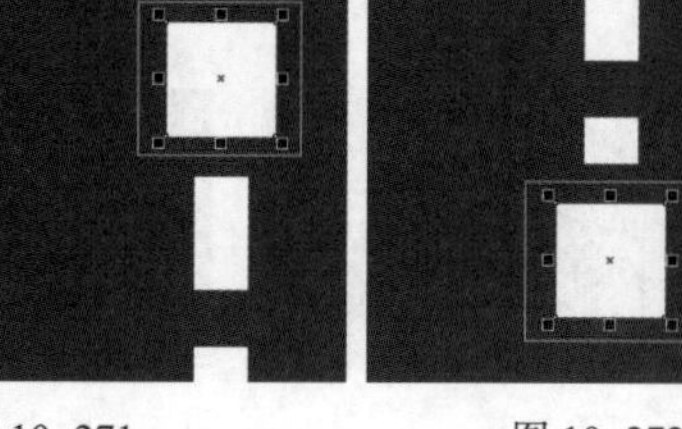

图 10-271　　图 10-272

步骤 15 将左侧的文字及图形复制一份，摆放在右侧。效果如图10-273所示。

步骤 16 多次使用再制快捷键Ctrl+D，得到另外几组文字。效果如图10-274所示。

步骤 17 选中最后一处的图形，按Delete键删除。效果如图10-275所示。

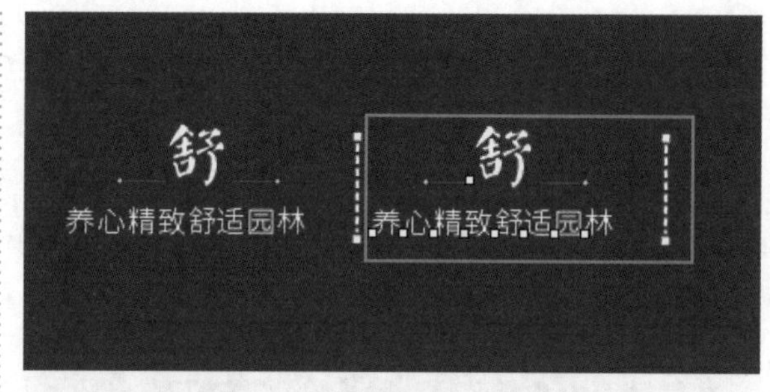

图 10-273

图 10-274

图 10-275

步骤 18 使用“文本”工具，更改每部分文字的内容，效果如图10-276所示。然后将每个文字模块进行组合，一共编为5组。

图 10-276

步骤 19 制作底部的地址、电话部分的文字。使用“文本”工具，在刚刚制作的文字下方单击添加文字。选中文字，在属性栏中设置合适的字体和字体大小，将其填充为白色。效果如图10-277所示。

图 10-277

步骤 20 使用“文本”工具在电话文字右侧单击，添加相关的地址文字。效果如图10-278所示。

图 10-278

步骤 21 使用“矩形”工具在刚刚添加的文字上按住鼠标拖动绘制一个白色的矩形边框。然后选中矩形，在属性栏中单击“圆角”按钮，设置“圆角半径”为1.7mm，“轮廓宽度”为0.2mm，如图10-279所示。此时，画面效果如图10-280所示。

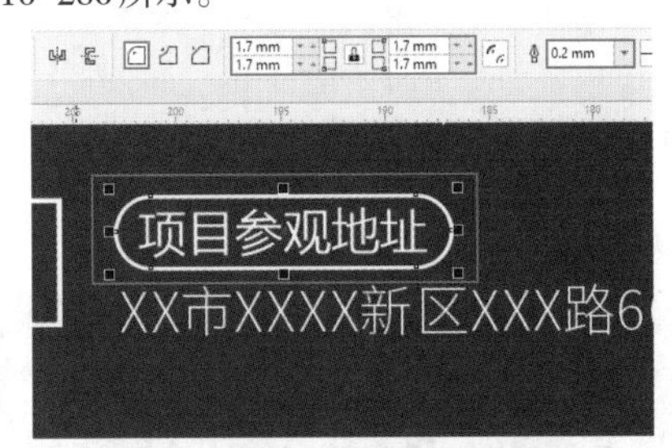

图 10-279

图 10-280

10.10.3 制作装饰图形

扫一扫，看视频

步骤 01 从案例效果中可以看出，画面中的祥云图形是由正圆组合而成的，所以这里需要绘制若干个正圆将其进行组合。使用“椭圆形”工具，在文档的空白位置按住Ctrl键的同时按住鼠标左键拖动绘制正圆。然后在属性栏中设置“轮廓宽度”为0.2mm，将其填充为和背景矩形相同的颜色，轮廓色为土黄色。效果如图10-281所示。

步骤 02 制作出多个同心圆环效果。将正圆选中，然后使用“轮廓图”工具，在属性栏中单击“内部轮廓”按钮，将轮廓应用到正圆内部；设置“轮廓图偏移”为0.457mm；同时设置“轮廓图步长”为4，“轮廓色”为土黄色，“填充色”为深蓝色。此时可以看到在正圆内部有了4个同心圆，如图10-282所示。

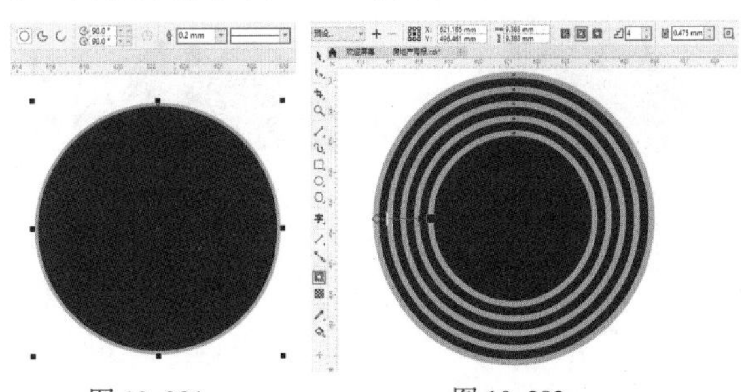

图 10-281　　图 10-282

步骤 03 选中正圆轮廓图，按住鼠标左键向右拖动的同时按住Shift键，这样保证图形在同一水平线上。拖动至右侧合适位置时右击将其复制一份。效果如图10-283所示。

步骤 04 调整图层的摆放顺序，将复制得到的图形放在原始图形下。选中复制得到的图形，右击执行“顺序”→“向后一层”命令，将其向后移动一层位置。效果如图10-284所示。

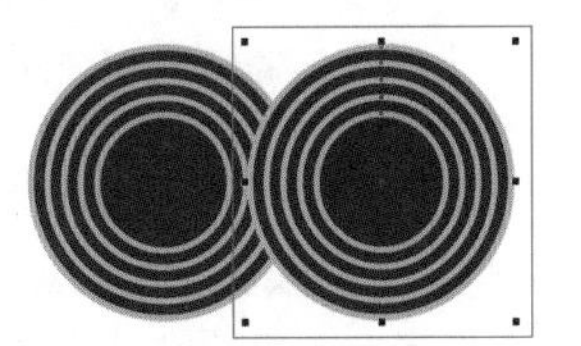

图 10-283

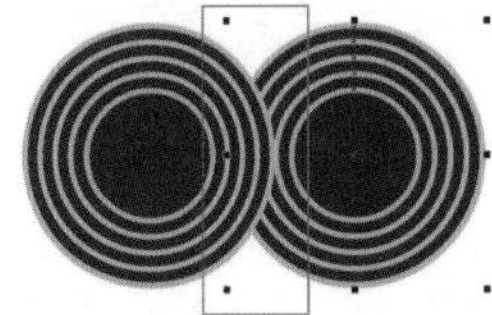

图 10-284

步骤 05 复制该图形，摆放在下方，适当放大，如图10-285所示。

步骤 06 将制作完成的图形复制两份，放在已有图形右侧。同时进行摆放顺序的调整。效果如图10-286所示。按住Shift键依次加选5个正圆，使用快捷键Ctrl+G进行编组，以备后面操作时使用。

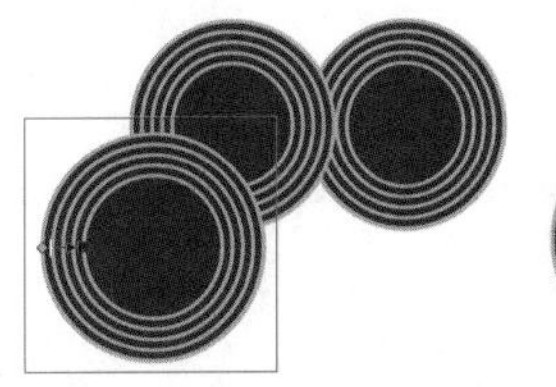

图 10-285

图 10-286

步骤 07 在案例效果中的祥云底部是不完整的，所以需要隐藏祥云图形的部分区域。使用“矩形”工具，在祥云图形上绘制边框，来确定需要保留的部分，如图10–287所示。

步骤 08 在编组图形选中状态下，执行“对象”→PowerClip→“置入图文框内部”命令。此时光标变为朝右的黑色小箭头，然后在矩形边框内部单击，将不需要的图形隐藏。效果如图10–288所示。

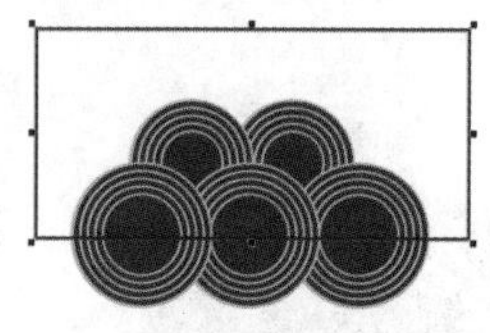

图 10–287

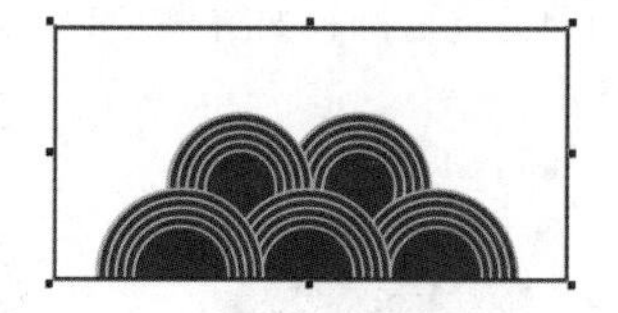

图 10–288

步骤 09 去除矩形的轮廓线，效果如图10–289所示。

步骤 10 制作祥云图形底部不完整的圆角矩形。首先使用“矩形”工具，在文档空白位置绘制图形，在属性栏中单击“圆角”按钮，设置“圆角半径”为0.7mm，“轮廓宽度”为0.2mm。效果如图10–290所示。

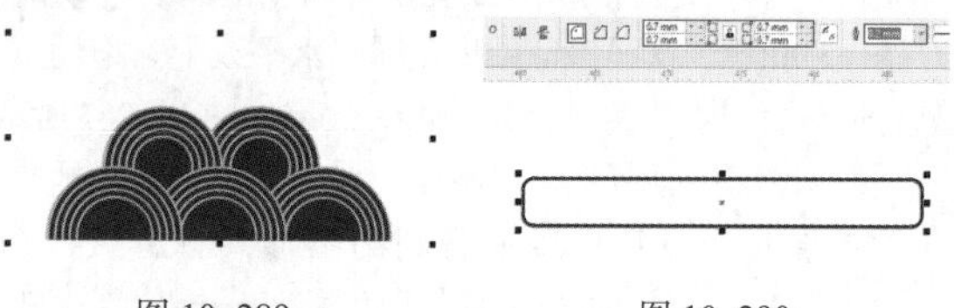

图 10–289　　图 10–290

步骤 11 由于绘制的是一个闭合图形，而案例效果中的图形是不完整的，所以进一步操作。首先需要将图形对象进行转曲，在圆角矩形选中状态下，执行“对象”→“转换为曲线”命令，将图形对象转换为形状对象（为了方便后面的操作，可以先将圆角矩形复制出一份）。接着使用“形状”工具，将圆角矩形左上角的锚点选中，右击执行“拆分”命令，进行拆分，如图10–291所示。

步骤 12 对圆角矩形底部中间位置进行拆分。首先需要在该部位添加一个锚点，在使用“形状”工具的状态下，在图形底部中间双击，添加一个锚点。效果如图10–292所示。

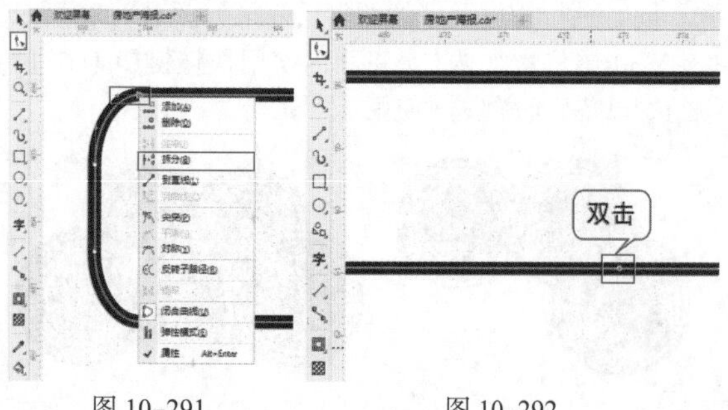

图 10–291　　图 10–292

步骤 13 使用同样的方法进行拆分，如图10–293所示。

步骤 14 对锚点进行拆分后，接着使用“选择”工具将圆角矩形选中，右击执行“拆分曲线”（快捷键Ctrl+K）将曲线进行拆分。然后将光标放在图形上按住鼠标左键拖动，即可将图形分离开来。效果如图10–294所示。

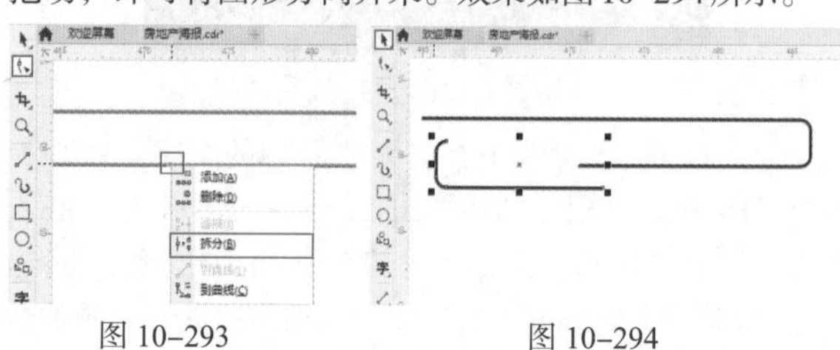

图 10–293　　图 10–294

步骤 15 制作画面左上角的祥云图形效果。将在绘图区外的祥云图形移动至绘图区左上角，同时适当调整大小。效果如图10–295所示。

步骤 16 将该图形复制两份，调整大小放在原有图形右侧。效果如图10–296所示。

图 10–295

图 10–296

步骤 17 制作祥云图形下方的图形。将拆分后的圆角矩形移动至画面左上角，将其轮廓色设置为与祥云图形相同的颜色。效果如图10–297所示。

步骤 18 对圆角矩形的形状进行调整。首先对图形进行对称操作，在图形选中状态下，在属性栏中单击“垂直镜像”按钮，将其进行垂直方向的翻转。效果如图10–298所示。

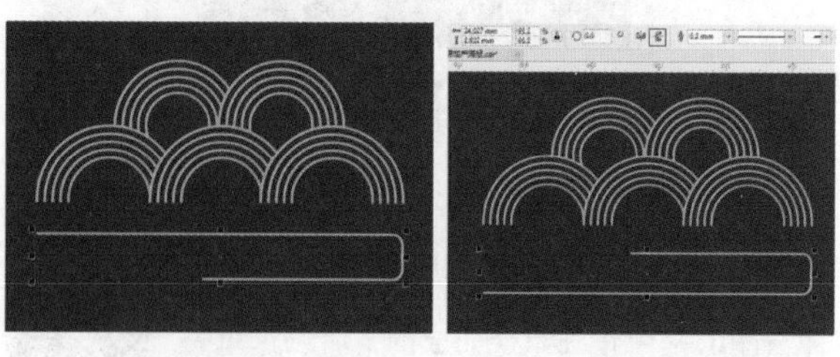

图 10–297　　图 10–298

步骤 19 对其形状进行调整。在图形选中的状态下，将光标放在定界框的右侧中间处，将其向右拖动。效果如图10–299所示。

步骤 20 使用“形状”工具，将其中一个锚点选中，按住鼠标左键向右拖动，进行形状的调整。效果如图 10–300 所示。

图 10–299

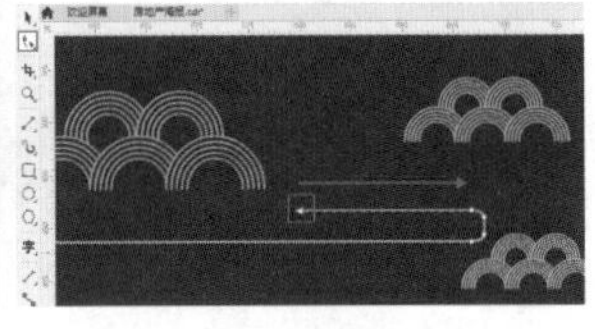
图 10–300

步骤 21 使用同样的方法，对图形形状继续进行调整，效果如图 10–301 所示。

步骤 22 复制拆分的圆角矩形，使用“选择”工具和“形状”工具配合，进行图形的调整，丰富左上角的祥云图形效果。效果如图 10–302 所示。

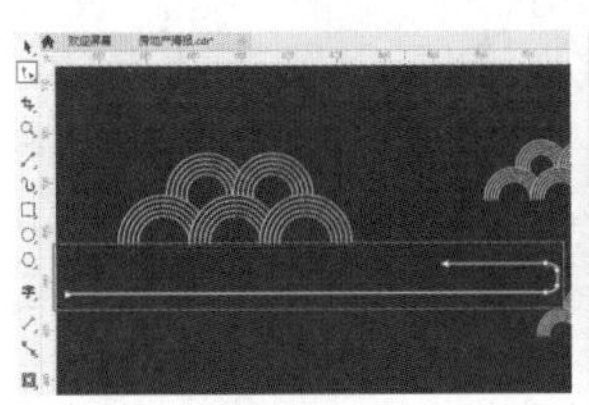
图 10–301

图 10–302

步骤 23 在画面右侧及右下角添加相同样式的祥云图形，在操作时注意大小和位置的调整。效果如图 10–303 和图 10–304 所示。

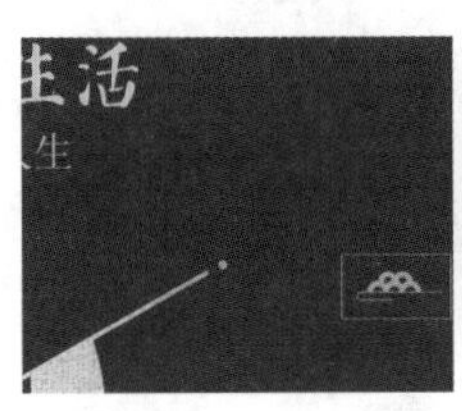
图 10–303

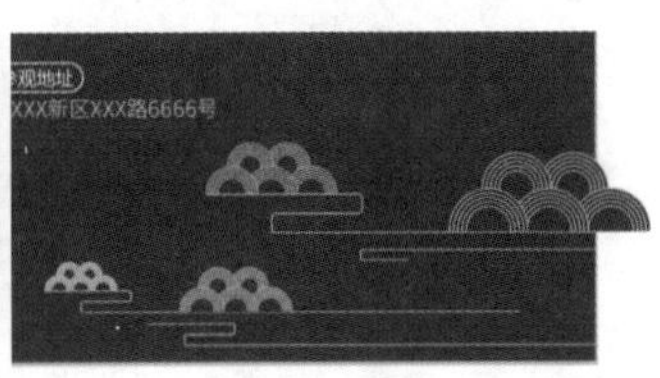
图 10–304

步骤 24 右下角制作的祥云图形有超出绘图区的部分，因此将其进行隐藏。首先使用“矩形”工具将需要保留的部分框选出来，效果如图 10–305 所示。为了便于观察效果，将矩形轮廓色设置为红色。

步骤 25 在祥云图形选中状态下，右击执行“PowerClip 内部”命令，然后单击矩形框，将不需要的部分隐藏，同时去除轮廓线。效果如图 10–306 所示。至此，本案例制作完成，效果如图 10–307 所示。

图 10–305

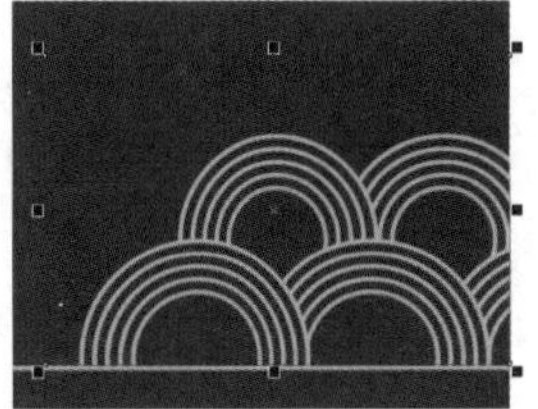
图 10–306

图 10–307

Chapter 11

第11章

网页设计与电商美工

本章内容简介

对于平面设计师而言，网页设计是以网页宣传为目的、以受众人群等为出发点，对网页中的颜色、字体、图片、样式进行美化的工作。优秀的网页设计能够充分刺激用户的感官，引发用户的愉悦感，从而产生信任感。本章学习网页设计与电商美工设计的基础知识，通过案例的制作进行网页设计与电商美工设计的练习。

11.1 网页设计与电商美工的基础知识

在平面设计的范畴内，网页设计就是利用合理的颜色、字体、图片、样式进行页面设计美化，尽可能给予用户完美的视觉体验。

11.1.1 什么是网页设计

网页是网站的基本元素之一，是最后呈现在用户面前的样子。当在浏览器中输入网址时，经过一段计算机程序的运行，网页文件会被传送到计算机中，通过浏览器解释网页的内容将信息浏览展示到用户眼前。图11–1和图11–2所示为优秀的网页设计作品。

图11–1

图11–2

11.1.2 网页的基本构成部分

简单了解一下网页的主要组成部分。网页的构成部分较多，基本组成部分包括网页标题、网站的标志、网页导航、网页的主体部分、网页页眉、网页页脚等。

下面具体介绍基本构成部分。

（1）网页标题。网页标题即网站的名称，也就是对网页内容的高度概括。一般使用品牌名称等，帮助搜索者快速辨认出网站。此外，网页标题要尽量简单明了，其长度一般不能超过32个中文字，如图11–3所示。

（2）网站的标志。网站的标志即网站的商标（logo）。它是互联网上各个网站用来链接其他网站的图形标志。网站的标志能够便于受众选择，这也是网站形象的重要体现，如图11–4所示。

图11–3

图11–4

（3）网页导航。网页导航是为用户浏览网页时提供提示的系统，用户可以通过单击导航栏中的按钮，快速访问某个网页项目，如图11–5所示。

（4）网页的主体部分。网页的主体部分即网页的主要内容，其包括图形、文字、内容提要等，如图11–6所示。

图11–5

图11–6

（5）网页页脚。网页页脚处于页面底部，通常包括联系方式、友情链接、备案信息等，如图11–7所示。

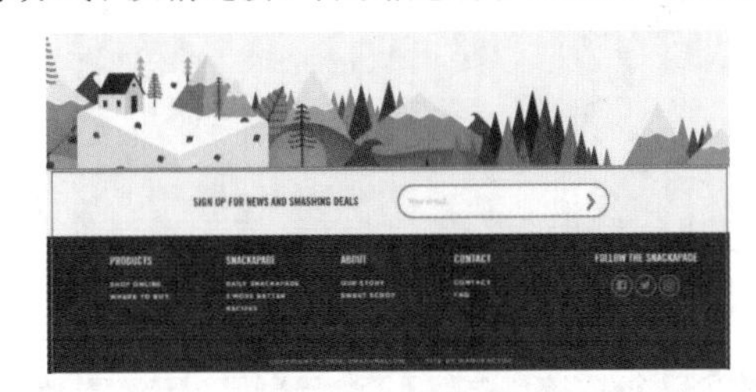

图11–7

11.1.3 认识电商美工

消费者线下逛商场时，往往会被装修风格个性、配色得体的店铺所吸引。同理，电商平台也可以理解为一个个巨大的商场，由无数间店铺组成。当消费者“逛”网店时，网店的视觉效果往往会在第一时间影响用户的判断，所以说网店装修得好坏会直接影响店铺的销量。图11–8～图11–11所示为不同风格的网店首页设计。

那么谁来为网店“装修”呢？这就到了设计人员大显身手的时刻了。“电商美工”是网店页面编辑美化工作者的统称，日常工作包括网店页面的美化设计、产品图片处理以及商品上下线更换等工作内容。可以说，电商美工所做的更像是介于网页设计师与平面设计师之间的工作。

互联网经济时代下，电商美工逐渐成为就业前景较好的职业，因其职位需求量大，工作时间有弹性、工作地点自由度大，而且可以在家办公，所以网店美工也逐渐成为很多设计师青睐的职业。不仅如此，如果一些小成本网店的店主掌握了“网店美工”这门技术，还可以节约一部分开销。

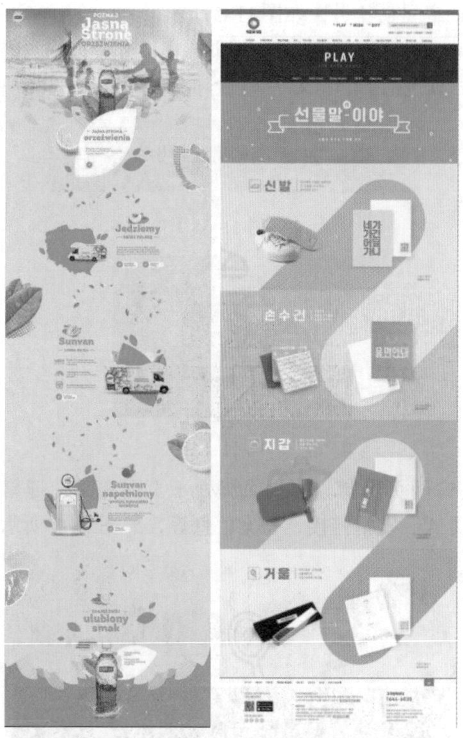

图 11-8　　图 11-9

图 11-10　　图 11-11

> **提示：电商美工是一种习惯性的称呼**
>
> 其实，“电商美工”是对电商设计人员的一种习惯性称呼，很多时候也会被称为网店美工、网店设计师、电商设计师。随着电商行业的发展，越来越多的电商平台不断涌现，电商平台上都聚集着大量的网店，而且很多品牌厂商会横跨多个平台“开店”。任何一个电商平台经营店铺都少不了电商设计人员的身影，不同的平台对网店装修用图的尺寸要求不同，但是美工工作的性质是相同的。因此，针对不同平台的店铺进行“装修”时，需要首先了解该平台对网页尺寸及内容的要求，然后再制图。

11.1.4　电商美工的工作有哪些

作为一个电商美工，都需要做哪些工作呢？电商美工的工作主要分为两大部分。

一部分是商品图片处理。摄影师在商品拍摄完成后会筛选一部分质量好的作品，设计人员会从中筛选一部分需要作为产品主图、详情页的图片。针对这些商品图片，设计人员会做进一步修饰与美化工作。例如，常见的工作有去掉瑕疵、修补不足、矫正偏色，如图 11-12 和图 11-13 所示。

图 11-12

图 11-13

另一部分是网页版面的设计。其中包括网站店铺首页设计、产品主图设计、产品详情页设计、活动广告设计等排版方面的工作。这部分工作比较接近于广告设计以及版式设计的项目，这需要设计人员具备较好的版面把控能力、色彩运用能力及字体设计、图形设计等方面的能力。图11-14所示为网店首页设计作品，图11-15所示为产品主图设计作品。

图 11-14　　图 11-15

图11-16所示为产品详情页设计作品，图11-17所示为网店广告设计作品。

图 11-16　　图 11-17

11.1.5　网店各部分的尺寸

从电商店铺美化工作的角度出发，可以将其分为店铺首页的设计和详情页的设计。店铺首页是店铺品牌形象的整体展示窗口，通常包含商品海报、活动信息、热门商品等内容。但是各部分结构所处的位置通常是不固定的，如图11-18所示。

商品详情页是展示商品详细信息的一个页面，是店铺大部分流量和订单的入口，如图11-19所示。

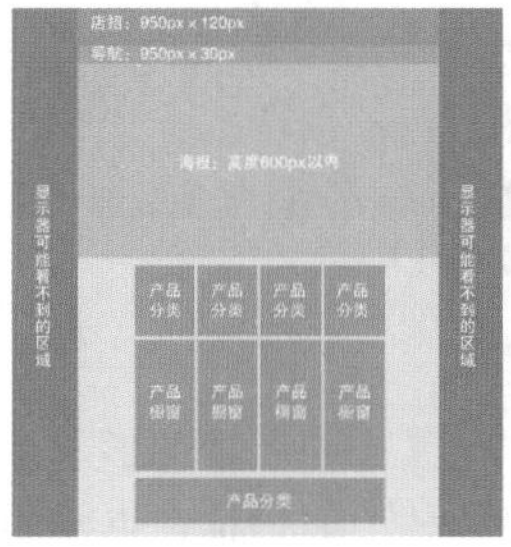

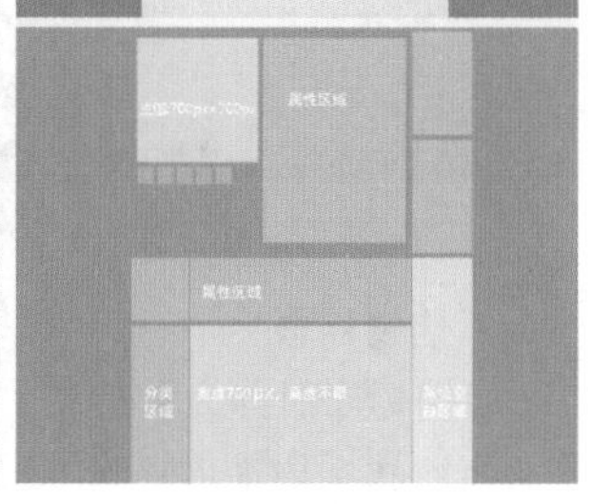

图 11-18　　图 11-19

1. 店招

一般实体店铺都会挂一个牌匾，这样就能告诉来来往往的客人这是一家销售何种商品的店铺，这家店铺的名称是什么等相关信息。同理，网店首页的“店招”也起到这样的作用。

以淘宝平台为例，淘宝店招位于淘宝店铺的最上面，淘宝店招区域也是展现店铺名称、标志甚至是店铺整体格调的区域。所以当客户进入店铺的商品详情页时，第一眼看到的不是商品的销量、评价，也不是商品的详情，而是店招，由此可见淘宝店招的重要性。在设计淘宝店招时，通常需要突出自己店铺的名称，可以添加一些广告词，也可以放上爆款产品展示。一般店招的尺寸要求为950px × 120px ，小于80K。图11-20 ～图11-22所示为店招设计。

图 11-20

图 11-21

图 11-22

2. 导航栏

导航栏的作用是方便买家从导航栏中快速跳转到另一个页面，查看想要查看的商品或活动等，使店内的商品或活动及时准确地展现在买家面前。部分没有展现在首页的商品，也可以从导航进入并找到。导航栏的尺寸大多为950px × 30px。图11-23 ～图11-25所示为导航栏设计。

图 11-23

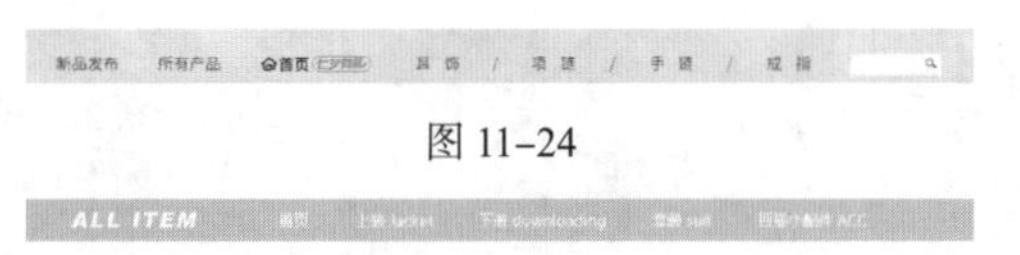

图 11-24

图 11-25

3. 店铺标志

店铺标志简称为“店标”，这是一间店铺的形象参考，它体现了店铺的风格、定位和产品特征，也能起到宣传的作用。一般店铺标志的尺寸为100px × 100px。图 11-26 和图 11-27 所示为店铺标志设计。

图 11-26　　图 11-27

4. 产品主图

通过发布主图，可以吸引买家的注意，从而勾起买家点开链接的欲望，如图 11-28 所示。

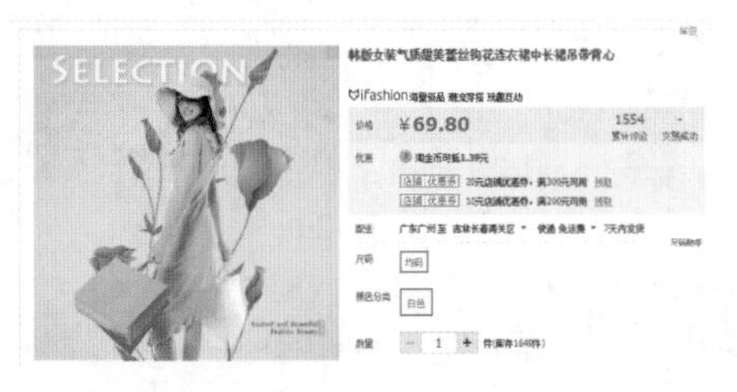

图 11-28

产品的主图不仅展现在详情页中，还展现在搜索页面中，所以如何从众多产品主图中脱颖而出，才是宝贝主图的主要目的，如图 11-29 所示。

图 11-29

产品主图就好比一扇“门”，买家从门前经过，进不进来取决于这扇“门”的吸引程度。因此主图应该能够在第一时间展现给客户产品的相关信息，言简意赅，清晰明了。当制作的产品尺寸大于700px × 700px时，上传以后，就自动会有放大镜的功能，鼠标移动到图片各位置时会显示放大。所以商品主图尺寸通常为800px × 800px，要求JPG或GIF格式，如图 11-30 和图 11-31 所示。

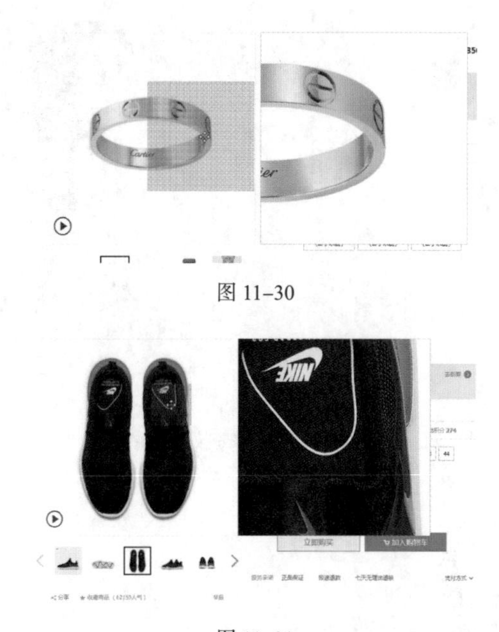

图 11-30

图 11-31

5. 店铺收藏标识

店铺的收藏量是衡量一个店铺热度的标准，一个醒目、美观的收藏标识对是否收藏店铺的影响非常大。店铺收藏标识没有固定的尺寸限制，主要是根据电商店铺装修设计标准而定。例如，将店铺收藏标识摆在左侧栏的位置就要按照左侧栏的宽度来定尺寸，如果想放到店铺的右侧，就按照右侧的尺寸来设计。图 11-32 和图 11-33 所示为几种不同风格的店铺收藏标识。

图 11-32　　图 11-33

6. 店铺海报

店铺海报分为全屏海报和普通海报两种。

全屏海报的尺寸通常为1920px × 600px，如图11–34和图11–35所示。

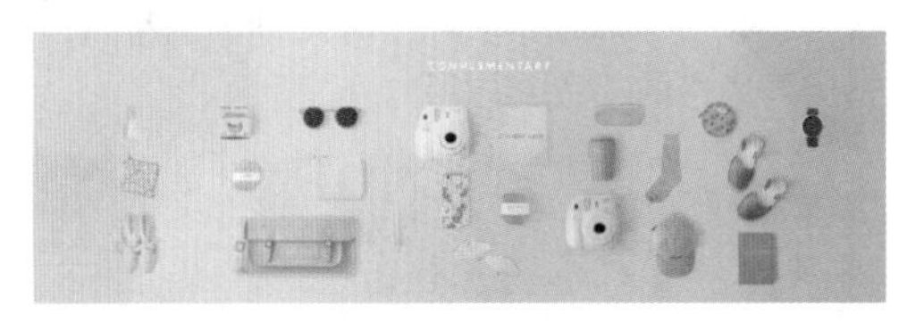

图 11–34

图 11–35

普通海报的尺寸通常大约为950px × 600px，如图11–36和图11–37所示。

图 11–36　　图 11–37

7. 左侧栏

左侧栏主要包含店铺收藏标识、联系方式、客服中心、在线服务、关键词搜索栏、新品推荐、宝贝分类、宝贝排行榜、友情链接、充值中心等内容，每一块的设计都要经过协调，与整体店铺风格保持一致，左侧栏的宽度通常为190px。

11.1.6　店铺首页的构成

店铺首页是网店的门面，它能够让客户充分了解店铺的风格以及产品的定位，它也是让客户产生兴趣的关键。因此店铺首页成了店铺流量聚集、点击转化较高的位置。店铺首页主要起到塑造店铺形象、展示主推产品、推广店铺促销活动及分类导航的作用。

店铺首页通常包括很多的内容，主要分为店铺页头、活动促销、产品展示、店铺页尾4个部分。

1. 店铺页头

店铺页头包括店招和导航。在设计店招时，不仅要体现店铺的名称、店铺广告标语、店铺标志等主要信息，还要考虑是否着重表现热卖商品、店铺收藏标识、优惠券等信息。在设计导航时，不仅要考虑到与店招之间的连贯性，尤其是在颜色上，既要能与整个页面颜色协调，又能够突出显示，还要考虑到导航总共需要分为几大类别，“所有产品”“首页”“店铺动态”是必不可少的几个选项，同时卖家还需要根据自己店铺的实际情况添加合适的导航按钮。例如，店铺上新一批新款服饰，那么可以添加一个“店铺新品”的链接。一些店铺为了彰显实力，还会设置“品牌故事”链接。图11–38和图11–39所示为店铺页头设计。

图 11–38

图 11–39

2. 活动促销

在首页中的第一屏中会展示店铺的活动广告、折扣信息、轮播广告等。这些内容主要用于推广产品，吸引卖家注意，如图11–40和图11–41所示。

图 11–40　　图 11–41

3. 产品展示

产品展示区域大概分为两类，分别为产品分类和主推产品。主推产品是整个店铺的主要卖点，可选择多个主推产品，然后进行定位，通过广告的形式体现产品的核心卖点、价格和折扣信息等。产品分类则是将产品进行分类展示。例如，一家女装店，将裙装集中在一起展示，裤装集中在一起展示，这样将产品分为几大类别的操作方便了客户的选择。图11–42和图11–43所示为产品展示区域。

图 11–42

图 11–43

4. 店铺页尾

店铺页尾模块在设计上要符合店铺的设计风格与主题，不仅色彩要统一，还要具有人性化。例如，可以放一个回到顶部的按钮。店铺页尾可以添加客服中心、购物保障、发货须知等内容，如图 11–44 所示。

图 11–44

11.1.7 网店首页的常见构图方式

网店首页在整个网店中有着非常重要的意义，通常客户都是带着某种目的来的。例如，了解店铺中的其他产品、查看店铺的活动、在店铺首页领取优惠券等。因此店铺首页需要传达的信息非常多，一个枯燥无味的页面会影响信息传递，让信息通过合理的版式布局进行传递，是非常重要的。

店铺首页通常会采用长网页的布局方式，其不会限制版面的高度，随着用户滚动鼠标来浏览网页，这种长网页虽然能够容纳更多的信息，但是也会因为网页过长，让客人在浏览过程中失去耐心。通常常见的版面构图方式大致有全部为商品广告、全部为商品展示、商品广告与商品展示相互穿插 3 种方式。

1. 全部为商品广告

整个首页版面以展示产品广告、活动信息为主，首页版面由多个广告组成，整个版面的效果也更加丰富，因为每个广告都会形成一个视觉重点。为了保证整个版面的统一性，广告风格不仅需要体现商品的特点，还需要保持广告风格的一致，如图 11–45 所示。

图 11–45

2. 全部为商品展示

全部为商品展示的版面是指除首屏轮播广告外均为商品展示，这类构图方式比较适合产品较多的网店。在商品展示的排版中要注意排版的统一性，分类要清晰，展示的产品最好是相关的、相互补充的，这样才能让客户在浏览的过程中了解商品的属性，如图 11–46 所示。

图 11–46

3. 商品广告与商品展示相互穿插

商品广告与商品展示相互穿插是最常用的构图方式，设计人员通常会将爆款制作成广告，然后在广告下方排列同类产品，这种构图方式内容丰富、主次分明，既能突出重点，又能带动其他产品的销售，如图11–47所示。

Single Knot
T-Dress
Womens
New Arrivals
Call Mom Tee
Need
Reversible Tank

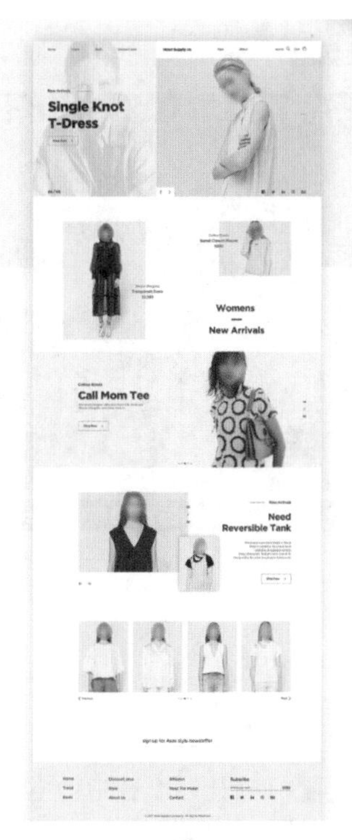

图 11–47

11.1.8 产品详情页的构成

产品详情页是对某种商品进行介绍的页面，通过浏览此页面能够起到激发客户的消费欲望、打消客户的顾虑、促使客户下单的作用。

除页面页头(店招和导航)，产品详情页一般由4个部分组成，分别是主图、左侧模块、产品详情、页面尾部。

1. 主图

主图是对商品的介绍，它是顾客对商品的第一印象。因为商品在电商搜索中是以图片的形式展示给顾客的，商品给客户的第一印象直接影响客户的点击率，也会间接地影响产品的曝光率，从而影响整个产品的销量(在后面的学习中会专门讲解主图设计的相关知识)，如图11–48和图11–49所示。

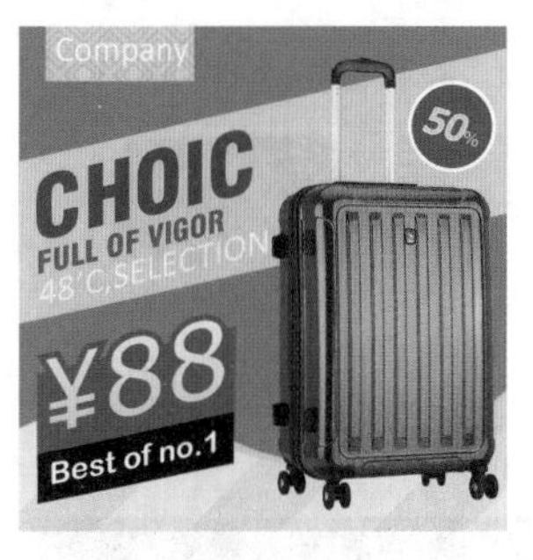

Company
50%
CHOIC
FULL OF VIGOR
48°C,SELECTION
¥88
Best of no.1

图 11–48

FURTERER
+25%
Size Up!
에센셜 오일
모근 강화 샴푸

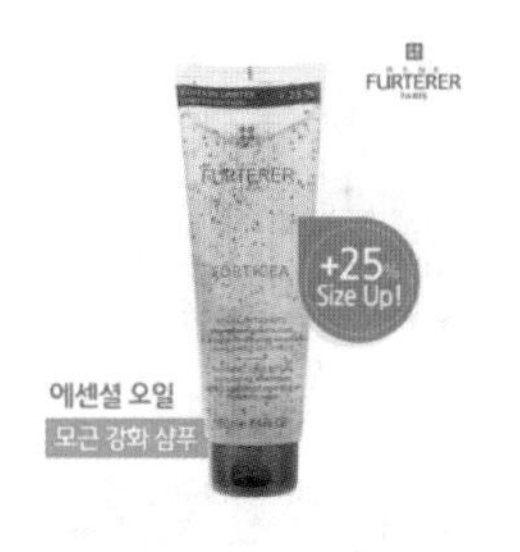

图 11–49

2. 左侧模块

左侧模块主要包括客服中心、宝贝分类、自定义板块，它可以给顾客传递的信息有店铺客服时间、售前和售后客服人员，自定义板块也可以是销量的排行榜，便于客户更快捷选择。图11–50和图11–51所示为不同风格的宝贝分类。

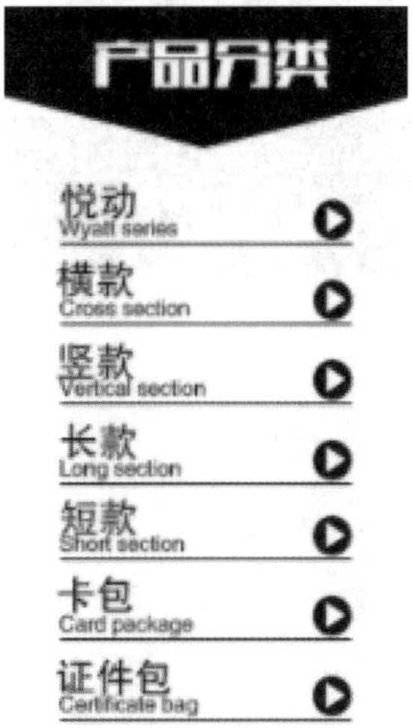
产品分类
悦动
Wyatt series
横款
Cross section
竖款
Vertical section
长款
Long section
短款
Short section
卡包
Card package
证件包
Certificate bag

图 11–50

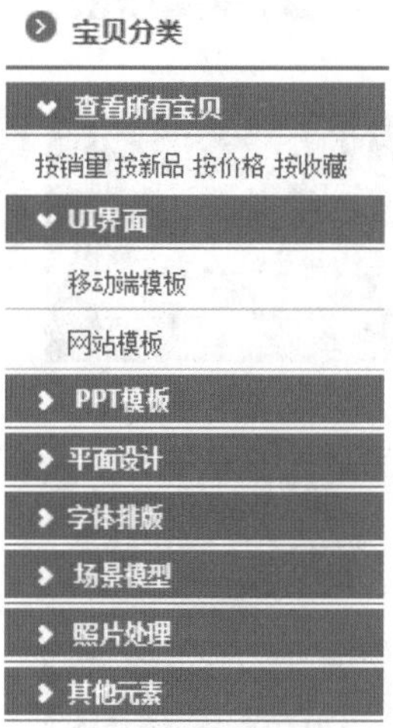
宝贝分类
查看所有宝贝
按销量 按新品 按价格 按收藏
UI界面
移动端模板
网站模板
PPT模板
平面设计
字体排版
场景模型
照片处理
其他元素

图 11–51

3. 产品详情

产品详情是整个详情页的设计重点，用户通过浏览产品详情内容可以了解商品属性、打消疑虑、对店铺产生好感，在产品详情中需要进行产品展示、尺寸选择、颜色选择、场景展示、细节展示、搭配推荐、好评截图、包装展示等，内容比较多，需要注意主次关系，因为这是客户是否购买此商品的关键。图11–52 ～图11–55所示为某产品的详情页。

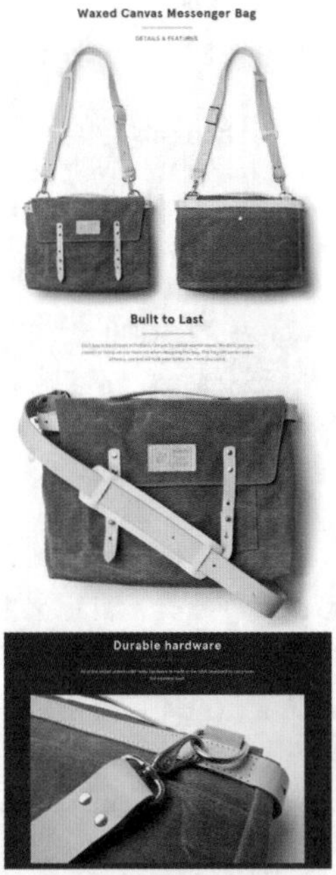

图 11-52 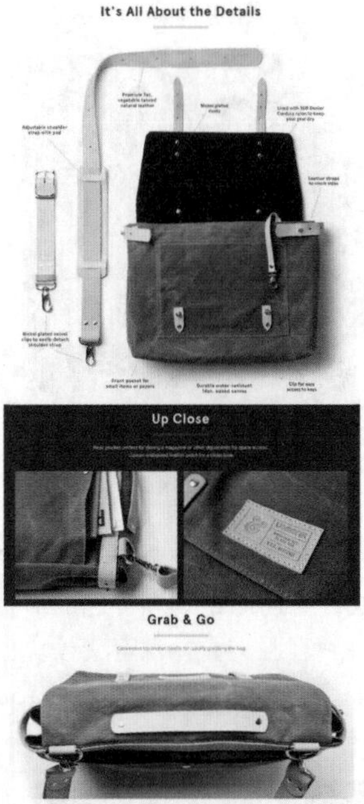　　图 11-53

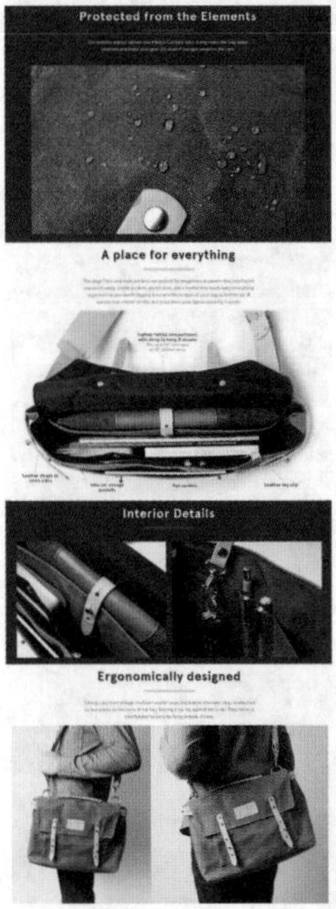

图 11-54 　　图 11-55

4. 页面尾部

最后是页面尾部，这里只要做到和整体相呼应即可，页面尾部可以是购物须知、注意事项、售后保障问题和物流等信息。

11.2 项目案例：双色食品主图

文件路径	资源包\第11章\双色食品主图
难易指数	★★★★★
技术掌握	“交互式填充”工具、“阴影”工具、“轮廓图”工具

案例效果

案例效果如图 11-56 所示。

图 11-56

操作步骤

11.2.1　制作主图背景和产品

扫一扫，看视频

步骤 01 新建一个合适的空白文档。执行“文件”→“新建”命令，在弹出的“创建新文档”对话框中设置“宽度”和“高度”均为800.0px。设置完成后单击OK按钮确认操作，如图11-57所示。

步骤 02 使用“矩形”工具，绘制一个和绘图区等大的矩形，将其填充为黄色，同时去除黑色的轮廓线。效果如图11-58所示。

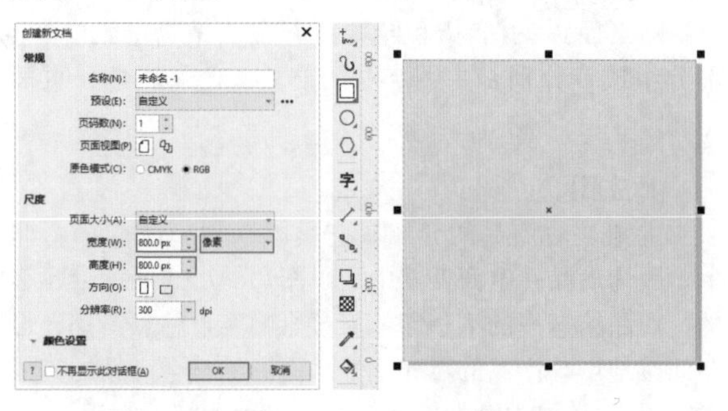

图 11-57　　图 11-58

步骤 03 为背景矩形填充渐变色。选择工具箱中的“交互式填充”工具，在属性栏中单击“渐变填充”按钮，接着设置“渐变类型”为“椭圆形渐变填充”。设置完成后为矩形编辑一个从黄色到橙色的椭圆形渐变，如图11-59所示。

步骤 04 制作几何感的背景效果。选择工具箱中的“钢笔”工具，在矩形的左下角绘制一个不规则的几何图形。效果如图11-60所示。

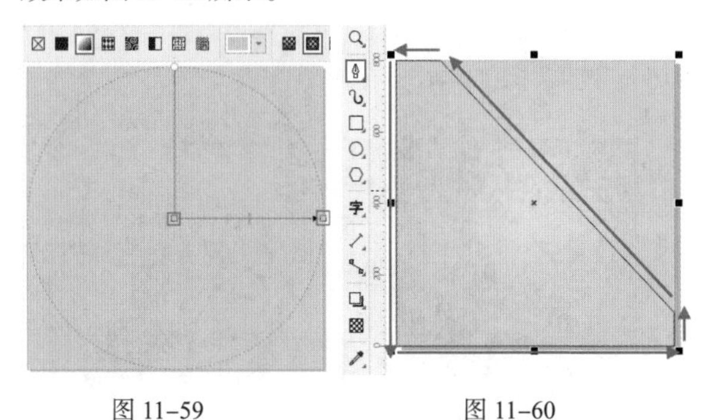

图 11-59　　图 11-60

步骤 05 为几何图形填充渐变色。选择工具箱中的“交互式填充”工具，在属性栏中单击“渐变填充”按钮，接着设置“渐变类型”为“椭圆形渐变填充”。设置完成后为矩形编辑一个深黄色系渐变，使其与背景保持一致。同时去除黑色的轮廓线，效果如图11-61所示。

步骤 06 在背景中继续绘制其他几何图形。选择工具箱中的“钢笔”工具，在已有渐变几何图形右侧绘制一个三角形。将其填充为颜色稍深的黄色，同时去除黑色的轮廓线。效果如图11-62所示。

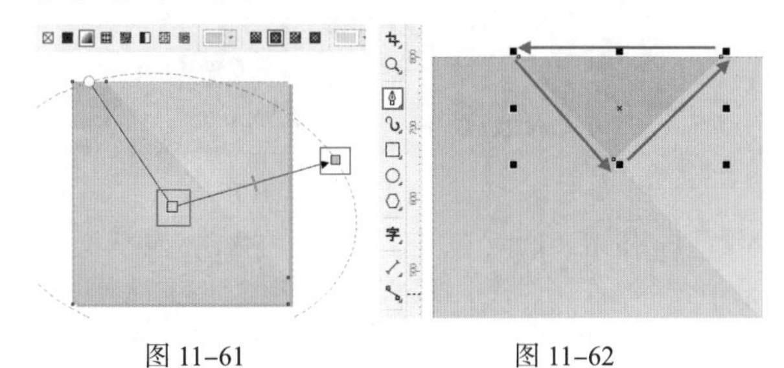

图 11-61　　图 11-62

步骤 07 使用“钢笔”工具，在背景矩形的左下角和右下角分别绘制两个不同大小的三角形，为其填充合适的颜色。效果如图11-63所示。

步骤 08 绘制其他不规则的几何图形，使用工具箱中的“钢笔”工具，在画面右上角绘制一个不规则的四边形。效果如图11-64所示。

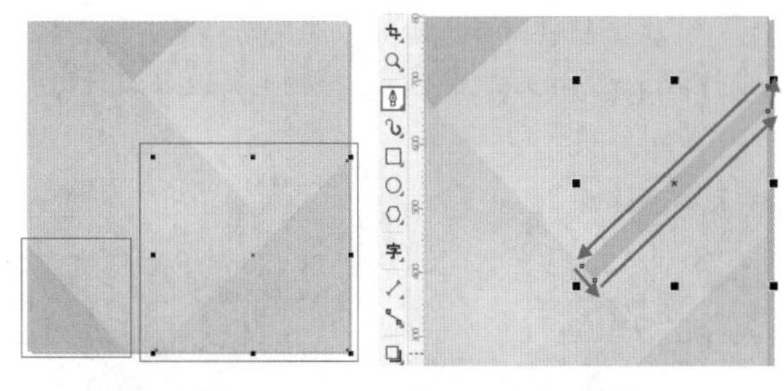

图 11-63　　图 11-64

步骤 09 为不规则四边形填充渐变。选中该图形，使用工具箱中的“交互式填充”工具，在属性栏中单击“渐变填充”按钮，设置“渐变类型”为“线性渐变填充”。设置完成后为其编辑一个从黄色到橙色的线性渐变。效果如图11-65所示。

步骤 10 使用工具箱中的“钢笔”工具，在画面左下角的三角形上方绘制一个不规则的四边形。接着将其填充为颜色稍淡一些的橙色，去除黑色的轮廓线。效果如图11-66所示。

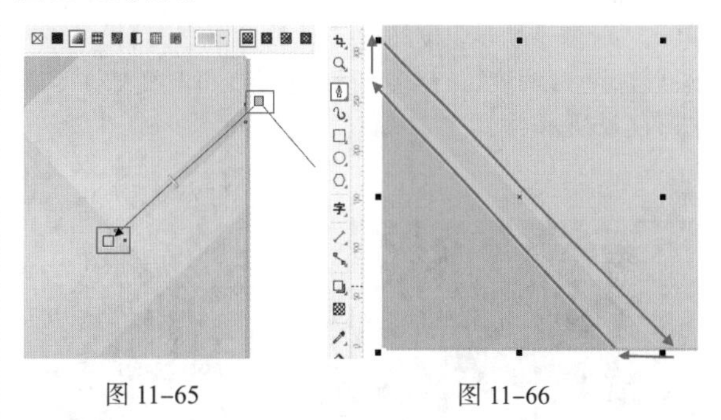

图 11-65　　图 11-66

步骤 11 使用同样的方法，在右下角再次绘制一个不规则的四边形，将其填充为颜色稍深一些的橙色。背景部分制作完成，效果如图11-67所示。

步骤 12 执行“文件”→“导入”命令，在弹出的“导入”对话框中选择素材“1.png”，然后单击“导入”按钮，如图11-68所示。

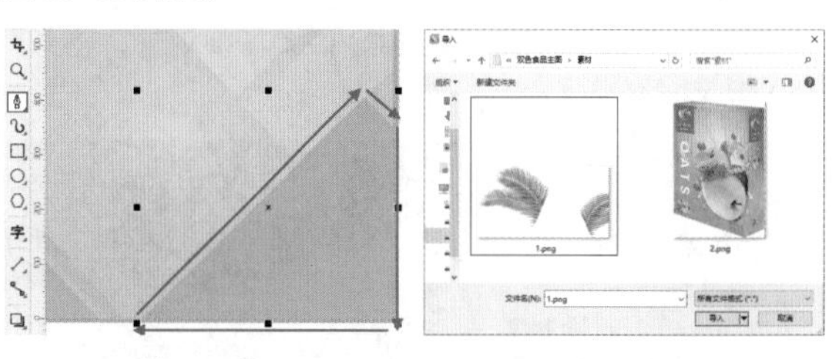

图 11-67　　图 11-68

步骤 13 将素材“1.png”放在画面右侧。效果如图11-69所示。

步骤 14 将产品素材导入画面。使用同样的方法，将产品素材“2.png”导入，放在绿色植物上，效果如图11–70所示。

图 11–69

图 11–70

步骤 15 制作产品底部的投影效果，增强画面的立体视觉感。选择工具箱中的“椭圆形”工具，在产品素材底部绘制一个椭圆形，将其填充为棕色，同时去除黑色的轮廓线。效果如图11–71所示。

步骤 16 选择工具箱中的“透明度”工具，在属性栏中单击“渐变透明度”按钮，设置“渐变类型”为“椭圆形渐变透明度”，接着调整椭圆形的渐变效果，如图11–72所示。

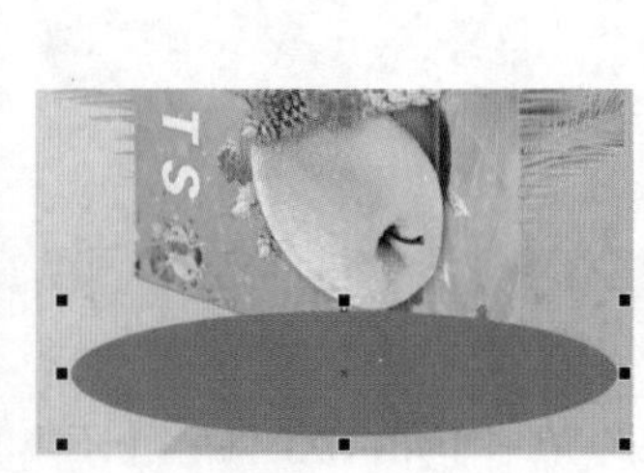
图 11–71

图 11–72

步骤 17 调整图层顺序，将投影放在产品素材下。选中产品素材图层，右击在弹出的快捷菜单中执行“顺序”→“到页面前面”命令，将其放在阴影图形下，如图11–73所示。效果如图11–74所示（由于投影的颜色比较淡，所以在调整图层顺序时，需要仔细观察，将其放在产品素材的下）。

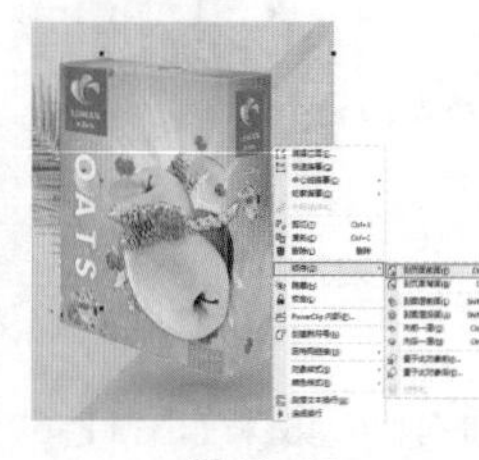
图 11–73

图 11–74

11.2.2 添加广告文字

扫一扫，看视频

步骤 01 制作画面左上角的文字效果。选择工具箱中的“钢笔”工具，在画面左上角绘制一个不规则的四边形。将其填充为绿色，同时去除黑色的轮廓线。效果如图11–75所示。

步骤 02 将绘制完成的四边形复制一份，放在绘图区外以备后面操作时使用。选中画面左上角的四边形，选择工具箱中的“透明度”工具，在属性栏中设置“透明度”为60。效果如图11–76所示。

图 11–75

图 11–76

步骤 03 将绘图区外的四边形放在透明度降低的图形上，然后将光标放在定界框右侧的中点位置，按住鼠标左键往左拖动将其适当缩小，将底部图形显示出来。效果如图11–77所示。

步骤 04 在四边形上输入文字。选择工具箱中的“文本”工具，在属性栏中设置合适的字体和字体大小。设置完成后在四边形上输入文字，将其填充为白色。效果如图11–78所示。

图 11–77

图 11–78

步骤 05 使用“文本”工具，在绿色植物左侧输入文字。选中文字，在属性栏中设置合适的字体和字体大小，将其填充为白色，如图11–79所示。同时将该文字复制一份，放在绘图区以外，以备后面操作时使用。

图 11–79

步骤 06 接着设置字符的“轮廓宽度”为“细线”，“颜色”为草绿，如图11-80所示。效果如图11-81所示。

步骤 07 为文字添加投影效果。选择工具箱中的“阴影”工具，在文字上方按住鼠标左键向右拖动，为其添加投影效果。在属性栏中设置“阴影颜色”为稍深一些的绿色，“阴影不透明度”为100，“阴影羽化”为10。效果如图11-82所示。

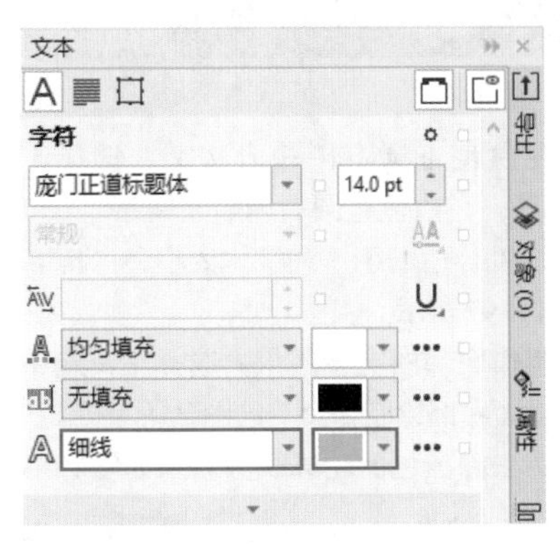

图11-80

图11-81　　图11-82

步骤 08 选中复制得到的白色文字，将其填充为绿色。然后使用工具箱中的“轮廓图”工具，在文字上按住鼠标左键拖动添加轮廓图，在属性栏中设置“轮廓图步长”为1，“轮廓图偏移”为5.0px，“轮廓图角”为“圆角”，“轮廓色”为与“填充色”相同的绿色，如图11-83所示。

步骤 09 将轮廓图文字放置在添加投影的文字下，共同组合成一个文字效果，效果如图11-84所示。然后将两个文字选中，使用快捷键Ctrl+G将其编组。

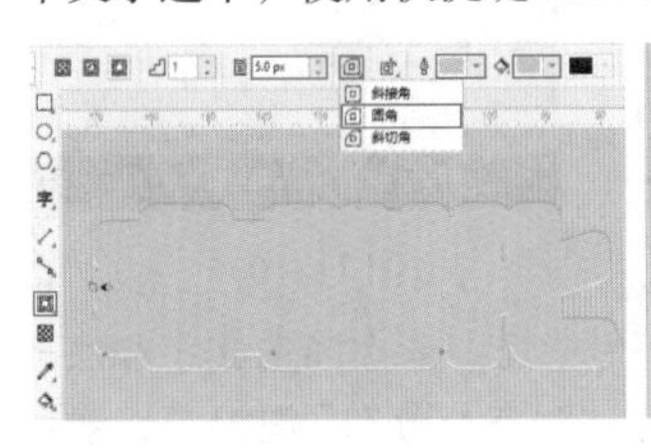

图11-83　　图11-84

步骤 10 选中编组的文字，在其上方单击，调出旋转定界框。接着将光标放在定界框一角，按住鼠标左键进行适当的旋转，效果如图11-85所示。

步骤 11 使用同样的方法，制作其他文字效果，如图11-86所示。

图11-85　　图11-86

步骤 12 使用工具箱中的“椭圆形”工具，按住Ctrl键的同时按住鼠标左键拖动绘制一个正圆。将其填充为白色，去除黑色的轮廓线。效果如图11-87所示。

步骤 13 制作正圆上的对号效果。选择工具箱中的“钢笔”工具，在正圆上方绘制一个红色的对号，效果如图11-88所示。然后依次加选两个图形，使用快捷键Ctrl+G进行编组。

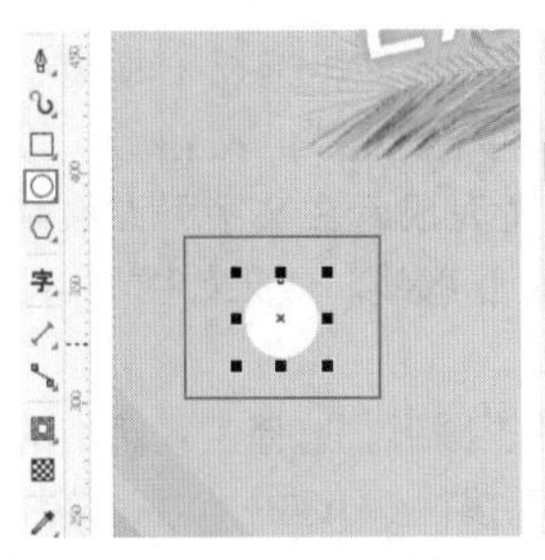

图11-87　　图11-88

步骤 14 选中编组的图形组，将其复制两份，放在已有图形下方。接着将3个组合图形组全部选中，调出右侧的“对齐与分布”泊坞窗，单击“左对齐”和按钮“垂直分散排列中心”按钮，将其进行垂直方向的排列分布设置，如图11-89所示。

步骤 15 在白色正圆右侧添加段落文字。选择工具箱中的“文本”工具，在正圆右侧输入文字，将其分为3行来呈现。然后选中文字，在属性栏中设置合适的字体和字体大小，将其填充为白色。效果如图11-90所示。

图11-89　　图11-90

步骤 16 调整段落文字间的行间距。在文字选中状态下，执行“窗口”→“泊坞窗”→“文本”命令，在“文本”泊坞窗中设置“行间距”为105.0%。使文字与正圆在同一水平线上方，如图11-91所示。

步骤 17 为段落文字添加投影效果，增强视觉立体层次感。使用工具箱中的“阴影”工具，在文字上方按住鼠标左键向下拖动，为其添加投影效果。然后在属性栏中设置“阴影颜色”为橙色，“阴影不透明度”为60，“阴影羽化”为20。效果如图11-92所示。

图 11-91　　图 11-92

步骤 18 制作文字下方的优惠券标签。选择工具箱中的“矩形”工具，在属性栏中单击“圆角”按钮，设置“圆角半径”为20.0px，设置完成后在文字下方绘制一个红色的圆角矩形，并去除轮廓线。效果如图11-93所示。

步骤 19 绘制圆角矩形左侧的正圆形。选择工具箱中的“椭圆形”工具，在圆角矩形上按住Ctrl键的同时，按住鼠标左键拖动绘制一个白色的正圆，去除轮廓线。效果如图11-94所示。

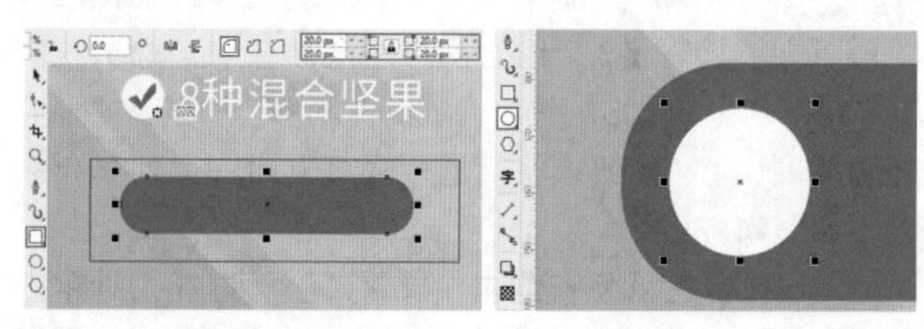

图 11-93　　图 11-94

步骤 20 在白色正圆上添加一个倒置的三角形。选择工具箱中的“多边形”工具，在属性栏中设置“点数或边数”为3。设置完成后在白色正圆上方按住Ctrl键绘制一个正三角形，将其填充为红色，去除轮廓线。效果如图11-95所示。

步骤 21 选中正三角形，单击属性栏中的“垂直镜像”按钮，对其进行垂直方向的翻转。效果如图11-96所示。

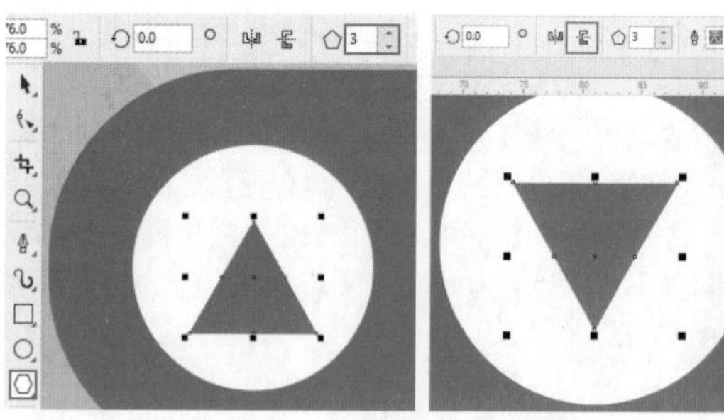

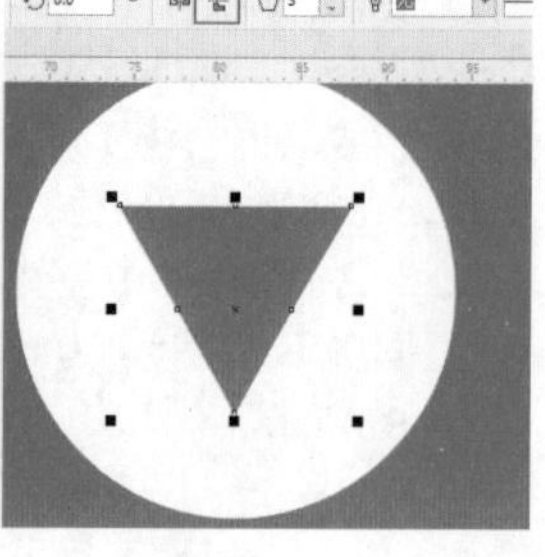

图 11-95　　图 11-96

步骤 22 在白色正圆右侧输入文字。选择工具箱中的“文本”工具，在白色正圆右侧输入文字。选中文字，在属性栏中设置合适的字体和字体大小，将其填充为白色。效果如图11-97所示。

步骤 23 制作底部的文字效果。选择工具箱中的“矩形”工具，在画面底部绘制一个与绘图区等宽的矩形。将其填充为白色，去除黑色的轮廓线。效果如图11-98所示。

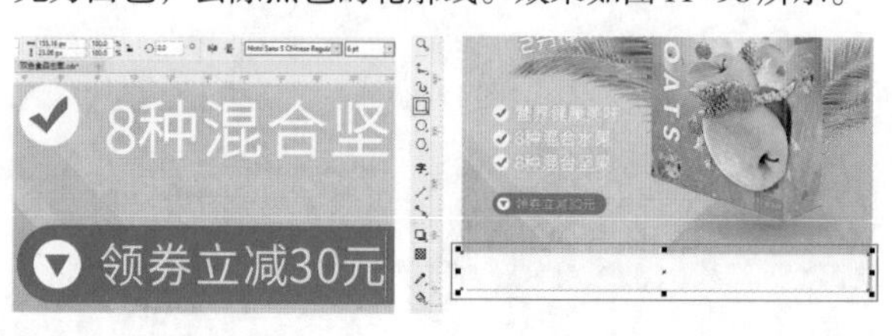

图 11-97　　图 11-98

步骤 24 复制一份白色矩形，将复制得到的图形的填充色更改为绿色。然后将光标放在定界框顶部的中点，按住鼠标向下拖动适当降低矩形的宽度，将下面的图形显示出来。效果如图11-99所示。

步骤 25 使用工具箱中的“文本”工具，在绿色矩形上输入文字。选中文字，在属性栏中设置合适的字体和字体大小，将其填充为白色。效果如图11-100所示。

图 11-99　　图 11-100

步骤 26 将文字摆放在矩形中间。依次加选文字和底部的绿色矩形，调出右侧的“对齐与分布”泊坞窗，然后单击“水平居中对齐”按钮和“垂直居中对齐”按钮，使其显示在矩形中间位置，如图11-101所示。至此，本案例制作完成，效果如图11-102所示。

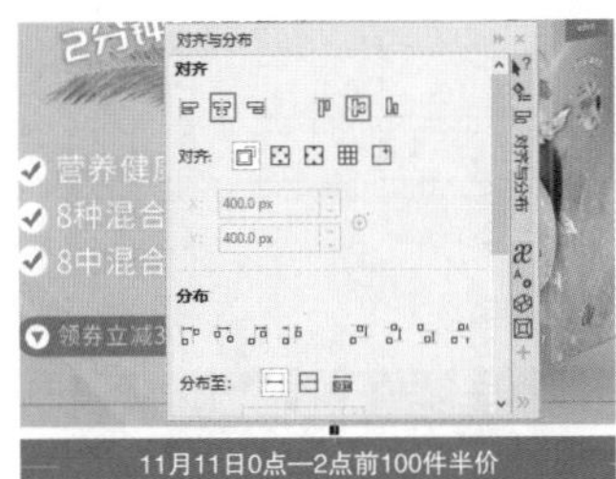

图 11-101　　图 11-102

11.3 项目案例：时装网站首页设计

文件路径	资源包\第11章\时装网站首页设计
难易指数	★★★★★
技术掌握	"钢笔"工具、圆角设置、"常见的形状"工具

案例效果

案例效果如图11-103所示。

图 11-103

操作步骤

11.3.1 制作网页背景和图像部分

扫一扫，看视频

步骤 01 新建一个"宽度"为1924px、"高度"为1080px的空白文档。选择工具箱中的"矩形"工具，在绘图区上半部分绘制一个矩形，将其填充为黑色。效果如图11-104所示。

步骤 02 使用同样的方法在靠近顶部的位置绘制另一个矩形，将其填充为灰色，如图11-105所示。

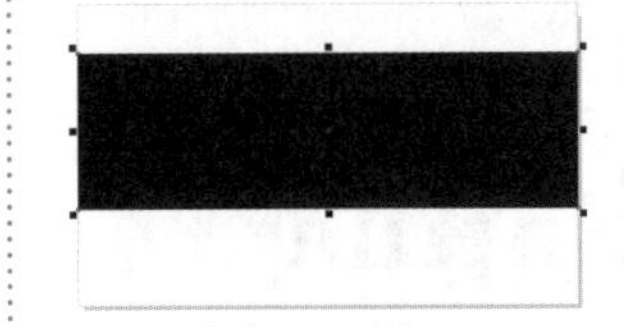

图 11-104　　图 11-105

步骤 03 将人物素材导入文档。执行"文件"→"导入"命令，导入人物素材，将其摆放在黑色矩形内。效果如图11-106所示。

步骤 04 使用同样的方法导入其他素材。效果如图11-107所示。

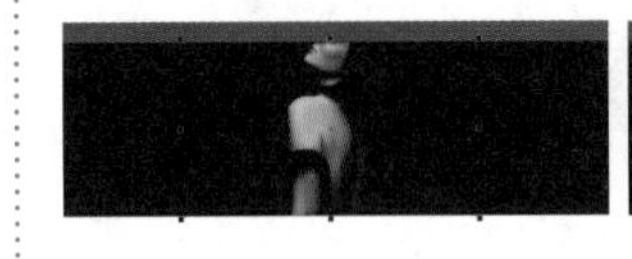

图 11-106　　图 11-107

11.3.2 制作网页按钮和文字部分

扫一扫，看视频

步骤 01 制作网页的标志。在界面左上角绘制一个正方形，在属性栏中单击"圆角"按钮，设置"圆角半径"为8.0px、"轮廓宽度"为3.0px，设置"轮廓色"为黑色，效果如图11-108所示。

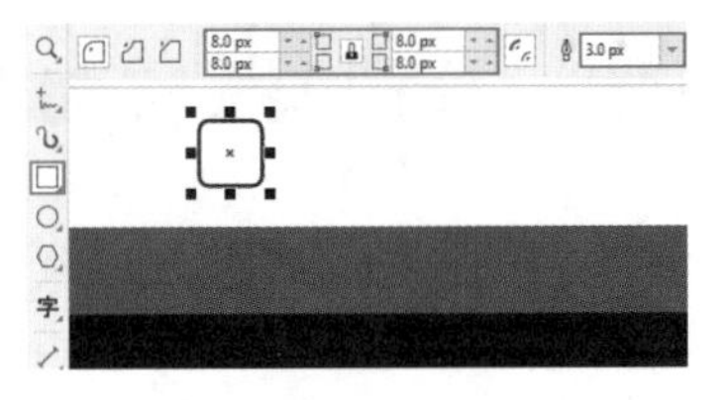

图 11-108

步骤 02 使用"文本"工具在圆角矩形中输入字母。效果如图11-109所示。

图 11-109

步骤 03 更换一种稍粗的字体，在圆角矩形右侧输入网站名称剩余的文字，如图11-110所示。

图 11-110

步骤 04 在网站名和下方输入一行稍小的文字，效果如图11-111所示。

图 11-111

步骤 05 制作右上角的历史浏览记录图标。使用“椭圆形”工具按住Ctrl键拖动绘制一个正圆。效果如图11-112所示。

步骤 06 使用“矩形”工具绘制两个矩形填充为黑色，调整摆放的位置，组合成L形。效果如图11-113所示。

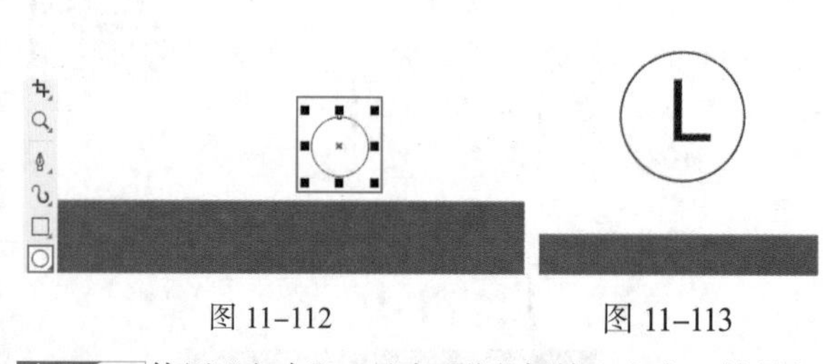

图 11-112　　图 11-113

步骤 07 使用“文本”工具在L形右侧输入文字，效果如图11-114所示。

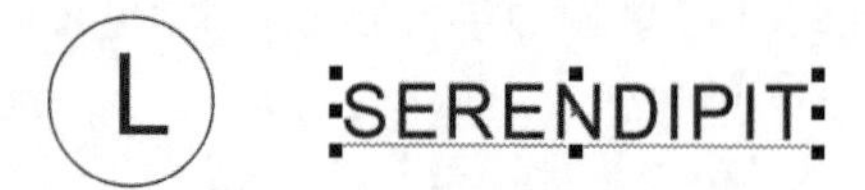

图 11-114

步骤 08 制作导航栏中的搜索框。选择工具箱中的“矩形”工具，在属性栏中单击“圆角”按钮，设置“圆角半径”为16.0px。设置完成后在人物右上角绘制一个圆角矩形。然后将其填充为亮灰色，同时去除黑色的轮廓线。效果如图11-115所示。

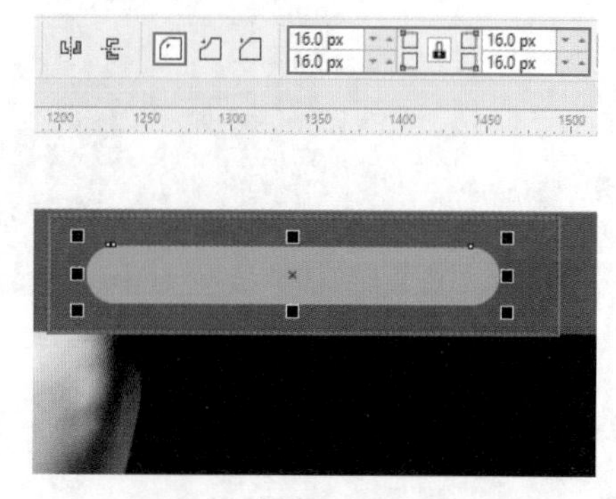

图 11-115

步骤 09 绘制搜索图标。在圆角矩形上使用“椭圆形”工具绘制一个圆形，设置“轮廓宽度”为2.0px，“轮廓色”为白色。效果如图11-116所示。

步骤 10 再绘制一个相同宽度的白色矩形，在属性栏中设置“旋转角度”为25.0°。效果如图11-117所示。

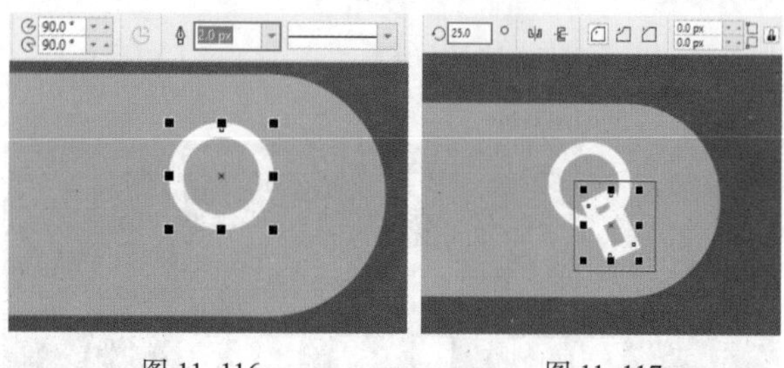

图 11-116　　图 11-117

步骤 11 框选两个图形，在属性栏中单击“焊接”按钮，如图11-118所示。得到一整个图形，如图11-119所示。

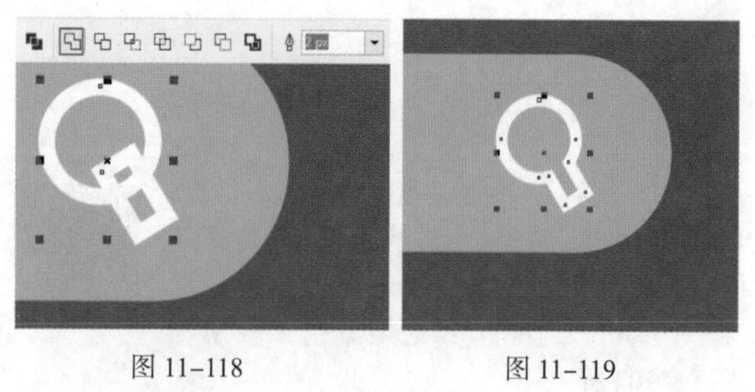

图 11-118　　图 11-119

步骤 12 使用同样的方法在导航栏中输入几组文字，效果如图11-120所示。

图 11-120

步骤 13 选中这几组文字，在“对齐与分布”泊坞窗中单击“垂直居中对齐”按钮，使文字整齐排列，如图11-121所示。

步骤 14 使用“矩形”工具在左下方照片的下方绘制一个矩形，将其填充为深灰色，效果如图11-122所示。

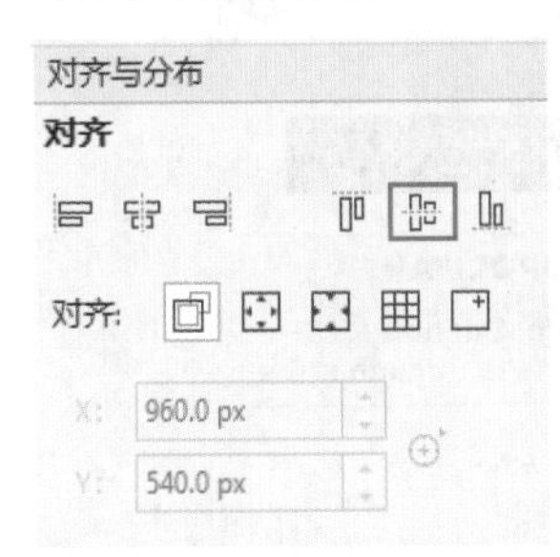

图11-121　图11-122

步骤 15 选择工具箱中的“常见的形状”工具，在属性栏中选择一种合适的箭头形状，设置完成后在深灰色矩形上绘制一个箭头形状。同时将其填充为白色，设置“轮廓色”为“无”，如图11-123所示。

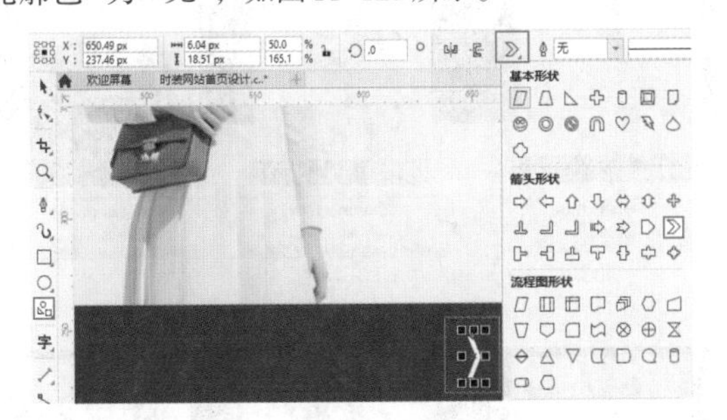

图11-123

步骤 16 使用“选择”工具框选矩形和箭头，按住鼠标左键向右拖动，移动到另外一张照片下方右击完成复制。效果如图11-124所示。

图11-124

步骤 17 使用同样的方法再复制一份并移动到合适位置，效果如图11-125所示。

图11-125

步骤 18 使用“矩形”工具在左上的图像下方绘制一个矩形，然后选中矩形，设置“轮廓色”为白色，接着在属性栏中设置“轮廓宽度”为1.0px，效果如图11-126所示。

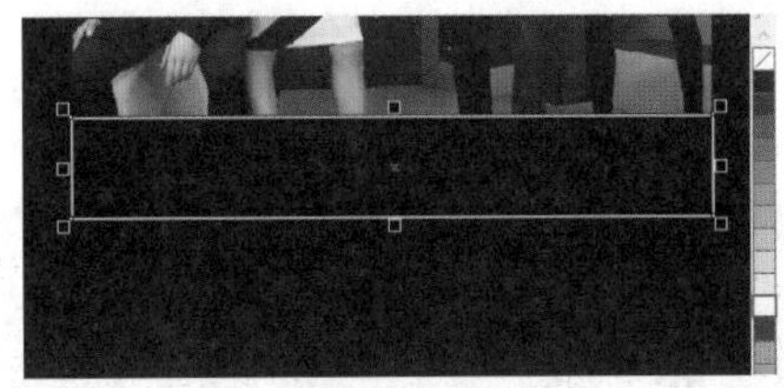

图11-126

步骤 19 使用同样的方法绘制画面右侧的另外两个矩形，效果如图11-127所示。

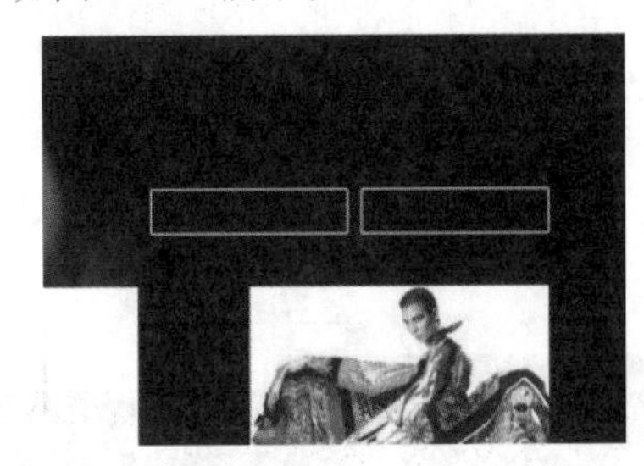

图11-127

步骤 20 使用“椭圆形”工具在界面左侧绘制一个圆形，设置“填充色”为“无”，“轮廓色”为白色，效果如图11-128所示。

步骤 21 使用“常见的形状”工具绘制一个箭头标志，将其填充为白色的同时去除轮廓线。效果如图11-129所示。

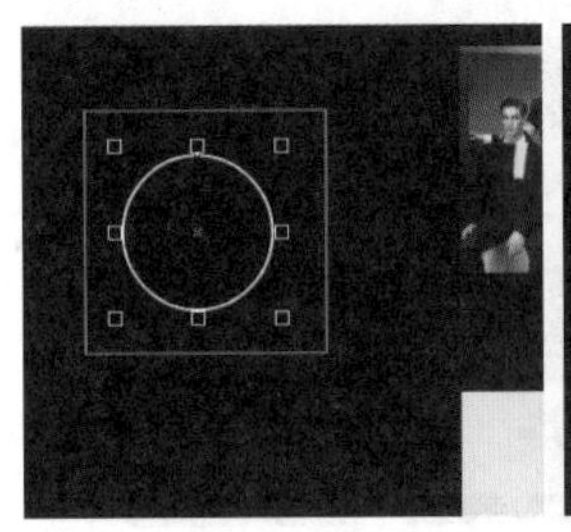

图11-128　图11-129

步骤 22 然后单击属性栏中的“水平镜像”按钮，将其进行水平翻转。使用“形状”工具调整图形上的控制点进行变形，如图11–130所示。其效果如图11–131所示。

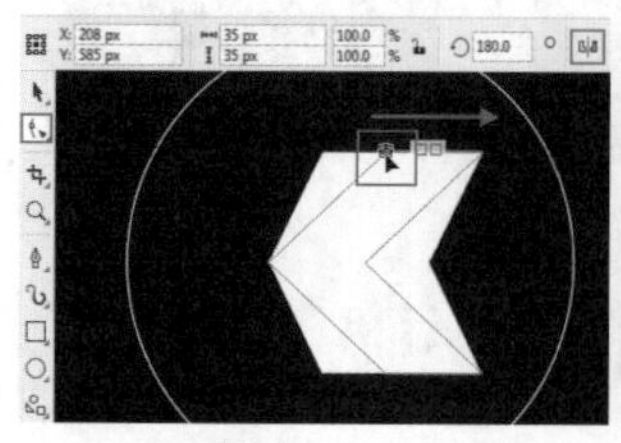

图 11–130

图 11–131

步骤 23 按住Shift键单击加选正圆和箭头图形，然后按住鼠标左键向画面右侧拖动，拖动到相应位置后右击进行复制。效果如图11–132所示。

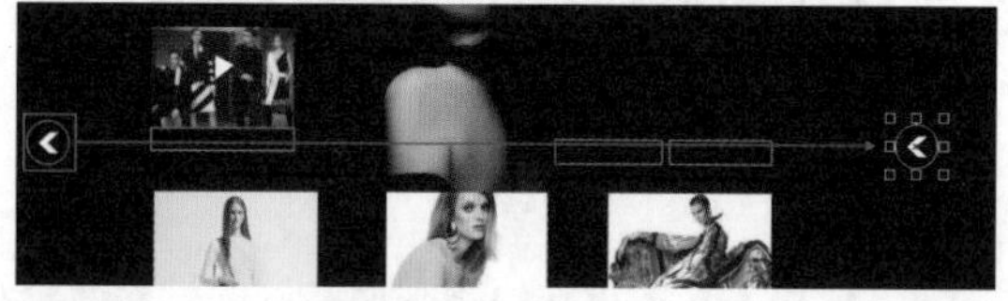

图 11–132

步骤 24 选中复制得到的按钮，单击属性栏中的“水平镜像”按钮，将其进行水平翻转。效果如图11–133所示。

步骤 25 使用工具箱中的“文本”工具，在主图的右侧输入三行文字，并单击属性栏中的“对齐方式”按钮，设置对齐方式为右对齐。效果如图11–134所示。

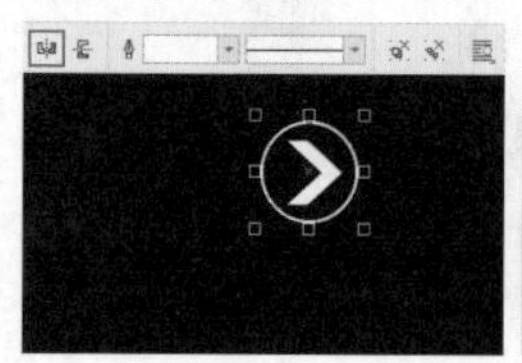

图 11–133

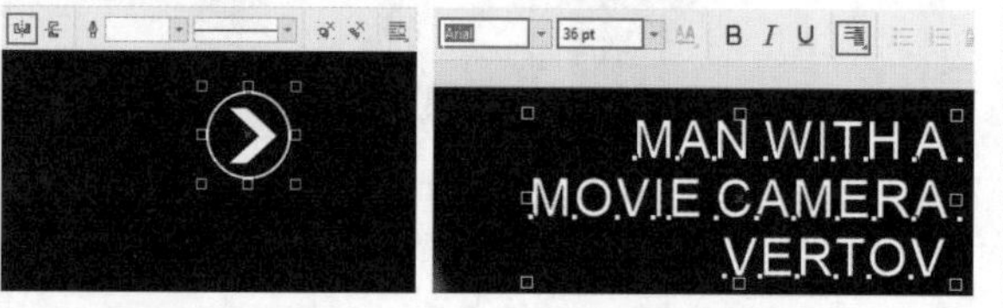

图 11–134

步骤 26 使用“文本”工具，在矩形按钮处中输入不同的文字。相同格式的模块需要使用相同属性的文字。效果如图11–135所示。

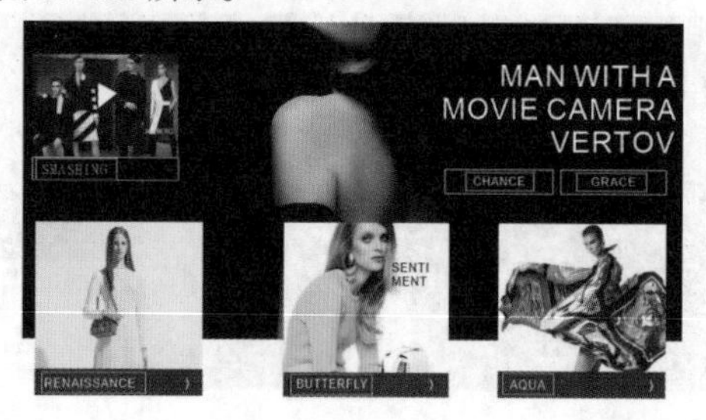

图 11–135

步骤 27 在底部输入两组文字，对齐方式为居中对齐。效果如图11–136所示。

图 11–136

步骤 28 复制这两组文字到另外的两个模块下方。效果如图11–137所示。

步骤 29 更改另外两组文字的内容，保证三组文字的格式相同，效果如图11–138所示。至此，本案例制作完成，效果如图11–139所示。

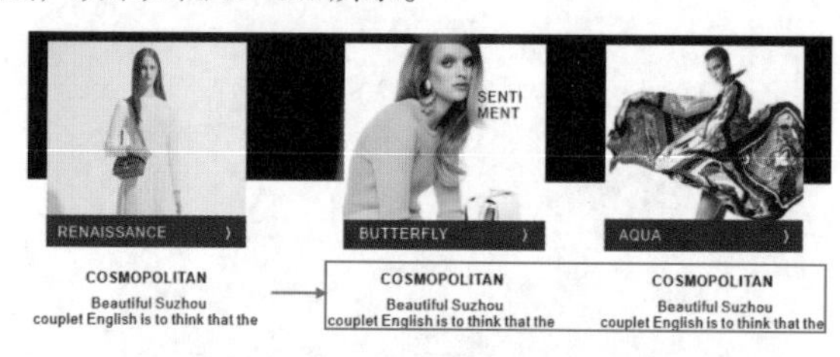

图 11–137

图 11–138

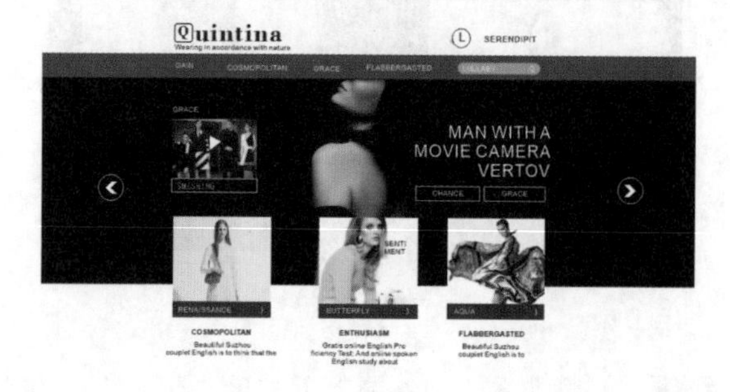

图 11–139

11.4 项目案例：可爱风格的电商活动页面设计

文件路径	资源包\第11章\可爱风格的电商活动页面设计
难易指数	★★★★★
技术掌握	“交互式填充”工具、“阴影”工具、“文本”工具

案例效果

案例效果如图11-140所示。

图 11-140

操作步骤

11.4.1 制作页面背景

扫一扫，看视频

步骤 01 新建一个A4大小的横向文档。执行“文件”→“导入”命令，将背景素材导入画面，使其充满整个绘图区。效果如图11-141所示。

步骤 02 使用工具箱中的“椭圆形”工具，在画面中按住Ctrl键的同时按住鼠标左键拖动绘制一个正圆，将其填充为偏粉的红色并去除轮廓线。效果如图11-142所示。

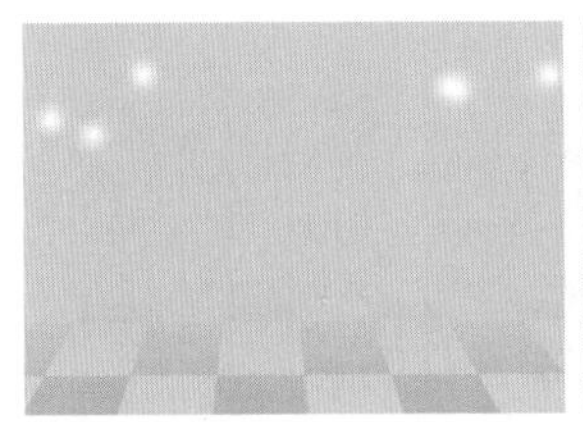

图 11-141

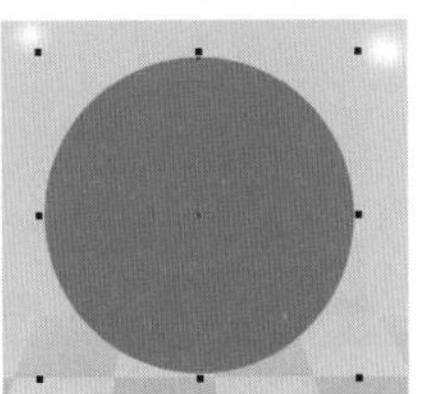

图 11-142

步骤 03 选择工具箱中的“交互式填充”工具，在属性栏中单击“渐变填充”按钮，设置“渐变类型”为“线性渐变填充”，设置完成后在正圆上方填充红色系渐变。效果如图11-143所示。

步骤 04 为正圆添加阴影。选择红色渐变正圆，单击工具箱中的“阴影”工具按钮，按住鼠标左键拖动添加阴影，然后在属性栏中设置“阴影颜色”为深红色，“阴影不透明度”为50，“阴影羽化”为5。效果如图11-144所示。

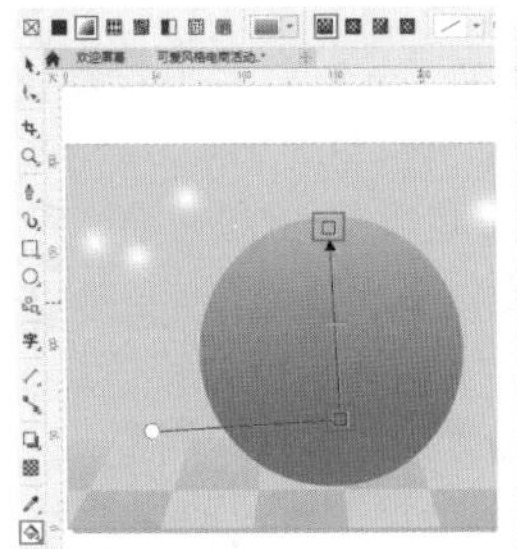

图 11-143

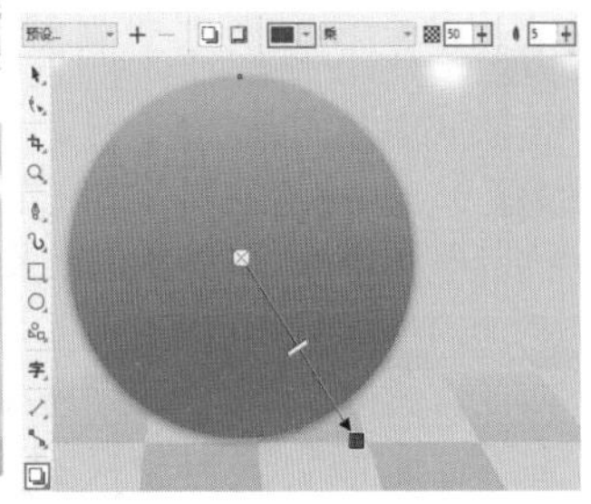

图 11-144

步骤 05 使用“椭圆形”工具在正圆下方继续绘制其他粉色的小正圆。效果如图11-145所示。

步骤 06 制作四周的彩色碎片。使用工具箱中的“钢笔”工具，在红色正圆右侧绘制图形，将其填充为红色并去除轮廓线。效果如图11-146所示。

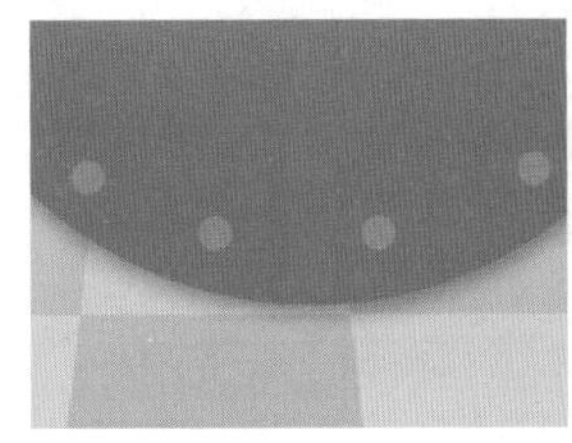

图 11-145

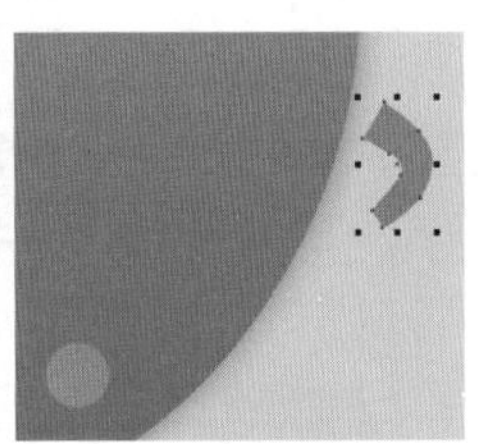

图 11-146

步骤 07 使用工具箱中的“阴影”工具，为该图形制作阴影。效果如图11-147所示。

步骤 08 使用同样的方法绘制其他图形并为其添加阴影效果。效果如图11-148所示。

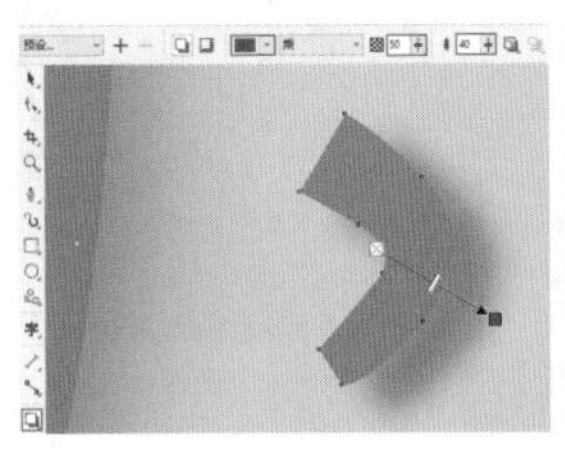

图 11-147

图 11-148

11.4.2 制作标题栏和导航栏

扫一扫，看视频

步骤 01 制作网页的标识栏。使用“矩形”工具在画面最上方绘制一个白色矩形。效果如图11-149所示。

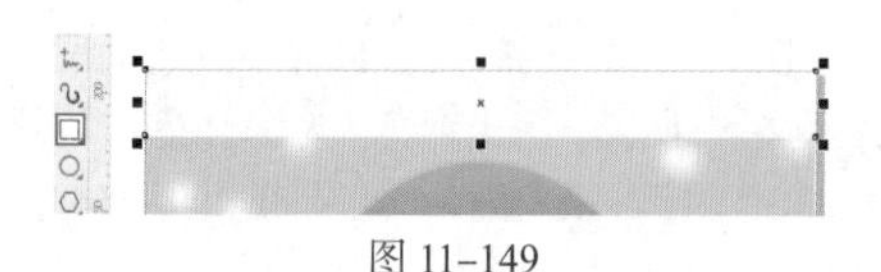

图 11-149

步骤 02 使用“椭圆形”工具，在白色矩形左边绘制正圆，并将其填充为粉色。效果如图 11-150 所示。

步骤 03 选中粉色正圆，选择工具箱中的“透明度”工具，在属性栏中单击“渐变透明度”按钮，设置“渐变类型”为“椭圆形渐变透明度”，设置完成后在粉色正圆上方按住鼠标左键拖动调整透明度。效果如图 11-151 所示。

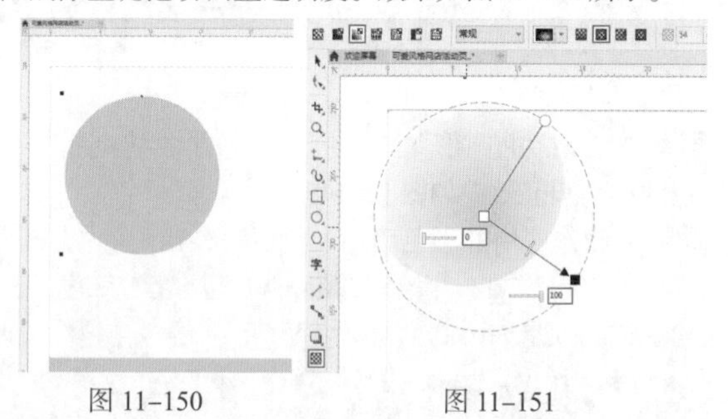

图 11-150　　图 11-151

步骤 04 使用同样的方法制作其他边缘虚化的正圆。效果如图 11-152 所示。

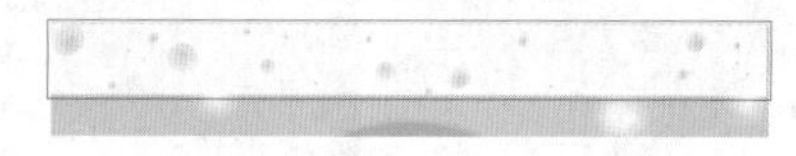

图 11-152

步骤 05 使用“钢笔”工具，在白色矩形上绘制图形，如图 11-153 所示。

步骤 06 使用“阴影”工具为该图形添加阴影效果，如图 11-154 所示。

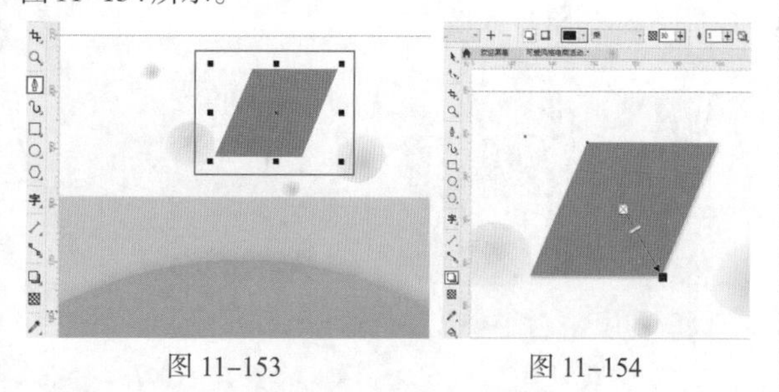

图 11-153　　图 11-154

步骤 07 多次复制该图形，然后使用同样的方法绘制其他图形并添加阴影。效果如图 11-155 所示。

图 11-155

步骤 08 在各个图形上输入文字，单击工具箱中的“文本”工具，在第一个图形上输入文字。选中该文字，在属性栏中设置合适的字体、字体大小，将其填充为白色。效果如图 11-156 所示。

步骤 09 选中该文字，使用“阴影”工具为其添加阴影效果，如图 11-157 所示。

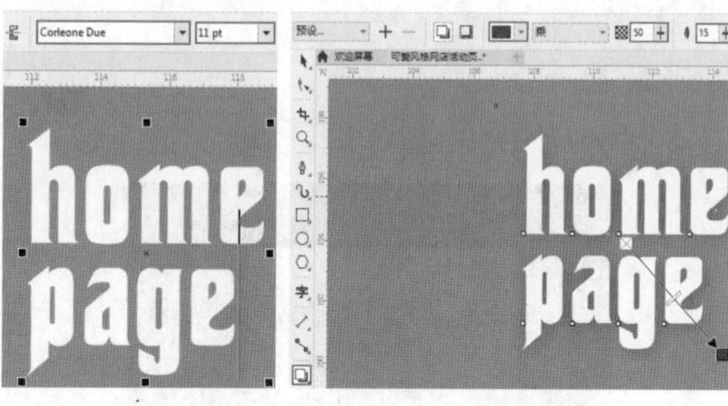

图 11-156　　图 11-157

步骤 10 继续使用“文本”工具输入其他文字。效果如图 11-158 所示。

图 11-158

11.4.3 制作艺术字

扫一扫，看视频

步骤 01 制作主体文字。使用“文本”工具，在画面中上部分输入文字。效果如图 11-159 所示。

步骤 02 为文字添加一些细节，让效果更加丰富。使用“钢笔”工具，在文字“庆”笔画的最后一笔处绘制。效果如图 11-160 所示。

图 11-159　　图 11-160

步骤 03 使用同样的方法，制作文字“神”笔画的第一笔。效果如图 11-161 所示。

步骤 04 按住Shift键的同时依次加选各个文字和图形，将其复制一份的同时对其进行编组。然后选择复制得到的文字，使用工具箱中的“交互式填充”工具将其填充为颜色稍浅一些的粉色渐变，适当移动文字的位置制作出立体文字效果。效果如图 11–162 所示。

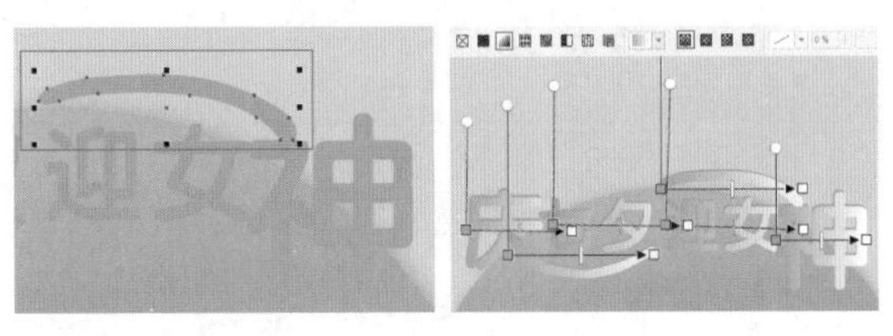

图 11–161　　图 11–162

步骤 05 使用“文本”工具输入文字。效果如图11–163所示。

步骤 06 使用“阴影”工具为其添加阴影。效果如图11–164所示。

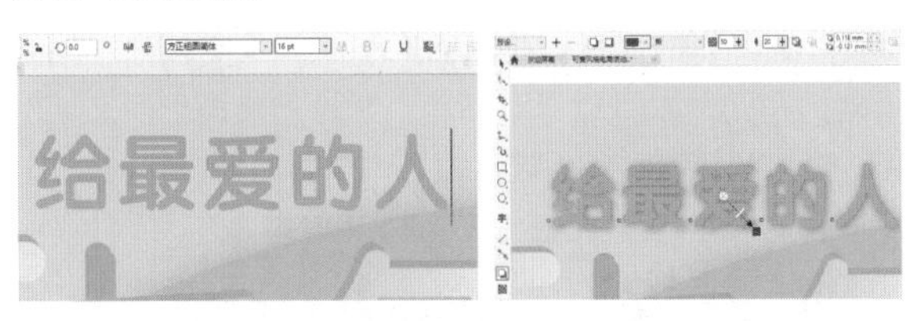

图 11–163　　图 11–164

步骤 07 为主体文字添加渐变底纹，增强文字效果。使用工具箱中的“钢笔”工具，绘制出文字的大致轮廓。然后使用“交互式填充”工具，将其设置为橘色到红色的渐变，去除轮廓线。设置完成后，使用快捷键Ctrl+Page Down将其置于文字下，效果如图 11–165 所示。

图 11–165

11.4.4　制作网页小模块

扫一扫，看视频

步骤 01 选择工具箱中的“矩形”工具，在正圆内部的左侧位置绘制矩形，将其填充为红色并去除轮廓线。效果如图 11–166 所示。

步骤 02 使用“阴影”工具为矩形制作阴影效果，如图 11–167 所示。

步骤 03 选择工具箱中的“椭圆形”工具，在红色矩形的中间位置绘制正圆。设置“填充色”为淡红色，“轮廓色”为土黄色，“轮廓宽度”为 10.0px，效果如图 11–168 所示。

步骤 04 选择工具箱中的“冲击效果”工具，在属性栏中设置“效果样式”为“辐射”，设置合适的“线宽”和“行间距”，在“线条样式”下拉列表中选择合适的样式，设置完成后按住鼠标左键拖动绘制一个射线图形。效果如图 11–169 所示。

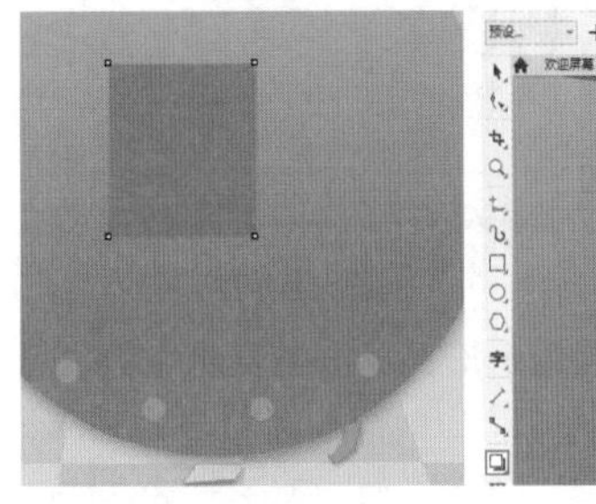

图 11–166　　图 11–167

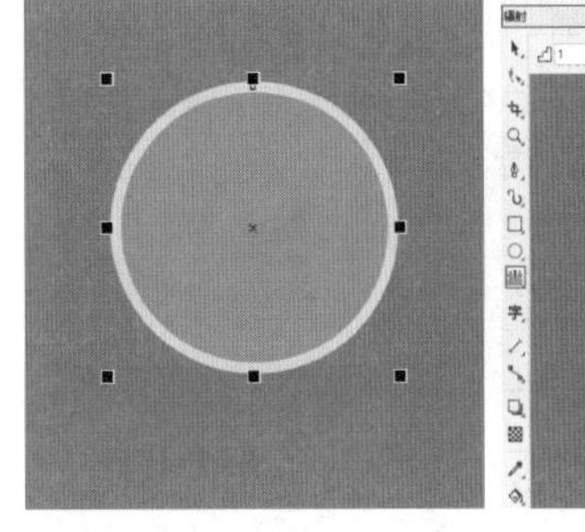

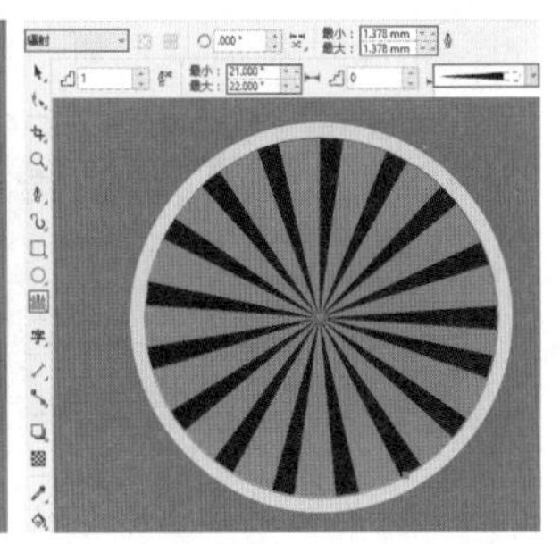

图 11–168　　图 11–169

步骤 05 在调色板中单击淡红色色块，设置该图形的颜色为淡红色，效果如图 11–170 所示。依次加选射线图形以及底部的正圆，使用快捷键Ctrl+G进行组合。

步骤 06 为组合图形添加阴影效果。将图形选中，选择工具箱中的“阴影”工具，在属性栏中设置“阴影颜色”为黑色，“阴影不透明度”为 50，“阴影羽化”为 15。设置完成后拖动鼠标为其添加阴影。效果如图 11–171 所示。

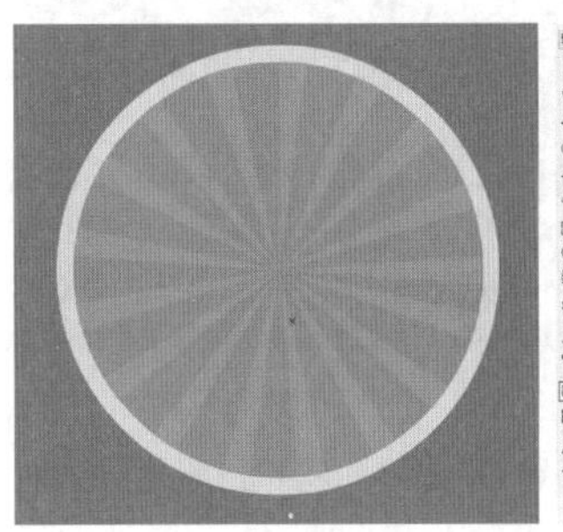

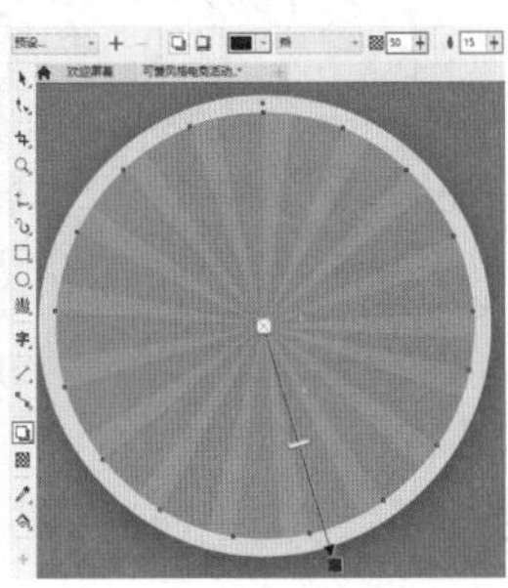

图 11–170　　图 11–171

步骤 07 使用“椭圆形”工具，绘制与背景相同的红色椭圆。效果如图 11–172 所示。

步骤 08 选择工具箱中的“矩形”工具，在属性栏中单击“圆角”按钮，设置“圆角半径”为0.9mm，设置完成后在画面中绘制圆角矩形，将其填充为土黄色，如图11-173所示。

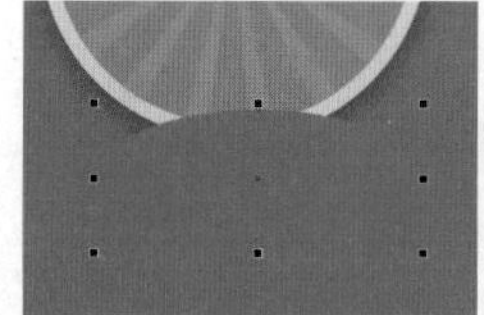

图 11-172

图 11-173

步骤 09 选中土黄色的圆角矩形，单击工具箱中的“阴影”工具按钮，为其制作阴影。效果如图11-174所示。

步骤 10 使用“钢笔”工具，在该圆角矩形内部的右侧绘制一个三角形，将其填充为深土黄色并去除轮廓线。效果如图11-175所示。

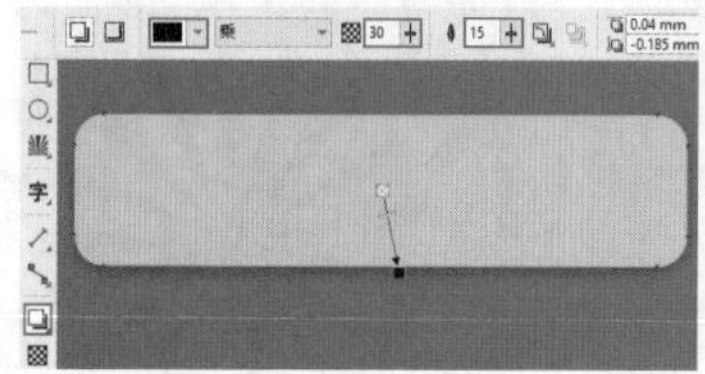

图 11-174

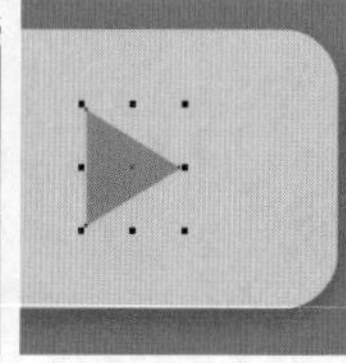

图 11-175

步骤 11 在画面中输入文字。选择工具箱中的“文本”工具，在画面中单击插入光标然后输入文字，接着在属性栏中设置合适的字体、字体大小，将文字颜色设置为土黄色。效果如图11-176所示。

步骤 12 使用“文本”工具在画面中其他位置输入文字。效果如图11-177所示。

图 11-176

图 11-177

步骤 13 执行“文件”→“导入”命令，将口红素材导入画面，调整大小放在放射图形中间。效果如图11-178所示。

步骤 14 框选第一个小模块中的各个对象，按住鼠标左键向右拖动，右击将其复制一份。然后更换文字及插图素材，效果如图11-179所示。

图 11-178

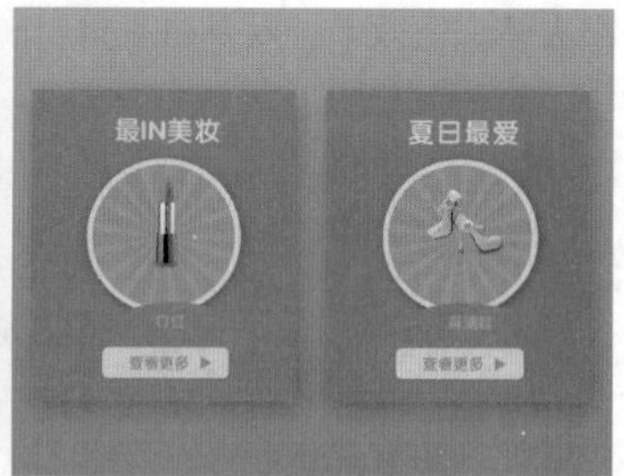

图 11-179

步骤 15 使用“文本”工具在文档的合适位置输入文字，同时在属性栏中设置合适的字体和字体大小，将其填充为合适的颜色。效果如图11-180所示。

步骤 16 将装饰素材导入画面。至此，本案例的平面效果制作完成，如图11-181所示。框选所有图形及文字对象，使用快捷键Ctrl+G进行编组，以备后面操作时使用。

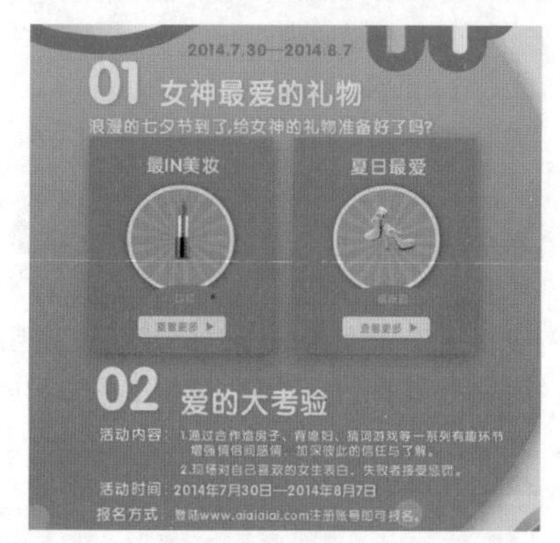

图 11-180

图 11-181

11.4.5 制作网站展示效果

扫一扫，看视频

步骤 01 制作立体展示效果。将计算机素材导入画面，如图11-182所示。

图 11-182

步骤 02 使用工具箱中的“矩形”工具，在属性栏中单击“圆角”按钮，设置“圆角半径”为1.0mm，设置完成后在绘图区中绘制一个白色的圆角矩形。效果如图11-183所示。

步骤 03 选中组合的网页，然后复制一份。将复制得到的网页调整大小放在计算机素材中的计算机屏幕上，同时调整顺序将其放置在白色圆角矩形下。效果如图11-184所示。

图 11-183

图 11-184

步骤 04 执行“对象”→PowerClip→“置于图文框内部”命令，单击白色圆角矩形，隐藏平面效果图不需要的部分。至此，立体展示效果制作完成，如图11-185所示。

图 11-185

11.5 项目案例：音乐主题网页设计

文件路径	资源包\第11章\音乐主题网页设计
难易指数	★★★★★
技术掌握	“钢笔”工具、“透明度”工具、“文本”工具、“椭圆形”工具、“刻刀”工具

案例效果

案例效果如图11-186所示。

图 11-186

操作步骤

11.5.1 制作网页背景效果

扫一扫，看视频

步骤 01 执行“文件”→“新建”命令，新建一个网页常用尺寸的文档。接着使用工具箱中的“矩形”工具，绘制一个与绘图区等大的矩形。然后将其填充为灰色，去除黑色的轮廓线。效果如图11-187所示。

步骤 02 在画面中绘制曲线。选择工具箱中的“钢笔”工具，在属性栏中设置“轮廓宽度”为60pt。设置完成后在画面上绘制一条曲线。效果如图11-188所示。

图 11-187

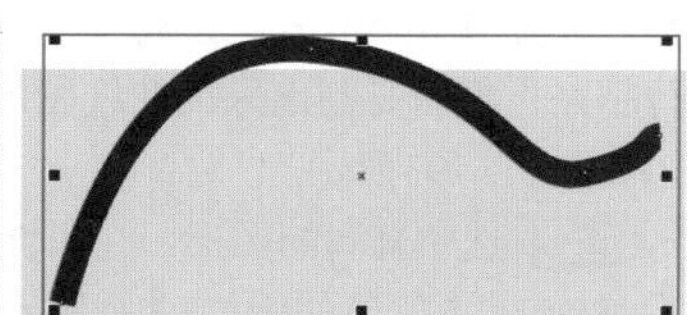

图 11-188

步骤 03 选中曲线，执行“对象”→“将轮廓转换为对象”命令，选择工具箱中的“形状”工具，在属性栏中单击“转换为曲线”按钮，然后在曲线的一端单击选中节点进行拖动，使其变得平滑。效果如图11-189所示。

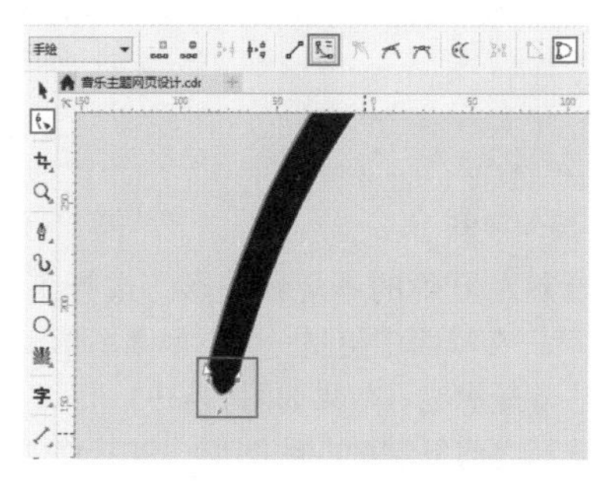

图 11-189

步骤 04 在曲线的另一端单击，拖动节点。效果如图11-190所示。

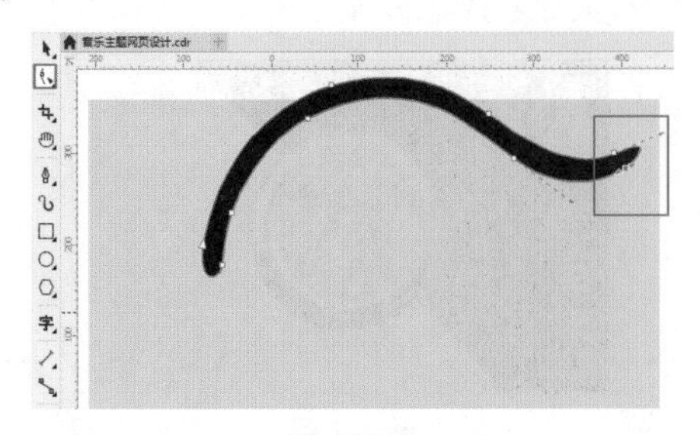

图 11-190

步骤 05 更改曲线颜色。在调色板中单击白色，将其填充为白色。效果如图11-191所示。

步骤 06 使用同样的方法制作其他曲线。效果如图11-192所示。

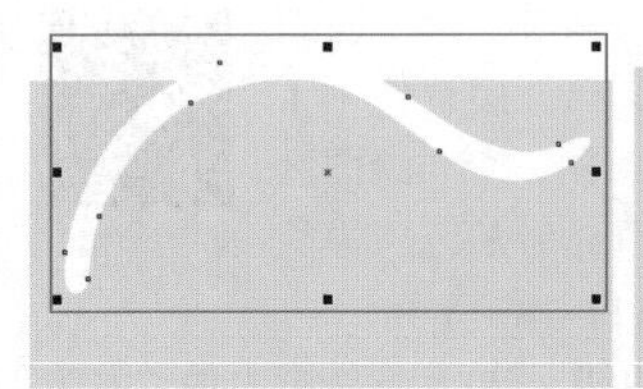

图 11-191

图 11-192

步骤 07 选中这三条曲线，使用快捷键Ctrl+G进行编组，然后使用快捷键Ctrl+C进行复制，使用快捷键Ctrl+V进行粘贴，将新复制出来的曲线图形移动到画面下方。效果如图11-193所示。

步骤 08 选中复制的图形，在属性栏中设置"旋转角度"为180.0°，效果如图11-194所示。先将上方的曲线复制在绘图区外，待后面操作时使用。然后选中上下两个曲线组，使用快捷键Ctrl+G进行编组。

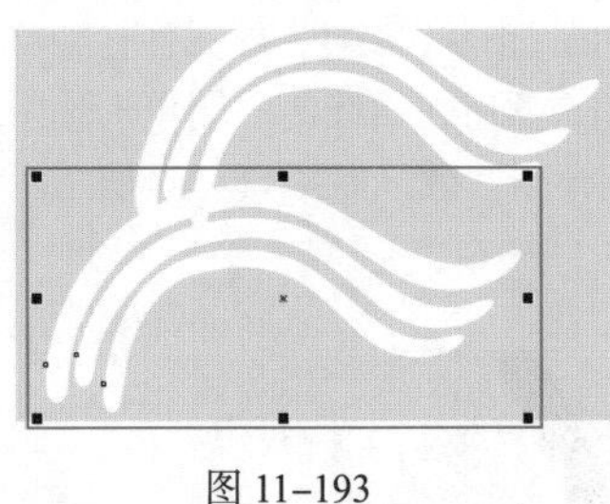

图 11-193

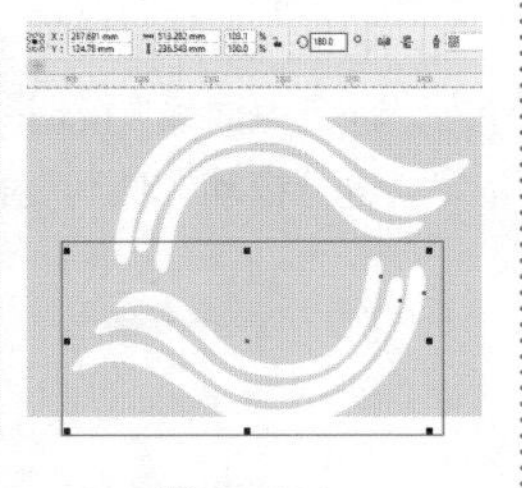

图 11-194

步骤 09 绘制左上角的不规则图形。选择工具箱中的"钢笔"工具，在画面中绘制一个不规则图形，将其填充为黑色，去除轮廓线。效果如图11-195所示。

步骤 10 选择之前复制的曲线图形，将其移动到黑色图形上。效果如图11-196所示。

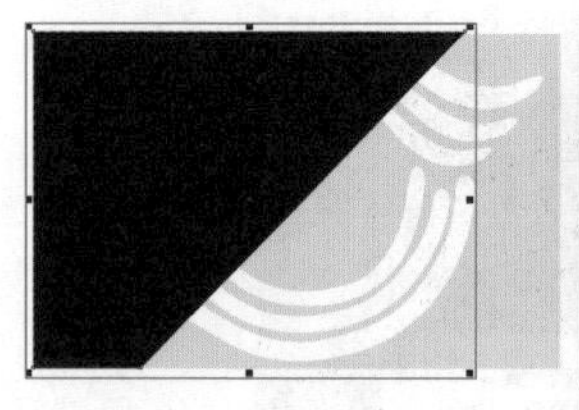

图 11-195

图 11-196

步骤 11 使用鼠标左键拖动曲线上的控制点将其放大，在调色板中将其填充色更改为紫色。效果如图11-197所示。

步骤 12 为紫色图形设置透明度效果。在该曲线选中状态下，选择工具箱中的"透明度"工具，在属性栏中设置"透明度的类型"为"均匀透明度"，设置"透明度"为50。效果如图11-198所示。

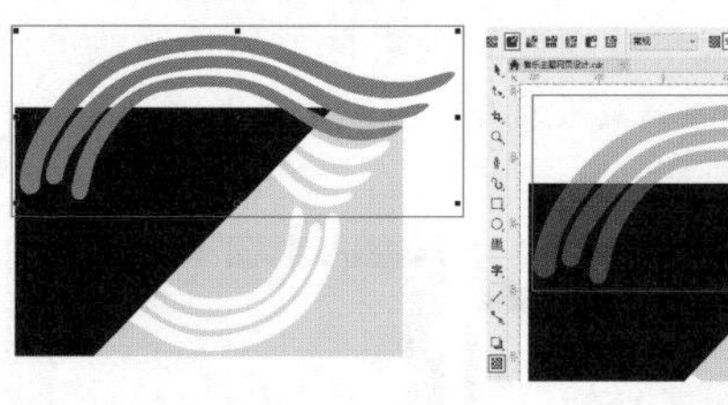

图 11-197　　图 11-198

11.5.2 制作网页中的文字

扫一扫，看视频

步骤 01 制作主题logo。选中画面下方的白色曲线图形，使用快捷键Ctrl+C进行复制，使用快捷键Ctrl+V进行粘贴。将新复制出来的曲线图形适当缩小并移动到画面上方，作为logo。效果如图11-199所示。

步骤 02 在调色板中将其颜色更改为紫色，效果如图11-200所示。

图 11-199

图 11-200

步骤 03 在logo下方输入文字。选择工具箱中的"文本"工具，在logo下方单击，建立文字输入的起始点，在属性栏中设置合适的字体、字体大小，设置完成后在画面中输入相应的文字。效果如图11-201所示。

步骤 04 在该文字下方输入其他合适的文字。效果如图11-202所示。

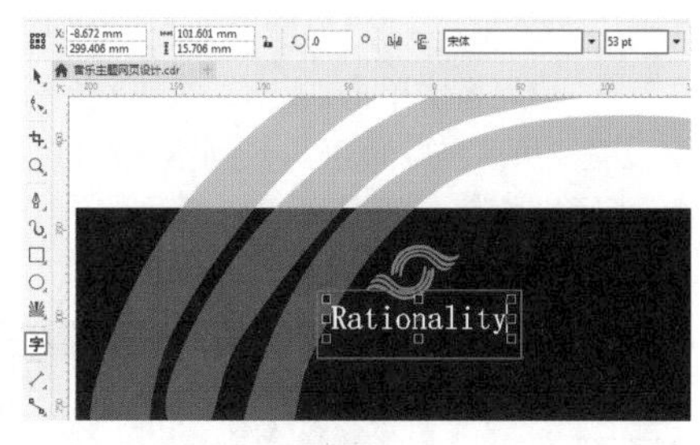

图 11-201

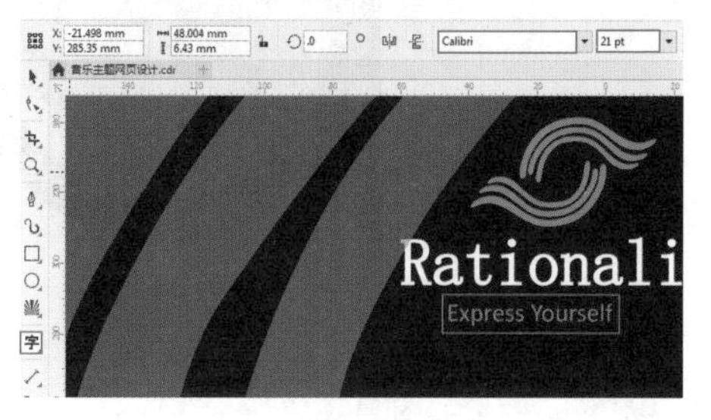

图 11-202

步骤 05 制作logo右侧的水滴状图形。选择工具箱中的“钢笔”工具，在logo右侧绘制一个不规则图形，然后将其填充为相同的紫色，同时去除黑色的轮廓线。效果如图 11-203 所示。

图 11-203

步骤 06 使用“文本”工具，在logo右侧单击，建立文字输入的起始点，在属性栏中设置合适的字体、字体大小。设置完成后在画面中输入相应的文字，将其填充为白色。效果如图 11-204 所示。

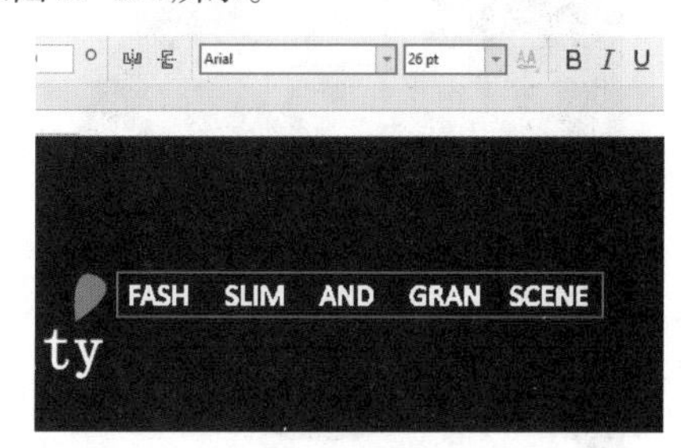

图 11-204

11.5.3 制作网页主图效果

步骤 01 执行“文件”→“导入”命令，将人物素材导入，调整大小放在画面中间。效果如图 11-205 所示。

扫一扫，看视频

图 11-205

步骤 02 隐藏通过操作导入的素材中多余的部分。选择工具箱中的“椭圆形”工具，在绘图区外按住Ctrl键并按住鼠标左键拖动绘制一个正圆。效果如图 11-206 所示。

步骤 03 选中人物素材，执行“对象”→PowerClip→“置于图文框内部”命令。当光标变成黑色粗箭头时，单击正圆形即可实现位图的剪贴。效果如图 11-207 所示。

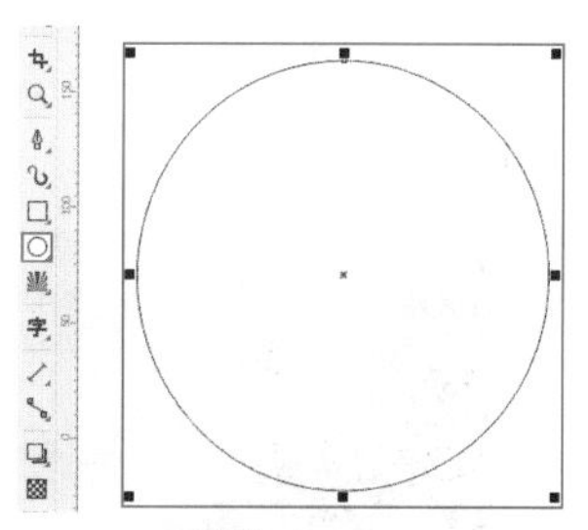

图 11-206

图 11-207

步骤 04 移动该图形到画面中间。效果如图 11-208 所示。

步骤 05 使用“椭圆形”工具，在属性栏中设置“轮廓宽度”为 80.0pt。设置完成后在图形上按住Ctrl键的同时按住鼠标左键拖动绘制正圆，在调色板中将轮廓色更改为白色。效果如图 11-209 所示。

图 11-208

图 11-209

步骤 06 为正圆设置透明度。在该正圆选中状态下，选择工具箱中的“透明度”工具，在属性栏中设置“透明度的类型”为“均匀透明度”，设置“透明度”为60。效果如图11-210所示。

步骤 07 使用“椭圆形”工具，在属性栏设置“绘制类型”为“弧形”，在主图上方边缘按住鼠标左键向左拖动，绘制弧线，在“起始和结束角度”数值框中输入合适的数值，以更改弧线开口的大小，设置“轮廓宽度”为12.0pt，将其轮廓色设置为紫色。效果如图11-211所示。

图 11-210　　图 11-211

步骤 08 复制该弧线，单击属性栏中的“垂直镜像”按钮，然后移动到下方，更改其轮廓色为白色。效果如图11-212所示。

步骤 09 使用相同的方法，绘制更短一些的弧线，设置其的“轮廓宽度”为72.0pt。效果如图11-213所示。

图 11-212

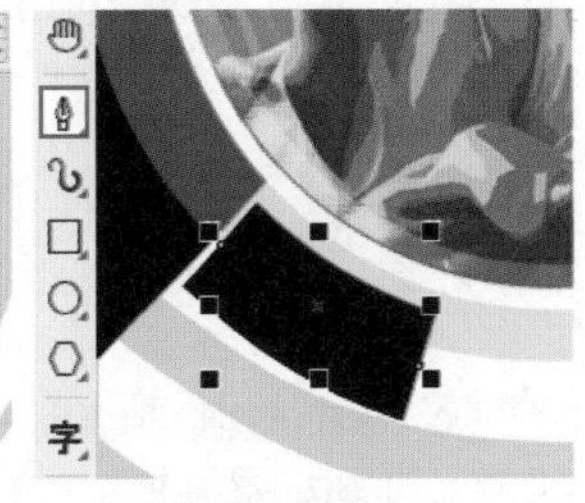

图 11-213

步骤 10 使用“选择”工具双击该弧线，按住鼠标左键将弧线的中点移动到人物素材中心。效果如图11-214所示。

图 11-214

步骤 11 执行“窗口”→“泊坞窗”→“变换”命令，在弹出的“变换”泊坞窗中单击“旋转”按钮。在弹出的子面板中设置“角度”为30.0°，“副本”为11，设置完成后单击“应用”按钮，如图11-215所示。操作后会得到环绕一周的短弧线，效果如图11-216所示。

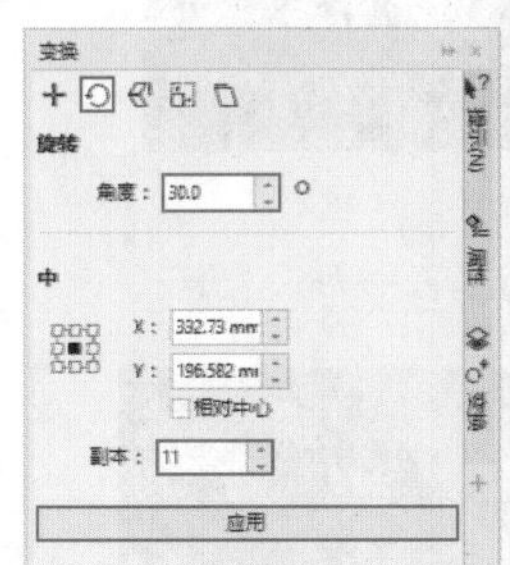

图 11-215

图 11-216

步骤 12 单击选择其中的一条弧线，在调色板中将其颜色更改为紫色。效果如图11-217所示。

步骤 13 使用同样的方法为其他弧线更改颜色。效果如图11-218所示。

图 11-217

图 11-218

步骤 14 使用“椭圆形”工具，在画面中按住Ctrl键并按住鼠标左键拖动绘制正圆，选中正圆，去除填充色，在属性栏中设置“轮廓宽度”为36.0pt。效果如图11-219所示。

图 11-219

步骤 15 将正圆进行切割。选中该正圆，选择工具箱中的“刻刀”工具，将光标移到正圆上按住鼠标左键拖动进行切割。效果如图 11-220 所示。

步骤 16 在其他位置进行切割，圆环被分割为多个部分。效果如图 11-221 所示。

图 11-220

图 11-221

步骤 17 更改切割完成后的图形颜色。选中整个正圆，使用快捷键Ctrl+K进行拆分，切割的部分会成为独立的一部分。接着选中其中一个部分，在调色板中更改其轮廓色。效果如图 11-222 所示。

步骤 18 继续为其他部分更改轮廓色。效果如图 11-223 所示。

图 11-222

图 11-223

步骤 19 使用“椭圆形”工具，在主图正下方按住Ctrl键的同时按住鼠标左键拖动绘制正圆。接着为其填充蓝色，去除黑色的轮廓线。效果如图 11-224 所示。

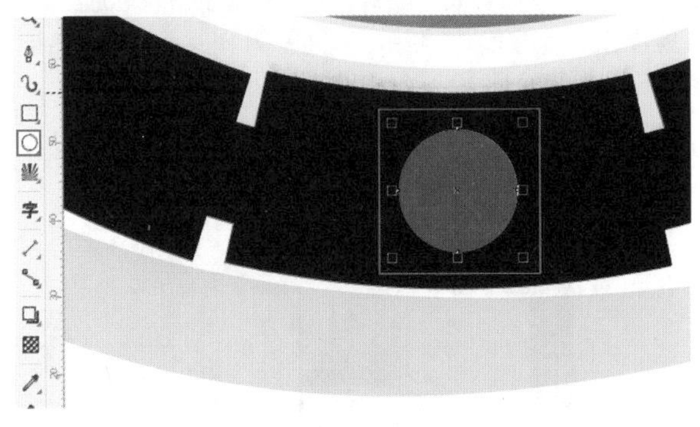

图 11-224

步骤 20 在蓝色小正圆上输入文字。选择工具箱中的“文本”工具，在正圆上单击，建立文字输入的起始点，并在属性栏中设置合适的字体、字体大小。设置完成后在画面中输入相应的文字，将其填充为白色。效果如图 11-225 所示。

步骤 21 在该文字下方输入其他合适的文字，效果如图 11-226 所示。为了方便操作，使用快捷键Ctrl+A将画面中的所有图形和文字全选，使用快捷键Ctrl+G进行编组。

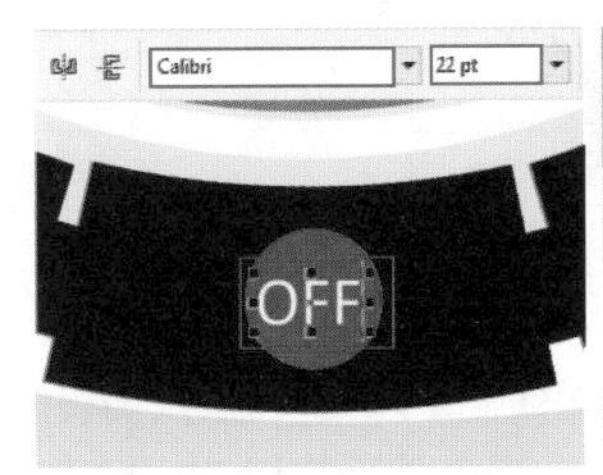

图 11-225

图 11-226

步骤 22 隐藏超出绘图区的图形。使用工具箱中的“矩形”工具，绘制一个与绘图区等大的矩形。效果如图 11-227 所示。

步骤 23 选择网页主图，执行“对象”→PowerClip →“置于图文框内部”命令。当光标变成黑色粗箭头时，单击该矩形即可将刚刚制作的网页效果图剪贴到矩形内部，并将黑色的轮廓线去除。至此，本案例制作完成，效果如图 11-228 所示。

图 11-227

图 11-228

11.6 项目案例：旅行网站首页设计

文件路径	资源包\第11章\旅行网站首页设计
难易指数	★★★★★
技术掌握	“透明度”工具、“文本”工具、置于图文框内部

案例效果

案例效果如图 11-229 所示。

图 11-229

操作步骤

11.6.1　制作网页的基本布局

扫一扫，看视频

步骤 01 执行“文件”→“新建”命令，新建一个大小合适的空白文档。使用“矩形”工具绘制一个矩形，然后在矩形选中状态下，选择工具箱中的“交互式填充”工具，单击属性栏中的“均匀填充”按钮■，设置“填充颜色”为浅蓝色。同时去除黑色的轮廓线，如图 11-230 所示。

步骤 02 执行“文件”→“导入”命令，导入城市素材。效果如图 11-231 所示。

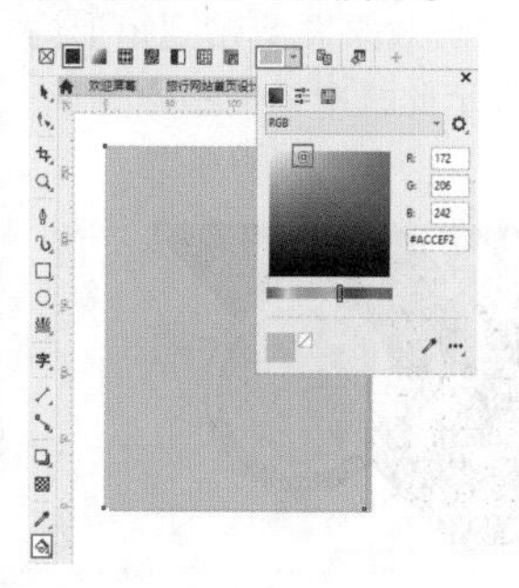

图 11-230

图 11-231

步骤 03 在页面上半部分绘制一个蓝色的矩形，然后单击工具箱中的“透明度”工具按钮，在属性栏中单击“均匀透明度”按钮，设置“透明度”为42。效果如图 11-232 所示。

图 11-232

步骤 04 使用“矩形”工具，在绘图区左侧绘制一个矩形并填充为白色。效果如图 11-233 所示。

图 11-233

步骤 05 使用同样的方法绘制其他矩形，填充为不同的颜色。效果如图 11-234 所示。

图 11-234

提示：制作整齐排列的图形

右侧 3 个矩形尺寸相同，可以通过复制、粘贴得到。然后选中横向的 4 个矩形，利用“对齐与分布”命令进行均匀的排列。

步骤 06 执行“文件”→“导入”命令，导入古堡素材，摆放在其中一个白色矩形上。效果如图 11-235 所示。

图 11-235

步骤 07 使用同样的方法依次导入其他素材。效果如图11–236所示。

图 11–236

11.6.2 添加文字和按钮

步骤 01 使用工具箱中的“文本”工具，在画面左上角单击插入光标，输入网页标题文字。然后选中整个文字对象，在属性栏中设置合适的字体、字体大小，如图11–237所示。

扫一扫，看视频

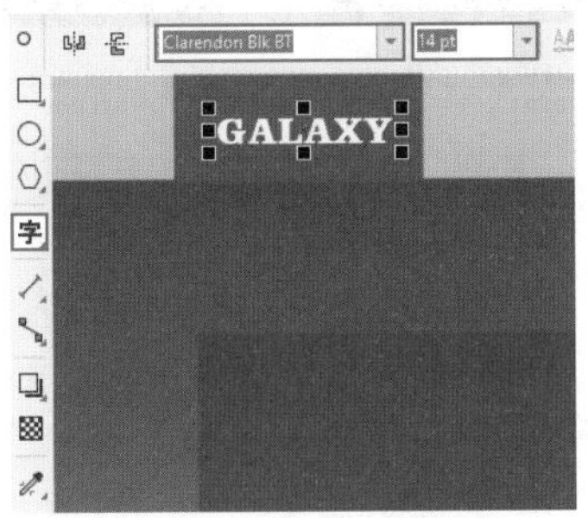

图 11–237

步骤 02 分别输入几组导航文字。效果如图11–238所示。

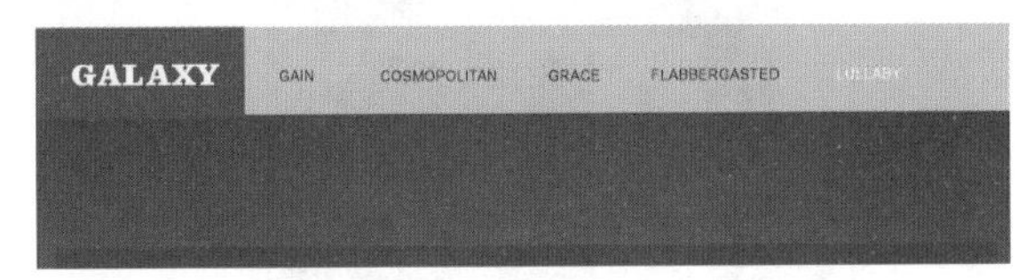

图 11–238

步骤 03 制作搜索栏。单击工具箱中的“矩形”工具按钮□，在导航栏右侧绘制一个矩形，设置其轮廓色为白色。效果如图11–239所示。

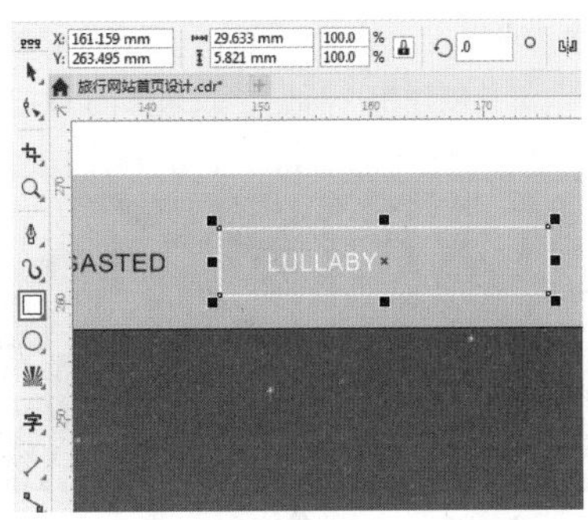

图 11–239

步骤 04 使用“椭圆形”工具绘制一个正圆，将其填充为白色。效果如图11–240所示。

步骤 05 使用“矩形”工具绘制一个白色矩形，然后将矩形适当进行旋转。效果如图11–241所示。

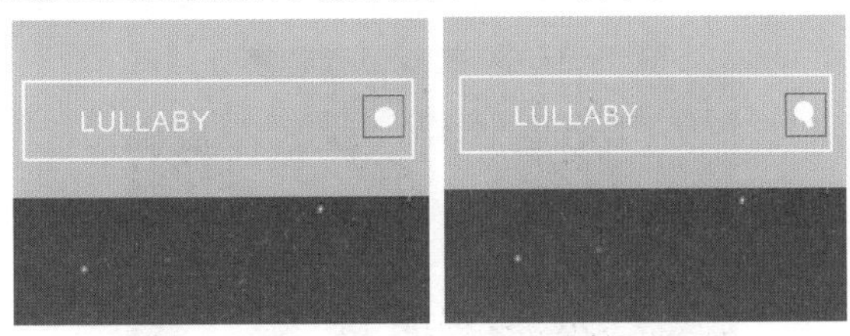

图 11–240　　　　图 11–241

步骤 06 在网页上半部分输入较大的文字，作为广告语。效果如图11–242所示。

图 11–242

步骤 07 在广告语下方输入一行稍小的文字。效果如图11–243所示。

图 11–243

步骤 08 制作小模块上的文字。在其中一个模块空白区域使用“文本”工具创建出小标题，效果如图11-244所示。

图 11-244

步骤 09 输入第2组的两行文字，如图11-245所示。

图 11-245

步骤 10 使用“文本”工具，按住鼠标左键拖动绘制一个文本框，接着在文本框中输入文字。选中文本框，在属性栏中设置合适的字体、字体大小，然后设置文本对齐方式为“左”，如图11-246所示。小模块效果如图11-247所示。

步骤 11 将该模块中的文字复制到另外两个模块中。效果如图11-248所示。

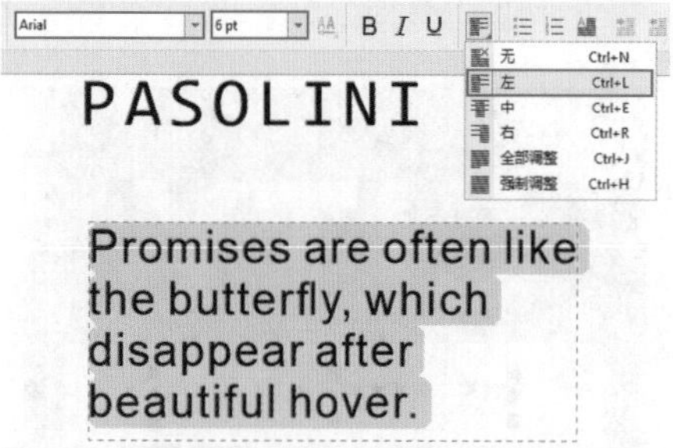

图 11-246

图 11-247

图 11-248

步骤 12 依次更改复制出的文字内容及颜色。效果如图11-249所示。

图 11-249

步骤 13 使用同样的方法依次输入所有文字，效果如图11-250所示。

图 11-250

步骤 14 绘制下方的小图标。选择工具箱中的“矩形”工具，在白色矩形下方绘制一个蓝色的小矩形。效果如图 11–251 所示。

图 11–251

步骤 15 在蓝色小矩形上绘制另外几个不同颜色、不同大小的矩形，组成一个图标。效果如图 11–252 所示。

图 11–252

步骤 16 框选这个图标，使用快捷键Ctrl+G进行编组。接着将这个图标复制到另外两个矩形上。效果如图 11–253 所示。

图 11–253

步骤 17 至此，本案例的平面效果图制作完成，可以框选平面图然后使用快捷键Ctrl+G进行编组，如图 11–254 所示。

图 11–254

11.6.3 制作网页的展示效果

步骤 01 将平板电脑素材导入画面，如图 11–255 所示。

扫一扫，看视频

步骤 02 制作大的平板电脑上的展示效果。选择“矩形”工具，沿着大平板电脑内侧绘制一个矩形，然后设置“圆角半径”为1.0mm。效果如图 11–256 所示。

图 11–255

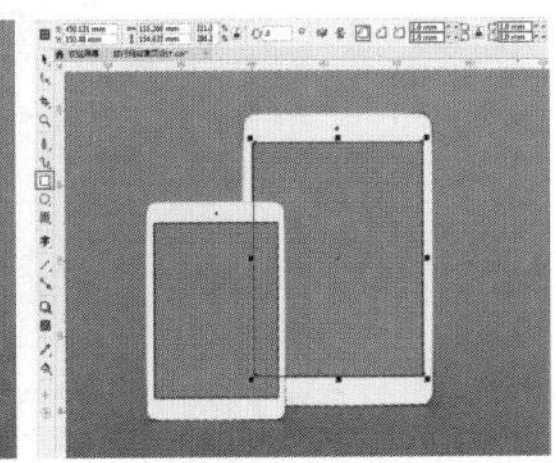

图 11–256

步骤 03 使用“矩形”工具沿着小平板电脑外轮廓绘制圆角矩形。效果如图 11–257 所示。

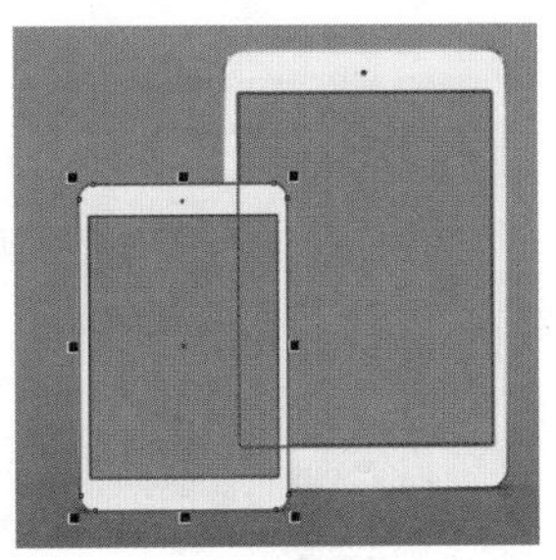

图 11–257

步骤 04 按住Shift键单击加选两个圆角矩形，单击属性栏中的“移除前面对象”按钮，如图 11–258 所示。效果如图 11–259 所示。

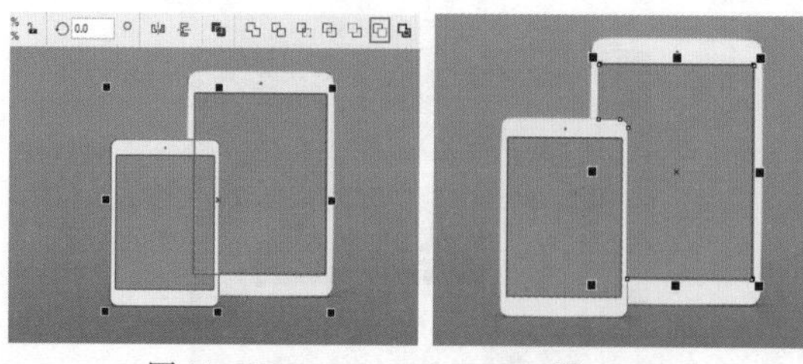

图 11-258　　图 11-259

步骤 05 框选平面图层，将其复制一份移动到大平板电脑的右侧，然后缩放到屏幕大小。效果如图11-260所示。

图 11-260

步骤 06 选中平面图，执行“对象”→PowerClip→“置于图文框内部”命令，将黑色箭头移动至刚刚制作的图形上单击。效果如图11-261所示。

图 11-261

步骤 07 单击“编辑”按钮，调整平面图的位置与大小，然后单击“完成”按钮，去除多边形的轮廓线。效果如图11-262所示。

图 11-262

步骤 08 使用同样的方法制作小平板电脑的展示效果，至此，本案例制作完成，效果如图11-263所示。

图 11-263

11.7 项目案例：暗调运动鞋详情页

文件路径	资源包\第11章\暗调运动鞋详情页
难易指数	★★★★★
技术掌握	“交互式填充”工具、“透明度”工具

案例效果

案例效果如图11-264所示。

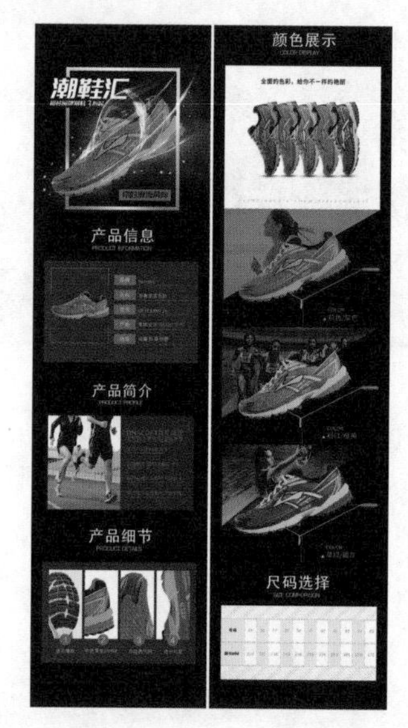

图 11-264

操作步骤

11.7.1 制作产品信息页面

扫一扫，看视频

步骤 01 执行“文件”→“新建”命令，在弹出的“创建新文档”对话框中设置“原色模式”为RGB，“宽度”为750.0px，“高度”为5400.0px，“分辨率”为72.0dpi。设置完成后单击OK按钮，新建一个该尺寸的空白文档，如图11–265所示。

步骤 02 使用“矩形”工具，绘制一个和绘图区等大的矩形，将其填充为黑色，去除轮廓线。效果如图11–266所示。

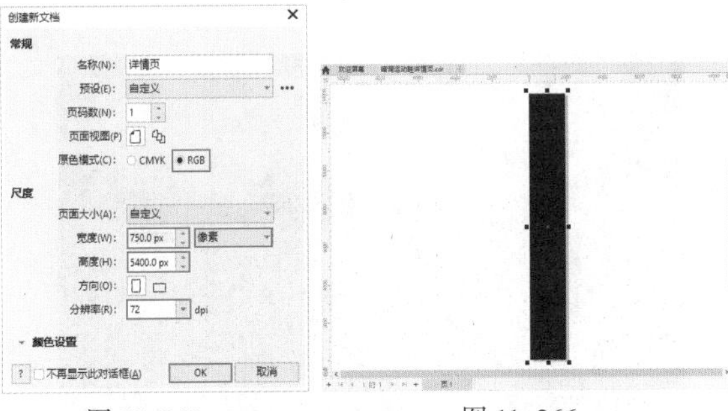

图 11–265　　图 11–266

步骤 03 制作产品展示的主图。执行“文件”→“导入”命令，在弹出的“导入”对话框中选择素材“1.jpg”，接着单击“导入”按钮 将其导入，如图11–267所示。

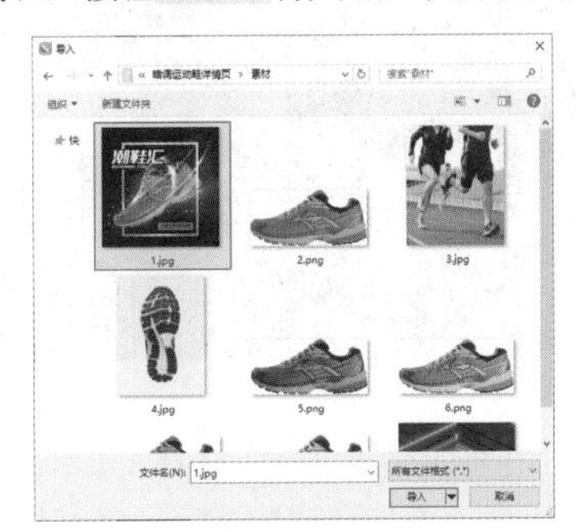

图 11–267

步骤 04 将导入的素材放在画面顶部，使受众看到就能知道店铺宣传产品的种类。效果如图11–268所示。

图 11–268

步骤 05 制作产品信息模块。选择工具箱中的“文本”工具，在主图下方输入合适的文字，并将其填充为白色。效果如图11–269所示。

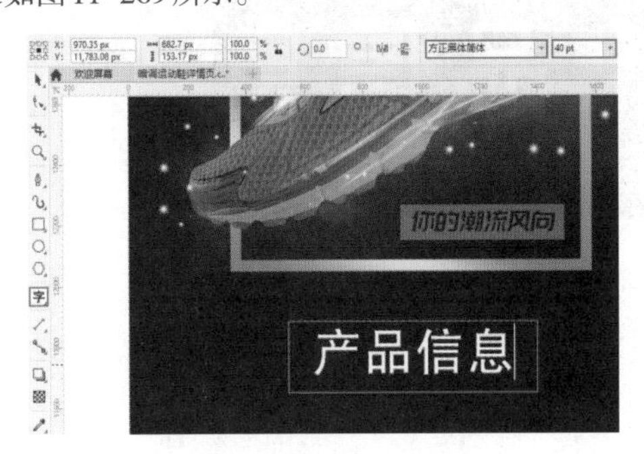

图 11–269

步骤 06 使用“文本”工具，在中文下方单击添加英文文字。效果如图11–270所示。

图 11–270

步骤 07 选中英文文字，执行“窗口”→“泊坞窗”→“文本”命令，打开“文本”泊坞窗，接着在“字符”面板中单击“全部大写字母”按钮AB，将字母全部转换为大写状态，如图11–271所示。

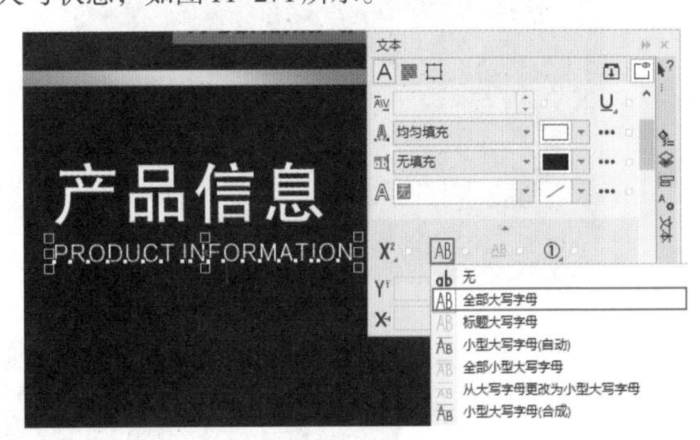

图 11–271

步骤 08 在使用“文本”泊坞窗的状态下，在“段落”面板中设置“字符间距”为-25.0%，让字母之间更紧凑一些。同时适当调整英文文字的位置，将其摆放在中文下方，如图11–272所示。

图 11-272

步骤 09 制作产品信息呈现的载体。选择工具箱中的“矩形”工具，在文字下方绘制一个深灰色的矩形。效果如图11-273所示。

步骤 10 导入要展示的产品。执行“文件”→“导入”命令，将鞋子素材“2.0png”导入。调整大小放在深灰色矩形左侧。效果如图11-274所示。

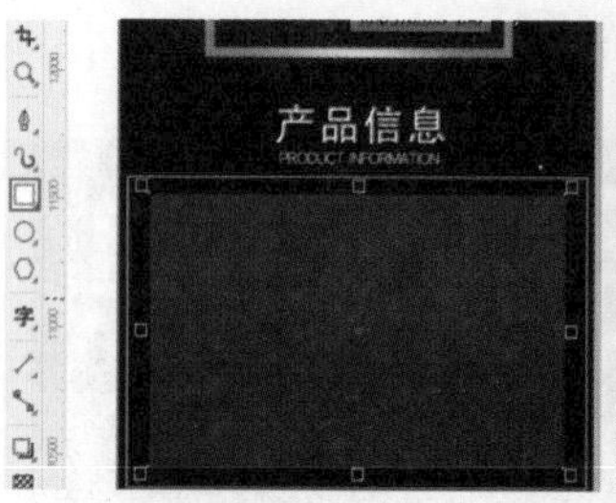

图 11-273　　图 11-274

步骤 11 选择工具箱中的“钢笔”工具，在鞋子素材顶部绘制一个白色直角折线框。效果如图11-275所示。

步骤 12 设置折线的轮廓色为和产品颜色一样的紫色，“轮廓宽度”为5.0px，如图11-276所示。效果如图11-277所示。

图 11-275

图 11-276　　图 11-277

步骤 13 使用“钢笔”工具，在产品素材下方继续绘制一个相同参数的折线框。效果如图11-278所示。

步骤 14 制作左侧的文字说明。选择工具箱中的“矩形”工具，在产品素材右侧绘制一个紫色的小矩形，去除黑色的轮廓线。效果如图11-279所示。

图 11-278

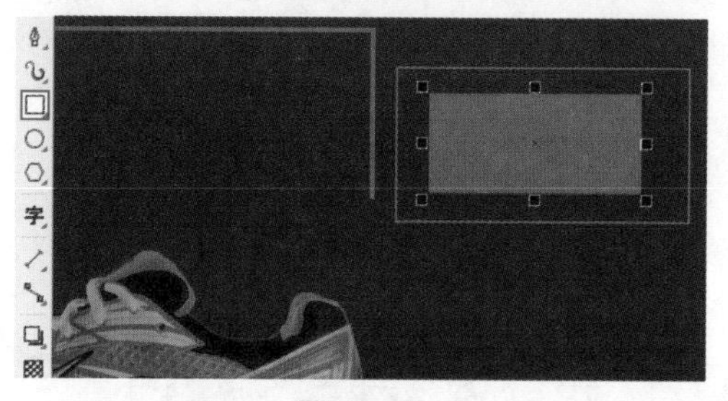

图 11-279

步骤 15 在小矩形上输入文字。选择工具箱中的“文本”工具，在小矩形上添加合适的文字，将其填充为白色。效果如图11-280所示。

图 11-280

步骤 16 按住Shift键依次加选文字和底部的小矩形，在“对齐与分布”泊坞窗中单击“水平居中对齐”按钮与“垂直居中对齐”按钮，将两者进行中心对齐，如图11-281所示。

图 11-281

步骤 17 在文字和矩形同时选中的状态下，将其复制4份放在已有图形下方，同时更改每个矩形上的文字，效果如图11-282所示。然后将每个小矩形和它上面的文字分别使用快捷键Ctrl+G进行编组，以便后面操作时使用。

步骤 18 调整图形的排列与分布状态。将5个组合图形依次选中，然后在“对齐与分布”泊坞窗中单击“左对齐”按钮，将其左侧进行对齐；单击“垂直分散排列中心”按钮，将其进行垂直方向的均匀分布设置，如图11-283所示。

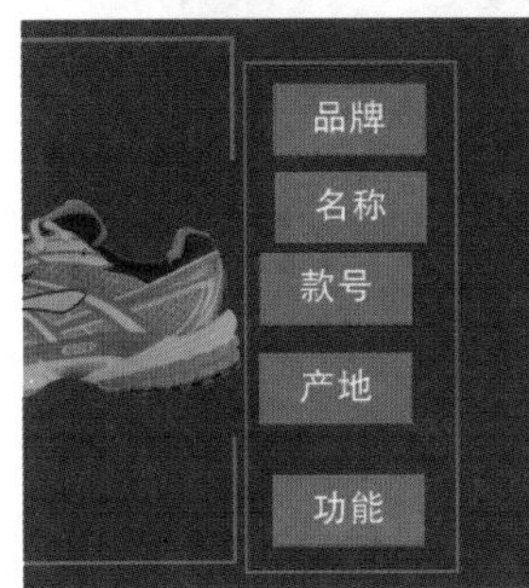

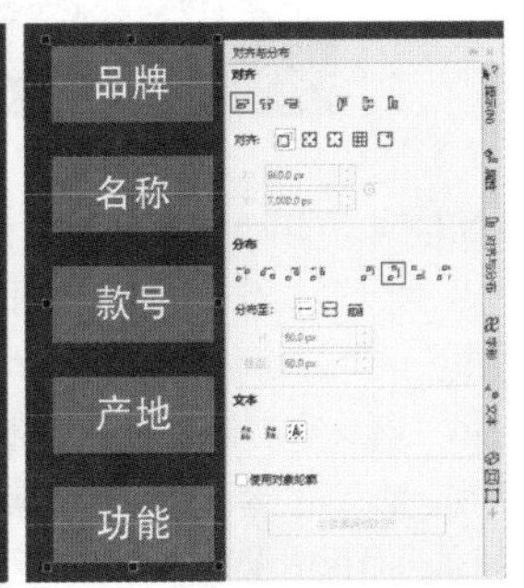

图 11-282　　图 11-283

步骤 19 制作最右侧的横线。选择工具箱中的“2点线”工具，在右侧确定起始位置，然后按住鼠标左键拖动的同时，按住Shift键绘制一条水平直线段。效果如图11-284所示。

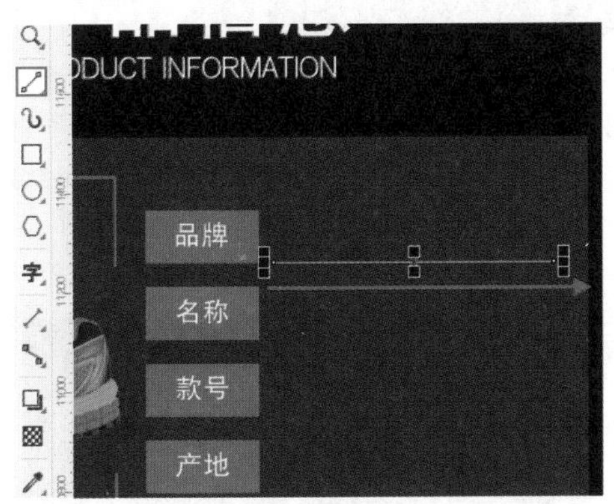

图 11-284

步骤 20 对直线段的粗细以及颜色进行调整。将直线段选中，调出“属性”泊坞窗，设置直线段的“轮廓宽度”为3.0px，“轮廓色”为相同的紫色，如图11-285所示。效果如图11-286所示。

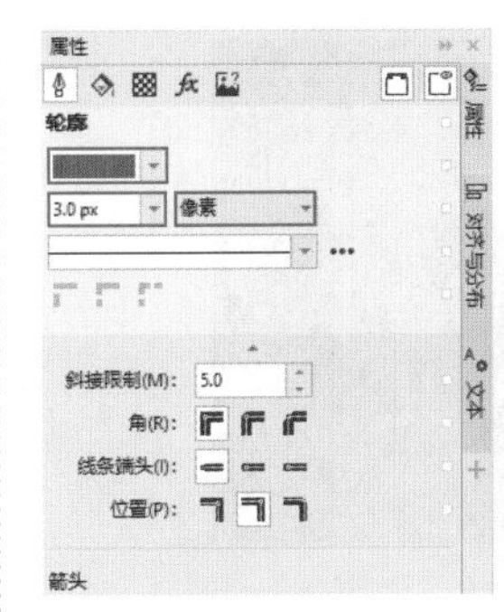

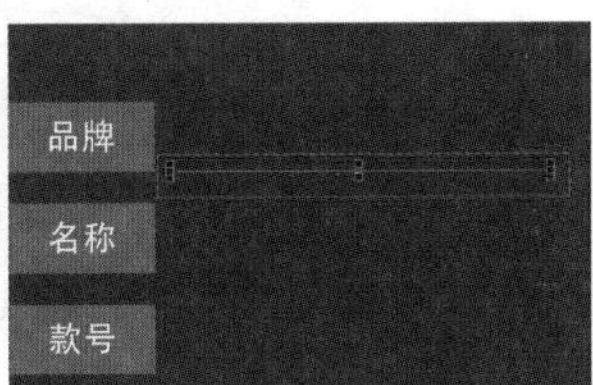

图 11-285　　图 11-286

步骤 21 选中紫色直线段，将其复制4份放在已有直线段下方。然后将其全部选中，在“对齐与分布”泊坞窗中单击“左对齐”按钮，将其左侧进行对齐；单击“垂直分散排列中心”按钮，将其进行垂直方向的均匀分布设置。使其与右侧矩形底部对齐，如图11-287所示。

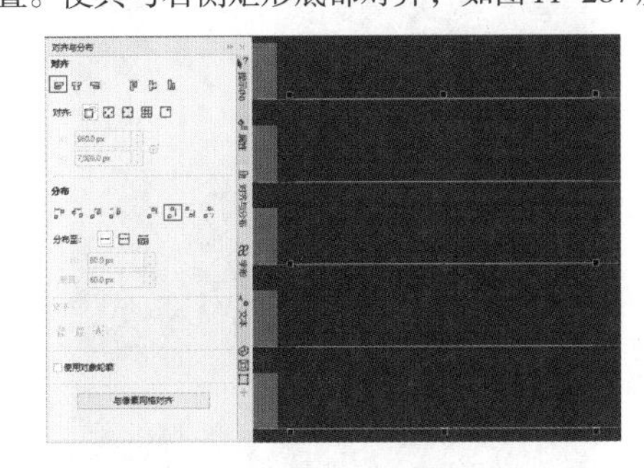

图 11-287

步骤 22 在直线段上方添加产品的说明性文字。选择工具箱中的“文本”工具，在右侧直线段上方输入文字。选中文字，在属性栏中设置合适的字体和字体大小，将其填充为白色。效果如图11-288所示。

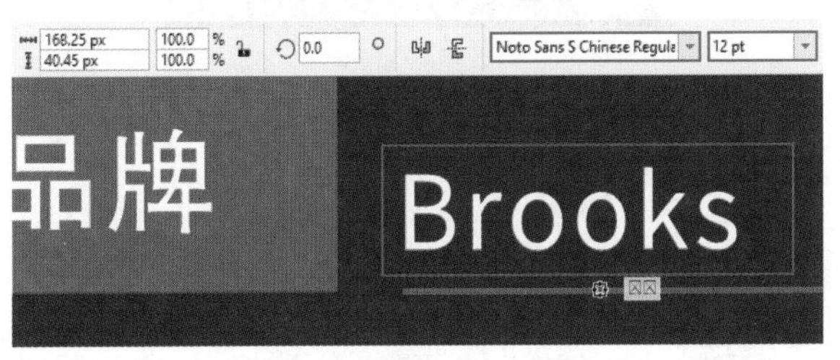

图 11-288

步骤 23 使用“文本”工具，在其他直线段上方输入文字。然后将文字依次选中，在“对齐与分布”泊坞窗中单击“左对齐”按钮，将文字左侧进行对齐设置，如图11–289所示。至此，该部分的效果制作完成，如图11–290所示。

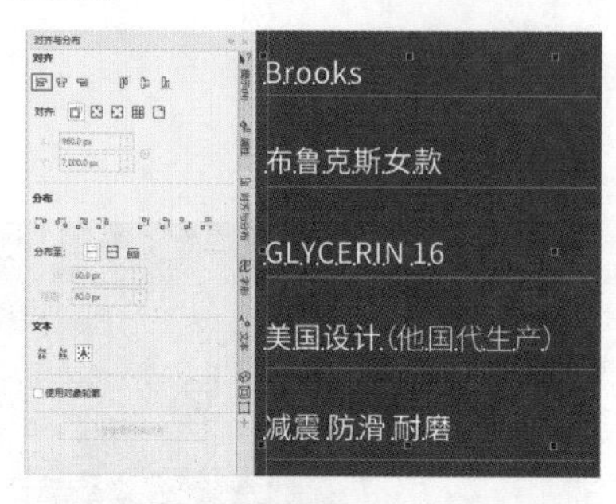

图 11–289

图 11–290

11.7.2 制作产品简介页面

扫一扫，看视频

步骤 01 将产品信息的主标题文字和深灰色矩形复制一份，放在其下方的位置。同时对文字内容进行更改，如图11–291所示。

步骤 02 在深灰色矩形左侧导入素材。执行“文件”→“导入”命令，将人物素材“3.jpg”导入，调整大小放在深灰色矩形左侧，效果如图11–292所示。

图 11–291

图 11–292

步骤 03 选择工具箱中的“文本”工具，在素材右侧添加产品简介文字，将其填充为相同的紫色。效果如图11–293所示。

图 11–293

步骤 04 使用“文本”工具，在已有文字下方添加稍小一些的紫色文字。效果如图11–294所示。

步骤 05 在案例效果中，这两行文字的左右两端是对齐的。而第二行文字右侧有超出的部分，所以需要对其字间距进行调整。在文字选中状态下，调出右侧的“文本”泊坞窗，在“段落”面板中设置“字符间距”为–23.0%，如图11–295所示。

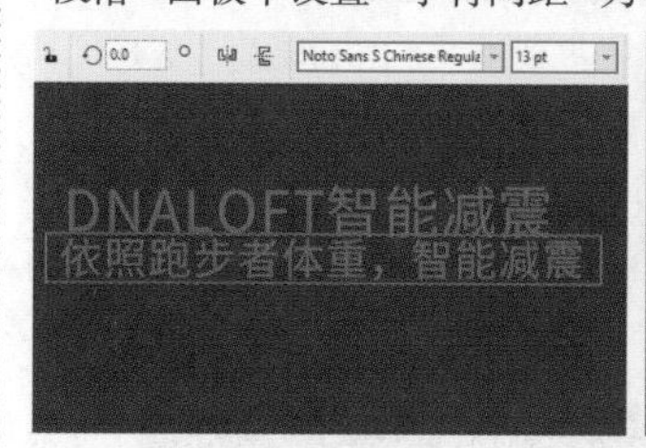

图 11–294

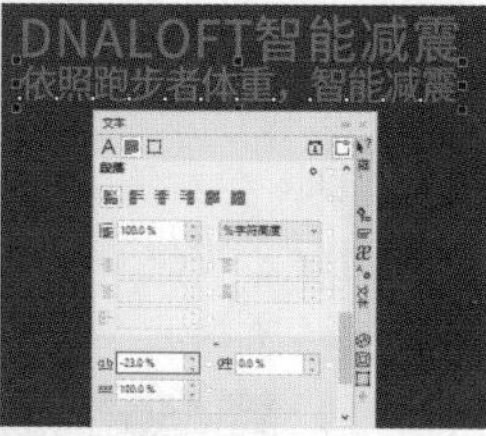

图 11–295

步骤 06 使用“文本”工具，在中文下方添加英文文字。然后选中文字，在属性栏中设置相同的字体和合适的字体大小，将其填充为紫色，效果如图11–296所示。

图 11–296

步骤 07 调整英文的字符间距。将英文选中，在当前“文本”泊坞窗使用状态下，在“段落”面板中设置“字符间距”为-12.0%，如图11-297所示。

步骤 08 制作其他文字效果。选中第二行的中文和下方的英文，将其复制4份放在已有文字下方。然后对文字内容进行更改，如图11-298所示。将中文和相应的英文翻译进行编组，以备后面操作时使用。

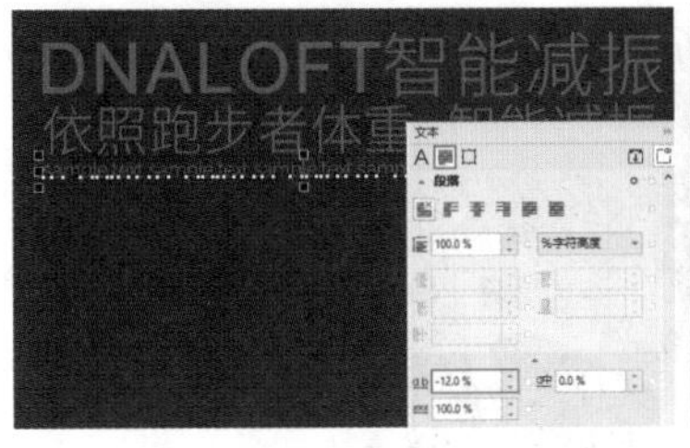

图 11-297

图 11-298

提示：

通过复制文字再将文字内容进行更改的方式可以保证文字属性的统一性，不需要对文字进行单独设置。

步骤 09 对文字进行对齐与分布设置。将编组的文字全部选中，在右侧“对齐与分布”泊坞窗使用的情况下，在“对齐与分布”泊坞窗中单击“左对齐”按钮，将其左侧进行对齐；单击“垂直分散排列中心”按钮，对其进行垂直方向的均匀分布设置，如图11-299所示。

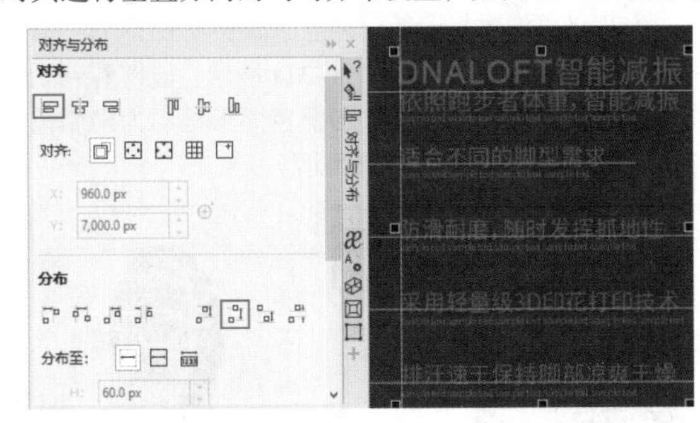

图 11-299

步骤 10 在该模块的左下角和右上角添加小元素，丰富细节效果。选择工具箱中的“钢笔”工具，在画面左下角绘制一个直角折线。然后在属性栏中设置“轮廓宽度”为5.0px，将其填充为紫色，如图11-300所示。

步骤 11 将绘制完成的折线图形复制一份，放在相对应的右上角。接着在属性栏中单击“水平镜像”按钮，将其进行水平方向的翻转。单击“垂直镜像”按钮，将其进行垂直方向的翻转。然后适当调整摆放的位置，效果如图11-301所示。至此，产品简介模块制作完成，效果如图11-302所示。

图 11-300

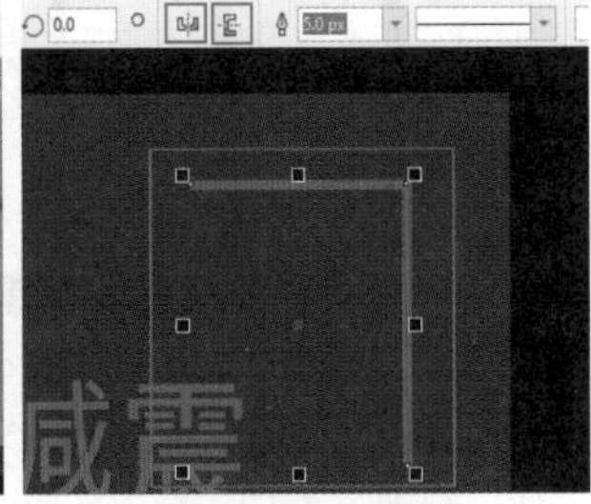

图 11-301

图 11-302

11.7.3 制作产品细节页面

步骤 01 复制模块的标题和背景矩形，同时更改文字，效果如图11-303所示。

扫一扫，看视频

步骤 02 在深灰色矩形上绘制几个白色的小矩形。选择工具箱中的“矩形”工具，在深灰色矩形中绘制一个白色的小矩形，同时去除黑色的轮廓线，效果如图11-304所示。

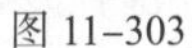

图 11-303

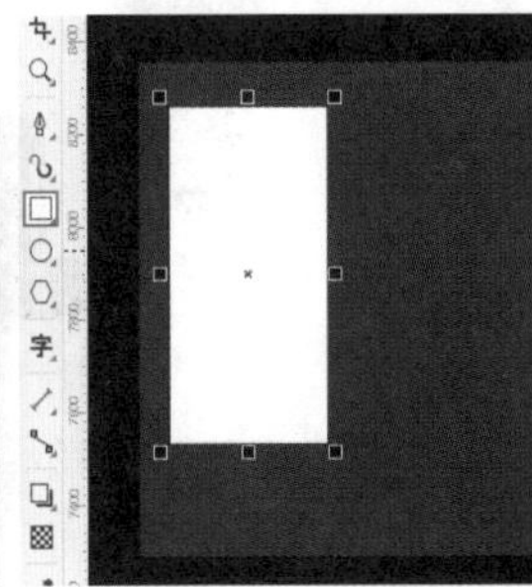

图 11-304

步骤 03 在案例效果中可以看到，该模块的四个产品展区是大小相同的矩形。所以将绘制完成的白色矩形复制三份，放在已有矩形右侧。效果如图11-305所示。

图11-305

步骤 04 对四个小矩形进行对齐与分布设置。按住Shift键依次加选4个小矩形，在“对齐与分布”泊坞窗中单击“顶端对齐”按钮，然后单击“水平分散排列中心”按钮，将4个矩形均匀排列，如图11-306所示。

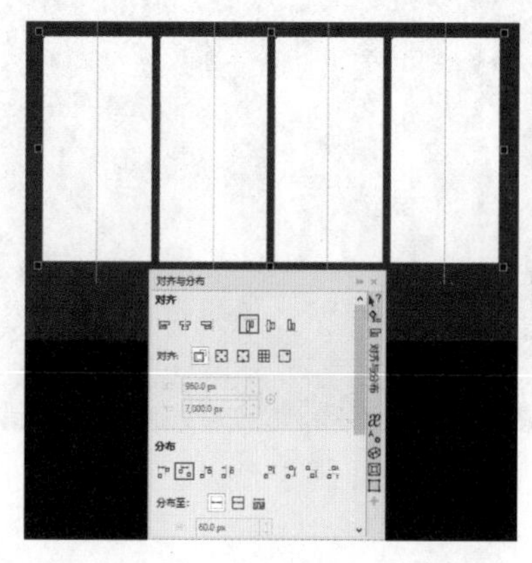
图11-306

步骤 05 制作最左侧的产品细节展示效果。将素材“4.jpg”导入画面，调整大小放在左侧小矩形附近，效果如图11-307所示。

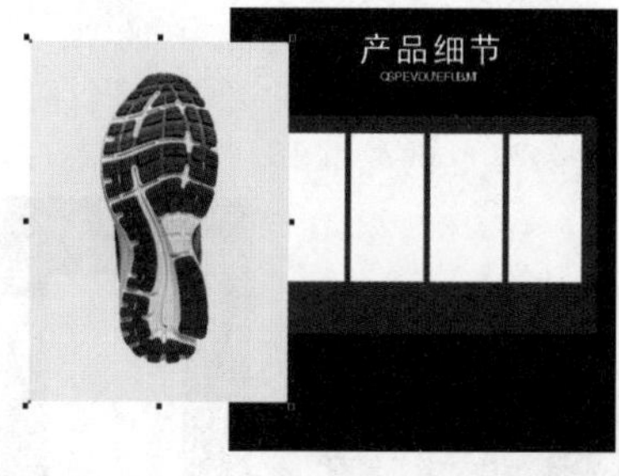

图11-307

步骤 06 由于该部分只展示产品的局部细节效果，所以需要将素材不需要的部分隐藏。选中鞋底素材，右击在弹出的快捷菜单中执行“PowerClip内部”命令，如图11-308所示。至此，光标变为朝右的箭头形状，如图11-309所示。

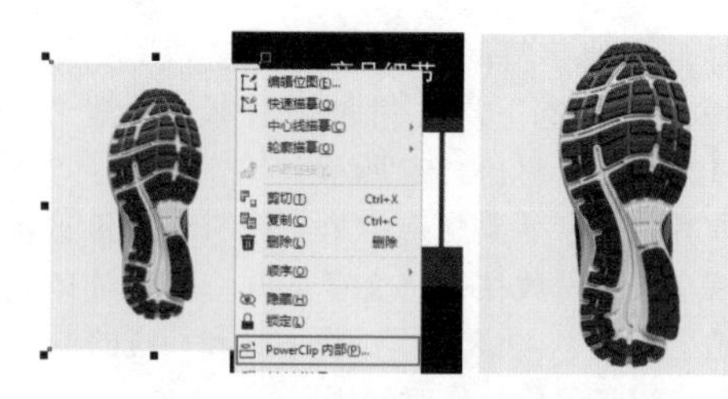
图11-308　　图11-309

步骤 07 在最左侧小矩形上单击，即可将该素材置入该矩形当中。效果如图11-310所示。

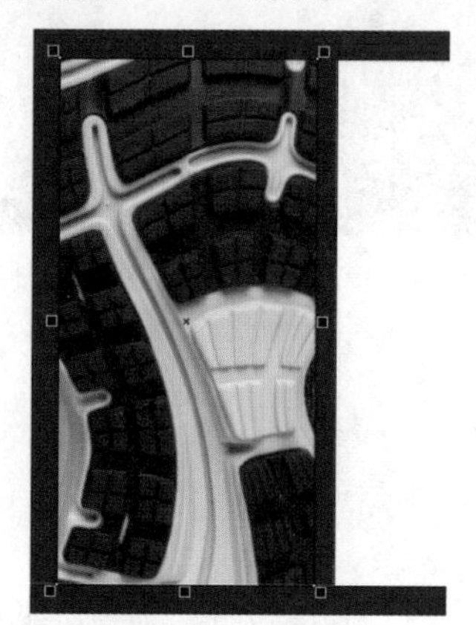
图11-310

步骤 08 通过操作对素材的部分区域进行隐藏，但是显示出来的图像效果需要进一步调整。将该图形选中，单击左上角的“编辑”按钮，或者右击执行“编辑PowerClip”命令，效果如图11-311所示。能够看到素材被全部显示出来，而画面中的蓝色矩形框则为限制范围的小矩形。效果如图11-312所示。

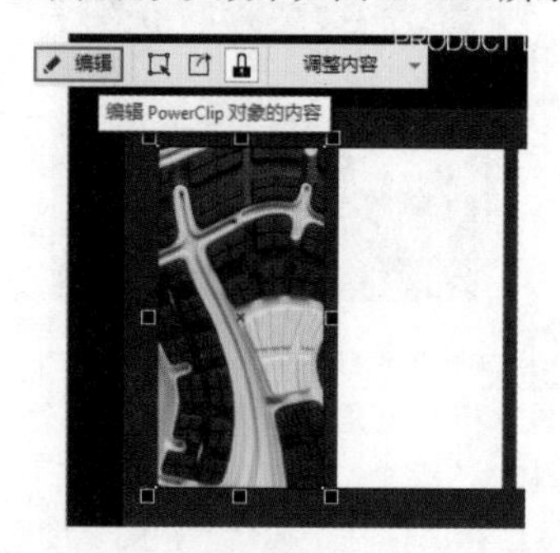

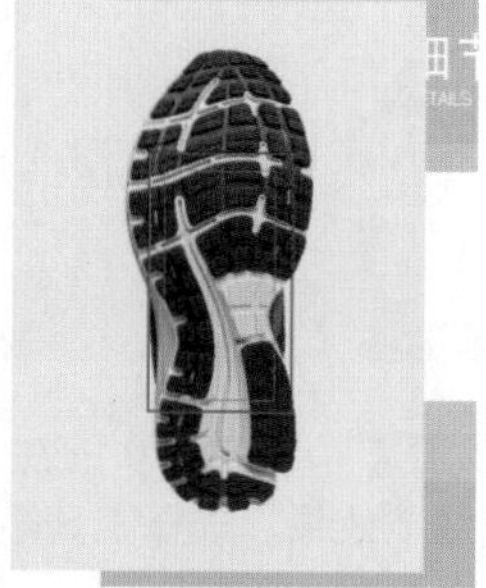
图11-311　　图11-312

步骤 09 在编辑状态下，可以对素材进行大小缩放、旋转、对称、移动等操作。调整完成后单击左上角的“完成”按钮，或者右击执行“完成编辑PowerClip”命令，如图11-313所示。效果如图11-314所示。

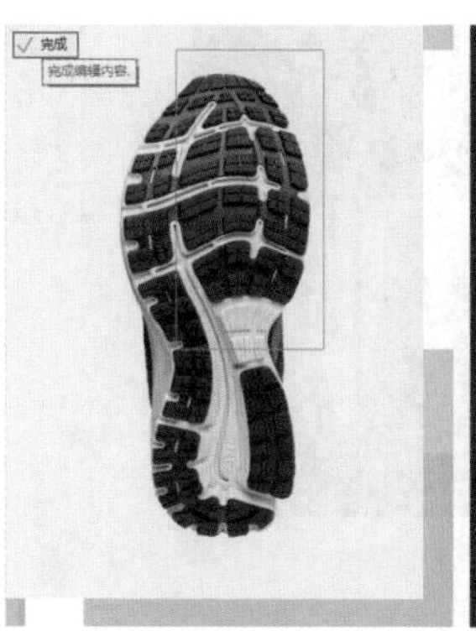

图 11-313

图 11-314

步骤 10 导入素材，使用同样的方法，将素材进行局部展示，效果如图11-315所示。该种操作方法非常方便快捷，它随时随地对素材的显示区域进行调整。

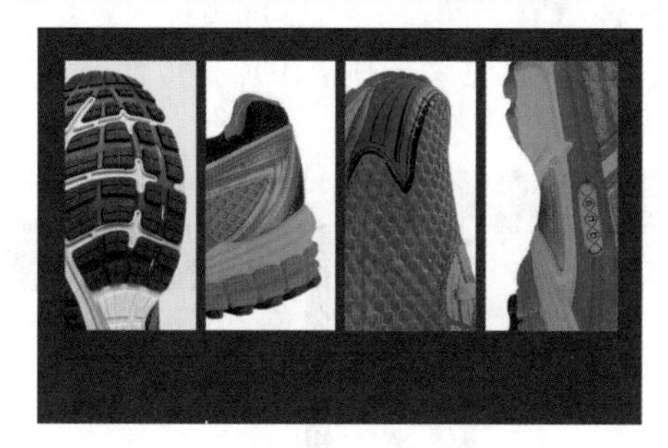

图 11-315

步骤 11 在素材底部添加相应的说明性文字，首先制作序号。选择工具箱中的“椭圆形”工具，按住Ctrl键的同时按住鼠标左键拖动，绘制一个紫色的正圆，移动正圆到图像底边的位置。效果如图11-316所示。

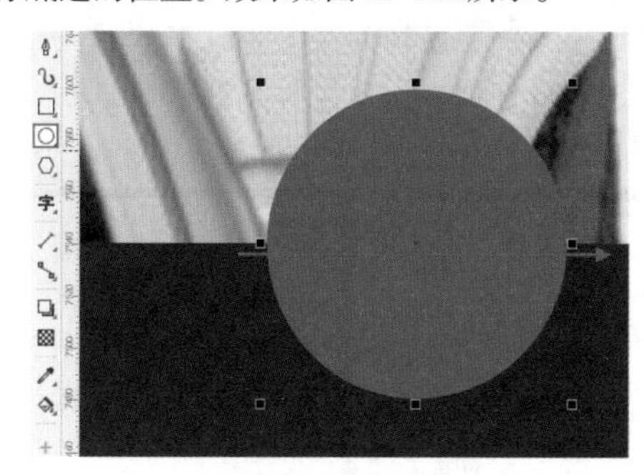

图 11-316

步骤 12 对正圆与矩形进行对齐设置。将紫色正圆和素材矩形选中，调出右侧的“对齐与分布”泊坞窗，在“对齐与分布”泊坞窗中单击“垂直居中对齐”按钮，让两者在垂直方向上进行对齐，如图11-317所示。

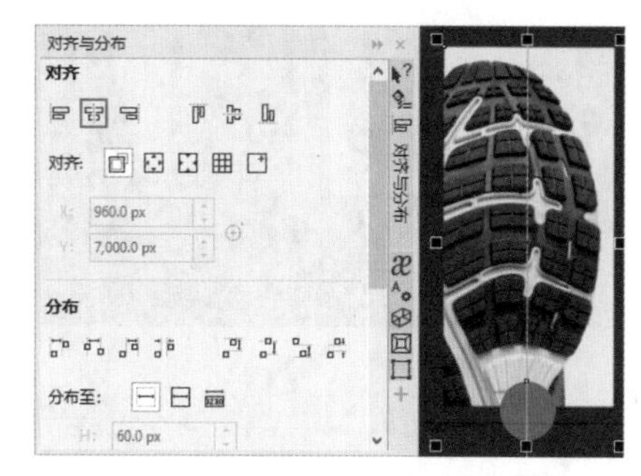

图 11-317

步骤 13 在正圆上添加序号。选择工具箱中的“文本”工具，在最左侧的正圆上添加合适的文字，将其填充为白色。效果如图11-318所示。

图 11-318

步骤 14 对正圆和其上面的文字进行对齐设置。将两者依次选中，在“对齐与分布”泊坞窗中单击“水平居中对齐”按钮与“垂直居中对齐”按钮，使正圆与文字中心对齐，如图11-319所示。

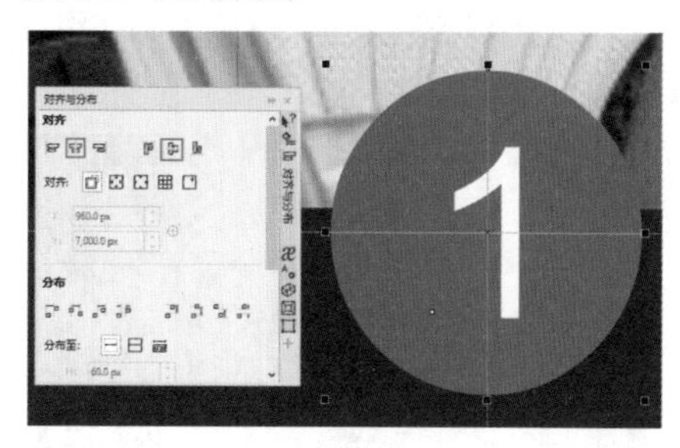

图 11-319

步骤 15 将序号1复制3份，分别放在其他正圆下方，并对序号进行更改。效果如图11-320所示。

步骤 16 在每个序号下方添加说明性文字。选择工具箱中的“文本”工具，在序号下方单击添加合适的文字，将其填充为白色。效果如图11-321所示。

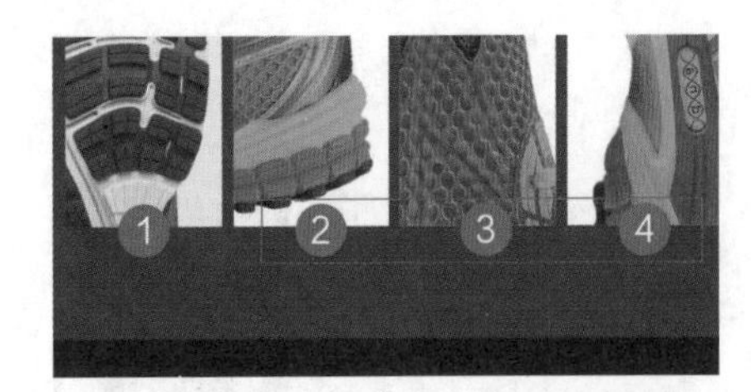

图 11-320

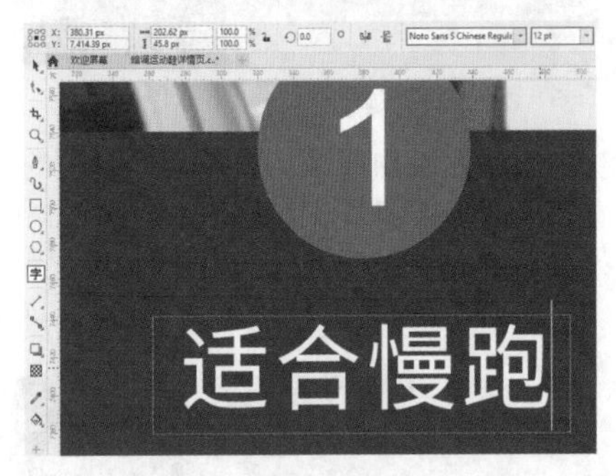

图 11-321

步骤 17 将添加完成的文字复制3份，放在其他序号下方。然后对相应的文字内容进行更改。效果如图11-322所示。

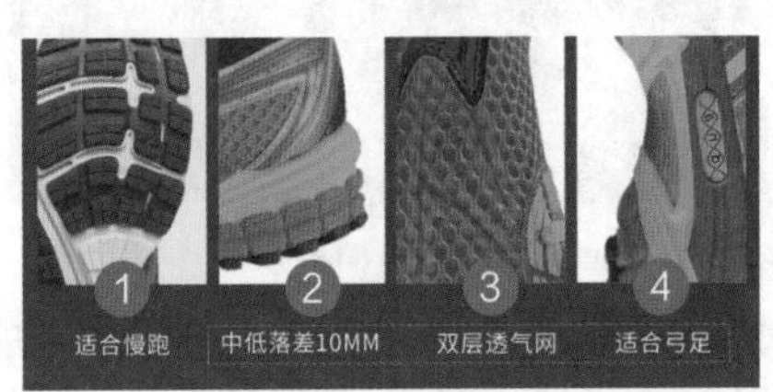

图 11-322

步骤 18 设置4份文字的对齐方式。将4份文字全部选中，在"对齐与分布"泊坞窗中单击"顶端对齐"按钮，将其顶端进行对齐，如图11-323所示。

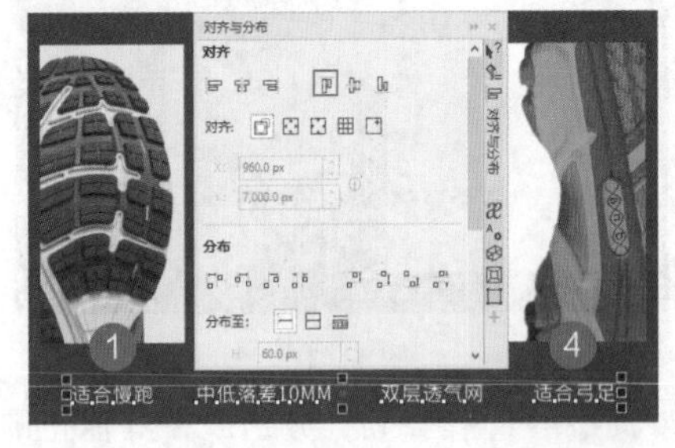

图 11-323

步骤 19 至此，该模块的效果制作完成，如图11-324所示。

图 11-324

11.7.4 制作颜色展示页面

扫一扫，看视频

步骤 01 复制模块的标题和背景矩形，更改文字。效果如图11-325所示。

步骤 02 使用工具箱中的"文本"工具，在白色矩形顶部添加宣传性的标语，如图11-326所示。

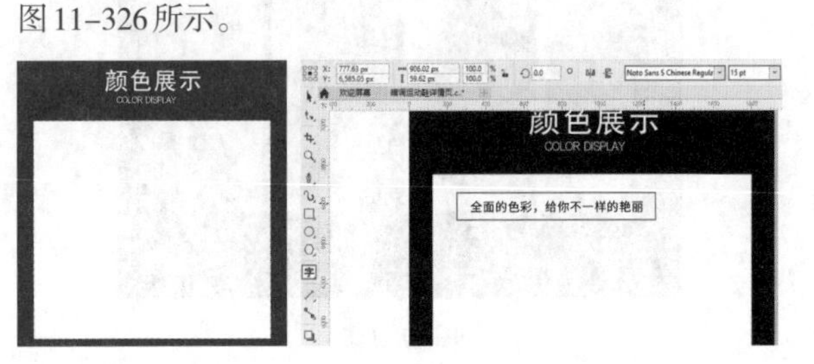

图 11-325　　图 11-326

步骤 03 将文字放在白色矩形中间。将文字和矩形全部选中，在"对齐与分布"泊坞窗中单击"水平居中对齐"按钮，将两者进行垂直方向的居中对齐，如图11-327所示。

步骤 04 制作产品展示效果。将鞋子素材"5.png"导入画面。然后调整大小放在白色矩形的左侧。效果如图11-328所示。

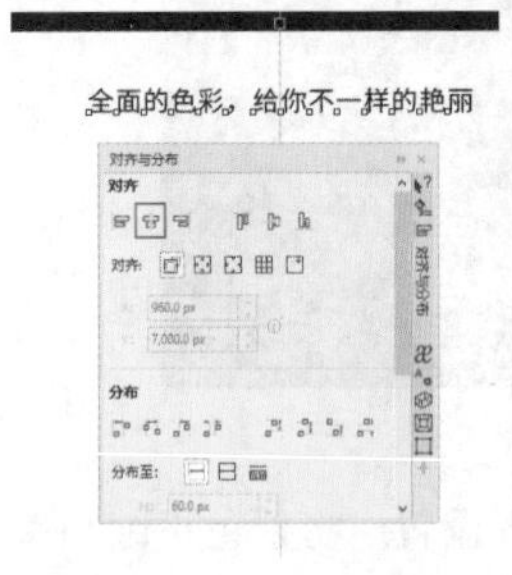

图 11-327　　图 11-328

步骤 05 对鞋子素材进行旋转，使其鞋口朝向左侧。将素材选中，在属性栏中设置"旋转角度"为90.0°。效果如图11–329所示。

图 11–329

步骤 06 为了使置入的鞋子素材图像大小一致，可以将已经调整完成的鞋子作为参考。首先执行“查看”→“标尺”命令，将标尺显示出来。接着将光标放在参考线上，按住鼠标左键往下拖动，创建出参考线。将其放在鞋子顶部，如图11–330所示。

步骤 07 使用同样的方法，在鞋子底部添加一条参考线，如图11–331所示。

图 11–330

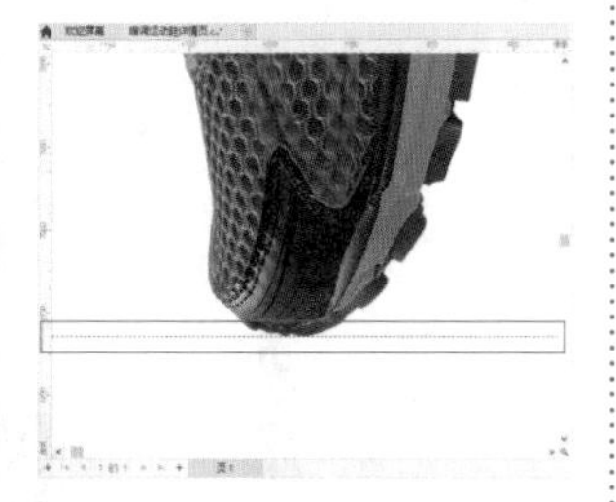

图 11–331

步骤 08 除了添加参考线来保证素材大小一致外，还可以将鞋子素材全部置入，接着依次将其选中，如图11–332所示。将光标放在定界框一角，按住Shift键的同时按住鼠标左键，对图形进行等比例中心缩小。这样可以保证导入的素材都以同一比例进行缩放，效果如图11–333所示。

图 11–332

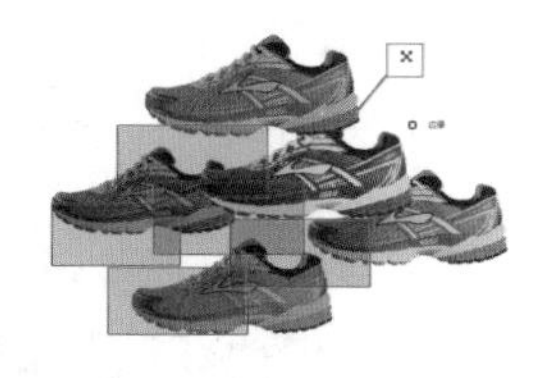

图 11–333

步骤 09 使用同样的方法，将其他颜色的鞋子素材导入。调整大小后放置在参考线限制范围内，然后再进行相同角度的旋转，适当调整各图形之间的顺序，效果如图11–334所示。

步骤 10 为鞋子底部添加投影效果。选择工具箱中的“椭圆形”工具，在最左侧鞋子上按住鼠标左键拖动，绘制一个黑色的椭圆形。效果如图11–335所示。

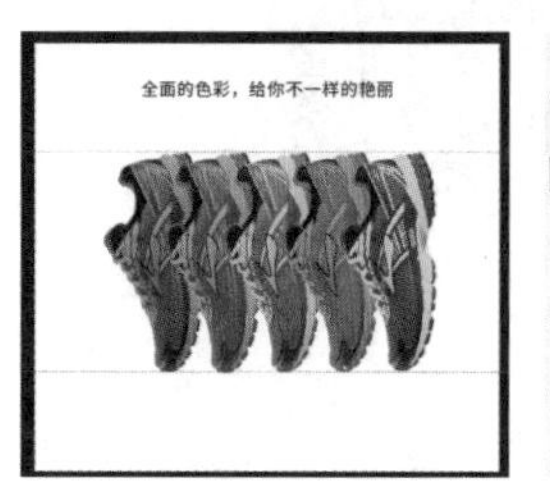

图 11–334

图 11–335

步骤 11 在椭圆形选中的状态下，选择工具箱中的“透明度”工具，在属性栏中单击“渐变透明度”按钮，设置“渐变类型”为“椭圆形渐变透明度”，如图11–336所示。

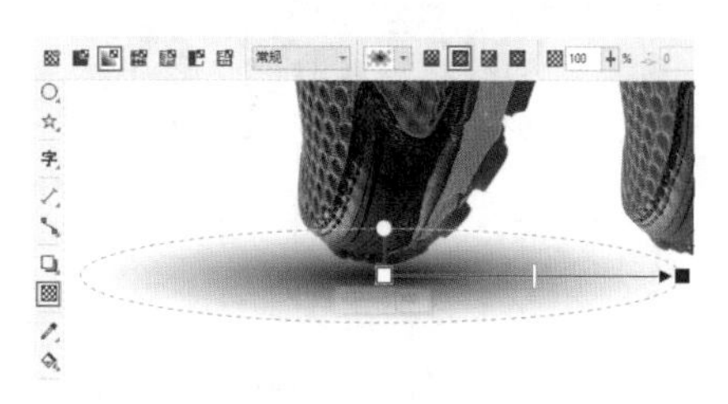

图 11–336

步骤 12 调整图层顺序，将图形选中右击，多次执行“顺序”→“向后一层”命令，将投影放置在鞋子图层下，如图11–337所示。

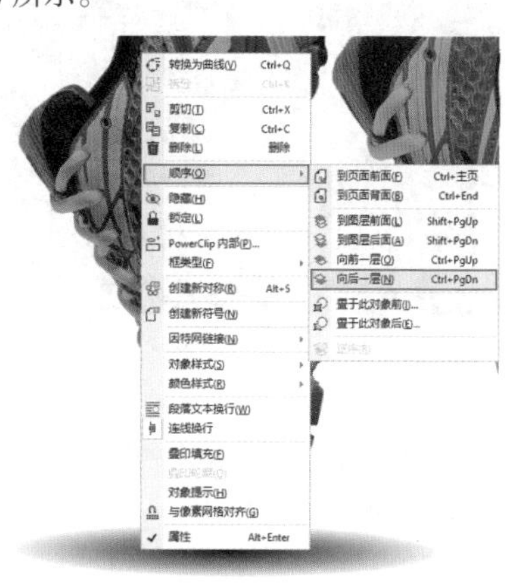

图 11–337

步骤 13 选中制作完成的投影图形，复制多份放在其他鞋子下方，同时注意顺序的调整。效果如图11–338所示。

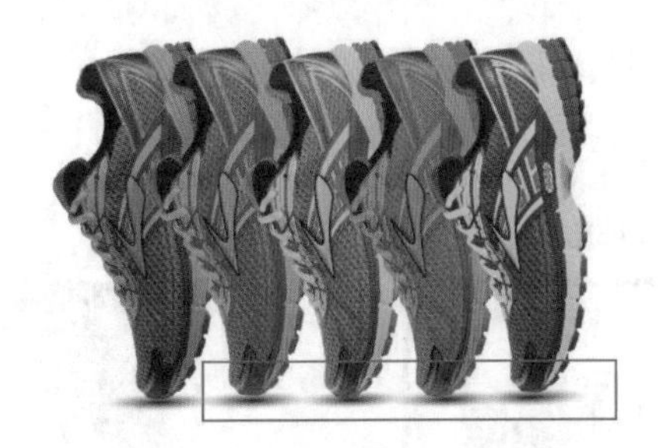

图 11–338

步骤 14 使用工具箱中的“文本”工具在鞋子底部输入文字。选中文字，在属性栏中设置合适的字体和字体大小，同时将其填充为浅灰色。效果如图11–339所示。

图 11–339

步骤 15 制作不同颜色鞋子的单独展示效果。将背景素材导入画面，调整大小放在合适位置。效果如图11–340所示。

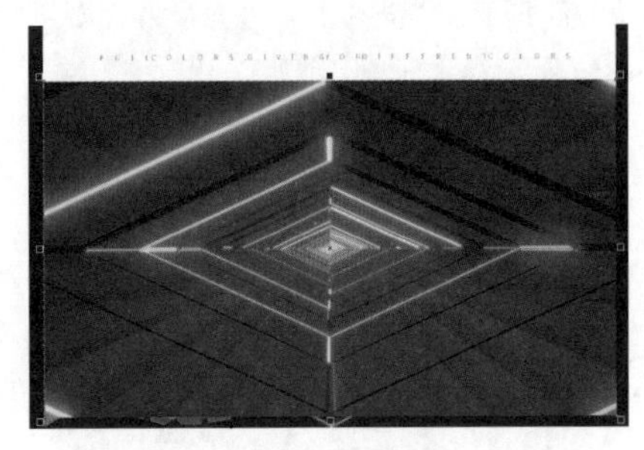

图 11–340

步骤 16 在素材选中状态下，选择工具箱中的“透明度”工具，在属性栏中设置“合并模式”为“强光”，将不需要的颜色隐藏，如图11–341所示。

步骤 17 制作左上角的三角形人像效果。选择工具箱中的“钢笔”工具，在左上角绘制一个三角形。然后将其填充为紫色，去除黑色的轮廓线。效果如图11–342所示。

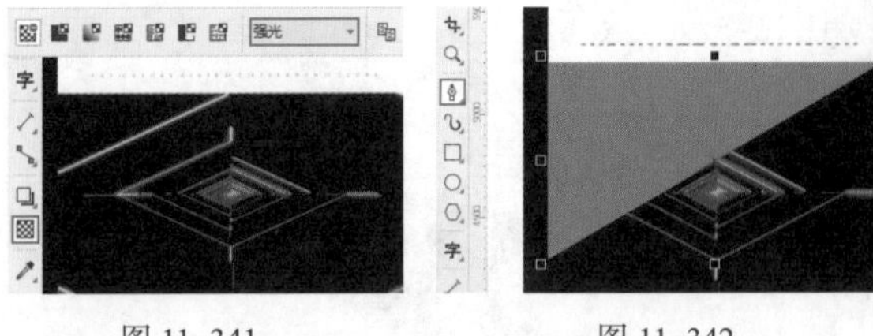

图 11–341　　图 11–342

步骤 18 将人物素材导入画面，调整大小与图层顺序，将其放在三角形图层下。效果如图11–343所示。

步骤 19 隐藏导入的人物素材中多余的部分。选中人物素材，右击执行“PowerClip内部”命令，然后单击三角形，其在三角形内部进行显示。效果如图11–344所示。

图 11–343　　图 11–344

步骤 20 选中整个图形，在画面左上角单击“选择内容”按钮，将人物素材选中，如图11–345所示。

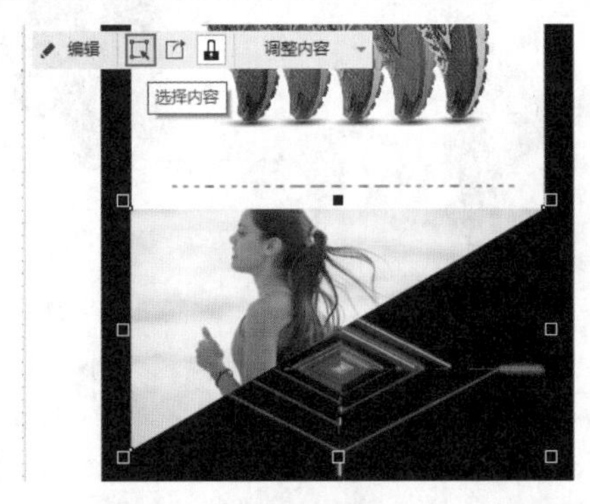

图 11–345

步骤 21 在人物素材选中的状态下，使用工具箱中的“透明度”工具，在属性栏中设置“合并模式”为“乘”，将底部的紫色三角形显示出来。效果如图11–346所示。

图 11–346

步骤 22 在人物素材选中的状态下，使用“选择”工具，将人物素材摆放在合适的位置。效果如图11-347所示。

步骤 23 导入鞋子素材“2.png”，调整大小放在人物素材上。然后使用“选择”工具将其进行适当旋转。效果如图11-348所示。

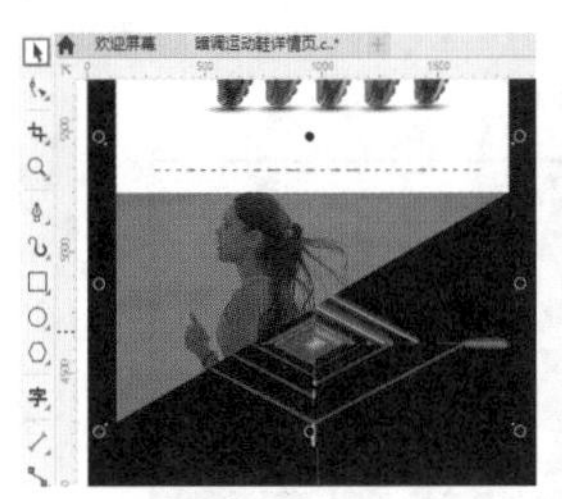

图 11-347

图 11-348

步骤 24 在右下角添加说明性文字。选择工具箱中的“文本”工具，在右下角添加合适的文字，将其填充为与鞋子相同的粉紫色。效果如图11-349所示。

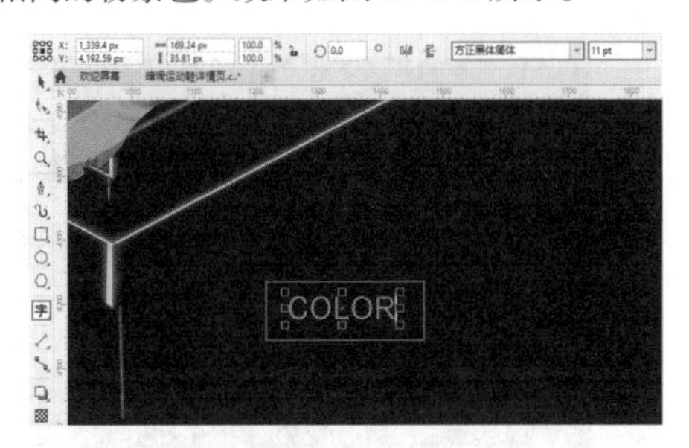

图 11-349

步骤 25 使用“文本”工具，在已有文字下方添加其他文字。效果如图11-350所示。

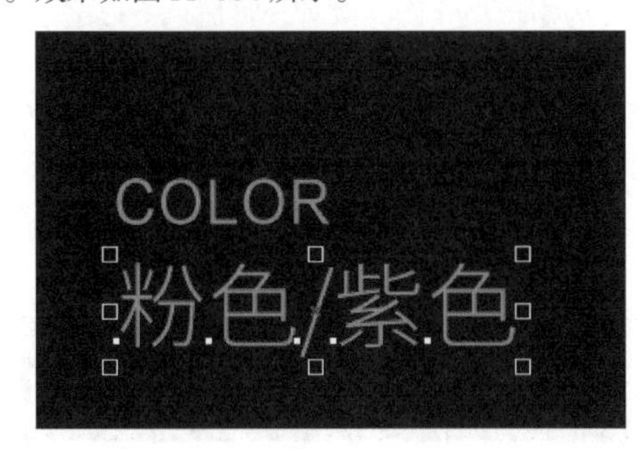

图 11-350

步骤 26 在文字右侧添加一个三角形，丰富画面的设计感。选择工具箱中的“常见的形状”工具，在属性栏中单击“常用形状”按钮[△]，在弹出的下拉面板的“流程图形状”区域中，选择三角形图案。然后在文字左侧按住Ctrl键的同时按住鼠标左键拖动，绘制一个正三角形，将其填充为与文字相同的颜色，如图11-351所示。至此，粉色鞋子的展示效果制作完成，如图11-352所示。

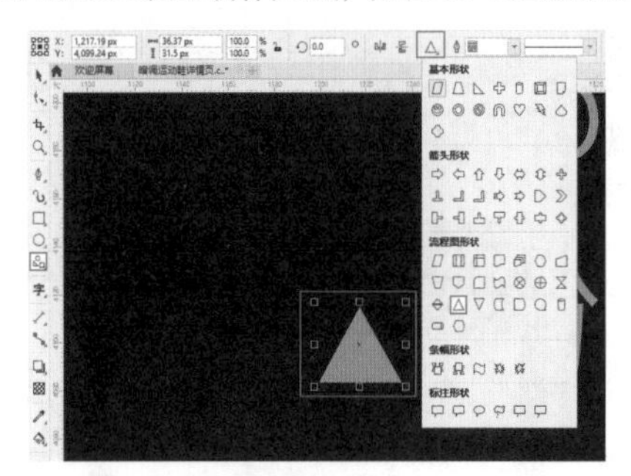

图 11-351

图 11-352

步骤 27 使用制作粉色鞋子展示效果的方法，制作粉红色鞋子和草绿色鞋子的展示效果，如图11-353和图11-354所示。

图 11-353

图 11-354

11.7.5 制作尺码选择表格

扫一扫，看视频

步骤 01 复制模块的标题和背景矩形，并更改文字，效果如图11-355所示。

图 11-355

步骤 02 选择工具箱中的“表格”工具，在白色矩形上按住鼠标左键拖动绘制表格，然后在属性栏中设置“行数”为2，“列数”为13，“轮廓色”为深灰色，“边框”为“全部”，如图11-356所示。

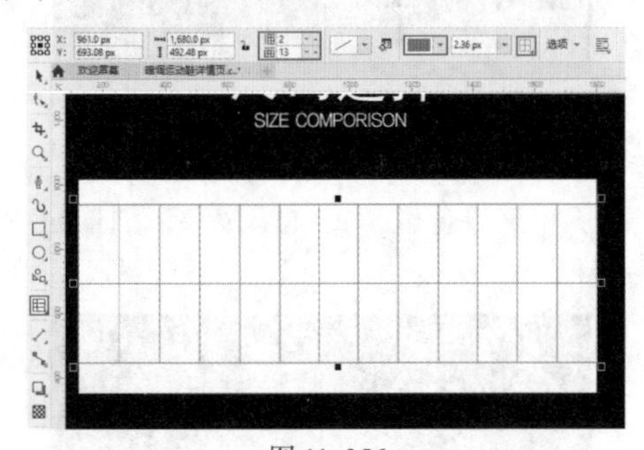

图 11-356

步骤 03 合并最左侧的两列表格。选择工具箱中的“形状”工具，按住Ctrl键在表格上方单击将其选中。接着右击执行“合并单元格”命令，将选中的单元格进行合并，如图11-357所示。

步骤 04 继续使用“形状”工具，对下方的两个单元格进行合并。效果如图11-358所示。

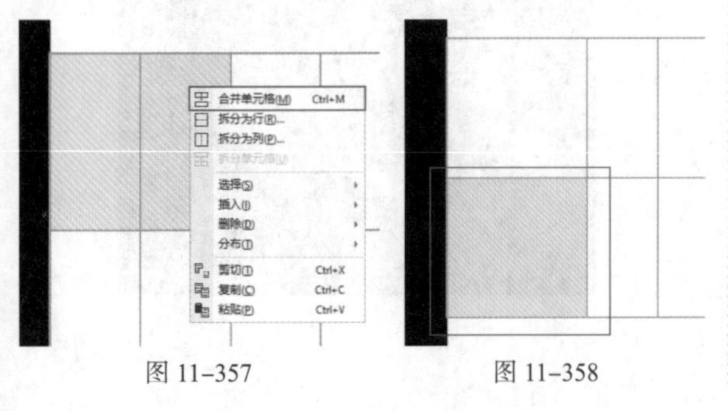

图 11-357　　图 11-358

步骤 05 为表格填充不同的颜色，以丰富画面的视觉层次感。将表格选中，执行“对象”→“转换为曲线”命令，将其转换为图形对象。然后选择工具箱中的“智能填充”工具，在属性栏中设置“填充色”为浅灰色，“轮廓色”为“无”。设置完成后在表格上单击，为其填充不同的颜色。效果如图11-359所示。

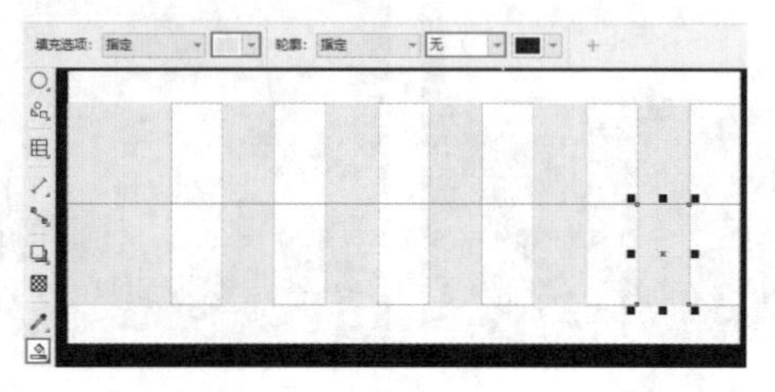
图 11-359

步骤 06 选择工具箱中的“矩形”工具，在表格顶部绘制一个白色的长条矩形，去除黑色的轮廓线。效果如图11-360所示。

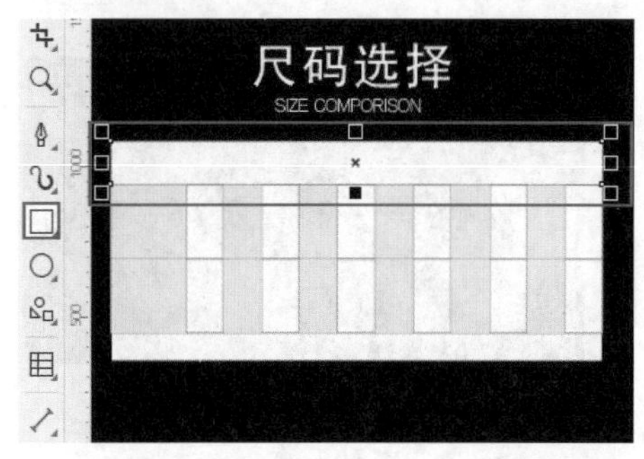

图 11-360

步骤 07 为矩形填充图案纹理。将白色矩形选中，选择工具箱中的“交互式填充”工具，在属性栏中单击“双色图样填充”按钮，在“第一种填充色或图样”下拉面板中选择合适的图案。同时设置“前景色”为浅灰色，“背景色”为白色，调整显示的大小比例。效果如图11-361所示。

图 11-361

步骤 08 按住鼠标左键向下拖动的同时按住Shift键，将图形在垂直方向上进行移动。移动至合适位置时，右击将其复制一份。效果如图11-362所示。

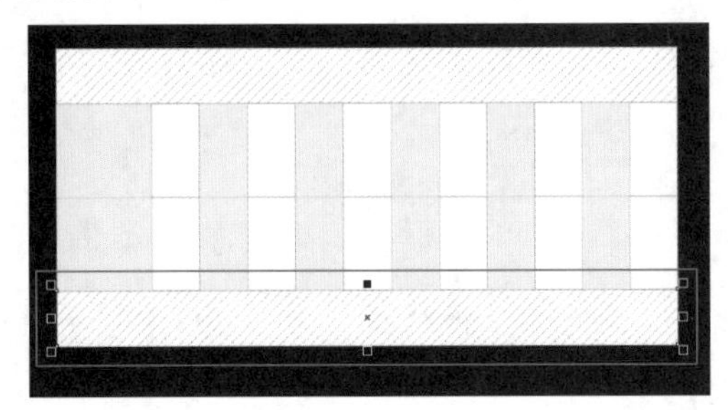

图 11-362

步骤 09 在单元格中输入文字。选择工具箱中的“文本”工具，在最左侧的单元格上单击，添加合适的文字。效果如图11-363所示。

步骤 10 在其底部继续输入文字。效果如图11-364所示。

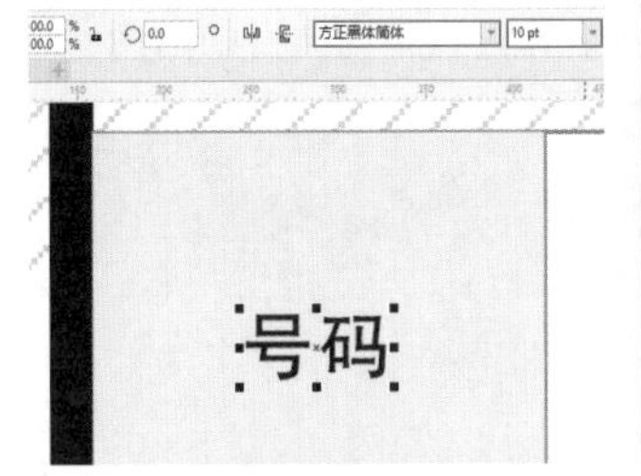

图 11-363

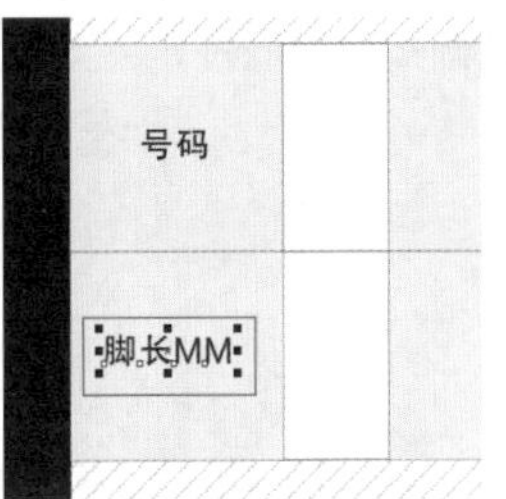

图 11-364

步骤 11 在其他单元格中添加文字。效果如图11-365所示。至此，本案例制作完成，完整效果如图11-366所示。

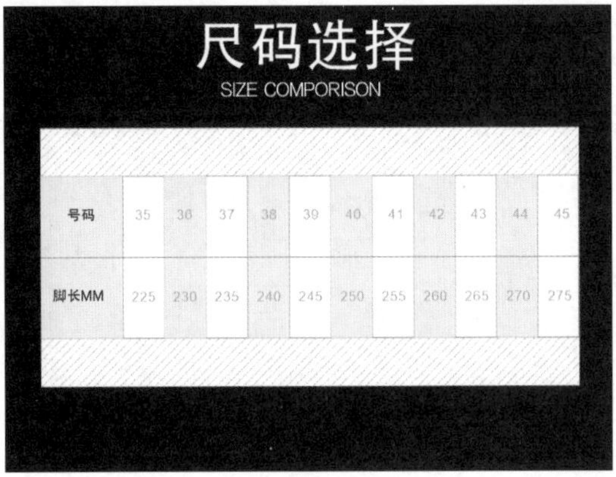

号码	35	36	37	38	39	40	41	42	43	44	45
脚长MM	225	230	235	240	245	250	255	260	265	270	275

图 11-365

图 11-366

Chapter 12

第12章

App UI设计

本章内容简介

UI（User Interface，用户与界面）通常被理解为界面的外观设计，但是实际上它还包括用户与界面之间的交互关系。通常把UI设计定义为软件的人机交互、操作逻辑、界面美观的整体设计。对于平面设计师而言，他们主要负责界面的视觉美化工作。本章学习UI设计的基础知识，通过相关案例的制作进行不同类型UI的设计制图的练习。

12.1 UI设计的基础知识

UI设计与“美工”不同，UI设计是根据使用者、使用环境、使用方式等方面的因素对界面形式进行的设计。一个好的UI设计不仅会给人带来舒适的视觉感受，还会拉近人与设备的距离。

12.1.1 认识UI设计

通常理解为界面的外观设计，但是实际上还包括用户与界面之间的交互关系。通常把UI设计定义为软件的人机交互、操作逻辑、界面美观的整体设计。UI设计主要应用于计算机客户端和移动客户端，其涵盖范围包括游戏界面、网页界面、软件界面、登录界面等。图12–1和图12–2所示为优秀的UI设计作品。对于平面设计师而言，他们主要负责界面的视觉美化工作。

图 12–1

图 12–2

提示：什么是UE

UE（User Experience，用户体验），一般指在内容、用户界面、操作流程、交互功能等多个方面对用户使用感觉的设计和研究。这是一种“用户至上”的思维模式，它完全从用户的角度去进行研究、策划与设计，从而达到最完美的用户体验。UI与UE是互相包含、互相影响的关系。

12.1.2 不同平台的UI设计

UI设计的应用领域非常广泛。例如，生活中使用的聊天软件、办公软件、手机App在设计过程中都需要进行UI设计。按照应用平台类型的不同进行分类，UI设计可以应用在C/S平台、B/S平台和App平台。

1. C/S平台

C/S（Client/Server，客户端/服务器）就是通常所说的PC平台。应用在PC端的UI设计也被称为桌面软件设计，此类软件是安装在计算机上的。例如，安装在计算机中的杀毒软件、游戏软件、设计软件等。图12–3所示为应用在PC平台的软件。

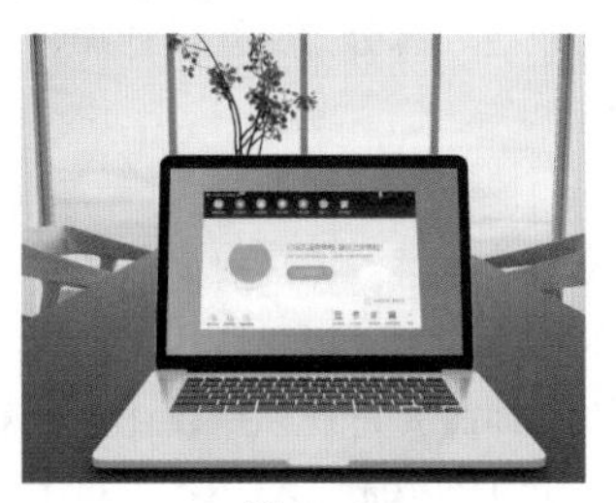

图 12–3

2. B/S平台

B/S（Browser /Server，服务器），也将其称为Web平台。在Web平台中，需要借助浏览器打开UI设计的作品，这类作品就是常说的网页设计。B/S平台分为两类，一类是网站，另一类是B/C软件。网站是由多个页面组成的，它是网页的集合。访客都是浏览网页来访问网站的。例如，淘宝网、新浪网这些都是网站。B/C软件是一种可以应用在浏览器中的软件，它简化系统的开发和维护。常见的校务管理系统、企业ERP管理系统都是B/C软件。图12–4所示为网页设计作品。

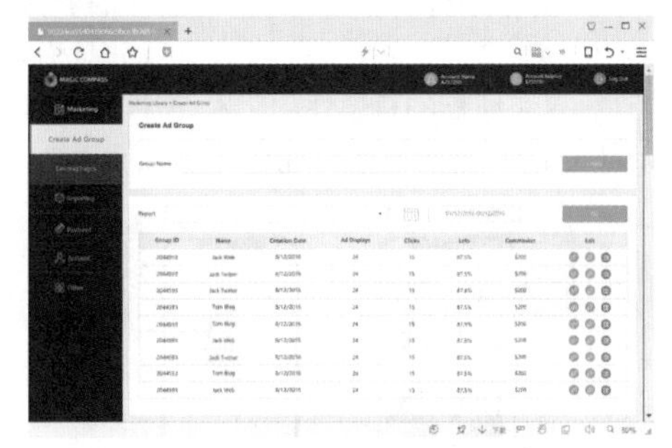

图 12–4

3. App平台

App（Application，应用程序）是指安装在手机或掌上计算机上的应用产品。App也有自己的平台，当下最热门的就是iOS平台和Android平台。图12–5所示为手机软件UI设计。

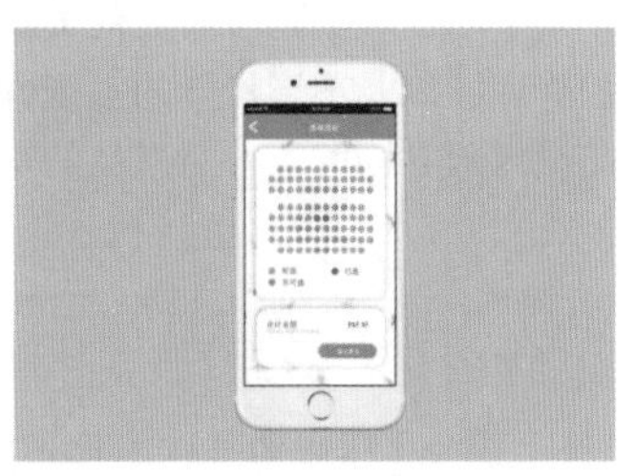

图 12–5

12.1.3 UI设计中主要的职能

UI设计的职能大体分为交互设计师、图形设计师和用户体验师。

1. 交互设计师

交互设计师主要研究人与界面的关系，工作内容就是设计软件的操作流程、树状结构、软件结构与操作规范等。交互设计师需要进行原型设计，也就是绘制线框图。常用的软件为Word和AXURE，如图12-6所示。

图 12-6

2. 图形设计师

图形设计师也被称为界面设计师，在业内被称为“美工”。界面设计不仅需要设计师有极强的美术功底，还需要定位使用者、使用环境、使用方式并且为最终用户而设计，这是纯粹的科学性的艺术设计。常用的软件有Photoshop、Illustrator等，如图12-7所示。

图 12-7

3. 用户体验师

任何产品为了保证质量都需要进行内部测试，UI设计也是如此。这个测试和编码没有任何关系，主要是测试交互设计的合理性以及图形设计的美观性。用户体验师需要与产品设计师共同配合，对产品的交互方面进行改良。

提示：什么是产品经理

产品经理是整个团队中的核心。他们能够使应用程序满足用户的需求，通过设计的模式来赢得利益。产品经理除了需要对内赢得高层领导的认可与允许之外，还需要对外得到用户的信赖与青睐。

12.1.4 UI设计的注意事项

一个App的整套UI设计方案通常由很多个页面组成，其工作量大，可能不止一人参与工作。由于需要注意的事项较多，可以先由整个团队的领导者制作出简单易懂、清晰明了的规范，这样可以节省团队时间、提高工作效率。图12-8和图12-9所示为一套UI设计作品中的不同页面。因此，在设计与制作的过程中要注意以下内容。

图 12-8

图 12-9

1. 颜色

在UI设计作品中，颜色拥有非常重要的地位。它包括基础标准色（主色）、基础文字色，还包括全局标准色（背景色、分割线色值等），这些颜色都需要事先进行确定，并在以后的设计中进行统一。

2. 尺寸

尺寸包括设计图尺寸和间距尺寸。设计图尺寸就是UI设计作品的尺寸，在制图的过程中要统一尺寸。间距尺寸包括页边距、模块与模块之间的间距，这种全局的间距必须要一致。

3. 字体

整个设计作品中字体最好不要超出3种样式，一般在每个项目设计中使用一两个字体样式就够了，然后通过对字体大小或颜色来强调重点文案。此外，还需要注意字间距、行间距、字重对比、字体颜色等问题。

4. 按钮

按钮包括它的大小、色值、圆角半径以及默认、单击、置灰状态，这些都需要进行统一。

5. 整体风格

整个UI设计作品风格要统一，这样才能保证在浏览、翻阅时具有连贯性，同一家公司的产品PC端和移动端的设计风格也要严格统一。

6. 投影

在设计系统中需要定义好投影关系，投影根据具体情况定义不同的强度大小，以满足页面的需要，一般通过透明度和投影远近来定义。

7. 图文关系

图片和文字在界面中如何处理，多色调如何运用，黑色图片上放文字怎么处理，白色图片放文字如何处理都是需要去详细定义的。

12.2 项目案例：霓虹色感App图标

文件路径	资源包\第12章\霓虹色感App图标
难易指数	★★★★★
技术掌握	“透明度”工具、置于图文框内部、“阴影”工具

扫一扫，看视频

案例效果

案例效果如图12-10所示。

图 12-10

操作步骤

步骤 01 新建一个空白文档，使用“矩形”工具绘制一个与绘图区等大的矩形。选中矩形，将其填充为紫色，去除轮廓线。效果如图12-11所示。

步骤 02 使用“矩形”工具，按住Ctrl键绘制一个正方形，在属性栏中单击“圆角”按钮，设置“圆角半径”为20.0mm，然后将其填充为黄绿色，去除轮廓线。效果如图12-12所示。

图 12-11

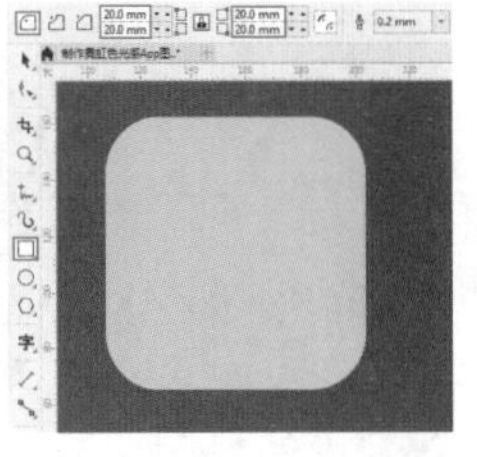

图 12-12

步骤 03 使用“椭圆形”工具绘制一个椭圆形，将其填充为洋红色，同时去除轮廓线。效果如图12-13所示。

步骤 04 选中椭圆形，选择工具箱中的“透明度”工具，然后单击“渐变透明度”按钮，设置“渐变类型”为“线性渐变透明度”，调整节点透明度，制作出圆形渐变透明的效果。效果如图12-14所示。

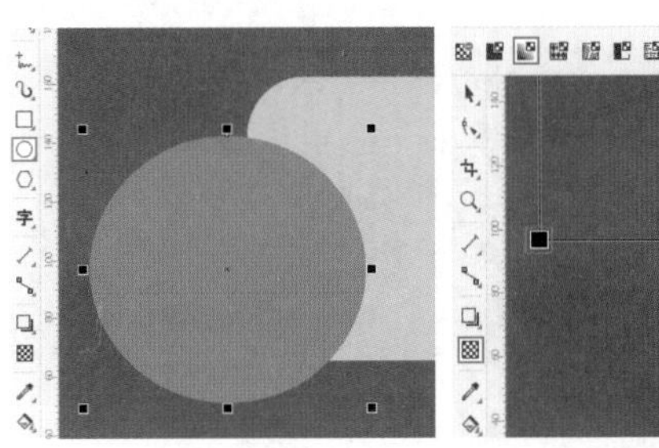

图 12-13　　图 12-14

步骤 05 使用同样的方法制作其他半透明图形，效果如图12-15所示。加选半透明的图形，使用快捷键Ctrl+G进行编组。

图 12-15

步骤 06 选中半透明图形组，右击执行“PowerClip 内部”命令，当光标变为黑色箭头后，在圆角矩形上单击，效果如图12-16所示。此时图形效果如图12-17所示。

图 12-16

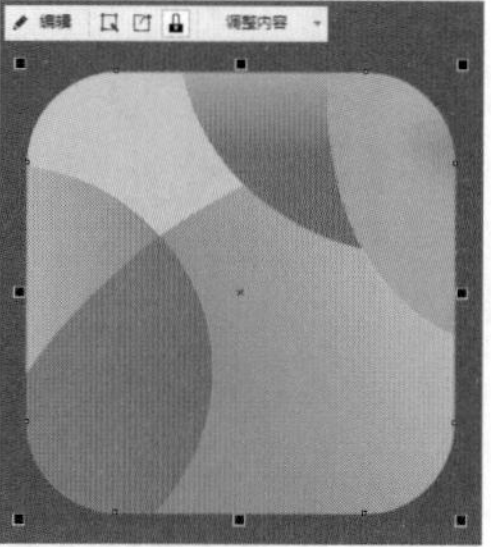

图 12-17

步骤 07 选中创建图框精确剪裁的图形，选择工具箱中的“阴影”工具，在图形上按住鼠标左键拖动创建阴影，然后在属性栏中设置“阴影颜色”为黄色，“合并模式”为“叠加”，“阴影不透明度”为50，“阴影羽化”为10。效果如图12-18所示。

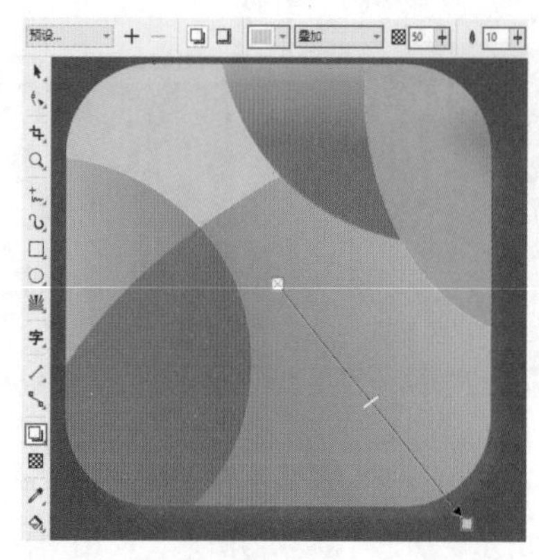

图 12-18

步骤 08 在画面中添加文字。使用“文本”工具，在图标上添加文字。选中文字，在属性栏中设置合适的字体和字体大小，同时将其填充为白色。效果如图12-19所示。

图 12-19

步骤 09 继续输入稍小的文字。效果如图12-20所示。至此，本案例制作完成，效果如图12-21所示。

图 12-20

图 12-21

12.3 项目案例：相机App图标

扫一扫，看视频

文件路径	资源包\第12章\相机App图标
难易指数	★★★★★
技术掌握	“矩形”工具、圆角设置、“椭圆形”工具、“透明度”工具

案例效果

案例效果如图12-22所示。

图 12-22

操作步骤

步骤 01 执行“文件”→“新建”命令，新建一个A4大小的横向空白文档。效果如图12-23所示。

步骤 02 使用“矩形”工具，绘制一个与绘图区等大的矩形。选择该矩形，单击调色板中的浅灰色色块，为其填充浅灰色；右击“无”，去除轮廓线。效果如图12-24所示。

图 12-23　　图 12-24

步骤 03 选择“矩形”工具，单击属性栏中的“圆角”按钮，设置“圆角半径”为30.0mm，设置完成后在灰色矩形上按住Ctrl键绘制一个正圆角矩形，如图12-25所示。

步骤 04 在该图形选中状态下，使用“交互式填充”工具，在属性栏中单击“均匀填充”按钮，设置“填充色”为青灰色，去除轮廓线。效果如图12–26所示。

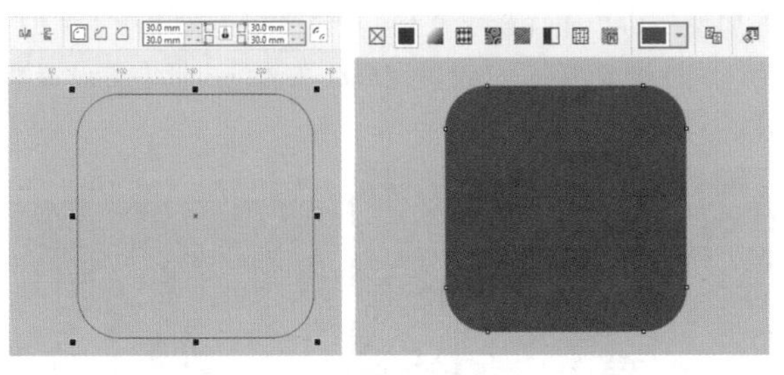

图 12–25　　图 12–26

步骤 05 使用“选择”工具选中圆角矩形，并按住鼠标左键向上拖动，接着右击进行复制。效果如图12–27所示。

步骤 06 选择上方的圆角矩形，使用“交互式填充”工具，单击属性栏中的“均匀填充”按钮，设置“填充色”为深青灰色，去除轮廓线，制作出视觉上的立体效果，如图12–28所示。

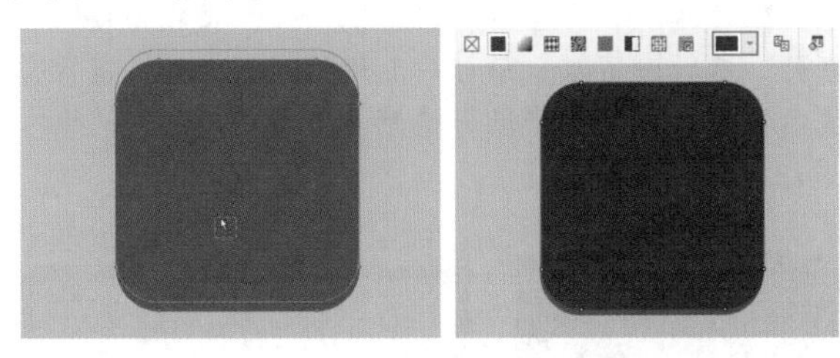

图 12–27　　图 12–28

步骤 07 使用“矩形”工具在圆角矩形上绘制一个矩形，将其填充为青色的同时去除轮廓线。效果如图12–29所示。

步骤 08 使用同样的方法在下方绘制矩形并填充相应的颜色。效果如图12–30所示。

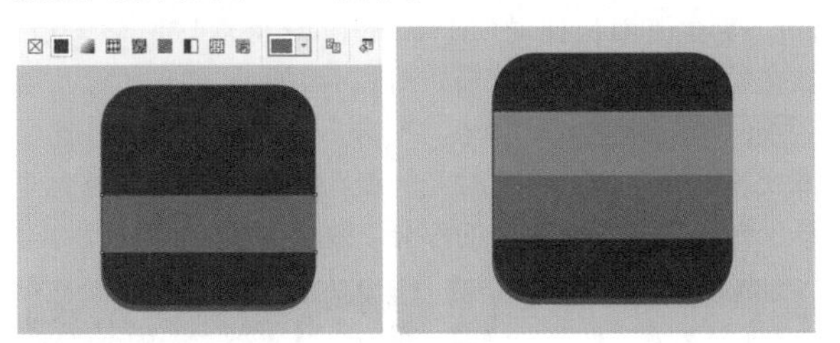

图 12–29　　图 12–30

步骤 09 使用“椭圆形”工具，按住Ctrl键绘制一个正圆形，将其填充为深蓝绿色。效果如图12–31所示。

步骤 10 绘制其他正圆，组合成相机的镜头图形。效果如图12–32所示。

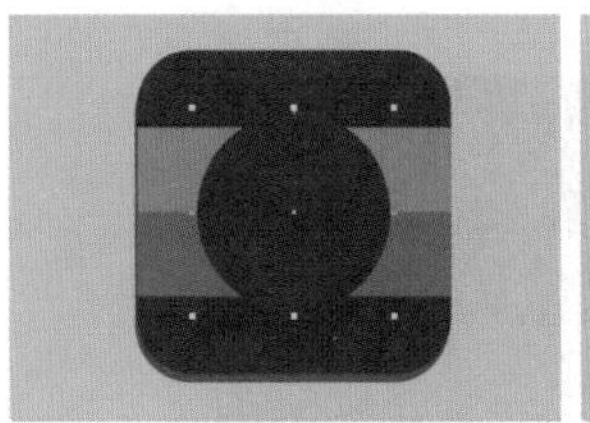

图 12–31　　图 12–32

步骤 11 使用“矩形”工具，在属性栏中单击“圆角”按钮，设置“圆角半径”为16.0mm。效果如图12–33所示。

步骤 12 选中圆角矩形，为其填充蓝灰色。效果如图12–34所示。

图 12–33　　图 12–34

步骤 13 制作相机镜头上的高光效果。使用“椭圆形”工具，单击属性栏中的“饼图”按钮，设置“起始和结束角度”为0.0° 和180.0° 。接着按住鼠标左键拖动进行绘制，将其填充为灰色，然后将半圆旋转30.0° 。效果如图12–35所示。

步骤 14 选中半圆形，使用“透明度”工具，接着单击属性栏中的“均匀透明度”按钮，设置“透明度”为50。效果如图12–36所示。

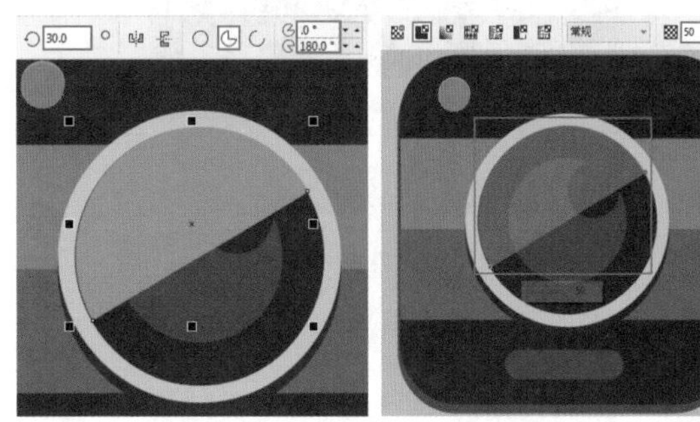

图 12–35　　图 12–36

步骤 15 选择工具箱中的“文本”工具，在相应的位置单击插入光标，然后输入文字。选择文字，在属性栏中设置合适的字体、字体大小。效果如图12–37所示。

图 12-37

步骤 16 设置文本颜色为白色。至此，本案例制作完成。最终效果如图 12-38 所示。

图 12-38

12.4 项目案例：用户信息页面

文件路径	资源包\第12章\用户信息页面
难易指数	★★★★★
技术掌握	“交互式填充”工具、置于图文框内部、“钢笔”工具

案例效果

案例效果如图 12-39 所示。

图 12-39

操作步骤

12.4.1 制作界面基本图形

扫一扫，看视频

步骤 01 执行“文件”→“新建”命令，新建一个“宽度”为360mm、“高度”为210mm的空白文档。接着使用“矩形”工具，绘制一个和绘图区等大的矩形，然后将其填充为蓝色并去除轮廓线。效果如图 12-40 所示。

步骤 02 为矩形填充渐变色。使用“交互式填充”工具，在属性栏中单击“渐变填充”按钮，设置“渐变类型”为“线性渐变填充”，设置完成后在蓝色矩形上方设置渐变。效果如图 12-41 所示。

图 12-40

图 12-41

步骤 03 使用“矩形”工具，在属性栏中单击“圆角”按钮，设置合适的“圆角半径”。在画面中间绘制一个矩形，将其填充为深青色的同时去除轮廓色。效果如图 12-42 所示。

步骤 04 使用“矩形”工具，在不选中任何图形的情况下，在属性栏中单击“同时编辑所有角”按钮，将链接断开。然后设置左上角和右上角的圆角半径，设置完成后在青色矩形上半部分绘制一个黄色矩形。效果如图 12-43 所示。

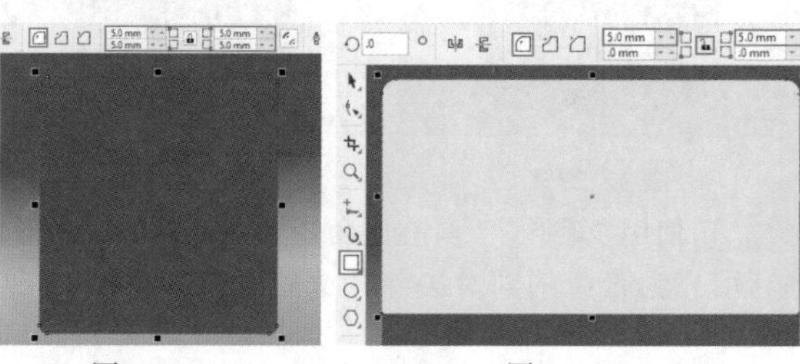

图 12-42　　图 12-43

步骤 05 执行“文件”→“导入”命令，将素材1导入画面。接着使用快捷键Ctrl+Page Down将素材后移一层，放在黄色矩形后面。效果如图 12-44 所示。

步骤 06 选择素材，执行“对象”→PowerClip→“置于图文框内部”命令，此时光标变为黑色箭头，在黄色矩形上单击隐藏素材多余的部分。效果如图 12-45 所示。

图 12-44　　图 12-45

步骤 07 使用与绘制黄色矩形同样的方法，在青色矩形下方绘制白色的矩形和浅蓝灰色的矩形。效果如图12-46和图12-47所示。

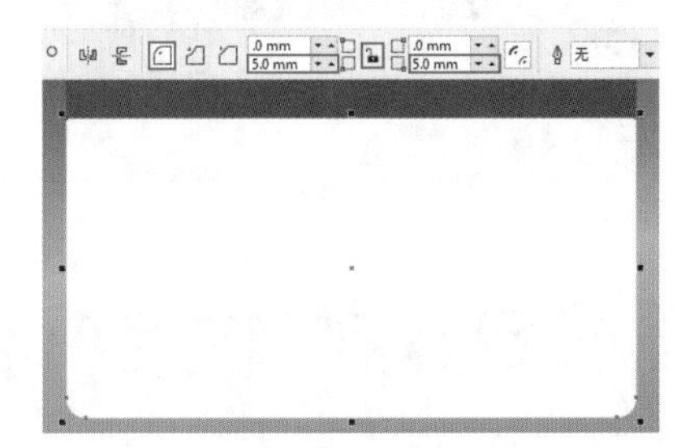

图 12-46

图 12-47

12.4.2 添加细节元素

步骤 01 使用“椭圆形”工具，按住Ctrl键的同时按住鼠标左键，在白色矩形左侧拖动绘制一个正圆。设置其“填充色”为无，设置“轮廓色”为蓝灰色，“宽度”为15像素。效果如图12-48所示。

扫一扫，看视频

步骤 02 使用“椭圆形”工具在淡蓝色正圆内部绘制正圆。效果如图12-49所示。

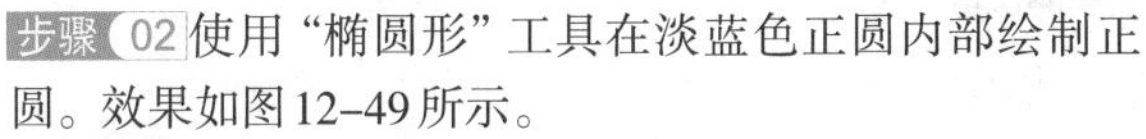

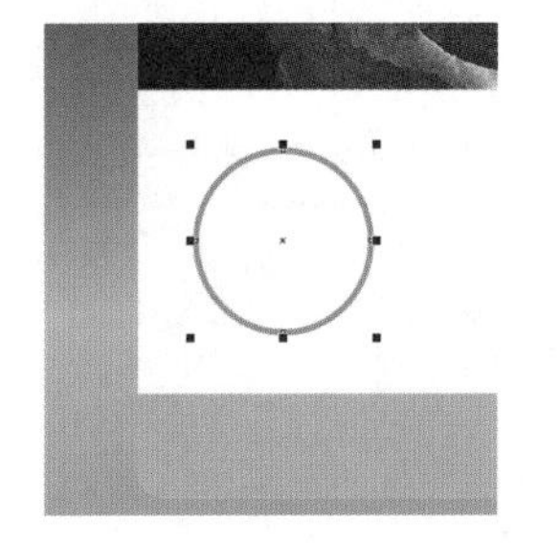

图 12-48

图 12-49

步骤 03 将素材2导入画面。然后执行“对象”→PowerClip→“置于图文框内部”命令，此时光标变为黑色的箭头，在正圆内部单击，将素材2置于正圆内部。效果如图12-50所示。

步骤 04 在画面中添加文字。使用“文本”工具，在刚刚制作的圆形的左侧单击插入光标，接着输入文字。选中文字在属性栏中设置合适的字体、字体大小的同时设置合适的颜色。效果如图12-51所示。

图 12-50

图 12-51

步骤 05 在该文字下方继续输入文字。效果如图12-52所示。

图 12-52

步骤 06 绘制底部的小图标。使用“钢笔”工具，在画面下方矩形的左侧位置绘制形状。效果如图12-53所示。

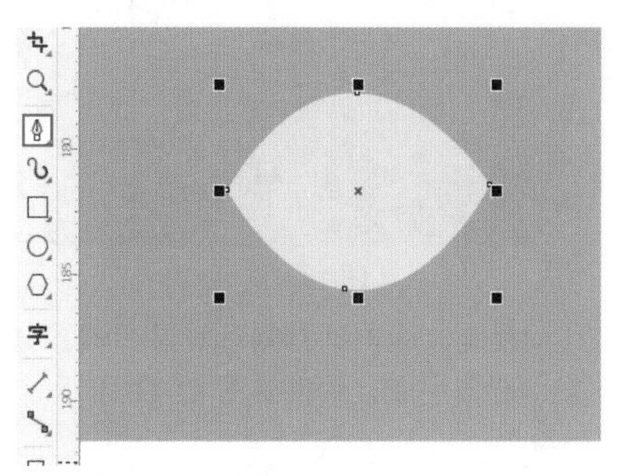

图 12-53

步骤 07 使用“椭圆形”工具在刚绘制的形状上绘制一个浅蓝灰色正圆。效果如图12-54所示。

步骤 08 再次绘制一个淡蓝色正圆。效果如图12-55所示。

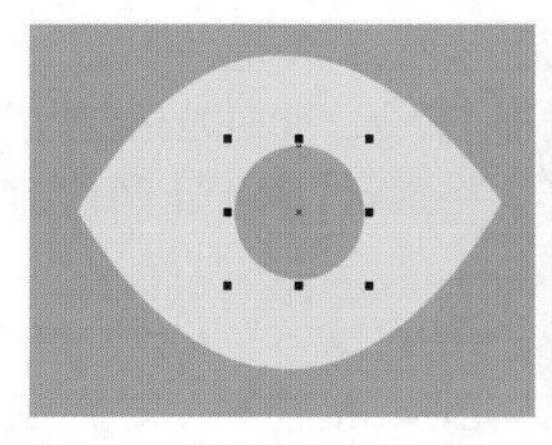

图 12-54

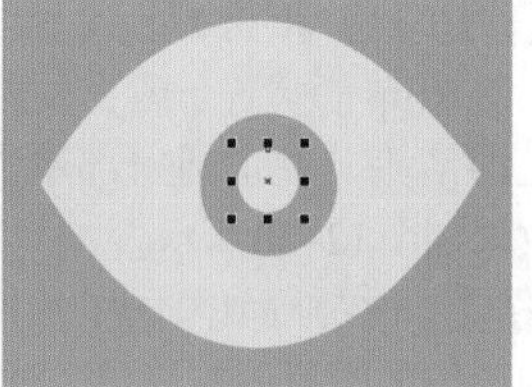

图 12-55

步骤 09 使用“钢笔”工具绘制其他形状。效果如图 12-56 所示。

图 12-56

步骤 10 使用“文本”工具，在形状右侧输入相同字体字号的文字。效果如图 12-57 所示。

图 12-57

步骤 11 使用“矩形”工具，在形状与形状中间的位置绘制白色直线作为间隔。效果如图 12-58 所示。

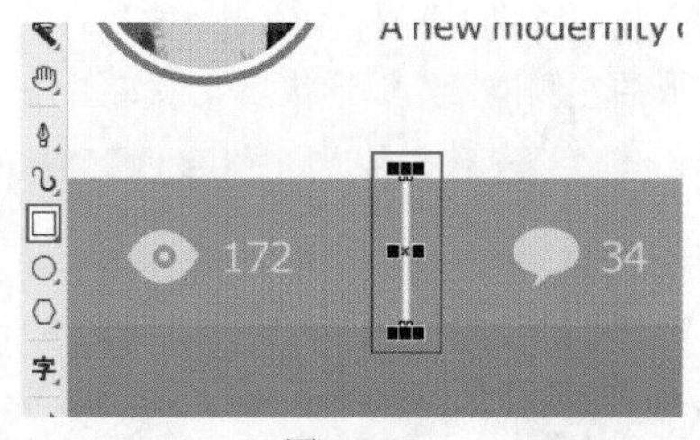

图 12-58

步骤 12 移动复制该线段到右侧。效果如图 12-59 所示。至此，本案例制作完成，效果如图 12-60 所示。

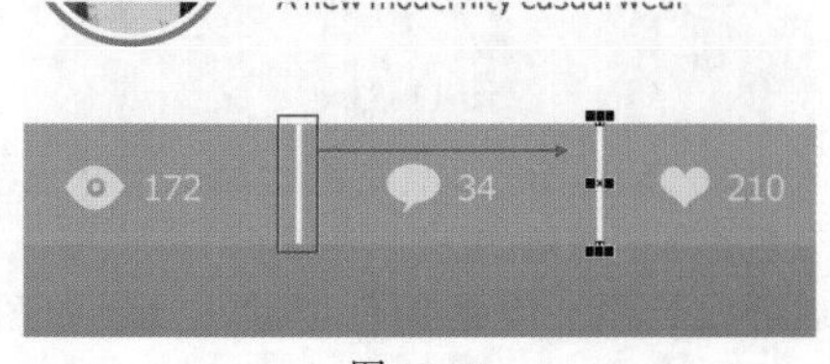

图 12-59

图 12-60

12.5 项目案例：订票App选座界面设计

文件路径	资源包\第12章\订票App选座界面设计
难易指数	★★★★★
技术掌握	“阴影”工具、“再制”命令

案例效果

案例效果如图 12-61 所示。

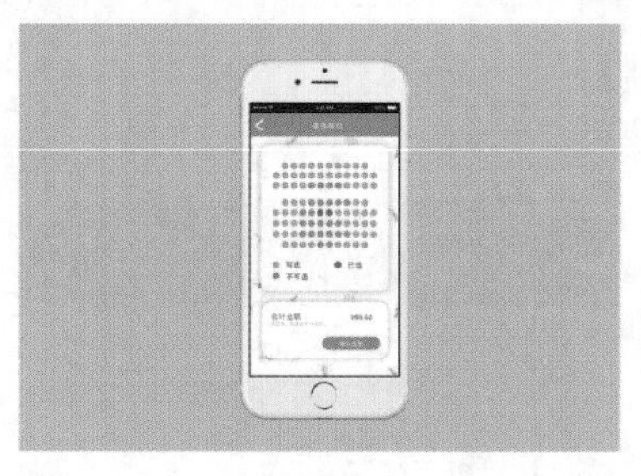

图 12-61

操作步骤

12.5.1 制作界面的基本元素

扫一扫，看视频

步骤 01 新建一个大小合适的空白文档。接着使用“矩形”工具，绘制一个淡紫色的矩形，去除轮廓线。效果如图 12-62 所示。

步骤 02 导入手机模型素材1，放在画面中间，效果如图 12-63 所示。

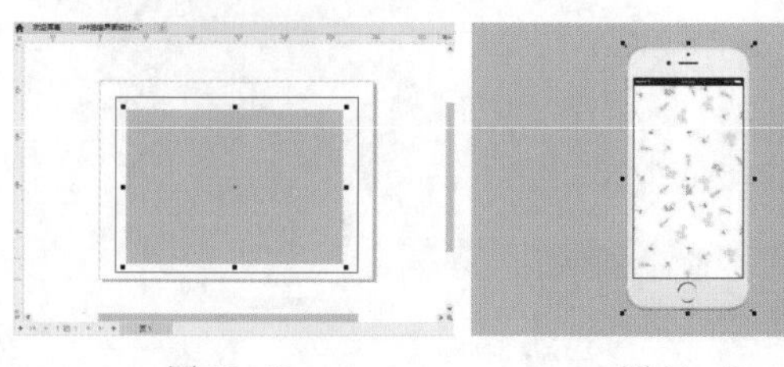

图 12-62　　图 12-63

步骤 03 制作手机顶部的边框。使用“矩形”工具，在手机模型顶部绘制一个比背景矩形颜色稍深一些的紫色矩形，去除轮廓线。效果如图12-64所示。

步骤 04 制作选座区域的白色背景。使用“矩形”工具，在属性栏中单击“圆角”按钮，设置“圆角半径”为3.0mm，设置完成后按Enter键。然后在手机模型上绘制一个白色的矩形。效果如图12-65所示(由于手机模型的背景为白色，为了便于观察效果，黑色的轮廓线暂时保留)。

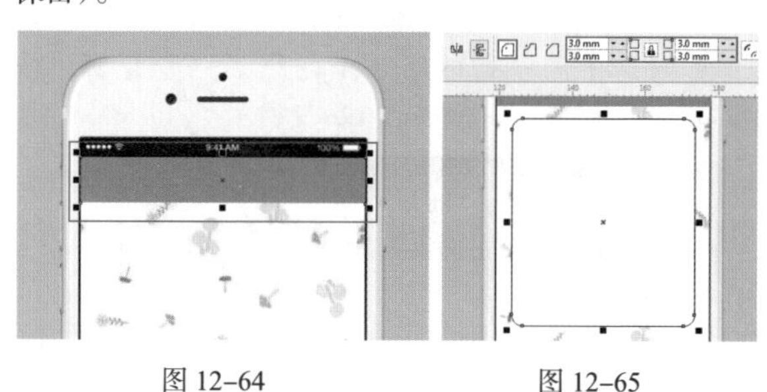

图 12-64　　图 12-65

步骤 05 为白色矩形添加阴影效果。将图形选中，使用“阴影”工具，按住鼠标左键水平拖动，为其添加阴影效果。接着在属性栏中设置“阴影颜色”为黑色，“阴影不透明度”为25，“阴影羽化”为10。然后去除黑色的轮廓线。效果如图12-66所示。

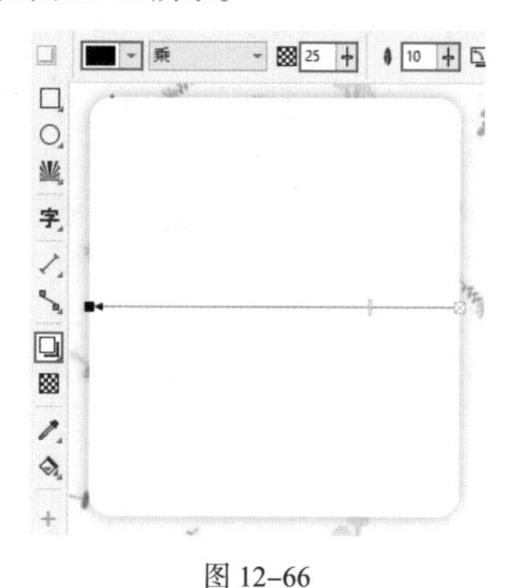

图 12-66

步骤 06 使用“矩形”工具，在属性栏中单击“圆角”按钮，设置“圆角半径”为4.0mm。然后在已有矩形下方再次绘制一个白色矩形。效果如图12-67所示。

步骤 07 为其添加阴影效果。选中底部的白色矩形，使用“阴影”工具，在属性栏中设置“阴影颜色”为黑色，“阴影不透明度”为30，“阴影羽化”为15。设置完成后在矩形左侧边缘位置，按住鼠标左键向右拖动添加阴影效果。效果如图12-68所示。

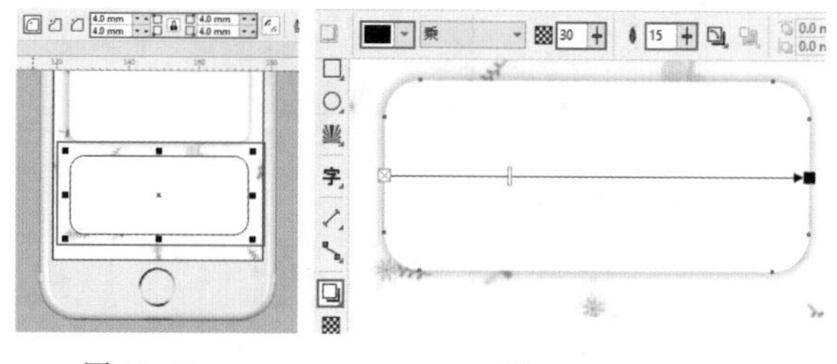

图 12-67　　图 12-68

步骤 08 制作底部白色矩形上的圆角矩形按钮。使用“矩形”工具，在属性栏中单击“圆角”按钮，设置“圆角半径”为6.0mm，设置完成后在白色矩形右侧绘制一个蓝色的圆角矩形按钮，去除轮廓线。效果如图12-69所示。

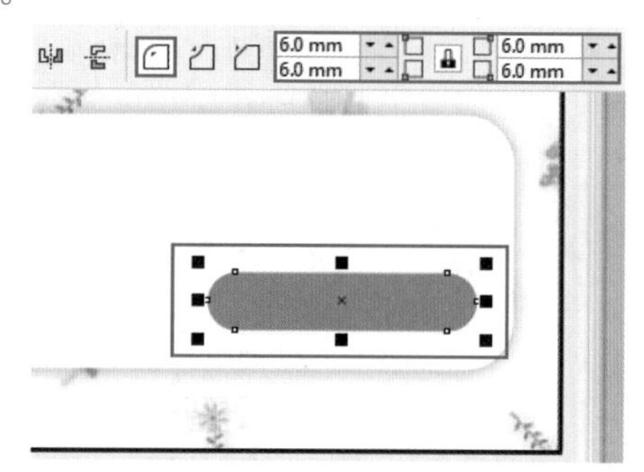

图 12-69

步骤 09 为按钮添加投影，增强整体的立体感。选中该图形，使用“阴影”工具，按住鼠标左键向右拖动来为圆角矩形添加阴影。接着在属性栏中设置“阴影颜色”为黑色，“阴影不透明度”为30，“阴影羽化”为15。效果如图12-70所示。

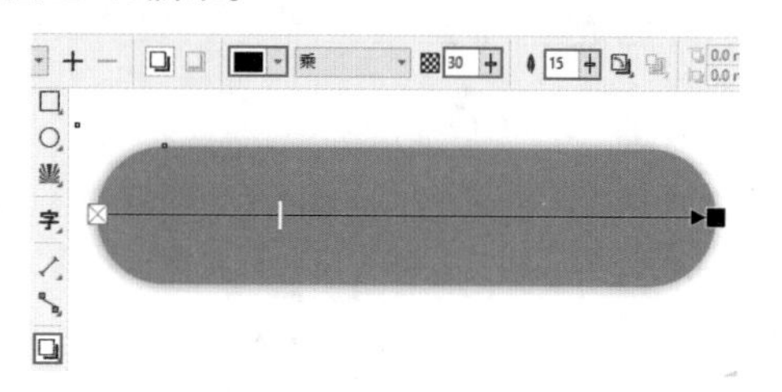

图 12-70

12.5.2 制作座位选择模块

步骤 01 制作代表座位的圆点。使用“椭圆形”工具，在白色矩形的左上角按住Ctrl键绘制一个灰色的正圆，去除轮廓线。效果如图12-71所示。

扫一扫，看视频

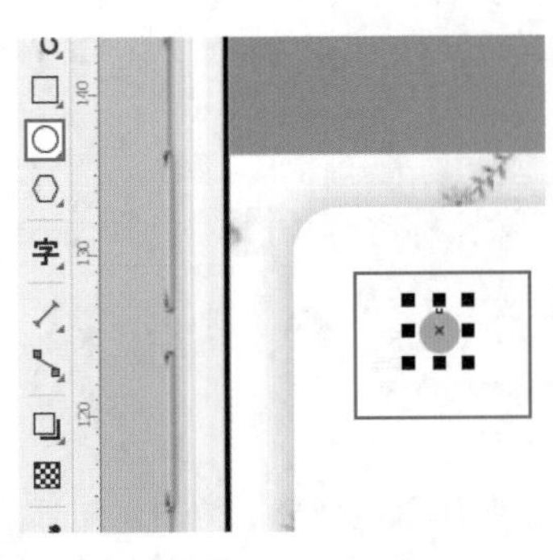

图 12-71

步骤 02 选中灰色正圆，按住鼠标左键向右拖动，至合适位置时右击将其复制一份。效果如图12-72所示。

步骤 03 执行“编辑”→“再制”命令，或者使用快捷键Ctrl+D，将其快捷复制一份。效果如图12-73所示。

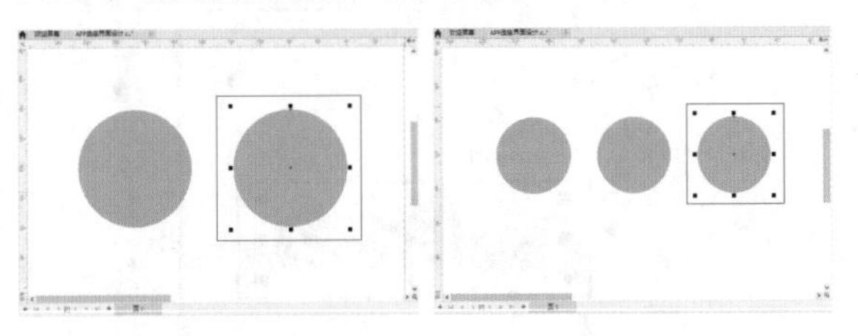

图 12-72　　图 12-73

步骤 04 在当前操作状态下，多次使用快捷键Ctrl+D，对灰色正圆进行多次复制。效果如图12-74所示。

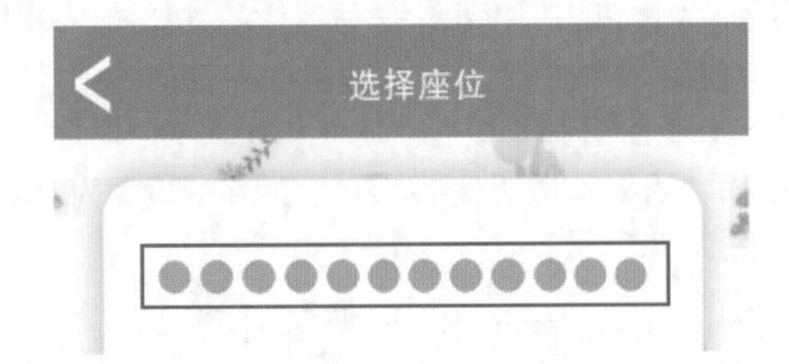

图 12-74

步骤 05 加选所有正圆，按住Shift键的同时按住鼠标左键向下拖动，至合适位置时右击将其复制一份。效果如图12-75所示。

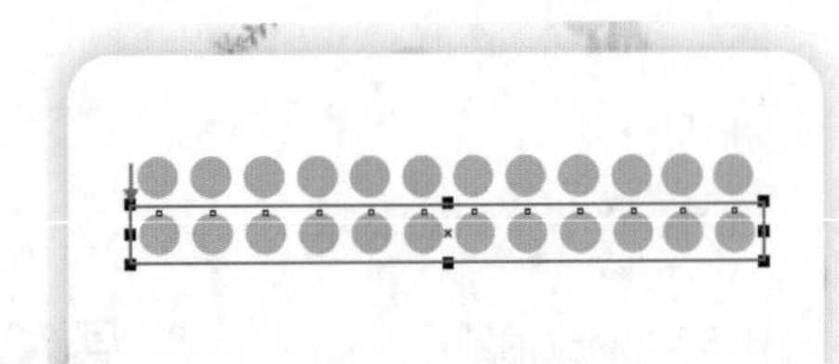

图 12-75

步骤 06 使用快捷键Ctrl+D直接进行复制。效果如图12-76所示。

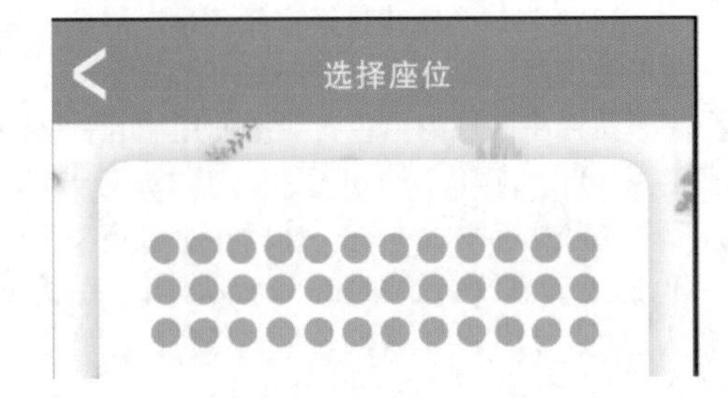

图 12-76

步骤 07 选中第一行的第一个与最后一个正圆，按Delete键将其删除。效果如图12-77所示。

图 12-77

步骤 08 更改第三列部分圆形的颜色。使用“吸管”工具拾取手机模型顶部矩形条的颜色。然后在圆形上单击，为其填充该颜色。效果如图12-78所示。

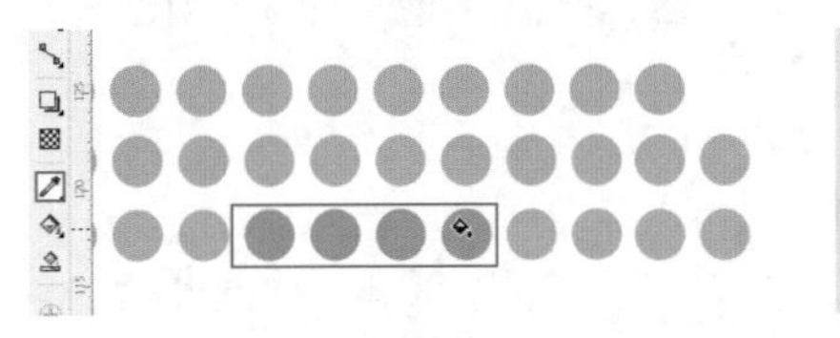

图 12-78

步骤 09 使用同样的方法调整下方圆形的颜色，效果如图12-79所示。

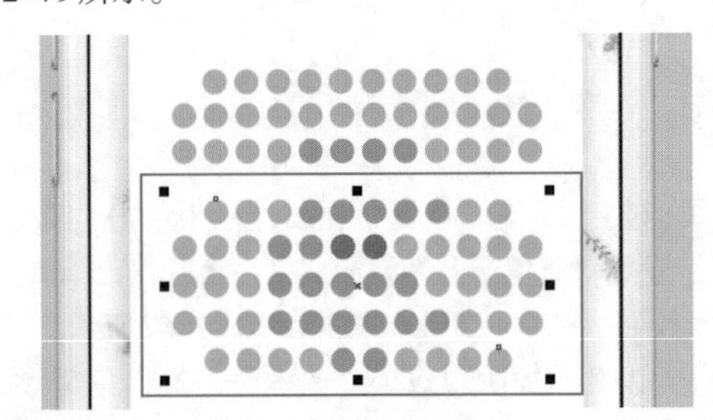

图 12-79

步骤 10 将不同颜色的正圆形分别复制一份，摆放在选座布局图下方。效果如图12-80所示。

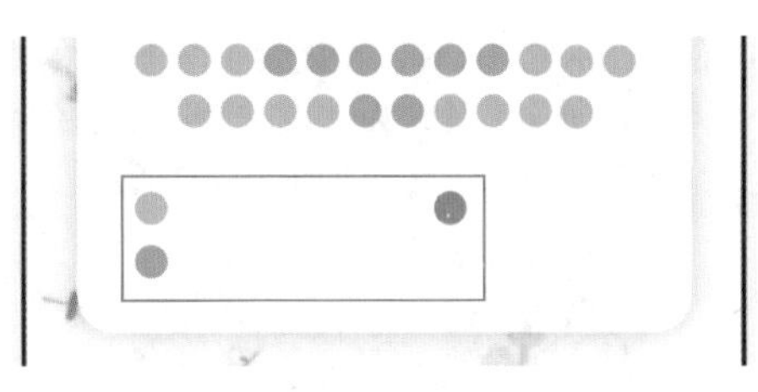

图 12-80

步骤 11 使用“横排文字”工具在画面中添加文字信息。也可以将文字素材2打开，选择需要使用的部分，使用快捷键Ctrl+C进行复制，然后回到当前操作文档，使用快捷键Ctrl+V进行粘贴，摆放在合适的位置。至此，本案例制作完成，效果如图12-81所示。

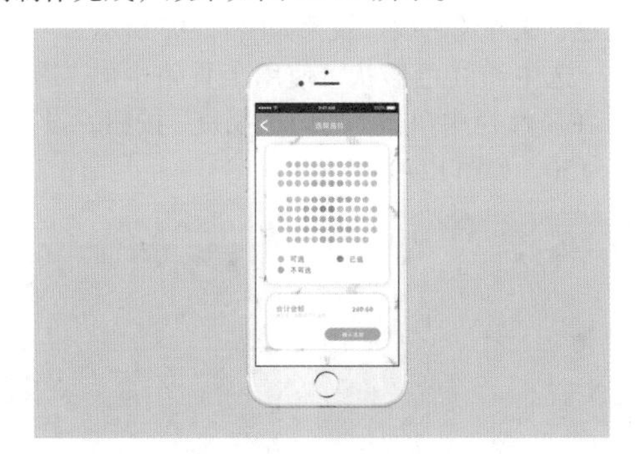

图 12-81

12.6 项目案例：手机杀毒软件UI设计

文件路径	资源包\第12章\手机杀毒软件UI设计
难易指数	★★★★★
技术掌握	“裁剪”工具、创建路径文字、添加透视

案例效果

案例效果如图12-82所示。

图 12-82

操作步骤

12.6.1 制作界面的背景图形

扫一扫，看视频

步骤 01 执行“文件”→“新建”命令，新建一个“宽度”为1242像素、“高度”为2208像素的竖向空白文档。使用“矩形”工具，绘制一个和绘图区等大的矩形，去除轮廓线。然后使用“交互式填充”工具，在属性栏中单击“渐变填充”按钮，设置“渐变类型”为“线性渐变填充”，设置完成后在矩形上设置紫色系渐变。效果如图12-83所示。

步骤 02 使用“椭圆形”工具，绘制一个椭圆形。使用“交互式填充”工具，将其填充为和背景矩形一样的紫色系渐变，同时去除轮廓线。效果如图12-84所示。

图 12-83　　图 12-84

步骤 03 此时正圆有超出绘图区的部分，需要将其去除。选中圆形，使用“裁剪”工具，在画面中按住鼠标左键拖动绘制裁剪框。效果如图12-85所示。

步骤 04 按Enter键确定裁剪操作。效果如图12-86所示。

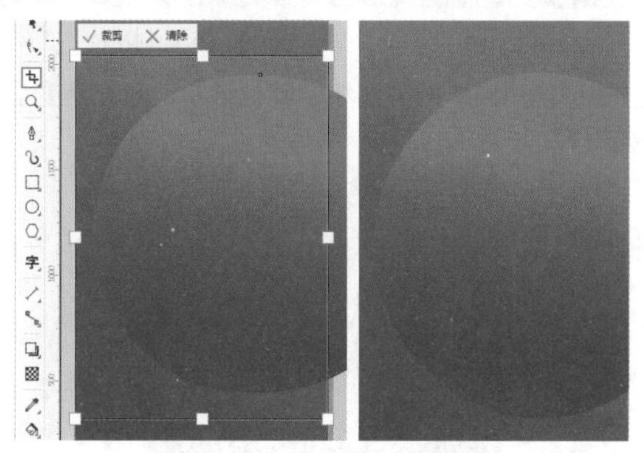

图 12-85　　图 12-86

步骤 05 使用工具箱中的“椭圆形”工具，在属性栏中单击“弧线”按钮◌，设置“起始角度”为64.0° ，“结束角度”为210.0° ，在渐变正圆上绘制一条弧线。效果如图12-87所示。

步骤 06 选择“文本”工具，将光标定位到弧线上。在路径上单击开始路径文字的输入，在英文状态下输入句号。设置合适的字体、字体大小与颜色(注意：在输入时可以利用空格键来制作出虚线组之间的间隙感)。效果如图12-88所示。

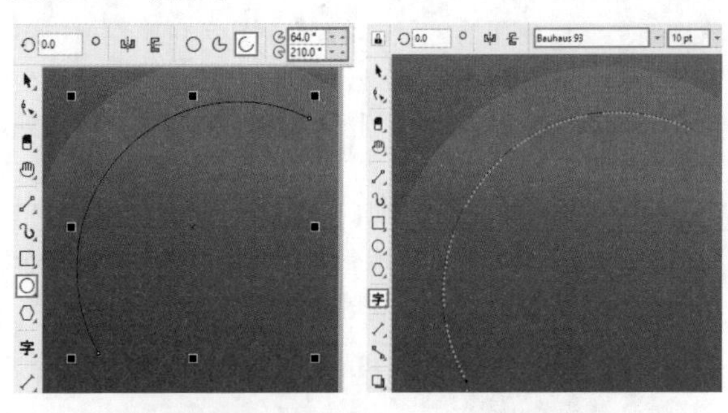

图 12-87　　图 12-88

步骤 07 选中该虚线，右击调色板中的“无”，将其轮廓线去除。效果如图12-89所示。

步骤 08 使用工具箱中的“钢笔”工具，在虚线右侧绘制形状。使用“交互式填充”工具，为形状填充粉色系渐变，效果如图12-90所示。

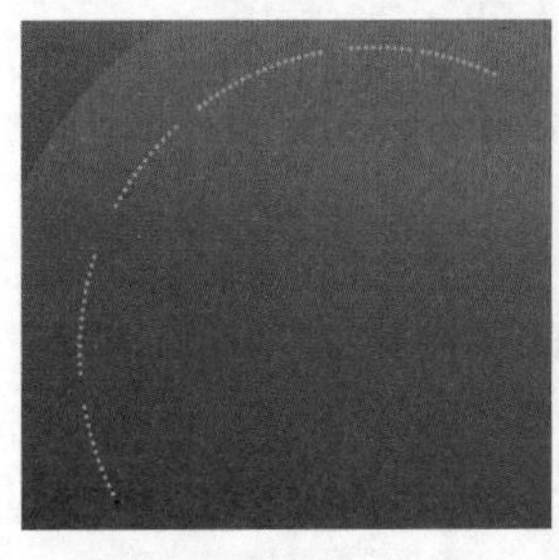
图 12-89

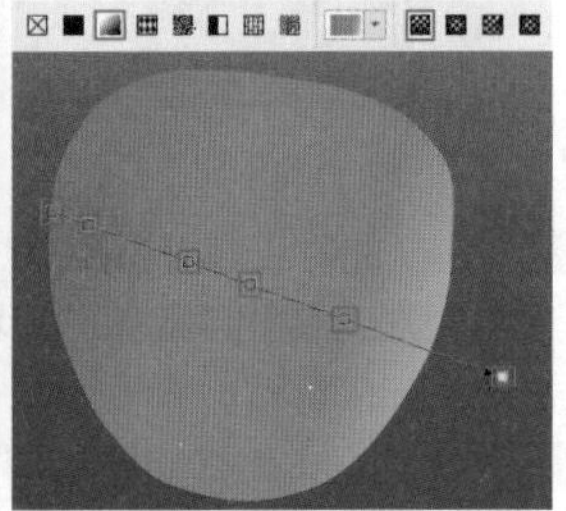
图 12-90

步骤 09 使用同样的方法绘制其他形状，填充渐变。效果如图12-91所示。

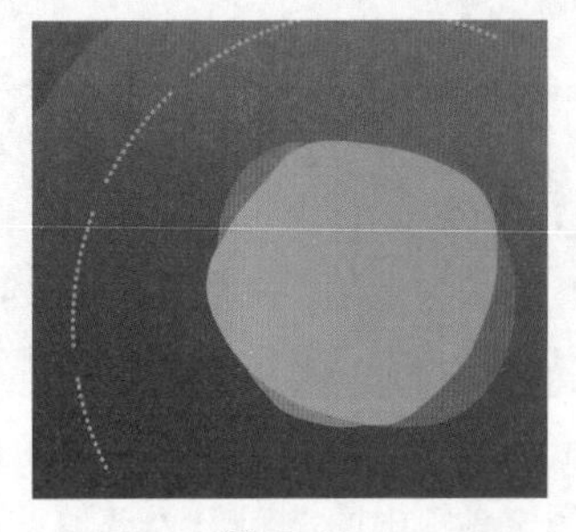
图 12-91

步骤 10 使用“钢笔”工具，在虚线正圆上方绘制形状，使用“交互式填充”工具，为其填充为一个橘色系的线性渐变，去除其轮廓线。效果如图12-92所示。

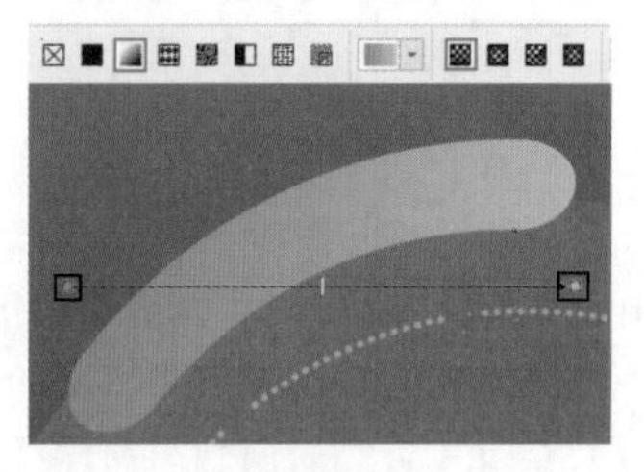
图 12-92

步骤 11 使用同样的方法制作另外一个形状，将其填充为洋红色，去除轮廓线。效果如图12-93所示。

步骤 12 选中洋红色形状，使用工具箱中的“透明度”工具，在属性栏中单击“均匀透明度”按钮，设置“透明度”为50，如图12-94所示。

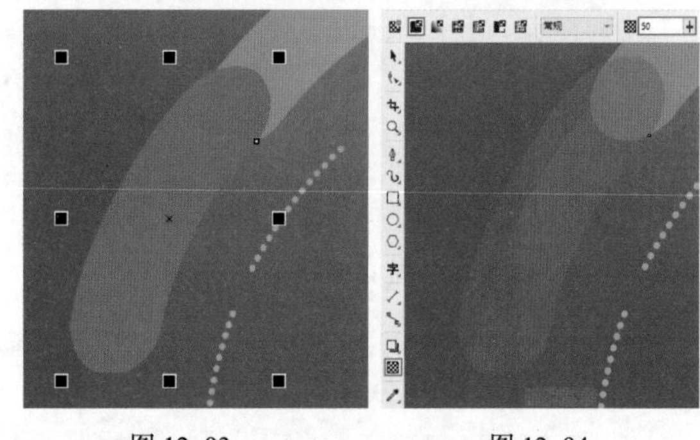
图 12-93　　图 12-94

12.6.2　制作界面的主体元素

扫一扫，看视频

步骤 01 在画面中添加文字。使用“文本”工具，在画面中单击插入光标接着输入文字，选中文字，在属性栏中设置合适的字体、字体大小，然后将文字颜色设置为白色。效果如图12-95所示。

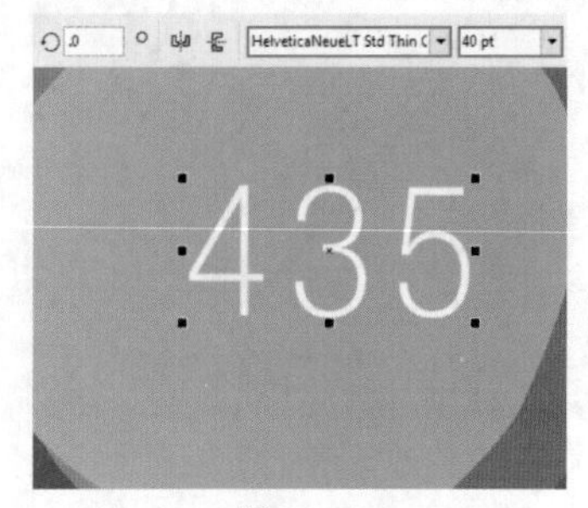

图 12-95

步骤 02 使用“文本”工具输入其他文字。效果如图12–96所示。

步骤 03 使用“矩形”工具，在深橘色文字外围绘制圆角矩形，然后在属性栏中单击“圆角”按钮，设置“圆角半径”为42 px，“轮廓宽度”为5px，将其“轮廓色”设置为与文字颜色相同的深橘色。效果如图12–97所示。

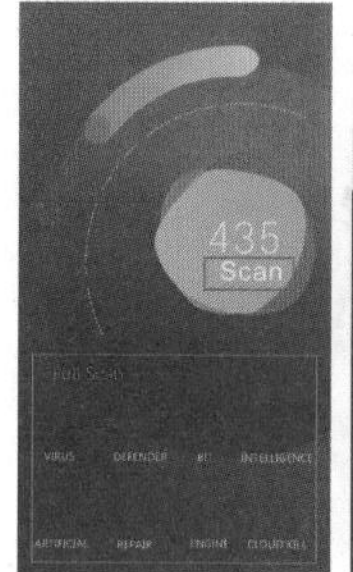

图 12–96

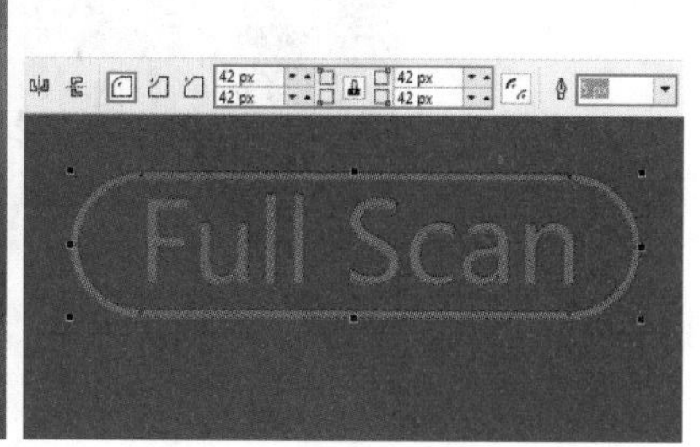

图 12–97

步骤 04 执行“文件”→“导入”命令，将素材1中的图标导入画面。效果如图12–98所示。

步骤 05 制作界面左上的菜单按钮。使用“矩形”工具，在属性栏中单击“圆角”按钮，设置“圆角半径”为5px，设置完成后在画面左上角的位置绘制圆角矩形，设置“填充色”为黄色，“轮廓色”为无。效果如图12–99所示。

图 12–98

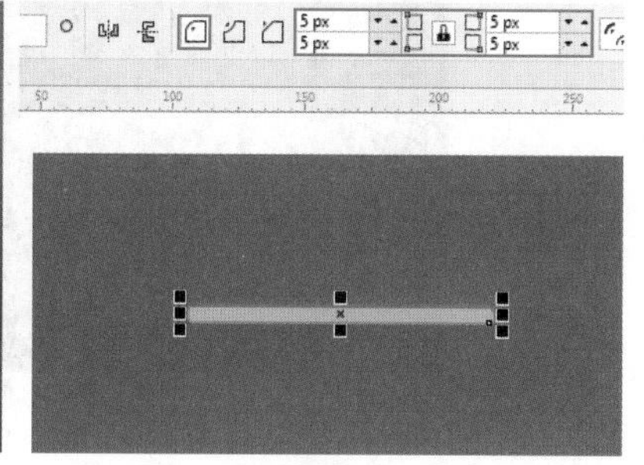

图 12–99

步骤 06 将该图形复制两份，放在已有图形下方，适当调整图形的宽度。效果如图12–100所示。

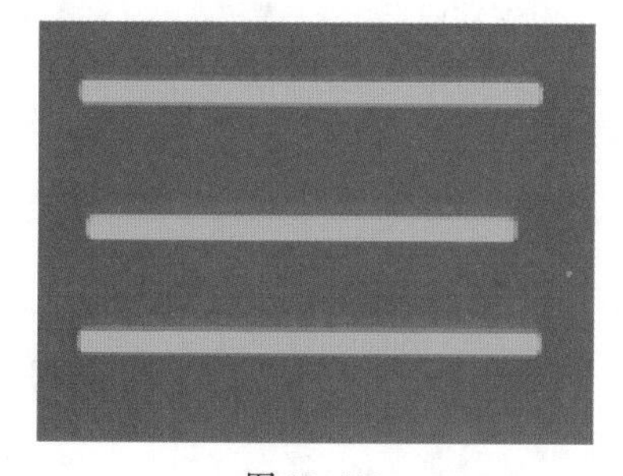

图 12–100

步骤 07 将黄色圆角矩形再次复制两份，放在画面的右上角。然后选择其中一个图形，在属性栏中设置“旋转角度”为90.0° 。效果如图12–101所示。此时，软件UI制作完成。效果如图12–102所示。

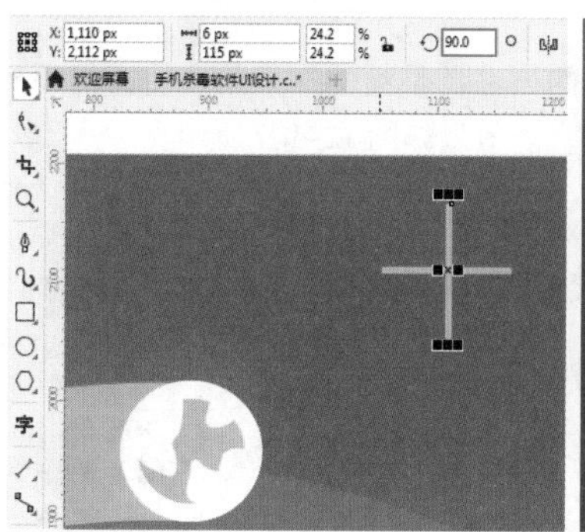

图 12–101

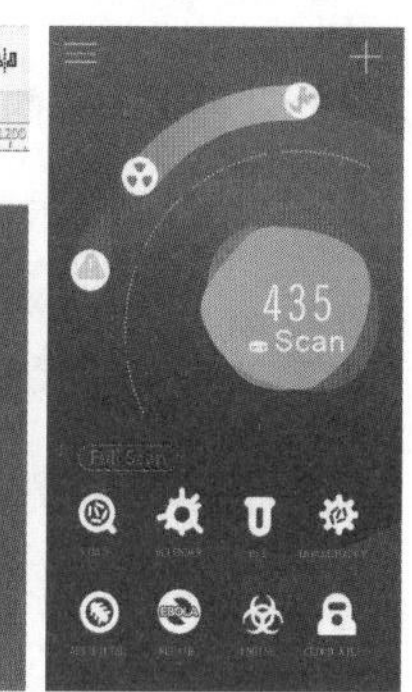

图 12–102

步骤 08 执行“文件”→“导出”命令，将完成的效果存储为JPG格式，以备后面操作时使用。效果如图12–103所示。

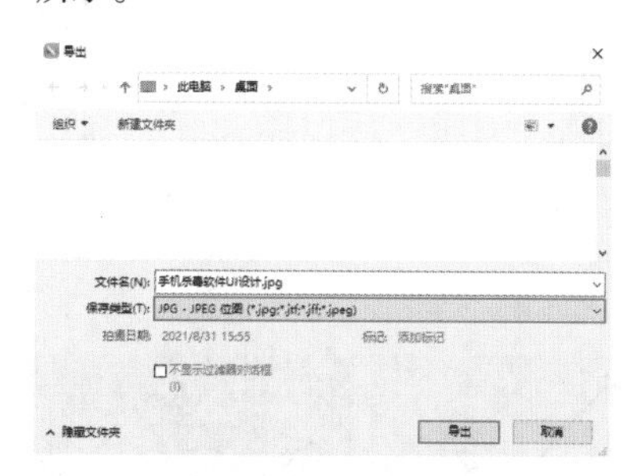

图 12–103

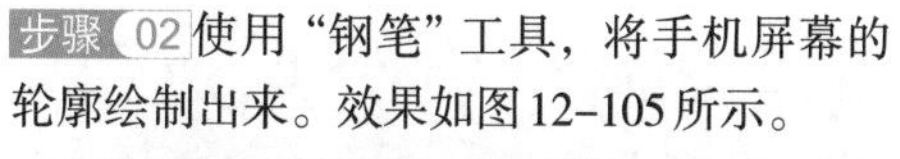

12.6.3 制作UI展示效果

扫一扫，看视频

步骤 01 制作UI的立体展示效果。将素材1导入画面。效果如图12–104所示。

步骤 02 使用“钢笔”工具，将手机屏幕的轮廓绘制出来。效果如图12–105所示。

图 12–104

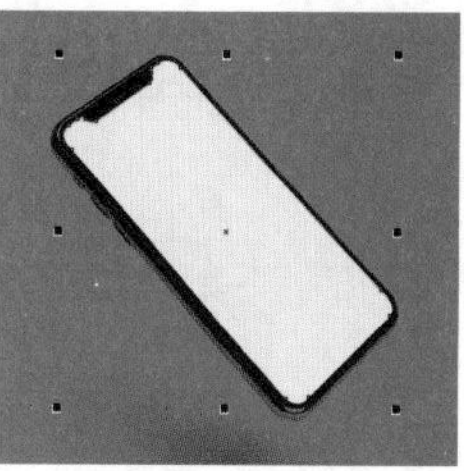

图 12–105

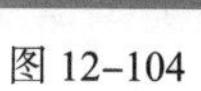

步骤 03 将存储为JPG格式的平面效果图导入画面，调整大小放在手机屏幕上方。执行“对象”→“透视点”→“添加透视”命令，将光标放在左上角的控制点处，按住鼠标左键拖动。效果如图12-106所示。

步骤 04 使用同样的方法调整其他三个角，使其与手机屏幕的外轮廓相吻合。效果如图12-107所示。

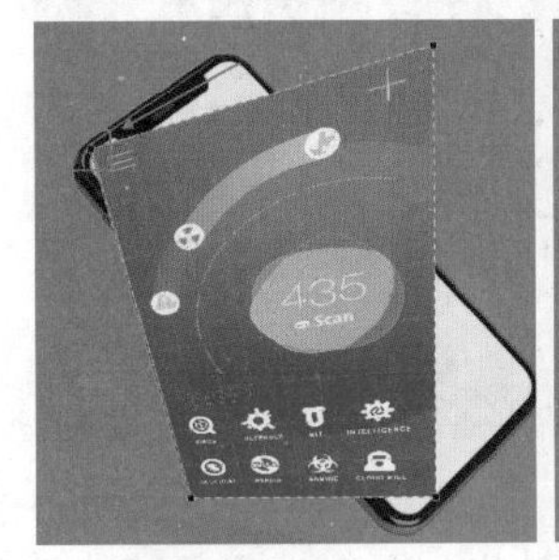

图 12-106

图 12-107

步骤 05 此时导入的图片将屏幕轮廓的形状遮挡住了，使用快捷键Ctrl+Page Down将其放置在形状下方。效果如图12-108所示。

步骤 06 执行“对象”→PowerClip→“置于图文框内部”命令，单击屏幕图形，即可将平面图置于形状内部。至此，UI立体展示效果制作完成，效果如图12-109所示。

图 12-108

图 12-109

12.7 项目案例：办公App界面设计

文件路径	资源包\第12章\办公App界面设计
难易指数	★★★★★
技术掌握	模糊效果、“阴影”工具、“透明度”工具、“常见的形状”工具

案例效果

案例效果如图12-110所示。

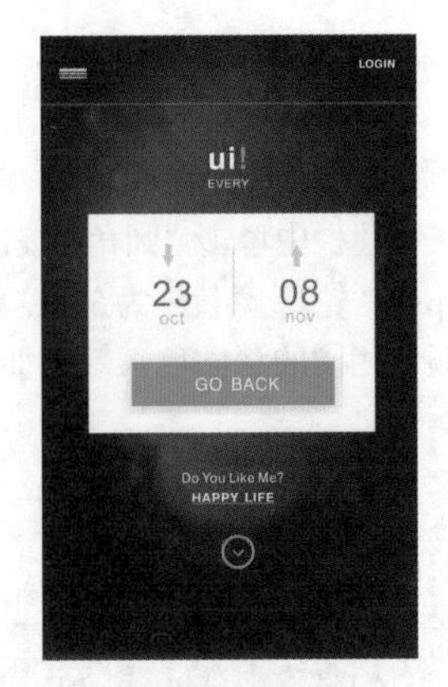

图 12-110

操作步骤

12.7.1 制作界面背景

扫一扫，看视频

步骤 01 执行“文件”→“新建”命令，创建一个大小合适的空白文档，接着将背景素材1导入。效果如图12-111所示。

图 12-111

步骤 02 由于导入的背景素材过于清晰，需要将其适当模糊。选中素材，执行“效果”→“模糊”→“高斯式模糊”命令。在弹出的“高斯式模糊”对话框中设置“半径”为9.0像素，设置完成后单击OK按钮，如图12-112所示。效果如图12-113所示。将背景素材移出工作区，以便后面操作时使用。

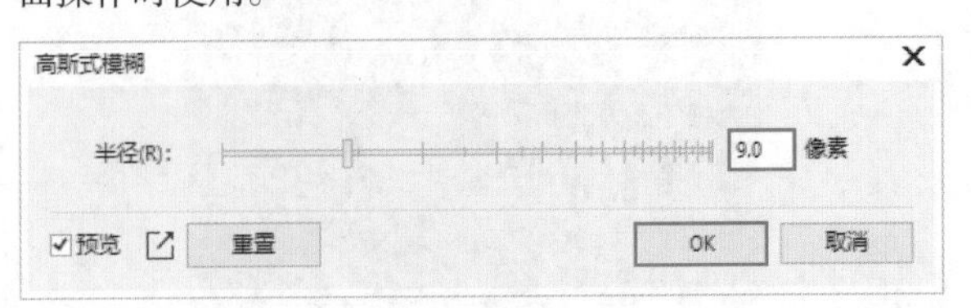

图 12-112

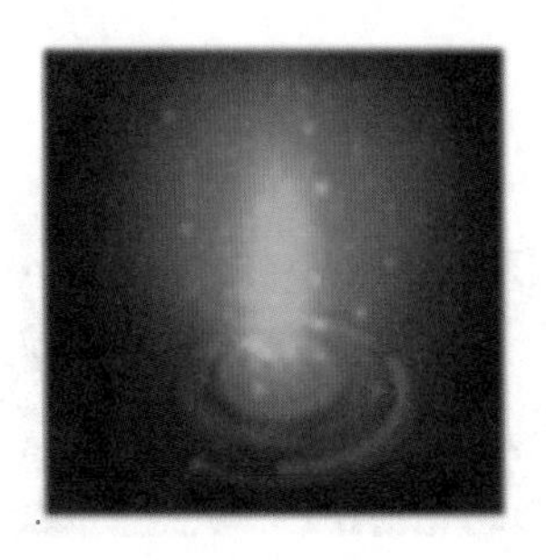

图 12-113

步骤 03 隐藏背景素材不需要的部分。使用“矩形”工具，绘制一个与绘图区等大的矩形。效果如图12-114所示。

步骤 04 选择背景素材，执行“对象”→PowerClip→“置于图文框内部”命令。当光标变成黑色粗箭头时，单击刚刚绘制的矩形，即可隐藏多余的部分。效果如图12-115所示。

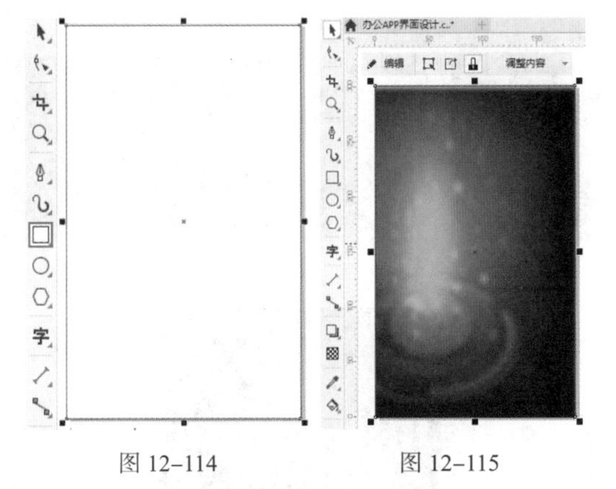

图 12-114　　图 12-115

步骤 05 创建PowerClip对象后，在文档左上角中单击“编辑”按钮，重新定位内容，如图12-116所示。

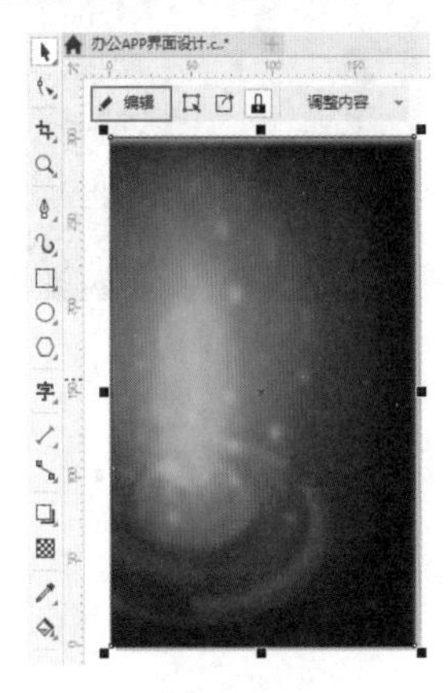

图 12-116

步骤 06 进入编辑状态后按住鼠标左键拖动素材，调整素材的位置，调整完成后，单击左上角的“完成”按钮，如图12-117所示。此时，画面效果如图12-118所示。

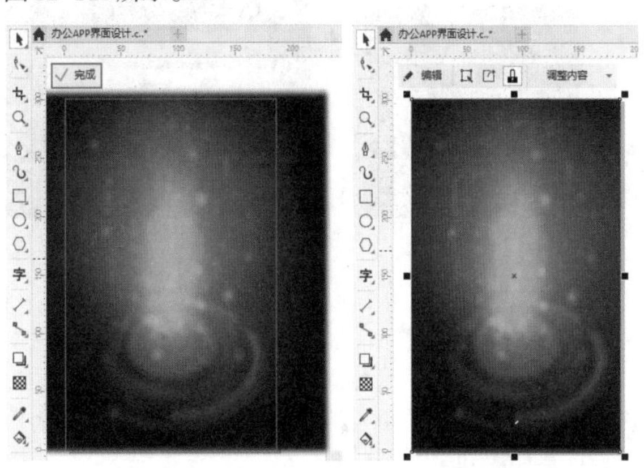

图 12-117　　图 12-118

步骤 07 适当加深背景效果。使用“矩形”工具，在背景上方绘制一个与背景等大的矩形。使用工具箱中的“交互式填充”工具，在属性栏中单击“渐变填充”按钮，设置“渐变类型”为“线性渐变填充”，然后编辑一个深蓝色系的渐变。效果如图12-119所示。

步骤 08 使用“透明度”工具，在属性栏中设置“透明度的类型”为“渐变透明度”，“渐变模式”为“线性渐变透明度”。选中左侧的节点，设置“节点透明度”为60。选中右侧的节点，设置“节点透明度”为0。效果如图12-120所示。

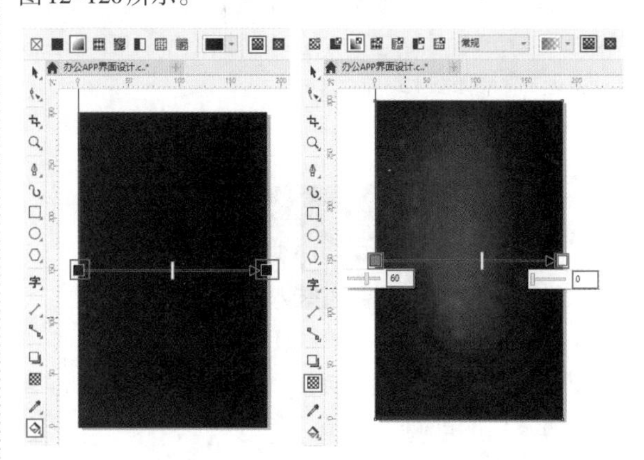

图 12-119　　图 12-120

步骤 09 绘制左上角的图标。选择工具箱中的“矩形”工具，在背景左上方绘制一个灰色的小矩形，同时去除黑色的轮廓线。效果如图12-121所示。

步骤 10 使用同样的方法在该矩形下方绘制几个与其宽度相同，但高度不同的灰色矩形。效果如图12–122所示。

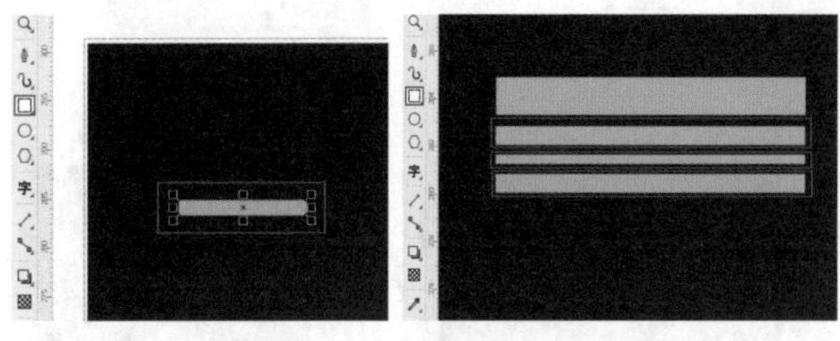

图 12–121　　图 12–122

步骤 11 在界面右上角添加文字。使用“文本”工具，在背景右上方单击，建立文字输入的起始点。在属性栏中设置合适的字体、字体大小，同时单击“粗体”按钮B。设置完成后在画面中输入相应的文字，将文字填充为白色。效果如图12–123所示。

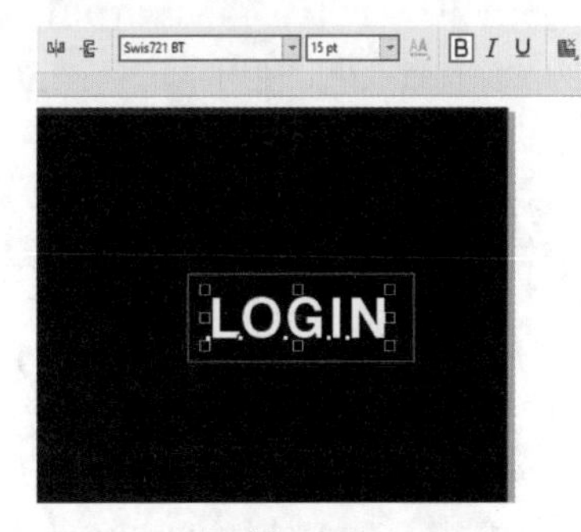

图 12–123

步骤 12 在文字下方绘制一个细长矩形分割线。使用“矩形”工具，在该文字下方绘制一个白色的矩形，去除轮廓线。效果如图12–124所示。

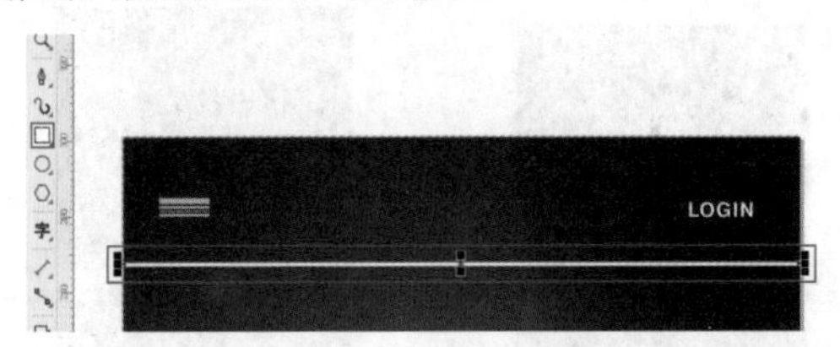

图 12–124

步骤 13 使用“透明度”工具，在属性栏中单击“均匀透明度”按钮，设置“透明度”为73。效果如图12–125所示。

步骤 14 在分割线下方添加文字。使用“文本”工具，在画面上单击，建立文字输入的起始点，在属性栏中设置合适的字体、字体大小，同时单击“粗体”按钮B。设置完成后在细长矩形下方输入相应的文字。效果如图12–126所示。

图 12–125　　图 12–126

步骤 15 在使用“文本”工具的状态下，在符号后方单击插入光标，并按住鼠标左键向前拖动，使符号被选中，然后在调色板中单击选择橙色。此时，文字效果如图12–127所示。

步骤 16 使用“文本”工具，在该文字下方输入稍小的白色文字，局部效果如图12–128所示。此时，整体效果如图12–129所示。

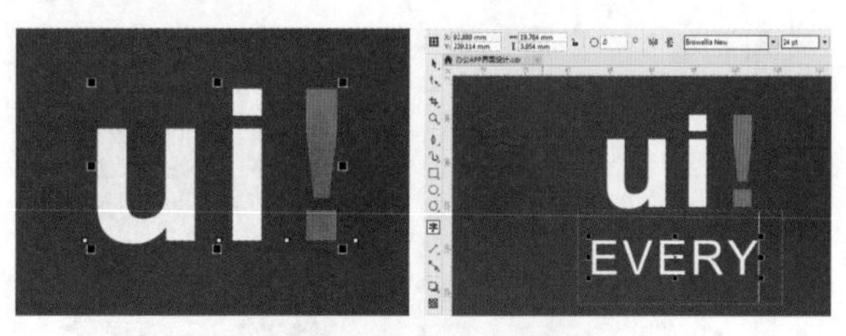

图 12–127　　图 12–128

图 12–129

12.7.2 制作功能模块

扫一扫，看视频

步骤 01 使用“矩形”工具，在标志下方绘制一个白色矩形，去除黑色的轮廓线。效果如图12–130所示。

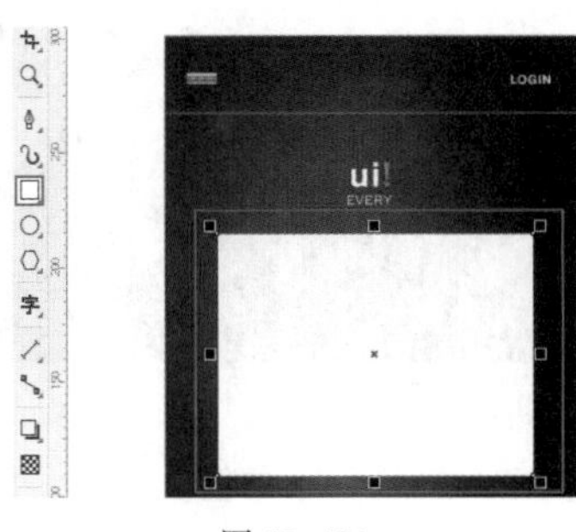

图 12-130

步骤 02 在矩形上添加文字。使用“文本”工具，在白色矩形上单击，建立文字输入的起始点，在属性栏中设置合适的字体、字体大小，然后在画面中输入相应的文字，同时将文字填充为紫灰色。效果如图 12-131 所示。

步骤 03 使用“文本”工具在该文字下方输入浅灰色文字。效果如图 12-132 所示。

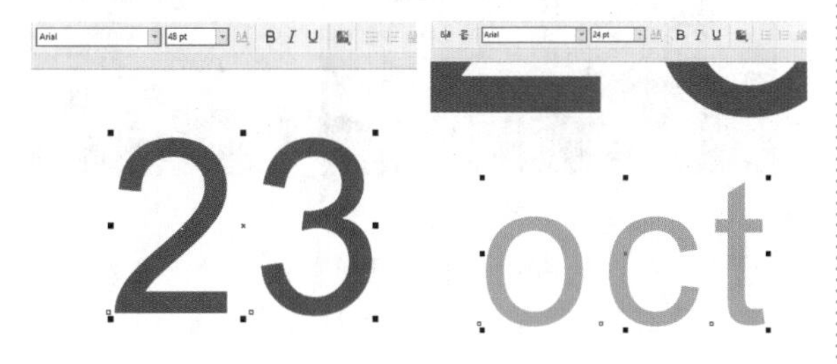

图 12-131　　图 12-132

步骤 04 绘制文字顶部的箭头。使用“常见的形状”工具，在属性栏中单击“常用形状”按钮，在下拉面板中的“箭头形状”区域选择“向下”指向的箭头形状，然后在刚刚输入的文字上方按住鼠标左键拖动，释放鼠标得到箭头形状。同时将其填充为灰色，去除轮廓线，效果如图 12-133 所示。

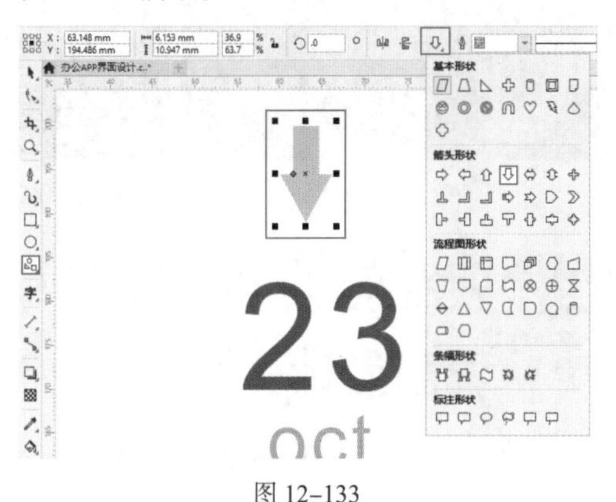

图 12-133

步骤 05 将左侧的文字组按住鼠标左键向右拖动，到合适位置后右击，复制到右侧。效果如图 12-134 所示。

步骤 06 选中右侧的箭头，单击属性栏中的“垂直镜像”按钮。然后更改右侧的文字。效果如图 12-135 所示。

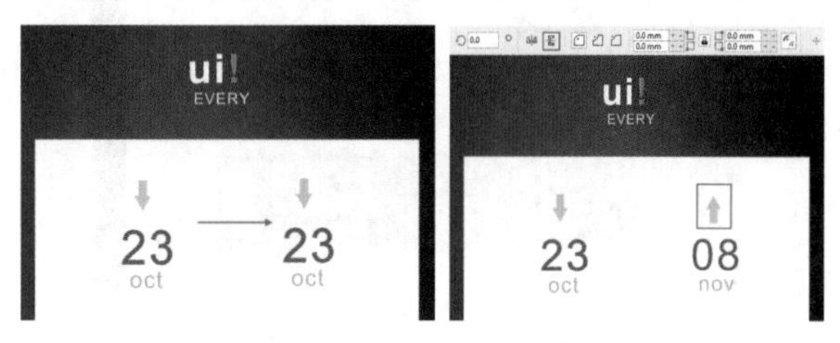

图 12-134　　图 12-135

步骤 07 制作文字之间的分割线。使用“矩形”工具，在两组文字之间绘制一个相同灰色的细长矩形，去除黑色的轮廓线。效果如图 12-136 所示。

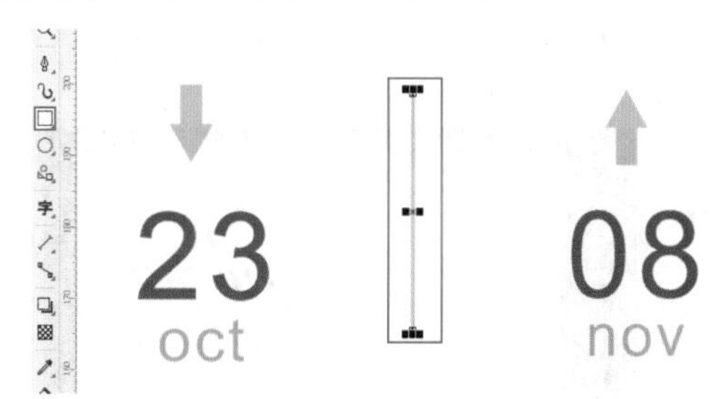

图 12-136

步骤 08 使用“矩形”工具，在白色矩形下方绘制一个橙色的矩形，去除轮廓线。效果如图 12-137 所示。

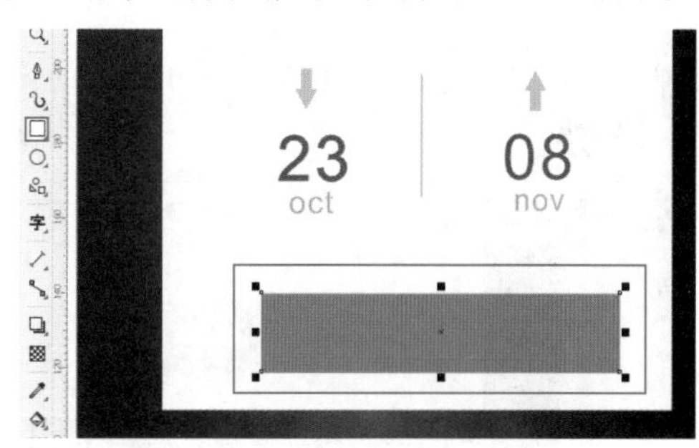

图 12-137

步骤 09 为橙色矩形添加阴影。在图形选中状态下，使用“阴影”工具，将光标移至刚刚绘制的矩形底部中间，按住鼠标左键向右拖动，释放鼠标即可看到添加的阴影效果。接着在属性栏中设置“阴影颜色”为橙色，“阴影不透明度”为54，“阴影羽化”为50，单击“羽化方向”按钮，在下拉列表中选择“高斯式模糊”，如图 12-138 所示。

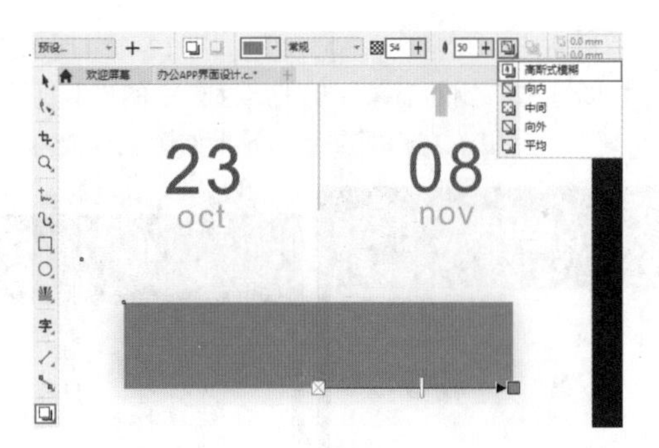

图 12-138

步骤 10 在橙色矩形上添加文字。使用“文本”工具，在橙色矩形上单击，建立文字输入的起始点，在属性栏中设置合适的字体、字体大小，设置完成后在画面中输入相应的文字。效果如图12-139所示。

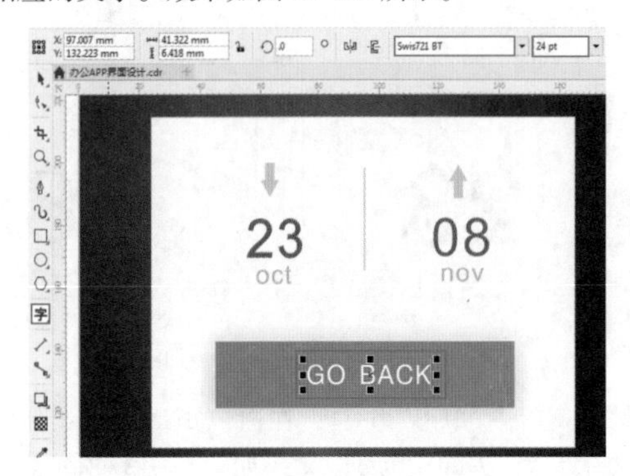

图 12-139

步骤 11 使用“文本”工具，在矩形下方输入小一些的文字。效果如图12-140所示。

图 12-140

步骤 12 使用同样的方法，输入其他文字。效果如图12-141所示。

步骤 13 制作在文字下方的按钮图标。使用“椭圆形”工具，在文字下方按住Shift键并按住鼠标左键拖动绘制一个橙色的正圆，然后在属性栏中设置“轮廓宽度”为1.5mm。效果如图12-142所示。

图 12-141　　图 12-142

步骤 14 绘制正圆内部朝下的箭头图形。使用“矩形”工具，在正圆上绘制一个橙色矩形。效果如图12-143所示。

步骤 15 在该图形选中状态下，在属性栏中设置“旋转角度”为45.0°，将图形进行旋转。效果如图12-144所示。

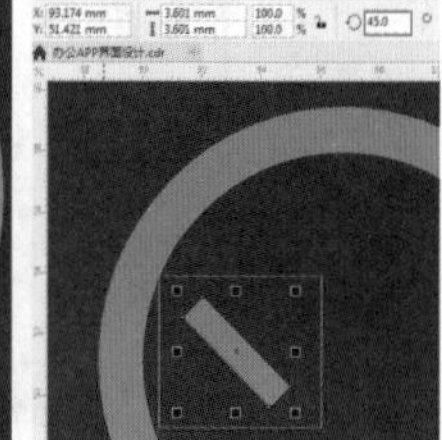

图 12-143　　图 12-144

步骤 16 将旋转完成的橙色矩形复制一份，接着在属性栏中设置“旋转角度”为135.0°，同时使用“选择”工具将复制得到的图形摆放在合适的位置。效果如图12-145所示。至此，App界面制作完成，最终效果如图12-146所示。

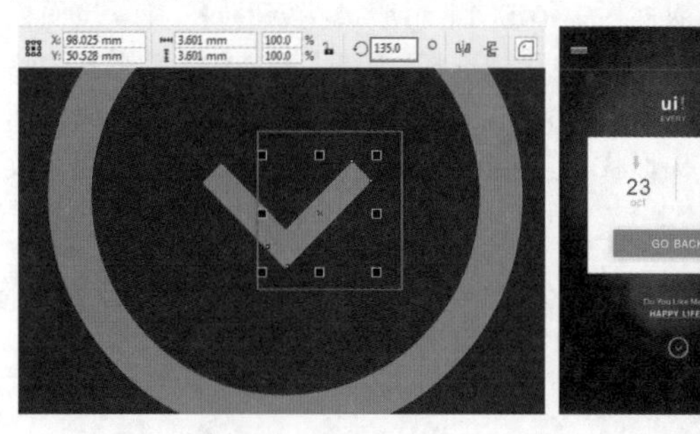

图 12-145　　图 12-146

12.8 项目案例：健康生活App界面设计

文件路径	资源包\第12章\健康生活App界面设计
难易指数	★★★★★
技术掌握	“常见的形状”工具、“阴影”工具、“透明度”工具

案例效果

案例效果如图12–147所示。

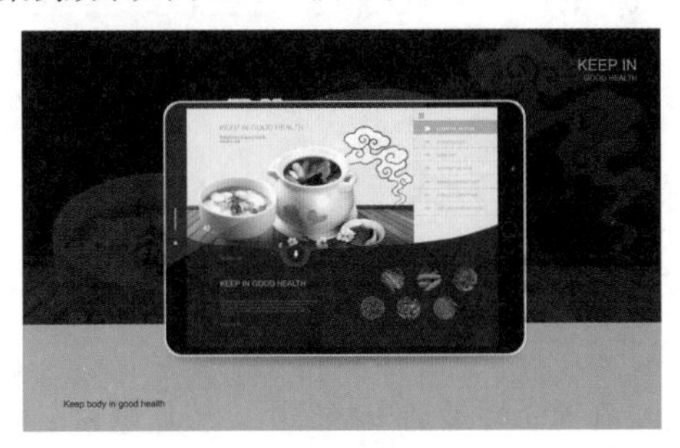

图12–147

操作步骤

12.8.1 制作App界面内容

步骤01 新建一个大小合适的空白文档。使用“矩形”工具，在绘图区外绘制一个浅灰色的矩形，同时去除黑色的轮廓线。效果如图12–148所示。

扫一扫，看视频

图12–148

步骤02 执行“文件”→“导入”命令，将素材1导入画面，调整大小放在浅灰色矩形左下角的位置。效果如图12–149所示。

图12–149

步骤03 使用“文本”工具，在左上角输入文字。选中文字，在属性栏中设置合适的字体和字体大小，设置“填充色”为绿色。效果如图12–150所示。

图12–150

步骤04 将添加的文字全部设置为大写字母形式。在文字选中状态下，打开“文本”泊坞窗。单击“字符”按钮A进入“字符”面板。然后单击“大写字母”按钮AB，在弹出的下拉列表中选择“全部大写字母”，将文字全部设置为大写形式，如图12–151所示。

图12–151

步骤05 使用“文本”工具，在绿色文字下方输入两行文字，同时将其填充为灰色。效果如图12–152所示。

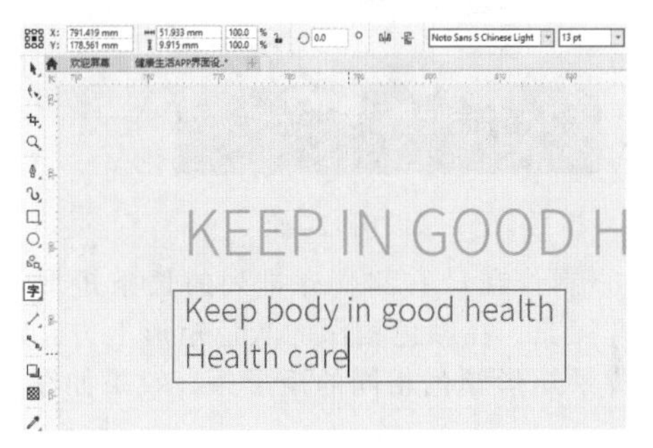

图12–152

步骤 06 对段落文字的行间距进行调整。将两行文字选中，打开右侧的“文本”泊坞窗。接着单击“段落”按钮进入“段落”面板，然后设置“行间距”为80.0%，如图12-153所示。此时文字变得紧凑，效果如图12-154所示。

图 12-153

图 12-154

步骤 07 制作右侧的列表区。使用“矩形”工具，在浅灰色矩形最右侧，绘制一个颜色稍深一些的灰色矩形。效果如图12-155所示。

图 12-155

步骤 08 制作在最右侧整齐排列的长条矩形。使用“矩形”工具，在颜色稍深的灰色矩形上方，绘制一个与背景矩形颜色相同的矩形条。效果如图12-156所示。

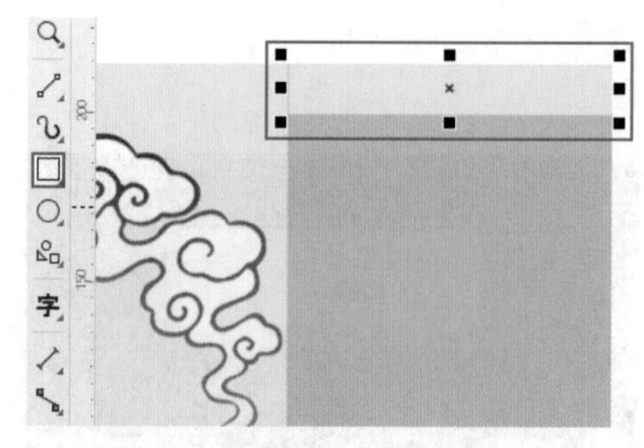

图 12-156

步骤 09 在长条矩形选中状态下，按住鼠标左键向下拖动的同时按住Shift键，这样保证图形在同一垂直线上。至合适位置时右击将其复制一份。保证上下图形之间带有一定的空隙，可以露出底部稍深的灰色，效果如图12-157所示。

步骤 10 多次使用再制快捷键Ctrl+D，对长条矩形进行相同移动距离的复制。效果如图12-158所示。

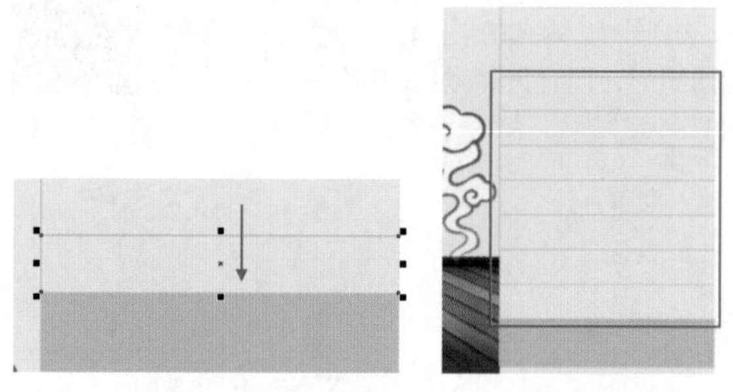

图 12-157　　图 12-158

步骤 11 调整复制得到的图形的颜色及大小。将第二个长条矩形选中，将其填充色更改为绿色。效果如图12-159所示。

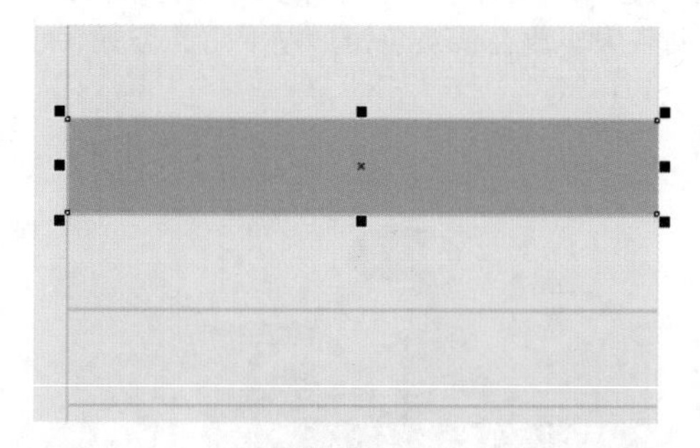

图 12-159

步骤 12 将最后一个矩形选中，将其高度适当增大。效果如图12-160所示。

步骤 13 制作列表区左上角的按钮。使用“矩形”工具，在最顶部的长条矩形左侧，绘制一个小正方形，设置“填充色”为绿色。效果如图12-161所示。

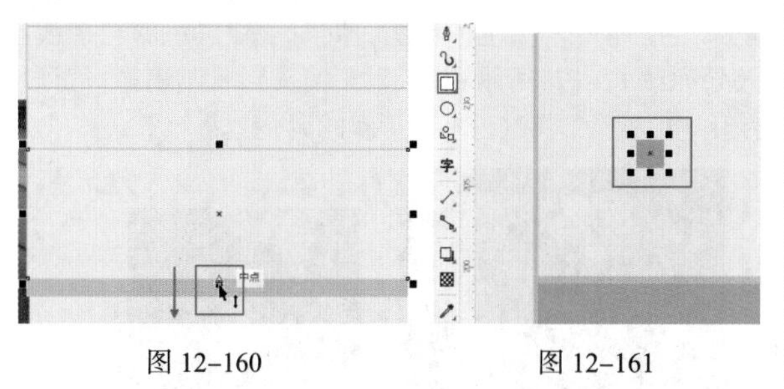

图 12-160　　　　图 12-161

步骤 14 选中绿色正方形，将其复制两份放在其右侧位置。效果如图12-162所示。

步骤 15 对3个正方形进行对齐与分布设置。按住Shift键加选3个图形，接着在“对齐与分布”泊坞窗中单击“顶端对齐”按钮，使其顶部对齐；单击“水平分散排列间距”按钮，使图形在水平方向上等间距排列，如图12-163所示。

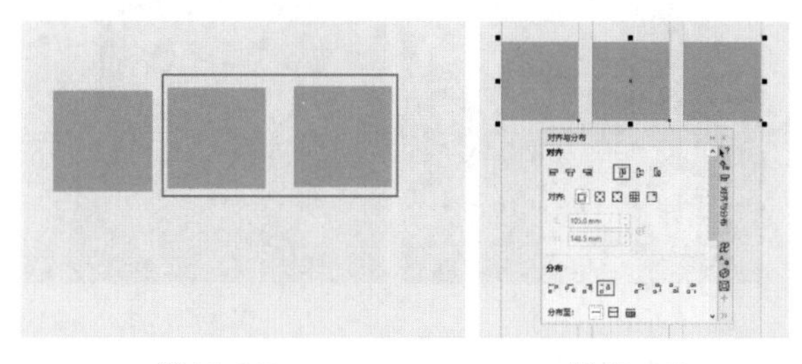

图 12-162　　　　图 12-163

步骤 16 在3个图形全选的状态下，按住鼠标左键向下拖动的同时按住Shift键，保证图形在同一垂直线上。至合适位置时右击将其复制一份。效果如图12-164所示。

步骤 17 使用再制快捷键Ctrl+D将其进行相同移动距离与方向的复制。此时九宫格效果制作完成，效果如图12-165所示。

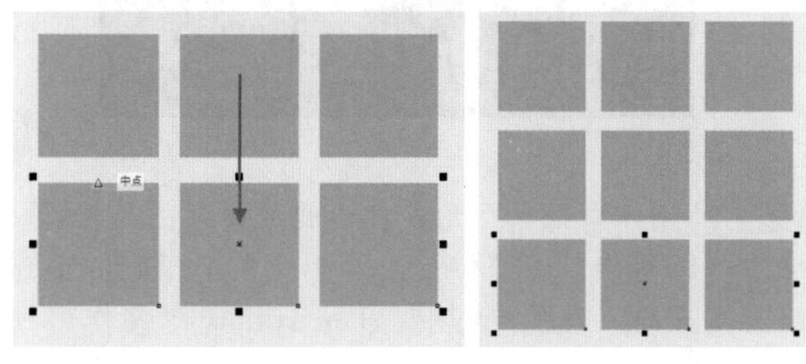

图 12-164　　　　图 12-165

步骤 18 制作绿色矩形上的箭头图标。使用“常见的形状”工具，在属性栏中单击“常用形状”按钮，在其下拉面板中的“箭头形状”区域选择合适的箭头形状。然后按住鼠标左键拖动绘制一个白色的箭头图形，同时去除黑色的轮廓线。效果如图12-166所示。

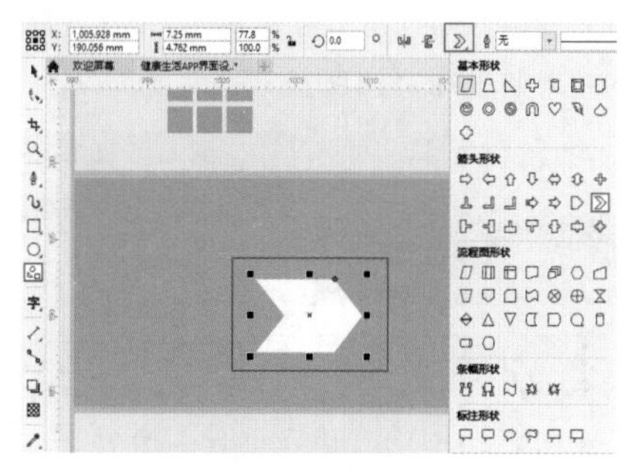

图 12-166

步骤 19 在白色箭头图形右侧添加文字。使用“文本”工具，在箭头的右侧添加合适的文字，将其颜色设置为浅灰色。效果如图12-167所示。

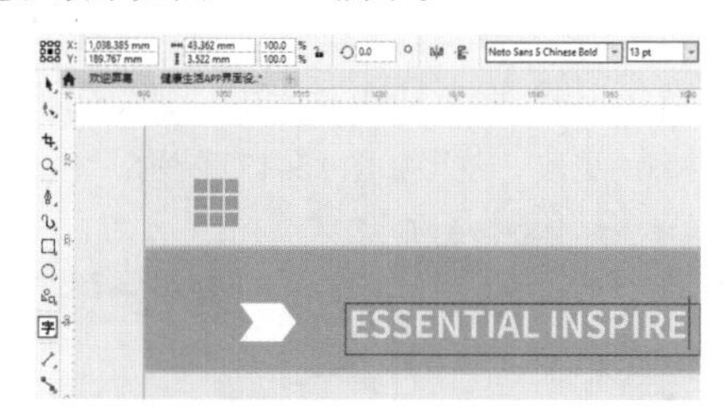

图 12-167

步骤 20 制作浅灰色矩形上的箭头。使用工具箱中的“常见的形状”工具，在属性栏中单击“常用形状”按钮，在其下拉面板中的“箭头形状”区域选择朝右的箭头形状。然后按住鼠标左键拖动绘制一个深灰色的箭头图形，同时去除黑色的轮廓线。效果如图12-168所示。

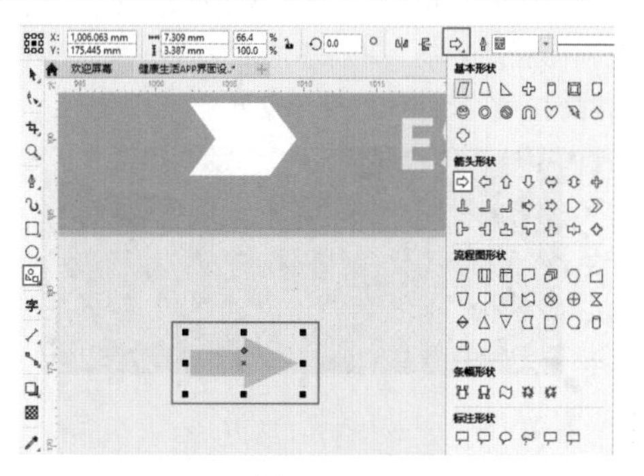

图 12-168

步骤 21 在深灰色箭头右侧添加文字。将绿色矩形上的文字选中，将其复制一份放在浅灰色矩形上。然后在“文本”工具使用状态下，对文字内容进行更改。效果如

图12-169所示。

步骤 22 选中制作完成的深灰色箭头及右侧的文字，按住鼠标左键向下拖动的同时按住Shift键，这样保证图形在同一垂直线上。拖动至下方矩形的中间位置时右击进行复制。效果如图12-170所示。

图 12-169　　图 12-170

步骤 23 多次使用再制快捷键Ctrl+D进行多次复制。效果如图12-171所示（通过“再制”命令复制得到的对象，有相同的移动距离以及方向。这样就不需要通过“对齐与分布”命令进行对齐设置了，为操作带来了便利与快捷）。

步骤 24 在“文本”工具使用状态下，对复制得到的文字进行内容的更改。效果如图12-172所示。

图 12-171　　图 12-172

步骤 25 制作界面底部的深灰色图形。使用“钢笔”工具，在画面底部绘制一个深灰色的不规则图形，去除黑色的轮廓线。效果如图12-173所示。

图 12-173

步骤 26 制作深灰色图形缺口部位的正圆及箭头图形。使用“椭圆形”工具，在缺口部位按住Ctrl键绘制一个相同颜色的正圆。效果如图12-174所示。

步骤 27 制作白色的向下箭头。使用“常见的形状”工具，在属性栏中单击“常用形状”按钮，在其下拉面板中的“箭头形状”区域选择朝下的箭头图案。然后在正圆上绘制一个白色的箭头，同时去除黑色的轮廓线。效果如图12-175所示（如果对于箭头形状不满意，可以使用“形状”工具进行外观形状的调整）。

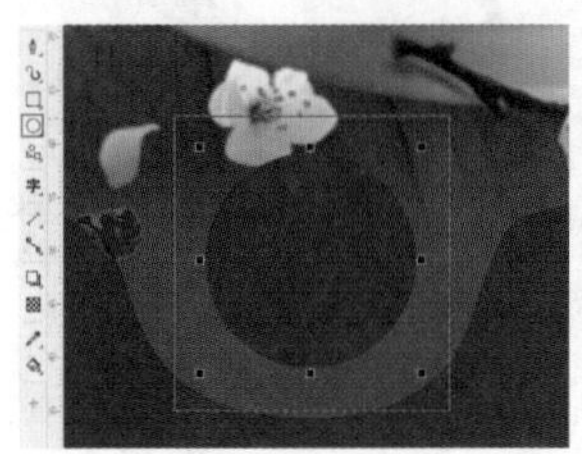

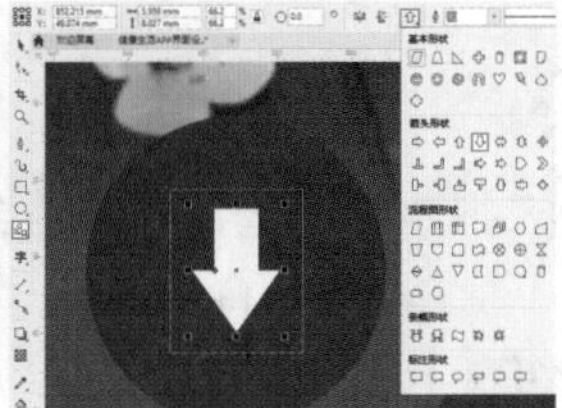

图 12-174　　图 12-175

步骤 28 使用“文本”工具，在不规则图形上单击，输入标题文字，在属性栏中设置合适的字体和字号。效果如图12-176所示。

步骤 29 输入其他小的文字。效果如图12-177所示。

图 12-176　　图 12-177

步骤 30 使用“文本”工具，在标题文字下方按住鼠标左键绘制段落文本框，输入文字。效果如图12-178所示。

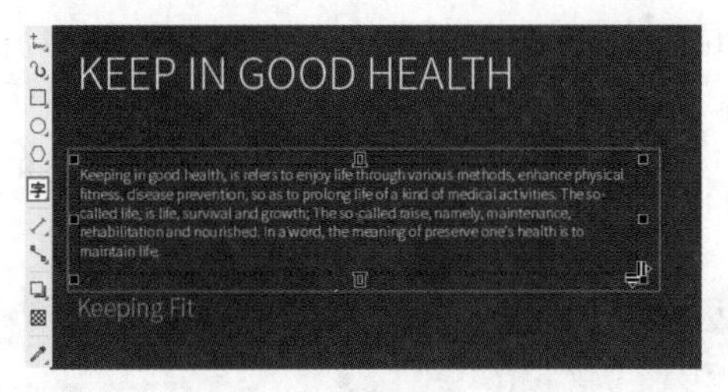

图 12-178

步骤 31 制作画面右下角的食材展示效果。从案例效果中可以看出，该部位是由若干个大小相同的正圆作为图文框，然后通过执行PowerClip命令制作得到的。因此首先需要绘制正圆，使用“椭圆形”工具，在右下角按住Ctrl键绘制一个白色的描边正圆。效果如图12-179所示。

步骤 32 将白色的描边正圆复制若干份，摆放在右下角的合适位置。效果如图12–180所示。

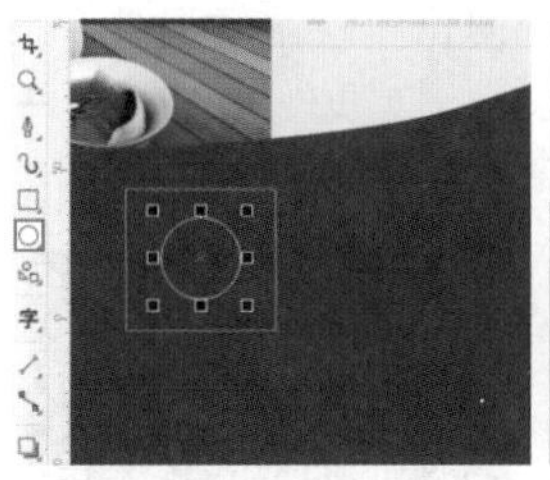
图 12–179

图 12–180

步骤 33 执行“文件”→“导入”命令，导入素材2。调整大小放在最左侧的白色正圆上方，使其中一部分食材显示在正圆形中。接着调整摆放顺序，将其放在正圆下。效果如图12–181所示。

步骤 34 选中素材，执行“对象”→PowerClip→“置于图文框内部”命令，待光标变为朝右的黑色小箭头时，在正圆上方单击以隐藏素材不需要的部分。如果对于操作效果不满意，可单击文档左上角的“编辑”按钮，进入可编辑状态，对素材进行大小及位置的调整，如图12–182所示。

图 12–181

图 12–182

步骤 35 使用同样的方法制作其他不同素材的展示效果，如图12–183所示。

图 12–183

步骤 36 此时界面的内容制作完成，效果如图12–184所示。将其全部框选，使用快捷键Ctrl+G进行编组。

图 12–184

12.8.2 绘制用于展示界面的平板电脑

扫一扫，看视频

步骤 01 用于展示界面效果的平板电脑可以使用多个圆角矩形组合而成。使用“矩形”工具，在属性栏中单击“圆角”按钮，设置“圆角半径”为20.0mm。设置完成后在画面空白位置绘制一个圆角矩形，同时将其填充为灰色，去除轮廓线。该矩形为平板电脑的整体外形，如图12–185所示。然后将其复制一份，以备后面操作使用。

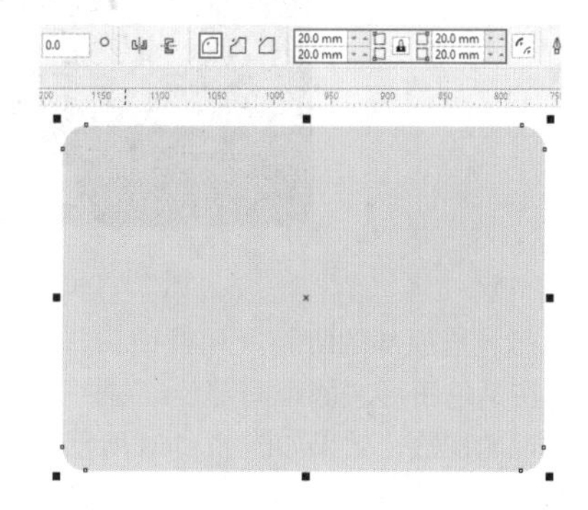
图 12–185

步骤 02 制作右侧的音量调节及开关机按钮。使用“矩形”工具，在属性栏中单击“圆角”按钮，设置“圆角半径”为4.0mm。设置完成后在灰色图形左上角绘制一个小一些的圆角矩形，如图12–186所示（为了让效果更加明显，该步骤操作暂时保留黑色的描边效果）。

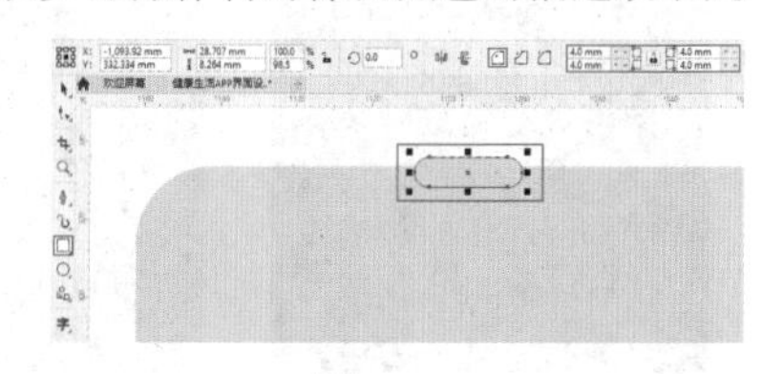
图 12–186

步骤 03 使用“矩形”工具，在左上角顶部继续绘制相同的“圆角半径”的图形。效果如图12-187所示。

步骤 04 将其复制一份，放在已有图形右侧。效果如图12-188所示。

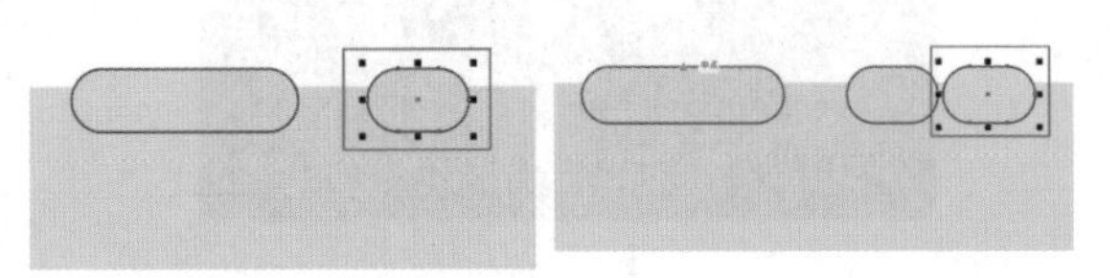

图 12-187　　图 12-188

步骤 05 将四个圆角矩形合并为一个图形。首先将3个小圆角矩形的黑色轮廓线去除，接着按住Shift键依次加选4个图形，在属性栏中单击“焊接”按钮，将其合并为一个图形。效果如图12-189所示。

步骤 06 将复制得到的灰色圆角矩形更改为黑色，放在已有图形上。然后将光标放在定界框一角，按住鼠标左键将其进行等比例中心缩小，从而将下方图形的边缘显示出来。效果如图12-190所示。

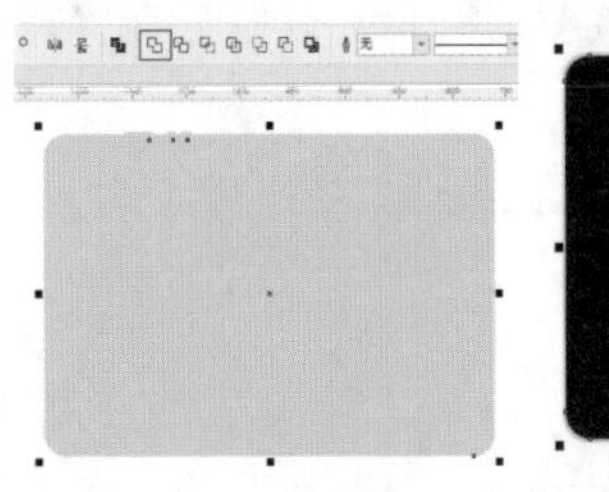

图 12-189　　图 12-190

步骤 07 制作屏幕顶部的听筒及相机镜头。使用“椭圆形”工具，在黑色图形左侧中间部位绘制一个较小的灰色正圆，去除轮廓线。效果如图12-191所示。

步骤 08 制作听筒图形。使用“矩形工具”，在属性栏中单击“圆角”按钮，设置“圆角半径”为0.8mm。设置完成后在正圆上方绘制一个细长圆角矩形。效果如图12-192所示。

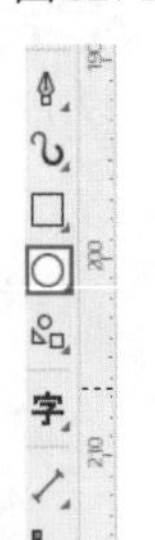

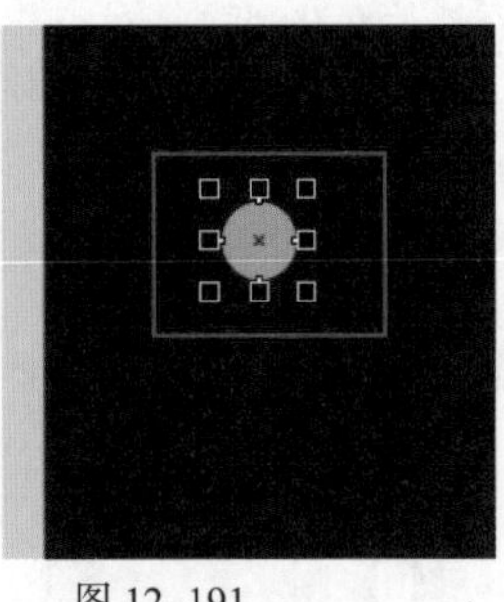

图 12-191　　图 12-192

步骤 09 制作屏幕右侧底部中间部位的按钮图形。使用“椭圆形”工具，在右侧中间位置绘制一个带有描边的正圆，在属性栏中设置“轮廓宽度”为0.4mm，如图12-193所示。此时，平板电脑效果如图12-194所示。

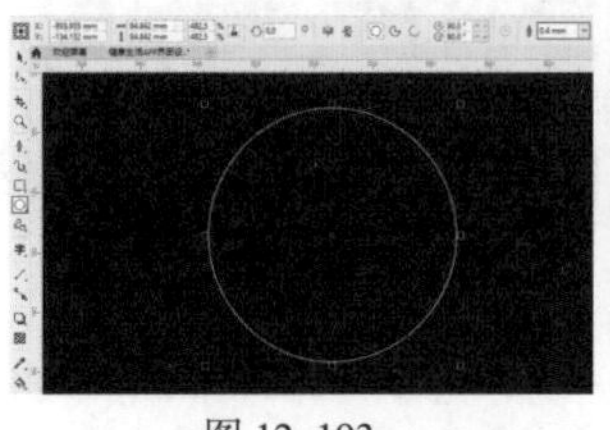

图 12-193　　图 12-194

12.8.3　制作界面的立体展示效果

扫一扫，看视频

步骤 01 制作展示效果的背景。使用“矩形”工具，绘制一个黑色的矩形。效果如图12-195所示。

图 12-195

步骤 02 使用“矩形”工具，在其黑色矩形底部的位置，绘制一个青绿色的矩形。效果如图12-196所示。

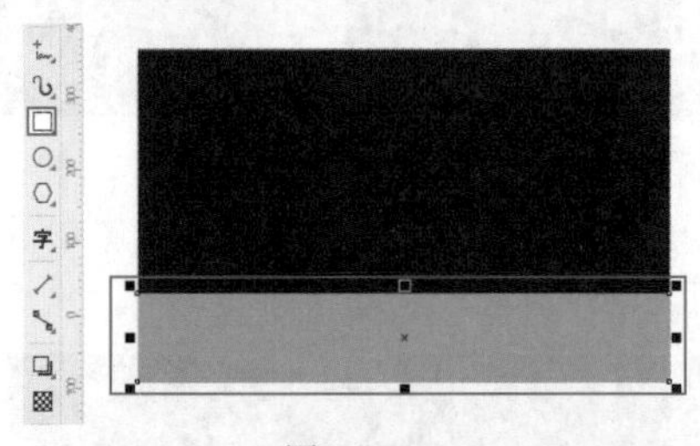

图 12-196

步骤 03 导入素材1，放在背景上。效果如图12-197所示。

图 12-197

步骤 04 降低素材图像的透明度，将其下方的图形显示出来。将素材选中，使用“透明度”工具，在属性栏中单击“均匀透明度”按钮，设置“透明度”为80。效果如图12-198所示。

图 12-198

步骤 05 隐藏导入的素材中不需要的部分。使用“矩形”工具，在素材上方绘制一个与上半部分等大的矩形。效果如图12-199所示。

步骤 06 选中素材，右击执行“PowerClip内部”命令，此时光标变为黑色的小箭头。然后在矩形内部单击，隐藏素材不需要的部分。同时将轮廓线去除。效果如图12-200所示。

图 12-199　　图 12-200

步骤 07 制作立体的呈现效果。将制作好的平板电脑图形移动展示背景上，执行“对象”→“顺序”→“到页面前面”命令，将其放置最上方。效果如图12-201所示。

步骤 08 制作平板电脑底部的投影。使用“矩形”工具，在属性栏中设置“圆角半径”为21.0mm。设置完成后在底部绘制一个黑色的圆角矩形，去除黑色的轮廓线。效果如图12-202所示。

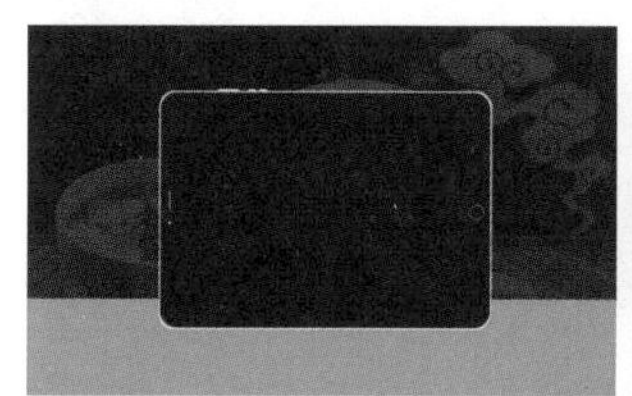

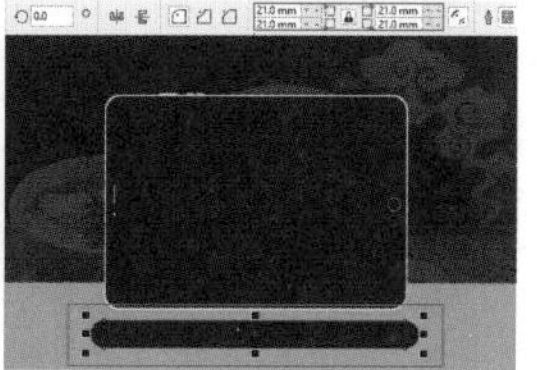

图 12-201　　图 12-202

步骤 09 设置矩形透明度效果。在圆角矩形选中状态下，使用“透明度”工具，在属性栏中单击“渐变透明度”按钮，接着设置“渐变类型”为“椭圆形渐变透明度”。将中间的节点选中，然后在属性栏中设置“节点透明度”为40%，如图12-203所示。

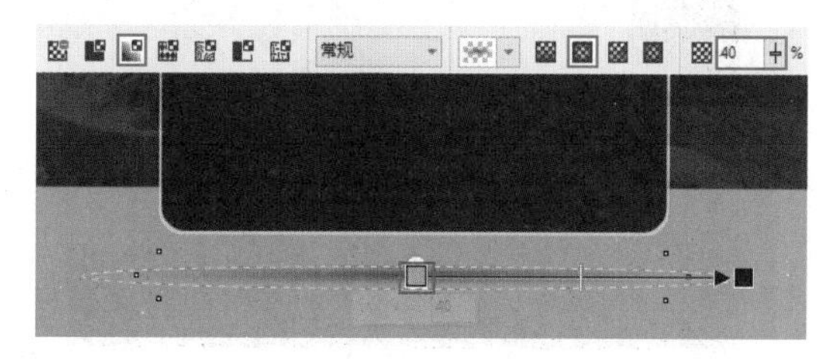

图 12-203

步骤 10 将阴影移动到平板电脑底部。然后右击，多次执行“顺序”→“向后一层”命令，将其放在平板电脑后方。效果如图12-204所示。

步骤 11 将制作完成的界面内容移动至平板电脑上。效果如图12-205所示。

图 12-204　　图 12-205

步骤 12 制作平板电脑立体左上角的高光。使用“钢笔”工具，在画面左上角绘制不规则的图形。然后将其填充为白色，去除黑色的轮廓线。效果如图12-206所示。

图 12-206

步骤 13 对添加的高光图形进行透明度设置。选中图形，使用“透明度”工具，在属性栏中单击“均匀透明度”按钮，设置“透明度”为80。效果如图12-207所示。

图 12-207

步骤 14 在文档中添加文字，丰富整体的细节效果。使用“文本”工具，在背景右上角输入文字。然后选中文字，在属性栏中设置合适的字体和字体大小，同时单击“文本对齐”按钮，设置“对齐方式”为“右”。将其填充为青绿色，如图12-208所示。

图 12-208

步骤 15 选中添加的文字，在“文本”泊坞窗中单击“大写字母”按钮AB，在弹出的面板中选择“全部大写字母”，将文字全部设置为大写形式，如图12-209所示。

图 12-209

步骤 16 在使用“文本”工具的状态下，选中第二行文字，在属性栏中调整字体与字体大小，如图12-210所示。

图 12-210

步骤 17 使用“文本”工具，在文档左下角输入文字，使其与右上角的文字构成对角线的稳定状态。效果如图12-211所示。至此，立体展示效果制作完成，完成效果如图12-212所示。

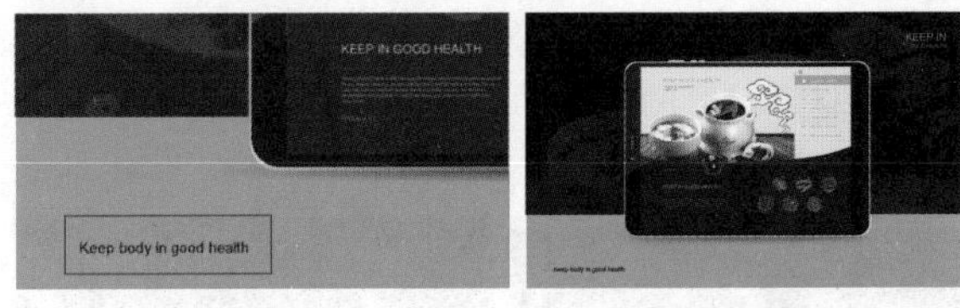

图 12-211　　图 12-212

Chapter 13

第13章

包装设计

本章内容简介

“包装”是指用来盛放产品的器物。现代包装设计的作用一方面是保护产品，保证在运输、买卖的过程中商品不会受损；另一方面是传达产品信息、促进消费等。包装设计是一门综合学科，其中包括包装造型设计、包装结构设计以及包装装饰设计等，一般在平面设计中包装设计是指包装装饰设计。本章学习包装设计的基础知识，通过相关案例的制作进行不同类型包装的设计制图练习。

13.1 包装设计的基础知识

包装设计是一门综合学科，它包括包装造型设计、包装结构设计以及包装装饰设计等，而平面设计中包装设计主要是指包装装饰设计。

13.1.1 认识包装

“包装”是指用来盛放产品的器物。现代包装设计的作用一方面是保护产品，保证在运输、买卖的过程中商品不会受损，另一方面是传达产品信息、促进消费等。图13–1和图13–2所示为优秀的包装设计作品。产品的包装主要具有以下3种功能。

图 13–1

图 13–2

- 保护功能：保护功能是包装最基本的功能。一件商品从生产到销售，其中要经过多次的运输与搬运。它所经历的冲撞、震动、挤压、潮湿、日照等因素都会影响到商品。所以设计师在设计之前，首先要考虑包装的结构与材料，这样才能保证商品在流通过程中的安全。
- 便利功能：包装的设计在对生产、流通、存储和使用中都具有适应性。包装设计师应该站在消费者的角度去思考，做到“以人为本”，这样才能拉近商品与消费者之间的距离，从而增加消费者的购买欲望。
- 销售功能：好的包装，可以让商品在琳琅满目的货架上迅速吸引消费者的目光，让消费者产生购买欲望，从而达到促进销售的目的。

13.1.2 包装的分类

包装形态各异、五花八门，其功能作用、外观内容也各有千秋。通过不同的性质可以对包装进行分类。图13–3和图13–4所示为优秀的包装设计作品。

图 13–3

图 13–4

按照不同的性质可将包装分类为以下几种。

- 按产品内容分：日用品类、食品类、烟酒类、化妆品类、医药类、文体类、工艺品类、化学品类、五金家电类、纺织品类、儿童玩具类、土特产类等。
- 按包装材料分：不同的材料有不同的质感，所表达的情感也不同，而且不同材料的用途和展示效果也不尽相同。常见的有纸包装、金属包装、玻璃包装、木包装、陶瓷包装、塑料包装、棉麻包装、布包装等。
- 按包装的形状分：个包装（也叫内包装或小包装），它是与产品接触最亲密的包装。一般都陈列在商场或超市的货架上，所以在设计时，更要体现商品性，以吸引消费者。中包装主要是为了增强对商品的保护、便于计数而对商品进行组装或套装。例如，一箱啤酒是6瓶，一条香烟是10包等。大包装（也称外包装或运输包装）。它的主要作用是增加商品在运输中的安全性，且又便于装卸与计数。
- 销售包装：销售包装又称商业包装，可分为内销包装、外销包装、礼品包装、经济包装等。销售包装需要直接面向消费者，因此在设计时，需要符合商品的诉求对象，力求简洁大方、方便实用。
- 储运包装：以商品的储存或运输为目的的包装。它主要在厂家与分销商、卖场之间流通，便于产品的搬运与计数。在设计时，只要注明产品的数量、发货与到货日期、时间与地点等即可。
- 特殊用品包装：用来包装一些特殊物品。

13.1.3 包装设计的常见形式

包装形式多种多样，常见形式有盒类、袋类、瓶类、罐类、坛类、管类、筐类和其他。

1. 盒类包装

盒类包装又包括木盒、纸盒、皮盒等多种类型，其应用范围广，如图13–5所示。

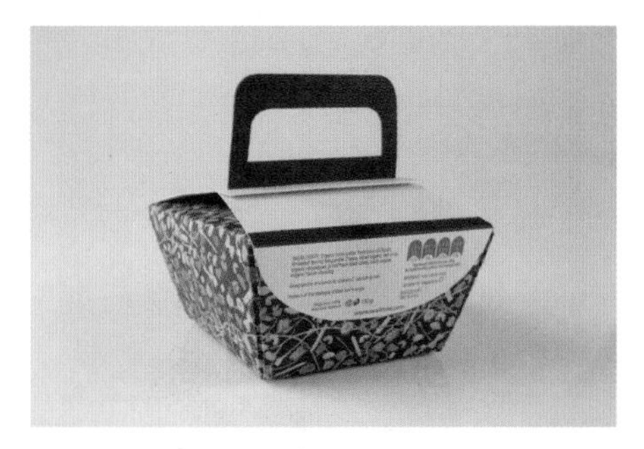

图 13-5

2. 袋类包装

袋类包装主要包括塑料袋、纸袋、布袋等各种类型，其应用范围广。袋类包装具有重量轻、强度高、耐腐蚀的优点，如图 13-6 所示。

图 13-6

3. 瓶类包装

瓶类包装包括玻璃瓶、塑料瓶、普通瓶等多种类型，较多地应用于液体产品，如图 13-7 所示。

图 13-7

4. 罐类包装

罐类包装包括铁罐、玻璃罐、铝罐等多种类型。罐类包装的优点是不易破损，如图 13-8 所示。

图 13-8

5. 坛类包装

坛类包装多用于酒类、腌制品类，如图 13-9 所示。

图 13-9

6. 管类包装

管类包装包括软管、复合软管、塑料软管等类型，通常用于盛放凝胶状液体，如图 13-10 所示。

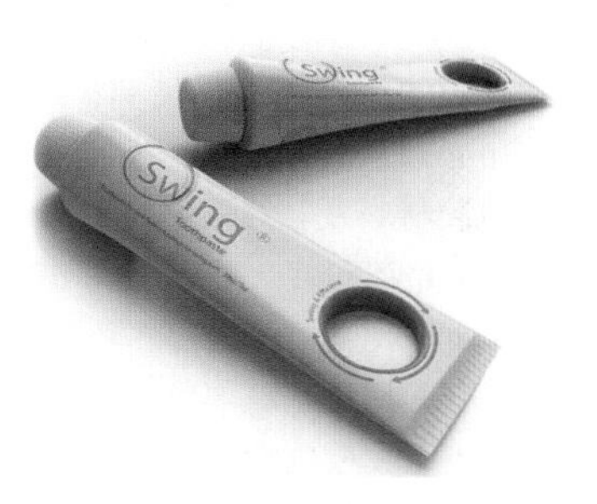

图 13-10

7. 筐类包装

筐类包装多用于数量较多的产品，如瓶酒、饮料等，如图13-11所示。

图13-11

8. 其他包装

其他包装包括托盘、纸标签、瓶封、材料等多种类型，如图13-12所示。

图13-12

13.1.4 包装设计的常用材料

包装的材料种类繁多，不同的商品会考虑其运输过程与展示效果，因此所用材料也不一样。在进行包装设计的设计过程中必须从整体出发，了解产品的属性才能选择出适合的包装材料及容器形态等。常见的包装有纸包装、塑料包装、金属包装、玻璃包装和陶瓷包装等。

- 纸包装：纸包装是一种轻薄、环保的包装。常见的纸包装有牛皮纸、玻璃纸、蜡纸、有光纸、过滤纸、白板纸、胶版纸、铜版纸、瓦楞纸等多种类型。纸包装应用广泛，具有成本低、便于印刷和批量生产的优势，如图13-13所示。

图13-13

- 塑料包装：塑料包装是由各种塑料加工制作的包装材料，有塑料薄膜、塑料容器等多种类型。塑料包装具有强度高、防滑性能好、防腐性强等优点，如图13-14所示。

图13-14

- 金属包装：常见的金属包装有马口铁皮、铝、铝箔、镀铬无锡铁皮等类型。金属包装具有耐蚀性、防菌、防霉、防潮、牢固、抗压等优点，如图13-15所示。

图13-15

- 玻璃包装：玻璃包装具有无毒、无味、通透等优点。但最大的缺点是易碎，且重量相对过重。玻璃包装包括食品用瓶、化妆品瓶、药品瓶、碳酸饮料瓶等多种类型，如图13-16所示。

图13-16

- 陶瓷包装：陶瓷包装是一种极富艺术性的包装容器。瓷器釉瓷分为高级釉瓷和普通釉瓷两种。陶瓷包装具有耐火、耐热、坚固等优点。但其与玻璃包装一样，易碎且有一定的重量，如图13-17所示。

图13-17

13.2 项目案例：食品包装袋设计

文件路径	资源包\第13章\食品包装袋设计
难易指数	★★★★★
技术掌握	"阴影"工具、"透明度"工具、置于图文框内部

案例效果

案例效果如图13-18所示。

图13-18

操作步骤

13.2.1 制作包装袋平面图

扫一扫，看视频

步骤 01 新建一个A4大小的纵向空白文档。使用"矩形"工具，绘制一个与绘图区等大的矩形，然后在该矩形选中状态下，使用"交互式填充"工具，在属性栏中单击"渐变填充"按钮，设置"渐变类型"为"线性渐变填充"，为其填充一种由淡灰绿色到白色的渐变。并去除黑色的轮廓线，如图13-19所示。

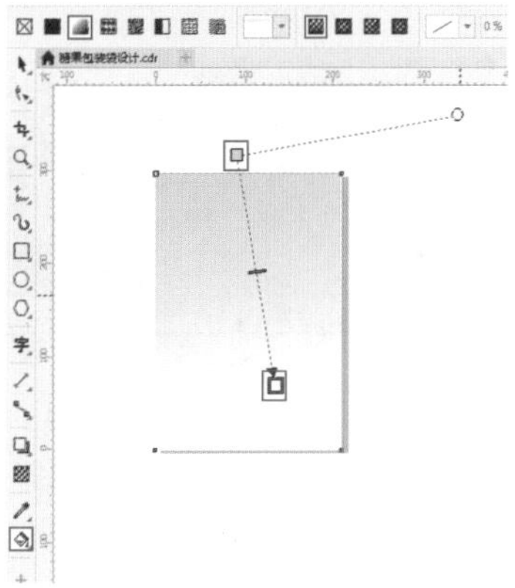

图13-19

步骤 02 使用"钢笔"工具，在画面中绘制不规则图形，如图13-20所示。

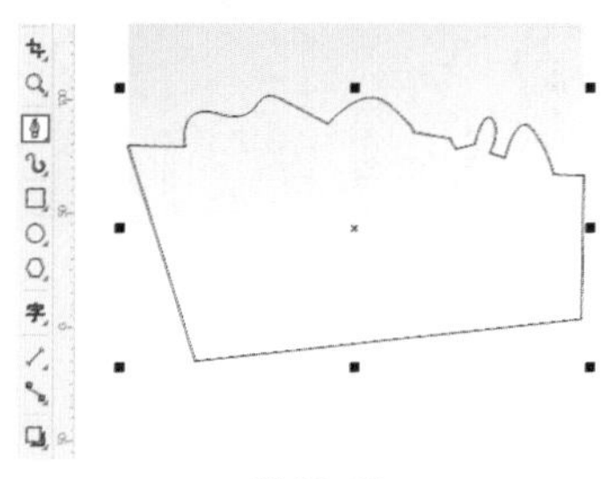

图13-20

步骤 03 选中图形，使用“交互式填充”工具，在属性栏中单击“均匀填充”按钮■，设置“填充色”为黄色，去除轮廓线，如图13-21所示。

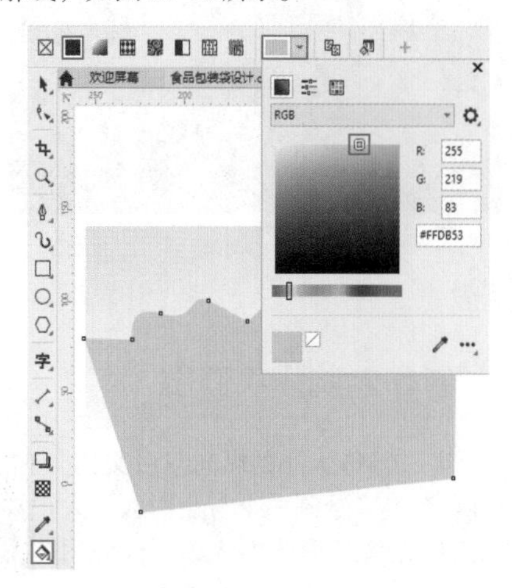

图 13-21

步骤 04 使用“钢笔”工具绘制一个不规则图形，然后将其填充为橘黄色，如图13-22所示。

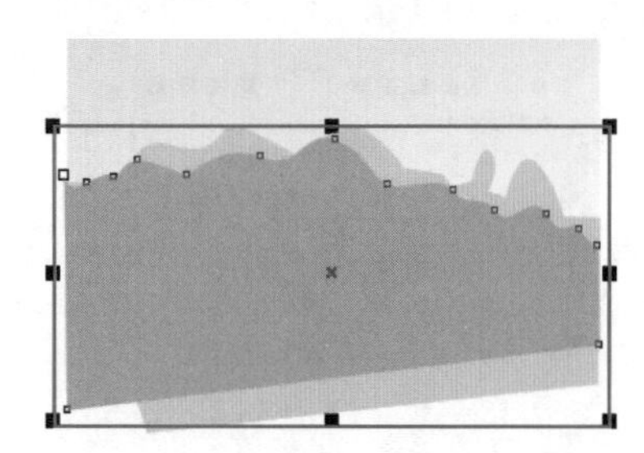

图 13-22

步骤 05 选择该图形，使用“透明度”工具，在属性栏中单击“均匀透明度”按钮■，然后设置“透明度”为50。效果如图13-23所示。

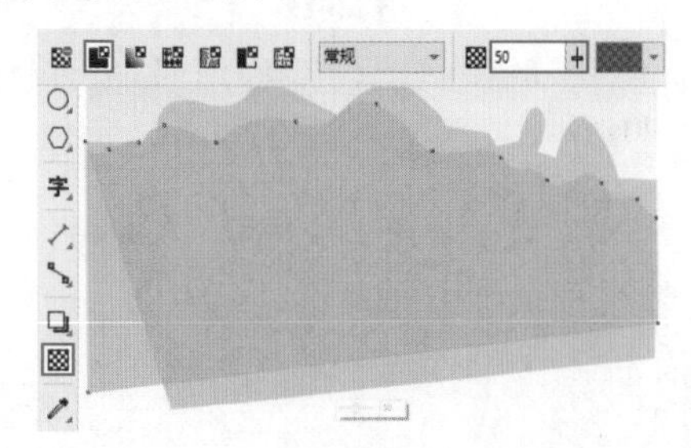

图 13-23

步骤 06 绘制一个图形，为其填充橘黄色系的线性渐变。效果如图13-24所示。

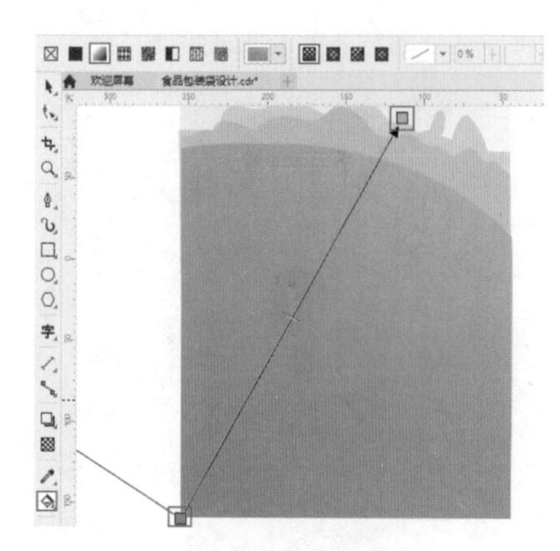

图 13-24

步骤 07 执行“文件”→“导入”命令，导入素材1，如图13-25所示。

图 13-25

步骤 08 使用“阴影”工具，按住鼠标左键在苹果上拖动为其添加阴影。在属性栏中设置“阴影颜色”为黑色，“阴影不透明度”为50，“阴影羽化”为15，如图13-26所示。

图 13-26

步骤 09 导入另外两种水果素材与叶子素材放置在合适的位置，调整其前后顺序，为其添加阴影效果，如图13–27所示。

图 13–27

步骤 10 使用“文本”工具，在画面中单击插入光标，然后输入3行文字。接着选中输入的文字，在属性栏中设置合适的字体、字体大小。效果如图13–28所示。

图 13–28

步骤 11 选中输入的文字，在属性栏中设置“旋转角度”为5.0°，如图13–29所示。

图 13–29

步骤 12 给输入的文字添加阴影效果。在文字选中状态下，使用“阴影”工具，在文字上按住鼠标左键拖动，为其添加阴影效果。接着在属性栏中设置“阴影颜色”为黑色，“阴影不透明度”为50，“阴影羽化”为5，如图13–30所示。

图 13–30

步骤 13 继续使用“文本”工具输入其他文字，为叶子位置的文字添加阴影效果，如图13–31所示。

图 13–31

步骤 14 制作左上角的卡通形象。使用“椭圆形”工具，在画面中绘制一个椭圆形，在属性栏中设置“轮廓宽度”为0.5mm。效果如图13–32所示。

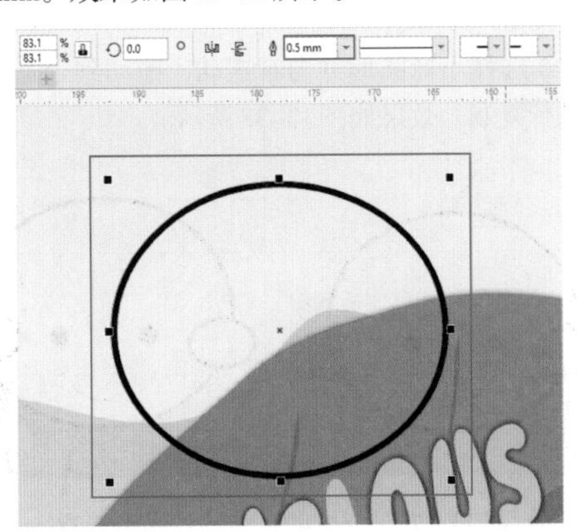

图 13–32

步骤 15 在椭圆形选中状态下，使用“交互式填充”工具，在属性栏中单击“渐变填充”按钮，设置“渐变类型”为“椭圆形渐变填充”，为其填充一种由白色到肤色的渐变。效果如图13–33所示。

步骤 16 使用“椭圆形”工具绘制两个黑色正圆作为眼睛。效果如图13–34所示。

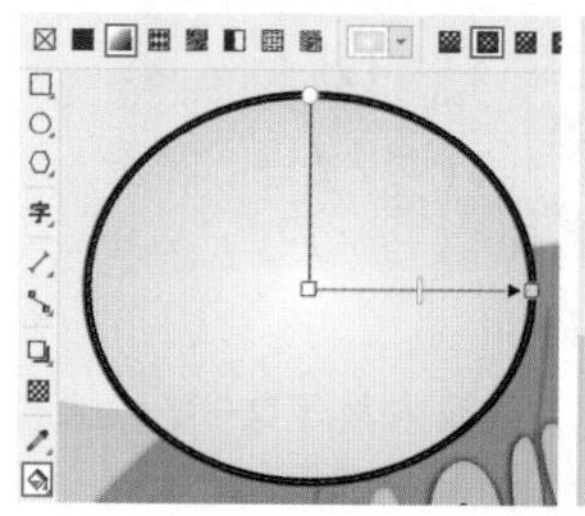

图13–33

图13–34

步骤 17 使用“钢笔”工具绘制一个弧形作为嘴巴。效果如图13–35所示。

步骤 18 制作卡通人物的耳朵。选择椭圆形，使用捷键Ctrl+C进行复制，使用快捷键Ctrl+V进行粘贴。效果如图13–36所示。

图13–35

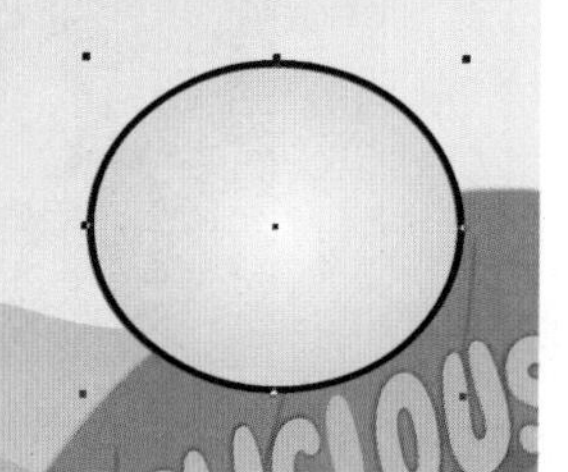

图13–36

步骤 19 对复制的椭圆形进行缩放，然后移动到左侧。效果如图13–37所示。

步骤 20 选择小椭圆形并向右拖动，拖动到合适位置后右击进行复制。效果如图13–38所示。

图13–37

图13–38

步骤 21 按住Shift键加选两个小椭圆形，然后多次按快捷键Ctrl+Page Down将其移动到大椭圆形的后面。效果如图13–39所示。

步骤 22 制作头发。使用“椭圆形”工具绘制3个大小不同的椭圆形，将其旋转至合适的角度后摆放在一起，效果如图13–40所示。

图13–39

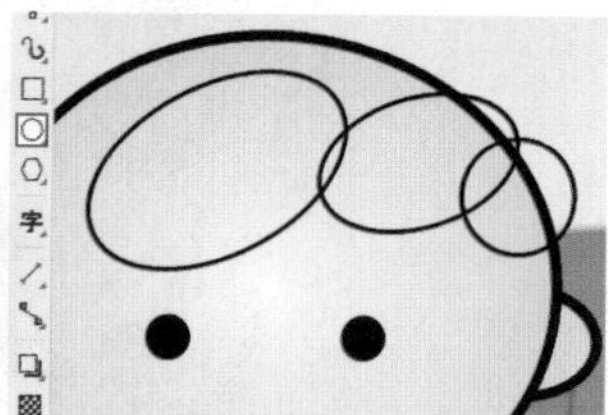

图13–40

步骤 23 加选3个椭圆形，单击属性栏中的“焊接”按钮，将其合并为一个图形。效果如图13–41所示。

步骤 24 将该图形填充为黄色，同时在属性栏中设置“轮廓宽度”为0.5mm，效果如图13–42所示。

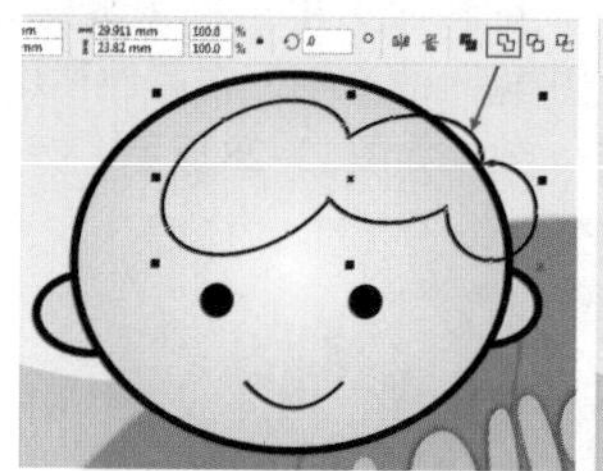

图13–41

图13–42

步骤 25 使用“钢笔”工具绘制两个图形设置“轮廓宽度”为0.5mm，将其填充为绿色，作为帽子和帽檐，如图13–43和图13–44所示。

图13–43

图13–44

步骤 26 此时包装袋的平面图就制作完成了，效果如图13–45所示。选中卡通形象、叶子与文字，按住鼠标左键拖动至空白位置右击，复制一份。接着框选包装袋的平面图，使用快捷键Ctrl+G进行编组。

图 13-45

13.2.2 制作包装袋的立体效果

步骤 01 使用“钢笔”工具绘制包装袋立体形态的外轮廓图形。效果如图13-46所示。

扫一扫，看视频

步骤 02 选择包装袋平面图，执行“对象”→PowerClip→“置于图文框内部”命令，当光标变成箭头形状时单击图形，将平面图置于图框内。然后去除轮廓线，效果如图13-47所示。

图 13-46　　图 13-47

步骤 03 使用“矩形”工具在包装袋的顶端绘制一个细长的矩形，并设置“轮廓宽度”为0.2mm，将其轮廓色设置为白色。效果如图13-48所示。

图 13-48

步骤 04 选中矩形，使用“透明度”工具，在属性栏中单击“均匀透明度”按钮，设置“透明度”为68。效果如图13-49所示。

图 13-49

步骤 05 使用“阴影”工具，然后在矩形上按住鼠标左键拖动为其添加阴影。在属性栏中设置“阴影不透明度”为16，“阴影羽化”为15，“阴影颜色”为黑色。效果如图13-50所示。

图 13-50

步骤 06 将该矩形复制一份，向下移动。压痕效果如图13-51所示。

图 13-51

步骤 07 制作包装袋的光泽部分。使用“钢笔”工具在包装袋的上半部分绘制一个倒梯形，将其填充为白色，去除黑色的轮廓线。效果如图13-52所示。

图 13-52

步骤 08 选择白色图形，使用“透明度”工具，在属性栏中单击“渐变透明度”按钮，选择“线性渐变透明度”选项，然后在白色梯形上按住鼠标左键拖动调整渐变透明度效果，如图13-53所示。

图 13-53

步骤 09 制作包装袋的暗部区域。使用“矩形”工具绘制一个矩形并为其填充灰色系的渐变。效果如图13-54所示。

步骤 10 选中该矩形，选择“透明度”工具，在属性栏中单击“渐变透明度”按钮，设置“渐变类型”为“椭圆形渐变透明度”，然后拖动控制点调整渐变透明度的效果，如图13-55所示。

图 13-54　　图 13-55

步骤 11 选中该图形，使用快捷键Ctrl+C进行复制，使用快捷键Ctrl+V进行粘贴。单击属性栏中的“水平镜像”按钮，将图形向右移动，效果如图13-56所示。接着按住Shift键加选两个半透明的图形，按快捷键Ctrl+G进行编组。

图 13-56

步骤 12 使用“钢笔”工具绘制一个图形作为阴影显示的区域。效果如图13-57所示。

步骤 13 选中后方半透明的阴影图形，执行“对象”→PowerClip→“置于图文框内部”命令，当光标变成箭头形状时单击刚刚绘制的图形，然后去除图文框的轮廓线。效果如图13-58所示。

图 13-57　　图 13-58

步骤 14 使用同样的方法制作包装袋最上层橘黄色的光泽感。其独立的效果如图13-59所示。包装袋效果如图13-60所示。

图 13-59　　图 13-60

步骤 15 框选整个包装袋，然后进行组合。按住鼠标左键向右下角拖动，然后右击进行复制。效果如图13-61所示。

图 13-61

步骤 16 选中复制出的包装袋，将其进行等比例缩小。效果如图13-62所示。

图 13-62

步骤 17 执行“文件”→“导入”命令，导入背景素材，按快捷键Shift+Page Down将背景图片置于底层。效果如图13-63所示。

图 13-63

步骤 18 选中制作好的带有卡通人物的标志，使用快捷键Ctrl+C进行复制，使用快捷键Ctrl+V进行粘贴，复制一份。将复制得到的人物标志缩放至合适的大小放在背景的左上角。此时，本案例制作完成，最终效果如图13-64所示。

图 13-64

13.3 项目案例：果味奶糖包装设计

文件路径	资源包\第13章\果味奶糖包装设计
难易指数	★★★★★
技术掌握	“表格”工具、“交互式填充”工具、“透明度”工具、“阴影”工具、“裁剪”工具

案例效果

案例效果如图13-65所示。

图 13-65

操作步骤

13.3.1 制作糖果包装平面图

步骤 01 新建一个A4大小的空白文档。选择“矩形”工具，绘制一个矩形。选中该矩形，选择“交互式填充”工具，在属性栏中单击“渐变填充”按钮，设置“渐变类型”为“椭圆形渐变填充”，为其填充一种蓝色系渐变，如图13-66所示。

扫一扫，看视频

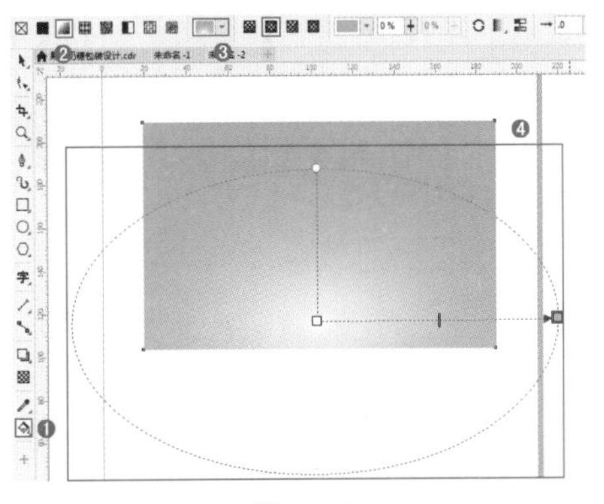

图 13-66

步骤 02 使用“矩形”工具绘制多个宽度相同、高度不同的矩形，将其填充为蓝色。包装袋由5个矩形构成，如图13-67所示。

步骤 03 制作包装正面的产品标志。选择“文本”工具，在画面中单击插入光标，然后在属性栏中设置合适的字体、字体大小，设置完成后在第三个矩形上输入文字，如图13-68所示。

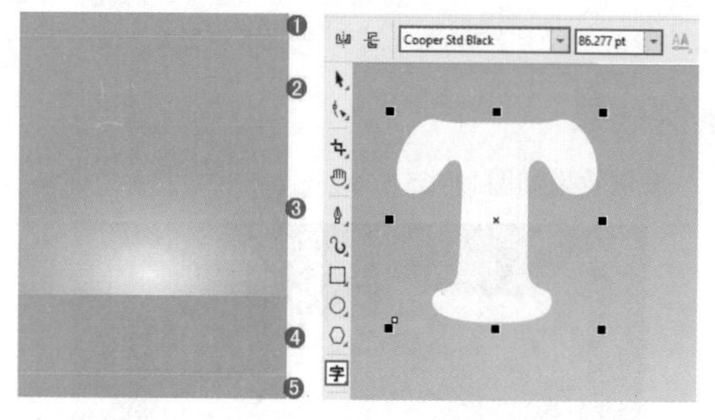

图13-67　　图13-68

步骤 04 选中文字，使用“交互式填充”工具，单击属性栏中的“渐变填充”按钮，再单击“椭圆形渐变填充”按钮，为其填充一个浅灰色系的渐变，对渐变效果进行调整，如图13-69所示。

步骤 05 选中文字，使用“阴影”工具，在文字上方按住鼠标左键并拖动创建阴影效果。接着在属性栏中设置“阴影颜色”为黑色，“阴影不透明度”为22，“阴影羽化”为2。效果如图13-70所示。

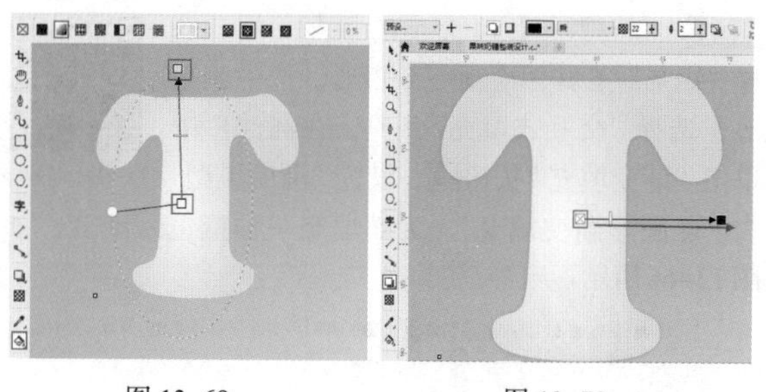

图13-69　　图13-70

步骤 06 选中字母T，在属性栏中设置“旋转角度”为355.0°，如图13-71所示。

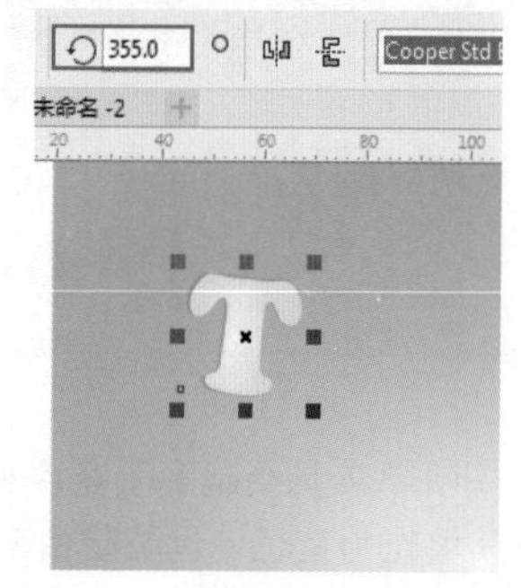

图13-71

步骤 07 多次复制该文字，更改文字的内容，旋转至合适的角度。同时为其添加相同的阴影效果。效果如图13-72所示。

图13-72

步骤 08 使用“2点线”工具，绘制一条直线，设置轮廓色为蓝色，效果如图13-73所示。

图13-73

步骤 09 使用“文本”工具，在画面中单击插入光标，接着输入3行文字。选中文字，在属性栏中设置合适的字体、字体大小。效果如图13-74所示。

图13-74

步骤 10 使用同样的方法输入其他文字。效果如图13-75所示。

步骤 11 在第二个矩形上添加文字。使用“文本”工具，在画面中单击插入光标，输入文字。选中文字，在属性栏中设置合适的字体、字体大小，同时将文字颜色设置为白色。效果如图13-76所示。

图 13-75

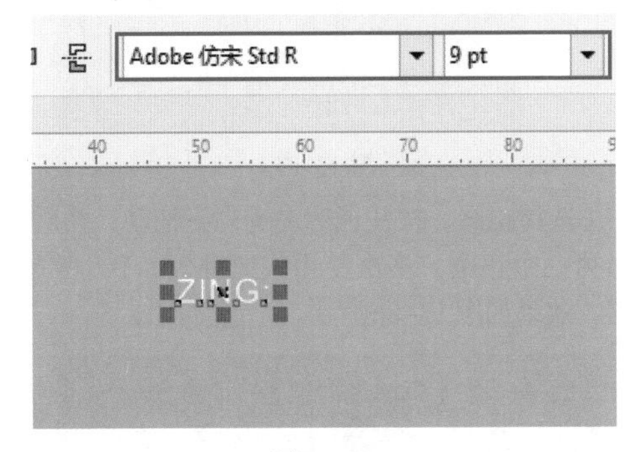

图 13-76

步骤 12 使用同样的方法输入其他文字，效果如图13-77所示。

图 13-77

步骤 13 在第四个矩形上添加表格。执行“表格”→“创建新表格”命令，在弹出的“创建新表格”对话框中设置“行数”为3，“栏数”为2，设置完成后单击OK按钮完成创建，如图13-78所示。

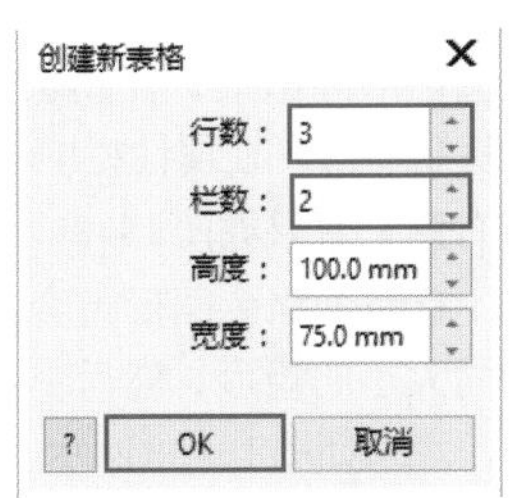

图 13-78

步骤 14 把光标移到表格上方中点的位置，按住鼠标左键向下拖动，调整表格的尺寸，拖动至合适位置后松开鼠标。效果如图13-79所示。

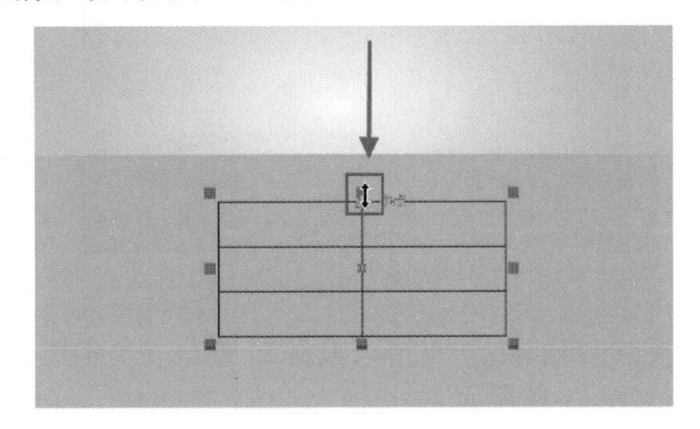

图 13-79

步骤 15 选中表格，在属性栏中设置“边框选择”为“全部”，“边框”为0.2mm，轮廓色为白色。效果如图13-80所示。

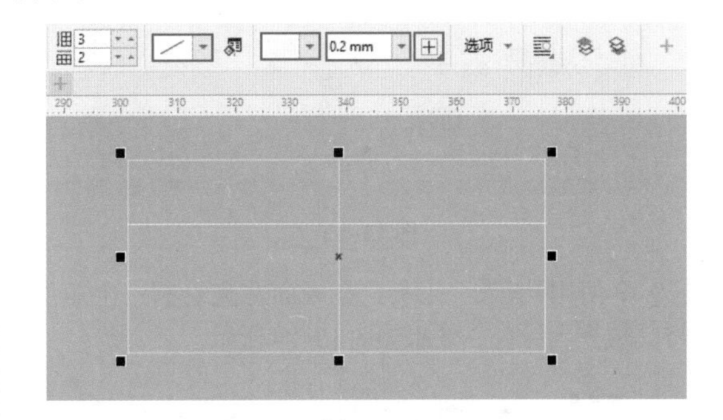

图 13-80

步骤 16 选择“文本”工具，在单元格中单击，输入文字。在“文本”工具使用的状态下，在属性栏中设置合适的字体、字体大小，将文字的颜色设置为白色。效果如图13-81所示。

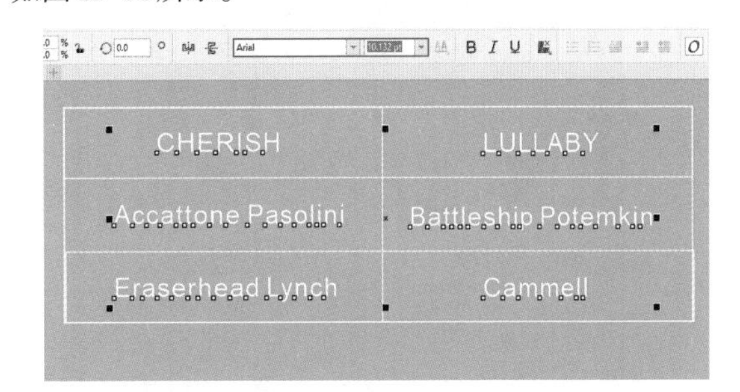

图 13-81

步骤 17 执行“文件”→“导入”命令，导入素材1，将其摆放在绘图区顶部。效果如图13-82所示。

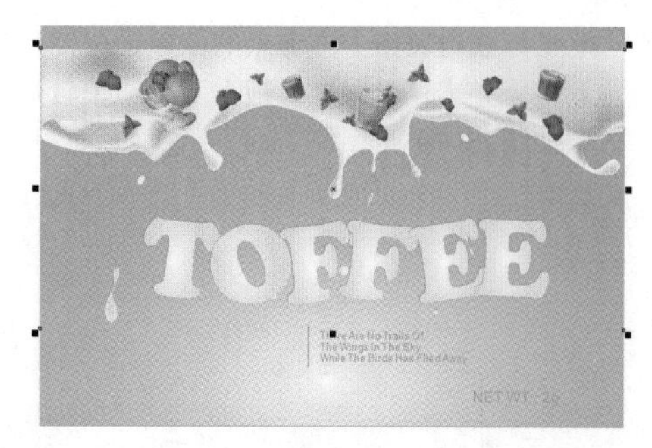

图 13-82

步骤 18 以同样的方法导入素材2，摆放在文字周围。效果如图13-83所示。

图 13-83

步骤 19 使用“矩形”工具，在画面左侧绘制一个矩形，并将其填充为绿色。效果如图13-84所示。

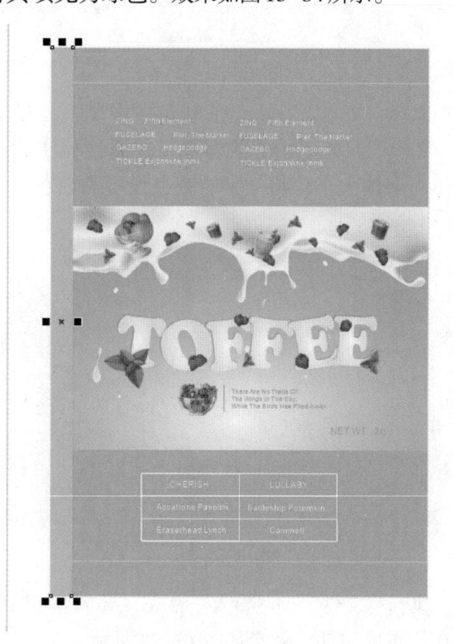

图 13-84

步骤 20 使用“椭圆形”工具，按住Ctrl键在矩形顶部绘制一个正圆，将其填充为绿色。效果如图13-85所示。

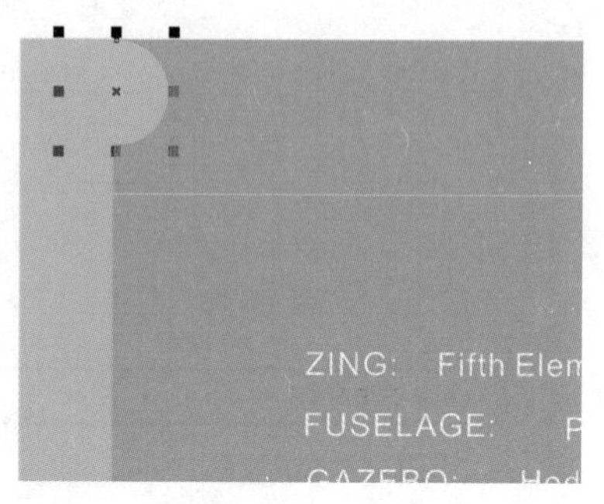

图 13-85

步骤 21 选择正圆，按住鼠标左键向下拖动，然后右击，复制出另一个正圆。多次使用快捷键Ctrl+D，复制出多个正圆。效果如图13-86所示。

图 13-86

步骤 22 框选绿色矩形和圆形，使用快捷键Ctrl+G进行编组，然后将其复制一份。在属性栏中单击“水平镜像”按钮，移动到右侧。效果如图13-87所示。

步骤 23 选中左、右两个绿色图形组合，在画面中绘制一个与平面图相同大小的矩形，然后单击“裁剪”按钮，将多余部分去除。效果如图13-88所示。

图 13-87

图 13-88

13.3.2 制作糖果包装立体效果

步骤 01 制作包装展示效果。选中制作好的包装平面图，复制一份。然后选中复制的图形，单击“裁剪”工具按钮，在包装正面的区域按住鼠标左键拖动绘制裁剪框，如图 13-89 所示。

扫一扫，看视频

图 13-89

步骤 02 按Enter键确定裁剪操作，效果如图 13-90 所示。

图 13-90

步骤 03 制作包装的压痕效果。选择“2点线”工具，在包装袋的左侧绘制一条直线。设置直线的“轮廓宽度”为4px，“颜色”为灰色。接着选择“透明度”工具，在属性栏中设置“透明度”为50，适当降低直线段的透明度，如图 13-91 所示。

步骤 04 将制作完成的直线复制出四份，效果如图 13-92 所示。

图 13-91

图 13-92

步骤 05 将左侧的线条复制一份，摆放在右侧。效果如图 13-93 所示。

图 13-93

步骤 06 制作包装上的光泽感。使用“钢笔”工具，在包装袋左侧绘制图形并填充为灰色。效果如图13-94所示。

图 13-94

步骤 07 使用“透明度”工具，在属性栏中单击“渐变透明度”按钮，设置“渐变类型”为“线性渐变透明度”，设置完成后调节渐变透明度控制杆，如图13-95所示。

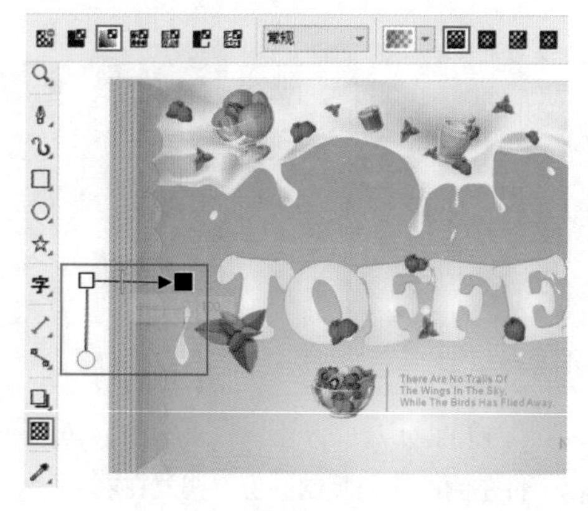

图 13-95

步骤 08 制作底部的光泽效果。使用“钢笔”工具绘制图形，并将其填充为灰色。效果如图13-96所示。

图 13-96

步骤 09 使用“透明度”工具，在属性栏中单击“渐变透明度”按钮，设置“渐变类型”为“线性渐变透明度”，设置完成后调节渐变透明度控制杆，如图13-97所示。

图 13-97

步骤 10 在包装袋的上方绘制图形并填充为白色，这部分将作为高光光泽。效果如图13-98所示。

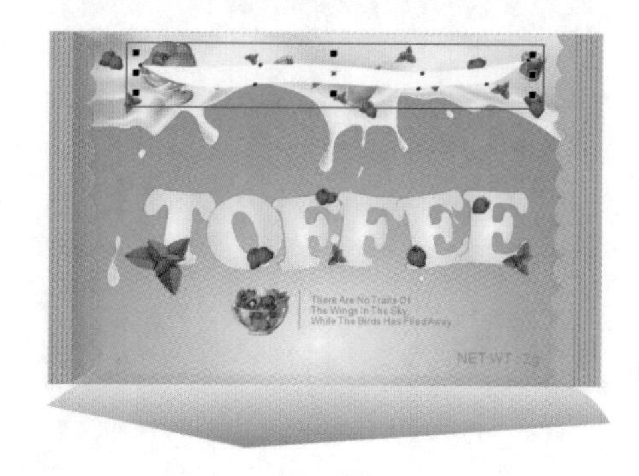

图 13-98

步骤 11 使用“透明度”工具，在属性栏中单击“均匀透明度”按钮，设置“透明度”为50，如图13-99所示。

步骤 12 使用同样的方法绘制图形，制作包装袋右侧的光泽感，效果如图13-100所示。使用快捷键Ctrl+A将对象全选，然后使用快捷键Ctrl+G进行编组，以备后面操作时使用。

图 13-99

图 13-100

步骤 13 制作糖果的外观效果。使用“钢笔”工具，绘制一个立体的包装袋形状。效果如图13-101所示。

步骤 14 框选之前绘制的图形，执行“对象”→PowerClip→“置于图文框内部”命令，将光标移至图形上单击。效果如图13-102所示。

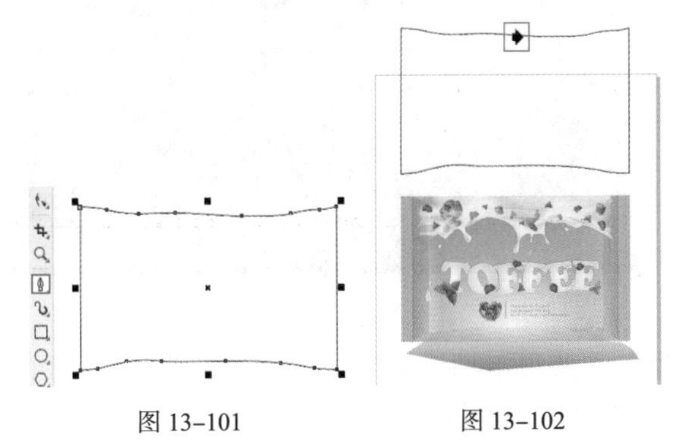

图 13-101　　图 13-102

步骤 15 此时超出边框的区域被隐藏了。去除轮廓线，此时糖果呈现出立体效果，如图13-103所示。

图 13-103

步骤 16 按照同样的方法绘制其他两个颜色的包装袋。效果如图13-104所示。

图 13-104

步骤 17 导入背景素材与前景素材，将制作好的包装袋摆放在合适的位置，注意图形之间的顺序。至此，本案例制作完成，最终效果如图13-105所示。

图 13-105

13.4 项目案例：月饼礼盒设计

文件路径	资源包\第13章\月饼礼盒设计
难易指数	★★★★★
技术掌握	“钢笔”工具、“阴影”工具、“透明度”工具、添加透视

案例效果

案例效果如图13-106所示。

图 13-106

操作步骤

13.4.1 绘制平面图基本图形

扫一扫，看视频

步骤 01 执行“文件”→“新建”命令，创建新文档。使用“矩形”工具，在绘图区中绘制一个矩形。效果如图13-107所示。

步骤 02 为矩形填充渐变色。在图形选中状态下，使用“交互式填充”工具，在属性栏中单击“渐变填充”按钮，设置“渐变类型”为“线性渐变填充”，然后编辑一个红色系的渐变。效果如图13-108所示。

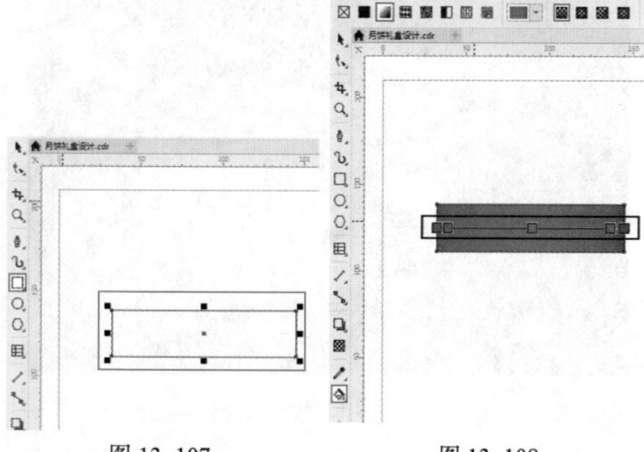

图 13-107　　图 13-108

步骤 03 去除黑色的轮廓线。效果如图13-109所示。

步骤 04 使用“矩形”工具，在该矩形上方绘制一个稍小的矩形。将其填充为红色，同时去除轮廓线。效果如图13-110所示。

步骤 05 使用“钢笔”工具，在矩形的最上方绘制一个图形，将其填充为红色。效果如图13-111所示。

步骤 06 使用“钢笔”工具，在矩形下方绘制一条直线。接着选中该直线，在属性栏中设置“轮廓宽度”为1.8mm，如图13-112所示。

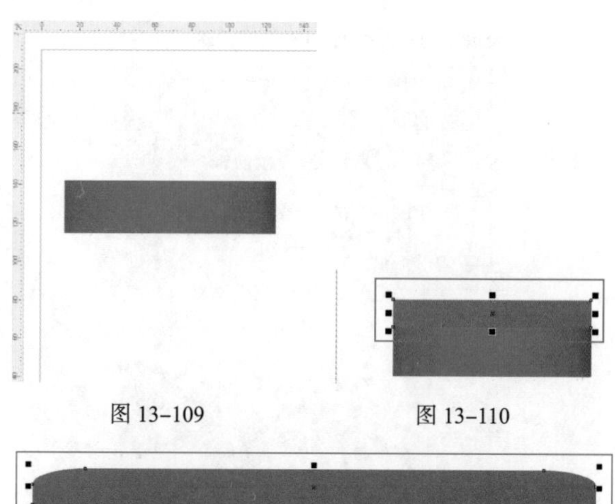

图 13-109　　图 13-110

图 13-111

图 13-112

步骤 07 使用“矩形”工具，在该直线下方绘制一个矩形。效果如图13-113所示。

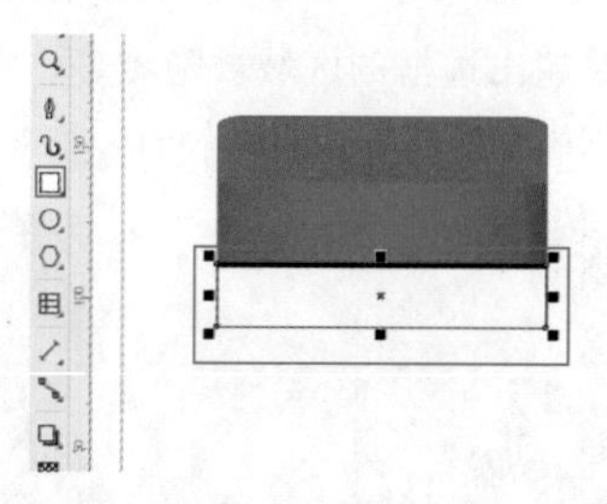

图 13-113

步骤 08 选中该矩形，使用“交互式填充”工具，在属性栏中单击“渐变填充”按钮，设置“渐变类型”为

"线性渐变填充"，然后编辑一个黄褐色系的渐变，去除轮廓线。效果如图13–114所示。

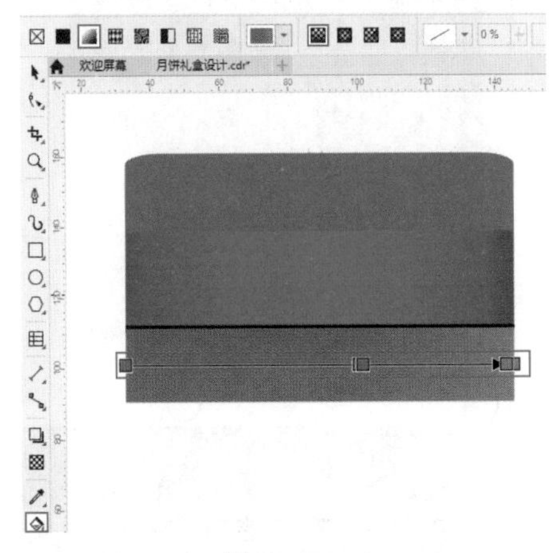

图 13–114

步骤 09 使用"矩形"工具，在该矩形下方绘制一个土黄色的矩形。效果如图13–115所示。

步骤 10 使用"钢笔"工具，在矩形的最左侧绘制一个图形，将其填充为红色。效果如图13–116所示。

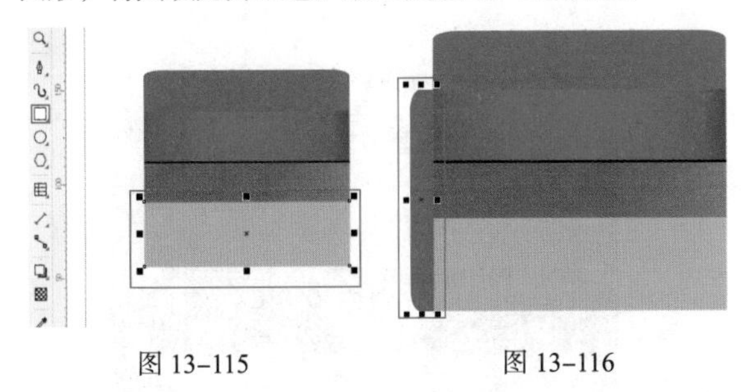

图 13–115　　图 13–116

步骤 11 使用"矩形"工具在画面右侧绘制一个红色的矩形。效果如图13–117所示。

步骤 12 使用同样的方法在其上下绘制其他小矩形，并将其填充为红色，同时去除轮廓色。效果如图13–118所示。

图 13–117　　图 13–118

步骤 13 选中刚刚绘制的上方的小矩形，使用快捷键Ctrl +Q将其转换为曲线。然后使用"形状"工具，在矩形上方拖动控制点，将其变形。效果如图13–119所示。

步骤 14 将下方的小矩形变形。效果如图13–120所示。

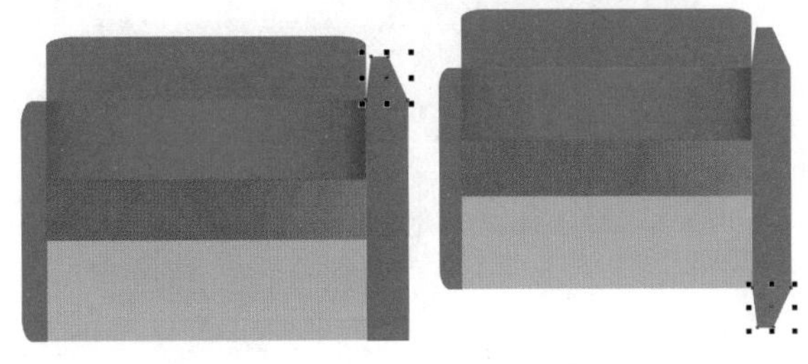

图 13–119　　图 13–120

步骤 15 使用"矩形"工具在画面右侧绘制一个与正面等大的矩形，将其填充为红色，去除轮廓线。效果如图13–121所示。

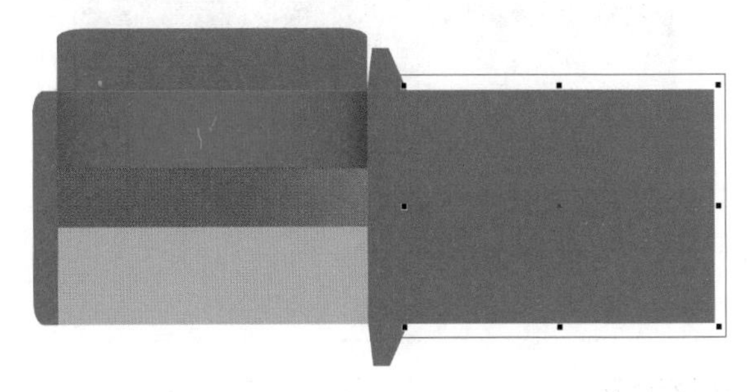

图 13–121

步骤 16 按住Shift键加选包装正面上方折叠部分，按住鼠标左键向下拖动，到合适位置后右击进行复制。效果如图13–122所示。

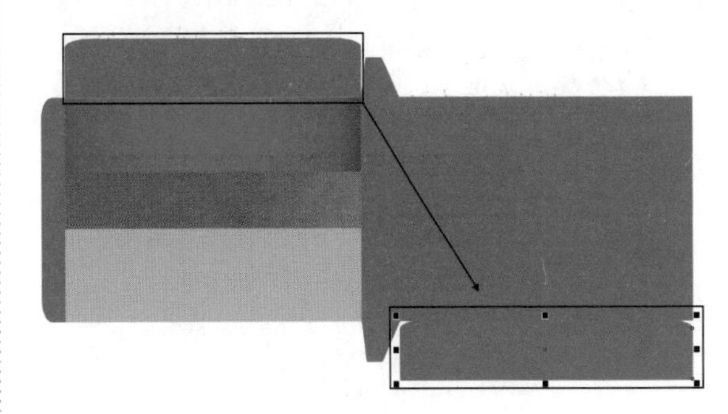

图 13–122

步骤 17 在属性栏中单击"垂直镜像"按钮，将图形进行垂直方向的翻转。此时画面效果如图13–123所示。

步骤 18 将之前制作的侧面部分复制并移动到画面右侧。效果如图13–124所示。

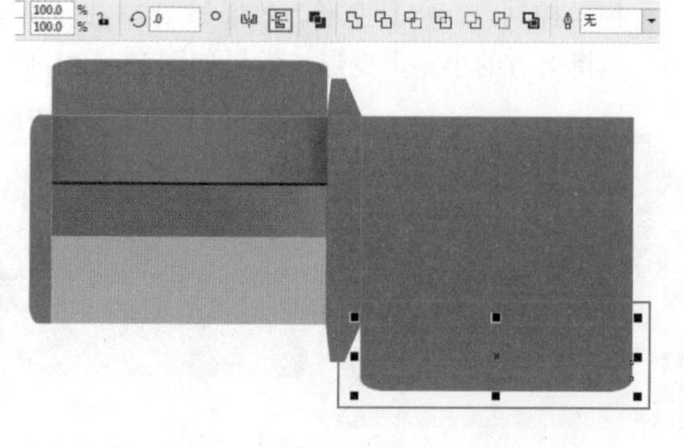

图 13-123

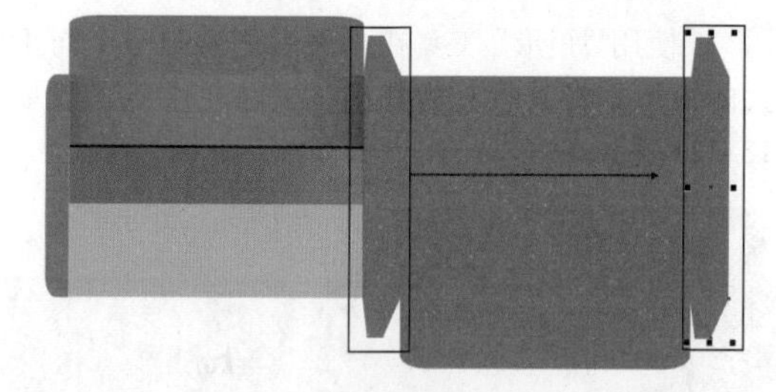

图 13-124

13.4.2 添加平面图装饰元素

扫一扫，看视频

步骤 01 使用“文本”工具，在画面上单击，建立文字输入的起始点，在属性栏中设置合适的字体、字体大小，同时单击“将文本更改为垂直方向”按钮。设置完成后在文档中输入相应的文字。效果如图13-125所示。

图 13-125

步骤 02 将文字填充为苔藓绿。效果如图13-126所示。

步骤 03 选中该文字，对其进行旋转，摆放在正面顶部的红色区域，如图13-127所示。

步骤 04 选中该文字，复制出4份并将其摆放在渐变矩形上。加选几个文字，使用快捷键Ctrl+G进行编组，然后使用“裁剪”工具将超出红色渐变矩形范围的文字裁剪掉。效果如图13-128所示。

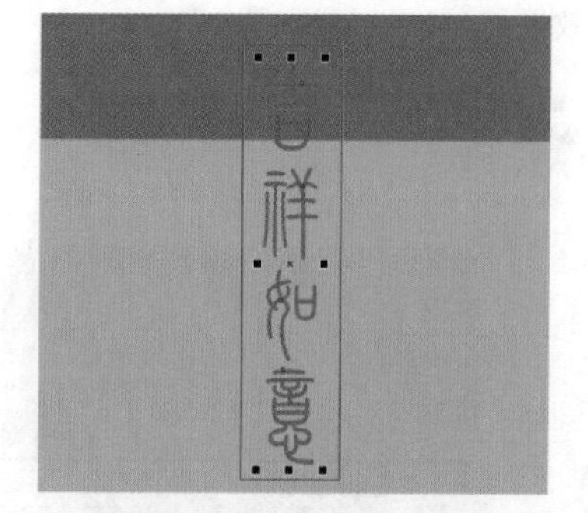

图 13-126

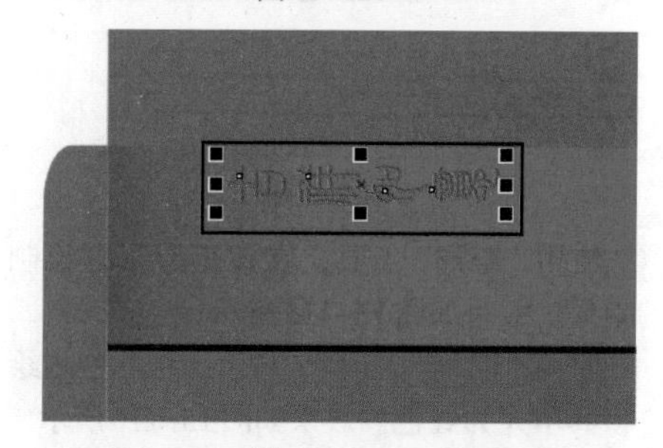

图 13-127

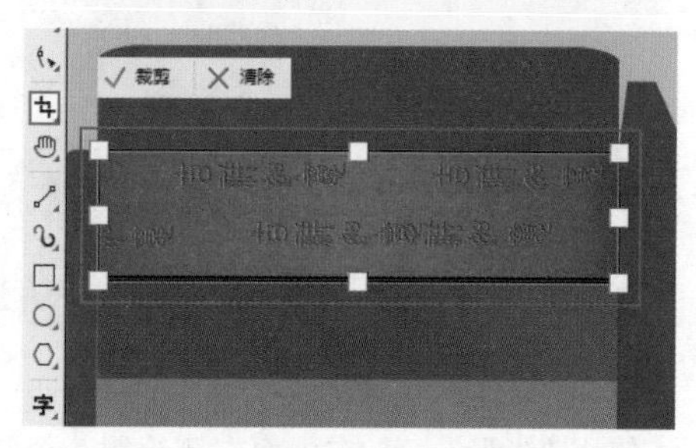

图 13-128

步骤 05 在文字之间添加祥云。将素材1打开，选中祥云素材，使用快捷键Ctrl+C进行复制，然后回到刚刚操作的文档中使用快捷键Ctrl+V进行粘贴，将其移动到包装上。效果如图13-129所示。

图 13-129

步骤 06 右击祥云素材，执行“顺序”→“置于此对象后”命令，当光标变为黑色粗箭头时单击包装正面上方折叠部分。效果如图13-130所示。

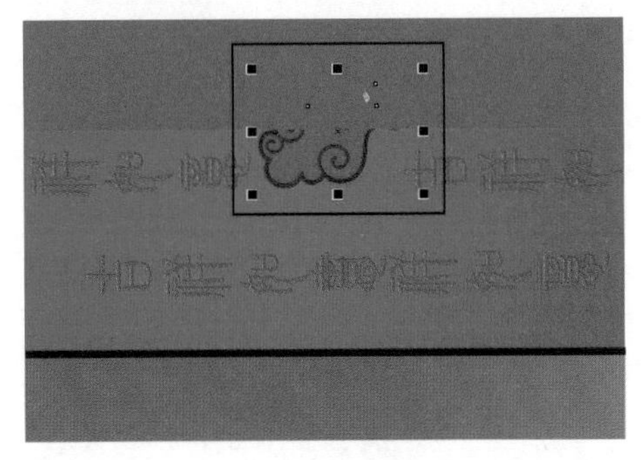

图 13-130

步骤 07 复制多个云朵，将其摆放在合适的位置，将最右侧的云朵置于右侧细长的红色矩形之下。效果如图13-131所示。

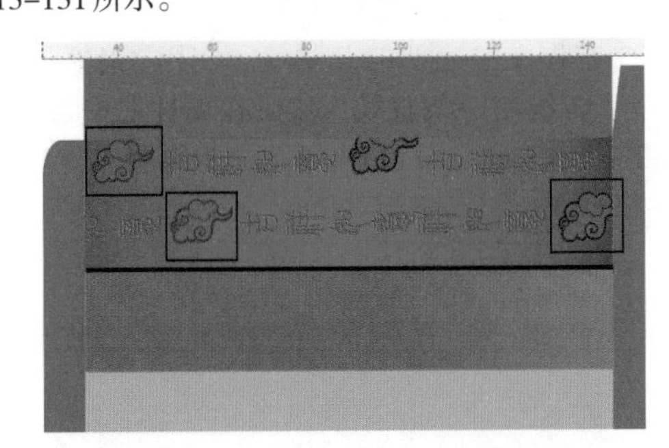

图 13-131

步骤 08 使用“钢笔”工具，在包装正面绘制一个折线路径。选中该形状，在属性栏中设置“轮廓宽度”为1.5mm。效果如图13-132所示。

图 13-132

步骤 09 选中该形状，使用快捷键Ctrl+Shift+Q将轮廓转换为对象。接着使用“交互式填充”工具，在属性栏中单击“渐变填充”按钮，设置“渐变类型”为“线性渐变填充”，然后编辑一个深红色系的渐变颜色。效果如图13-133所示。

步骤 10 选中该图形，按住鼠标左键向下拖动并按住Shift键，到合适位置后右击进行复制。效果如图13-134所示。

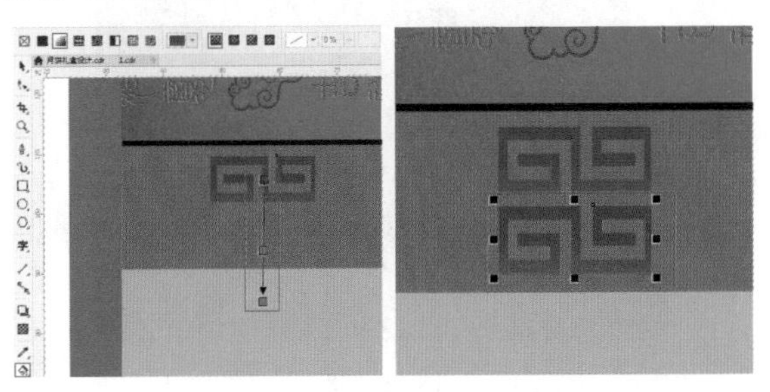

图 13-133　　图 13-134

步骤 11 选中复制得到的图形，在属性栏中单击“垂直镜像”按钮，将其进行垂直方向的翻转。效果如图13-135所示。

步骤 12 选中复制的图形，使用“交互式填充”工具，在属性栏中更改渐变颜色为亮红色系的渐变色。效果如图13-136所示。

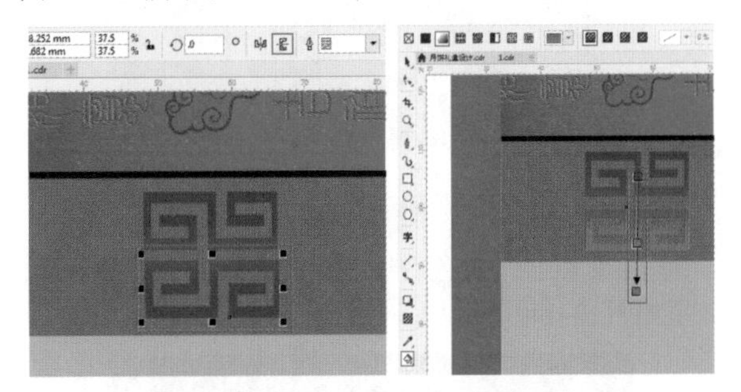

图 13-135　　图 13-136

步骤 13 选中两个图形，使用快捷键Ctrl+G进行编组。接着按住鼠标左键向右拖动并按住Shift键，到合适位置右击进行复制。效果如图13-137所示。

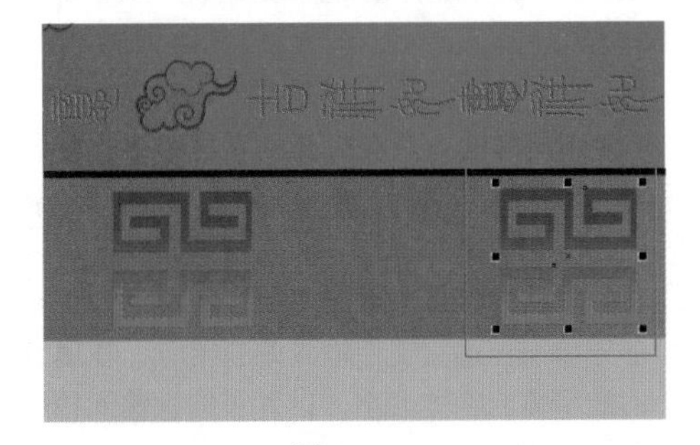

图 13-137

步骤 14 使用同样的方法制作相同的图形，为其填充蓝色系的渐变，将其摆放在合适位置。然后选中两个蓝色图形，使用“裁剪”工具将超出下方矩形的部分进行裁剪。效果如图13–138所示。

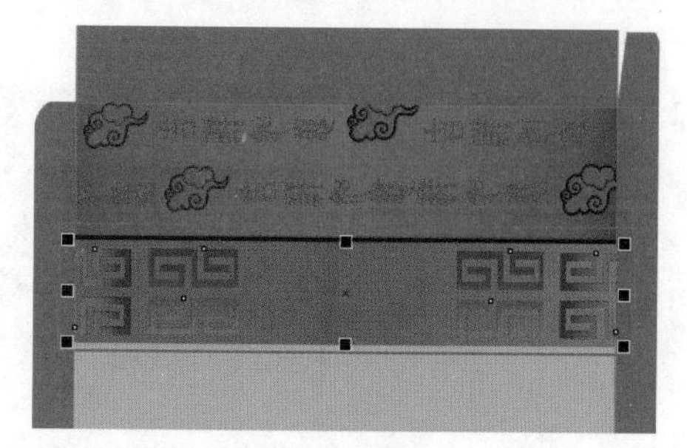

图13–138

步骤 15 在打开的素材中复制土黄色花纹素材，将其粘贴到操作的文档中，移动到包装正面上方位置。效果如图13–139所示。

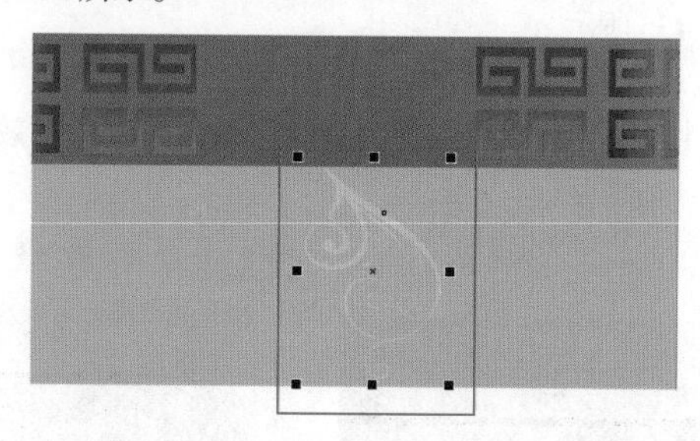

图13–139

步骤 16 复制多个黄色花纹，摆放在画面合适的位置。效果如图13–140所示。

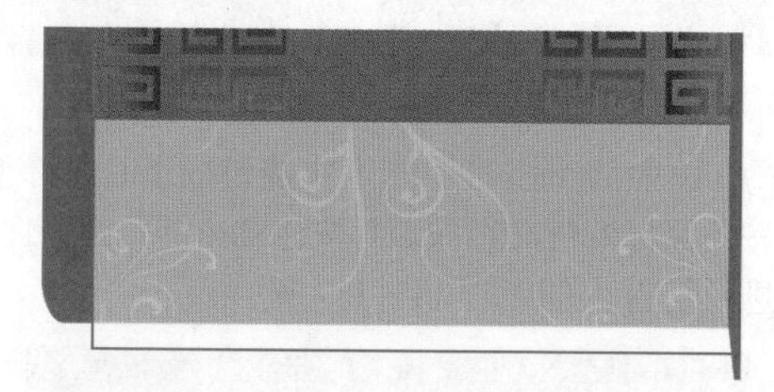

图13–140

步骤 17 使用同样的方法在打开的素材中多次复制红色花纹素材，将其粘贴到操作的文档中，移动到包装正上方。效果如图13–141所示。

步骤 18 在花纹素材旁边添加文字。使用“文本”工具，在画面下方单击，建立文字输入的起始点，在属性栏中设置合适的字体、字体大小。设置完成后输入相应的文字。效果如图13–142所示。

图13–141

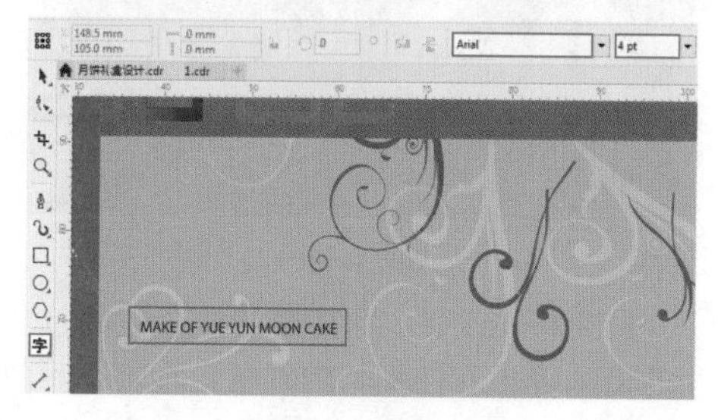

图13–142

步骤 19 制作文字底部的分割线。使用“钢笔”工具，在文字下方绘制一条直线。然后在属性栏中设置“轮廓宽度”为0.3mm，设置“轮廓色”为深褐色。效果如图13–143所示。

图13–143

步骤 20 使用“文本”工具，在直线下方单击，建立文字输入的起始点，在属性栏中设置合适的字体、字体大小后输入相应的文字。效果如图13–144所示。

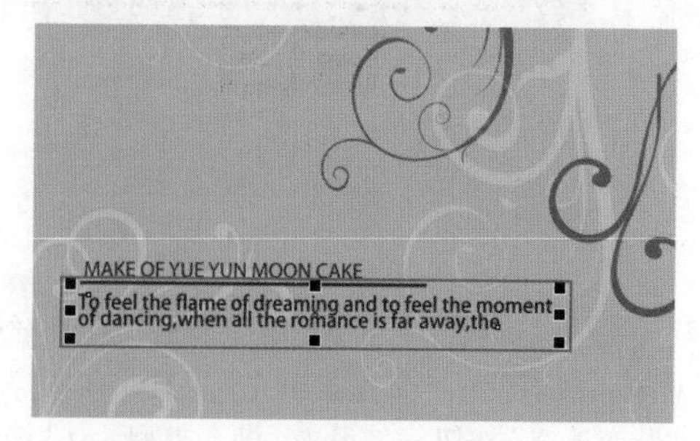

图13–144

步骤 21 执行“文件”→“导入”命令，将素材2导入。在包装正面上方位置按住鼠标左键拖动，控制导入对象的大小。至合适位置时释放鼠标完成导入操作，效果如图13-145所示。

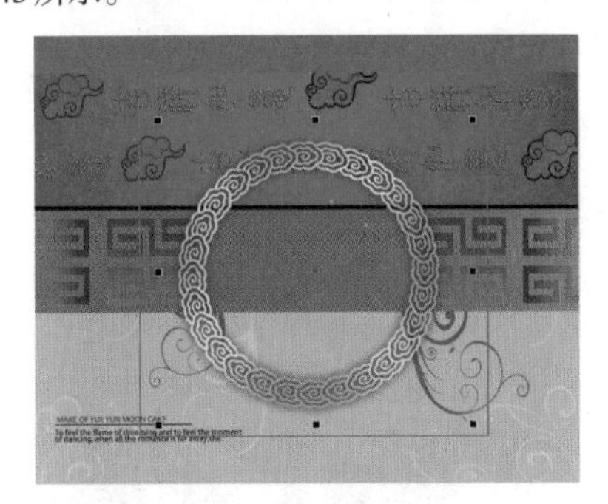

图13-145

步骤 22 使用“椭圆形”工具，在包装正面上方位置按住Ctrl键绘制一个正圆。接着在该正圆选中状态下，在属性栏中设置“轮廓宽度”为2.0mm。效果如图13-146所示。

图13-146

步骤 23 选中该正圆，设置正圆的“轮廓色”为米色。效果如图13-147所示。

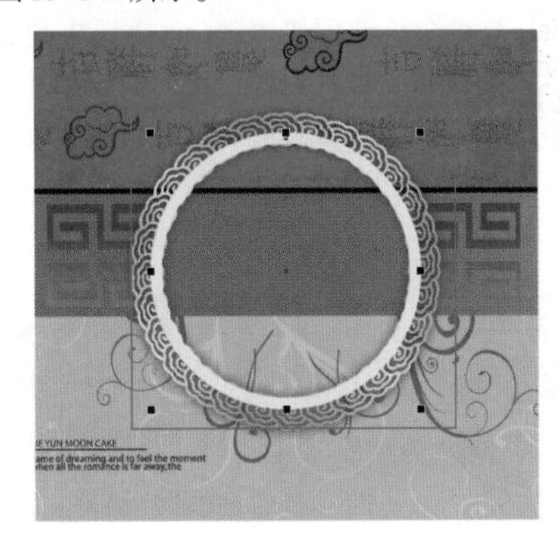

图13-147

步骤 24 导入花朵素材3，调整大小放在画面外。效果如图13-148所示。

图13-148

步骤 25 选中花朵素材，按住鼠标左键向下拖动，到合适位置后右击进行复制。效果如图13-149所示。

步骤 26 使用快捷键Ctrl+D进行复制得到多个花朵，旋转摆放成花团，效果如图13-150所示。将所有花朵全选然后使用快捷键Ctrl+G进行编组。

图13-149

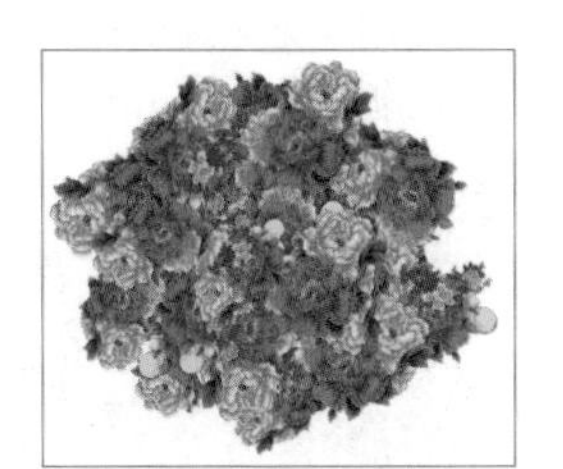

图13-150

步骤 27 使用“椭圆形”工具，在画面上方位置按住Ctrl键并按住鼠标左键拖动绘制一个土黄色正圆。效果如图13-151所示。

步骤 28 隐藏编组的花朵素材中不需要的部分。选中花朵素材，执行“对象”→PowerClip→“置于图文框内部”命令。当光标变成黑色粗箭头时，单击刚刚绘制的正圆，花团出现在圆形内部。效果如图13-152所示。

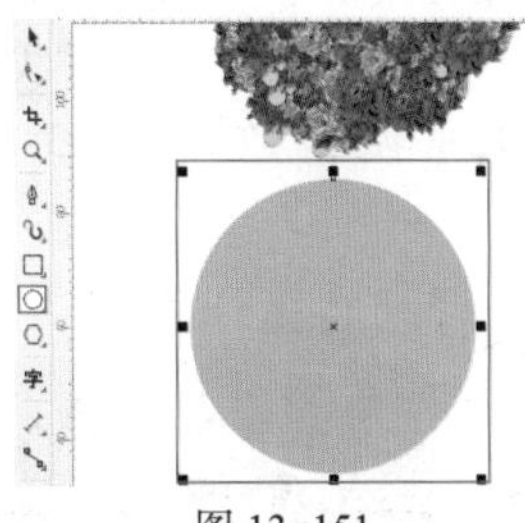

图13-151

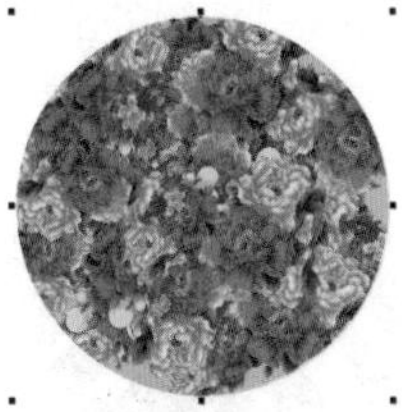

图13-152

步骤 29 将花朵素材移动到包装正面上方的位置。效果如图13-153所示。

步骤 30 使用“椭圆形”工具，在画面上方的位置按住Ctrl键并按住鼠标左键拖动绘制一个正圆，将其填充为深米色。效果如图13-154所示。

图 13-153

图 13-154

步骤 31 继续使用“椭圆形”工具，在该正圆绘制一个稍小的正圆。在该正圆选中状态下，使用“交互式填充”工具，在属性栏中单击“渐变填充”按钮，设置“渐变类型”为“线性渐变填充”，然后编辑一个金色系渐变。效果如图13-155所示。

步骤 32 使用“椭圆形”工具在已有图形上绘制正圆。然后使用“交互式填充”工具在该正圆上方绘制一个深褐色系渐变颜色的正圆。效果如图13-156所示。

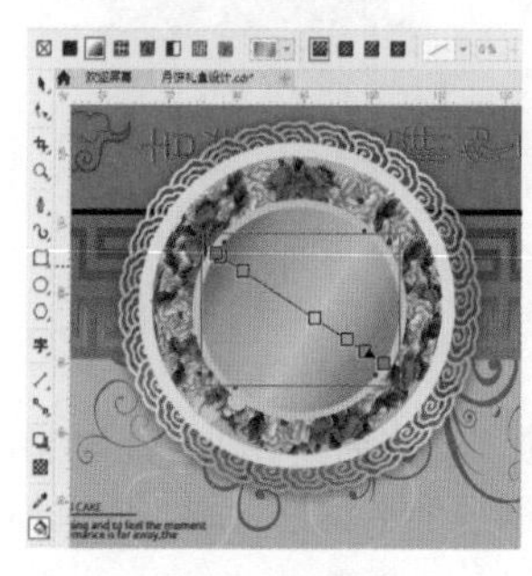

图 13-155

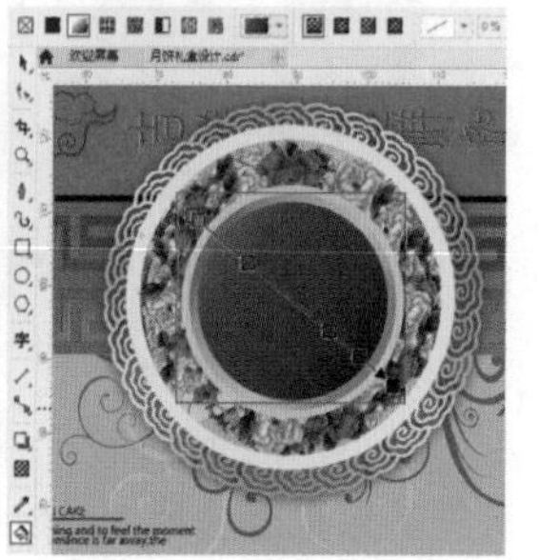

图 13-156

步骤 33 在正圆上添加文字。使用“文本”工具，在包装正面的正圆上输入适当的文字在属性栏中设置合适的字体和字体大小。效果如图13-157所示。

步骤 34 选中该文字，使用“交互式填充”工具，在属性栏中单击“渐变填充”按钮，设置“渐变类型”为“线性渐变填充”，然后编辑一个金色系渐变。效果如图13-158所示。

图 13-157

图 13-158

步骤 35 选择文字，使用“阴影”工具，使用鼠标左键在文字上方从右至左拖动制作阴影效果，然后在属性栏中设置“阴影颜色”为黑色，“阴影不透明度”为50，“阴影羽化”为15，如图13-159所示。至此，月饼礼盒包装的平面设计完成，效果如图13-160所示。

图 13-159

图 13-160

13.4.3 制作礼盒立体效果

扫一扫，看视频

步骤 01 使用快捷键Ctrl+A选中画面中的所有图形，按住鼠标左键向右拖动并按住Shift键，到合适位置后右击进行水平复制。效果如图13-161所示。

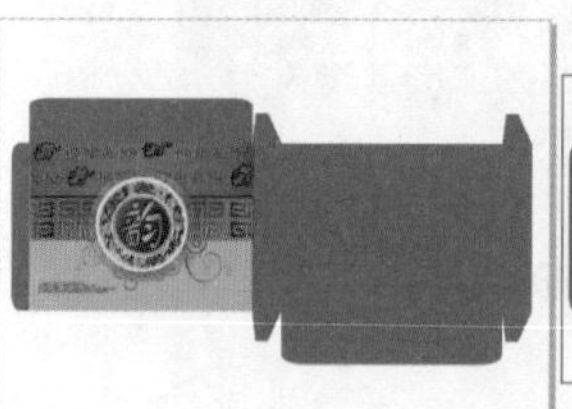

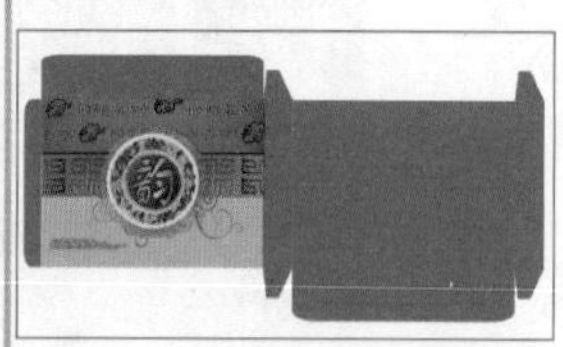

图 13-161

步骤 02 选中复制的平面图，使用“裁剪”工具，在平面图上按住鼠标左键拖动裁剪出正面的部分，效果如

图13-162所示。

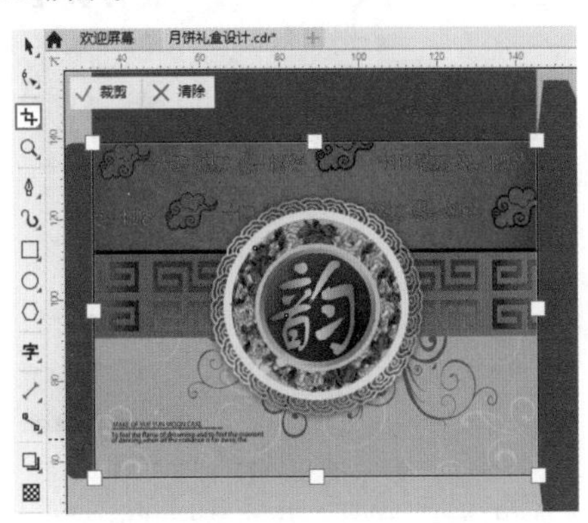

图 13-162

步骤 03 按Enter键，完成裁剪。效果如图13-163所示。

图 13-163

步骤 04 选中正面部分，执行“位图”→“转换为位图”命令，在弹出的“转换为位图”对话框中设置“分辨率”为72dpi，“颜色模式”为“RGB色（24位）”，设置完成后单击OK按钮，如图13-164所示。

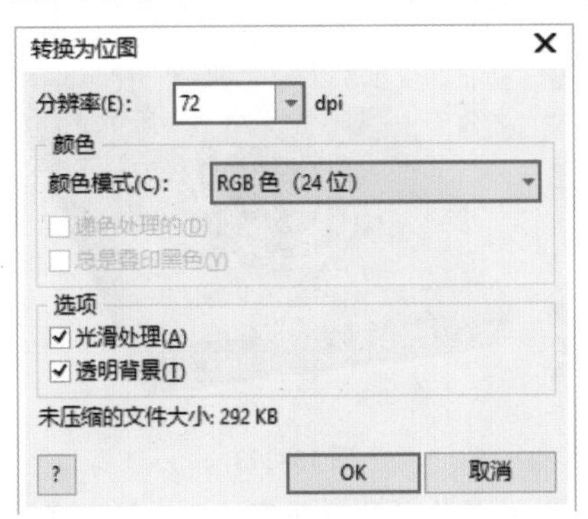

图 13-164

步骤 05 执行“对象”→“透视点”→“添加透视”命令，按住鼠标左键拖动右上角的节点。效果如图13-165所示。

图 13-165

步骤 06 调整其他3个节点，使图形的透视关系更加合理。此时正面效果如图13-166所示。

图 13-166

步骤 07 制作底部的立面。使用“钢笔”工具，在包装下方绘制一个四边形。效果如图13-167所示。

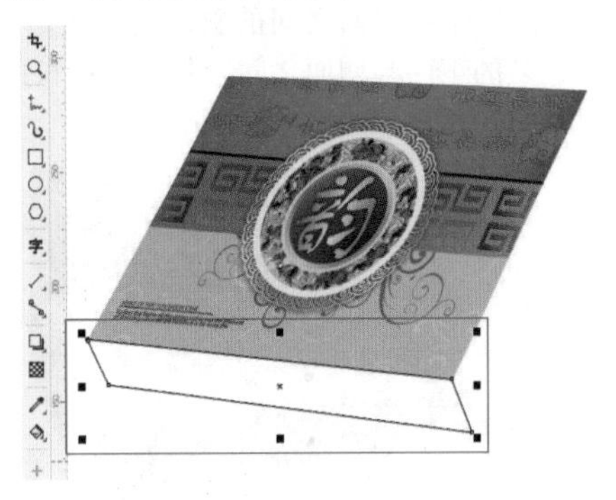

图 13-167

步骤 08 选中该图形，使用“交互式填充”工具，在属性栏中单击“渐变填充”按钮，设置“渐变类型”为“线性渐变填充”，然后编辑一个红色系的渐变，效果如图13-168所示。

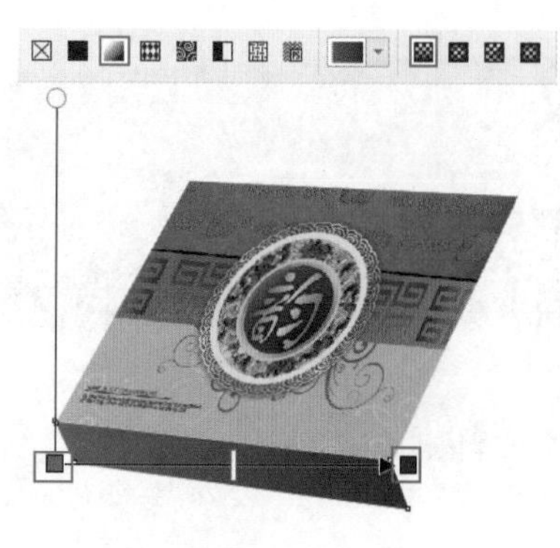

图 13-168

步骤 09 使用同样的方法制作包装的另一个侧面。效果如图 13-169 所示。

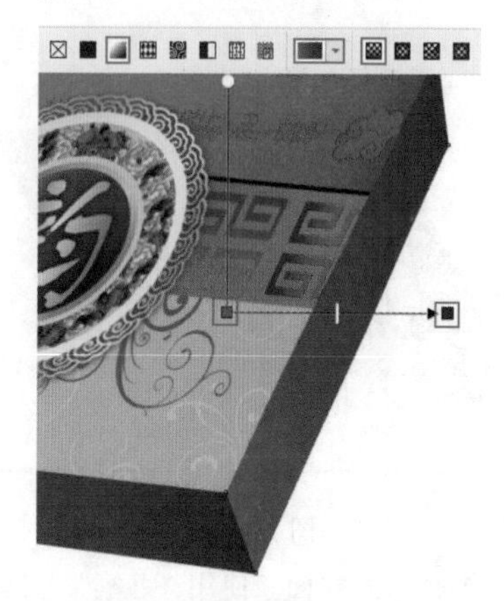

图 13-169

步骤 10 制作顶面和立面之间的斜角面。使用“钢笔”工具，在包装的正面与侧面之间绘制一个细长的图形。效果如图 13-170 所示。

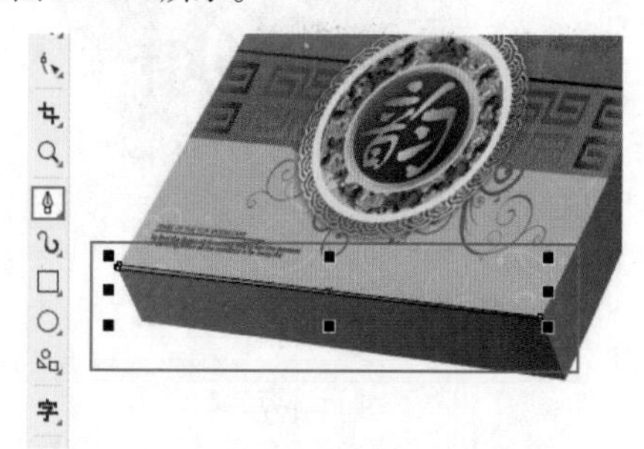

图 13-170

步骤 11 选中该图形，使用“交互式填充”工具，在属性栏中单击“渐变填充”按钮，设置“渐变类型”为“线性渐变填充”，然后编辑一个红色系的渐变，去除黑色的轮廓线。效果如图 13-171 所示。

图 13-171

步骤 12 使用同样的方法制作包装的其他立面之间的连接部分。效果如图 13-172 所示。

图 13-172

步骤 13 制作包装的高光效果。使用“钢笔”工具，在包装顶面左上角绘制一个三角形。然后将其填充为亮红色，同时去除黑色的轮廓线。效果如图 13-173 所示。

图 13-173

步骤 14 调整三角形的透明度。选中该三角形，使用“透明度”工具，在属性栏中设置“透明度的类型”为“渐变透明度”，“渐变模式”为“线性渐变透明度”，并调整节点的透明度与位置。效果如图 13-174 所示。

图 13-174

步骤 15 制作包装盒右侧的立体阴影效果。使用“钢笔”工具，在包装盒上通过立体包装轮廓绘制一个不规则图形。效果如图 13-175 所示。

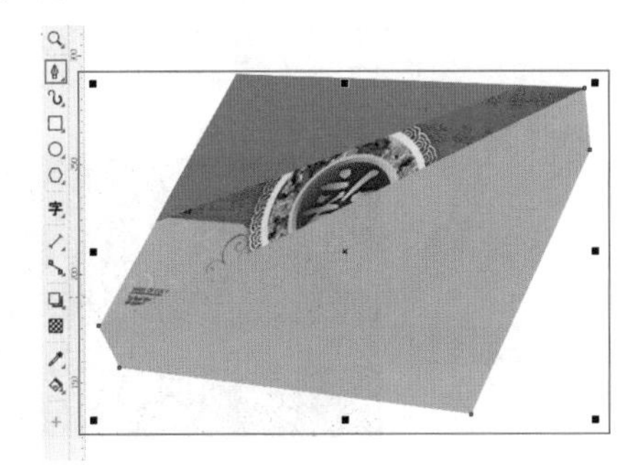

图 13-175

步骤 16 选中该图形，使用“阴影”工具，使用鼠标左键在图形上方由中间位置向右下方拖动制作阴影，然后在属性栏中设置“阴影颜色”为黑色，“阴影不透明度”为50，“阴影羽化”为15。效果如图 13-176 所示。

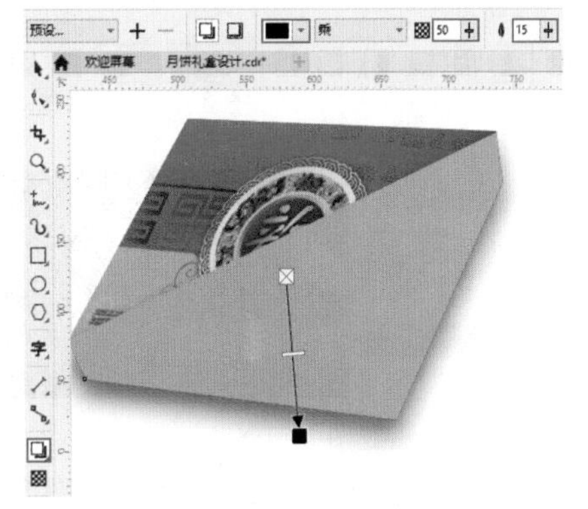

图 13-176

步骤 17 选中该图形，多次使用快捷键Ctrl+Page Down将其置于包装盒的下方。效果如图 13-177 所示。

图 13-177

步骤 18 导入背景素材4，调整大小放画面中合适的位置。效果如图 13-178 所示。

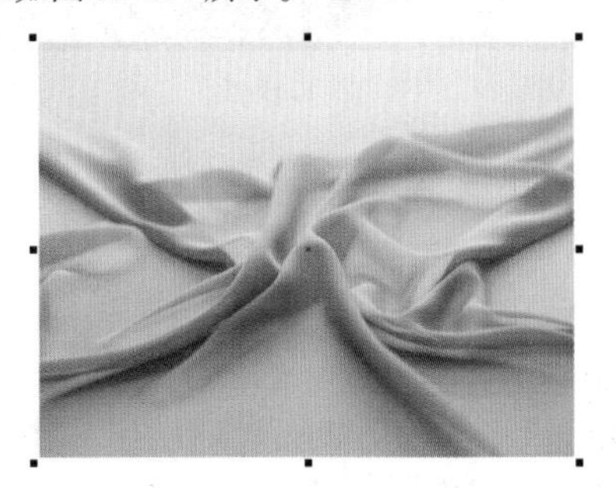

图 13-178

步骤 19 选中刚刚制作的立体包装盒，使用快捷键Ctrl+G组合对象。将其移动到刚刚导入的背景素材中，然后右击，执行“顺序”→“到页面前方”命令，并将其置于画面的最上方。至此，本案例制作完成，效果如图 13-179 所示。

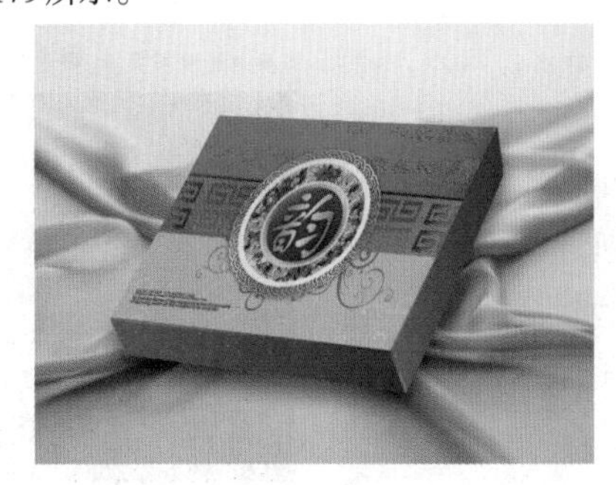

图 13-179

13.5 项目案例：红酒包装设计

文件路径	资源包\第13章\红酒包装设计
难易指数	★★★★★
技术掌握	“矩形”工具、“星形”工具、“钢笔”工具、“文本”工具、“透明度”工具、炭笔画效果

案例效果

案例效果如图13-180所示。

图13-180

操作步骤

13.5.1 制作红酒包装平面图

扫一扫，看视频

步骤01 新建一个大小合适的正方形空白文档。使用“矩形”工具绘制一个与绘图区等大的矩形，去除黑色的轮廓线。效果如图13-181所示。

步骤02 为背景矩形添加渐变色。在背景矩形选中状态下，使用“交互式填充”工具，在属性栏中单击“渐变填充”按钮，设置“渐变类型”为“线性渐变填充”。设置完成后编辑一个灰色系的线性渐变，效果如图13-182所示。

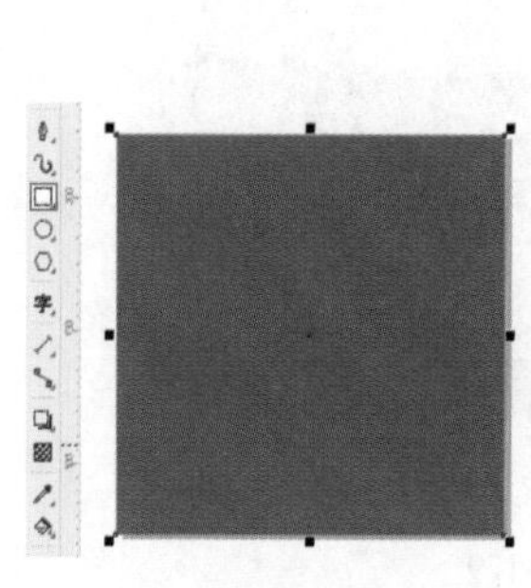

图13-181

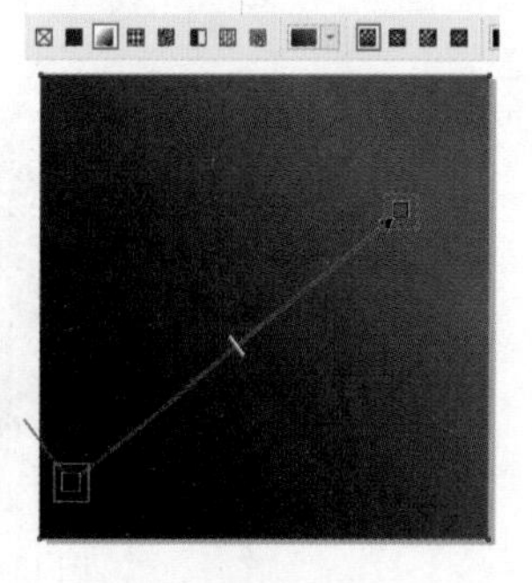

图13-182

步骤03 在背景中添加各种不同的几何图形，以丰富画面效果。使用“椭圆形”工具，在灰色渐变矩形左上角按住Ctrl键的同时按住鼠标左键拖动绘制一个浅绿色正圆，在属性栏中设置“轮廓宽度”为10.0mm。效果如图13-183所示。

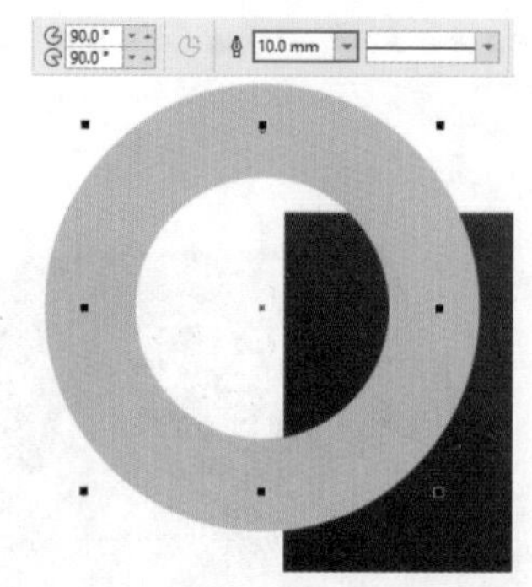

图13-183

步骤04 绘制渐变的圆角矩形。使用“矩形”工具，在属性栏中单击“圆角”按钮，设置“圆角半径”为5.0mm。设置完成后在浅绿色正圆下方，绘制一个蓝色的圆角矩形。效果如图13-184所示。

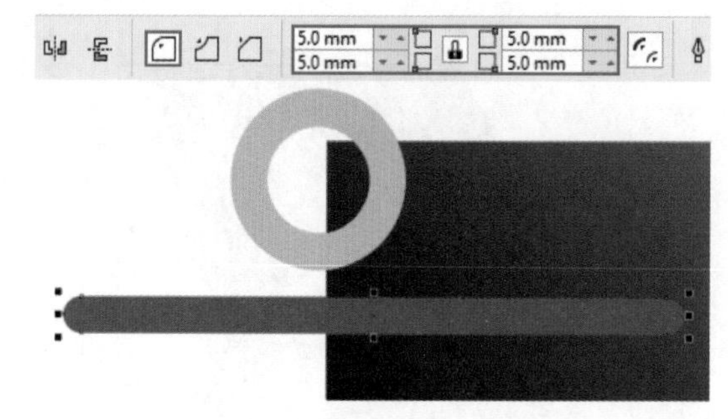

图13-184

步骤05 为圆角矩形添加渐变色。将图形选中，使用“交互式填充”工具，在属性栏中单击“渐变填充”按钮，设置“渐变类型”为“线性渐变填充”。设置完成后编辑一个紫色到蓝色的线性渐变。效果如图13-185所示。

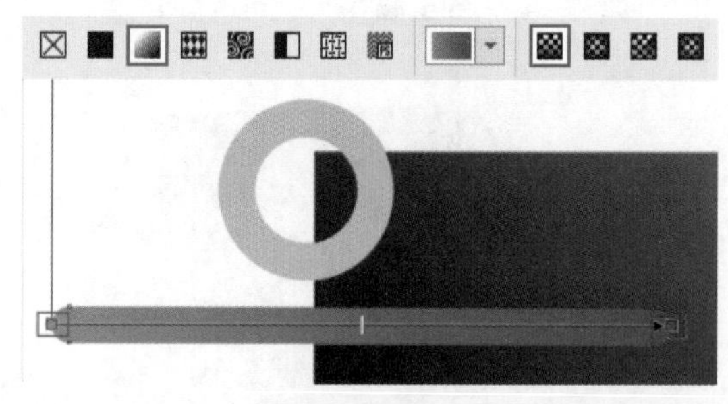

图13-185

步骤06 对渐变圆角矩形进行适当旋转。在图形选中状态下，在属性栏中设置“旋转角度”为45.0° 。效果如图13-186所示。

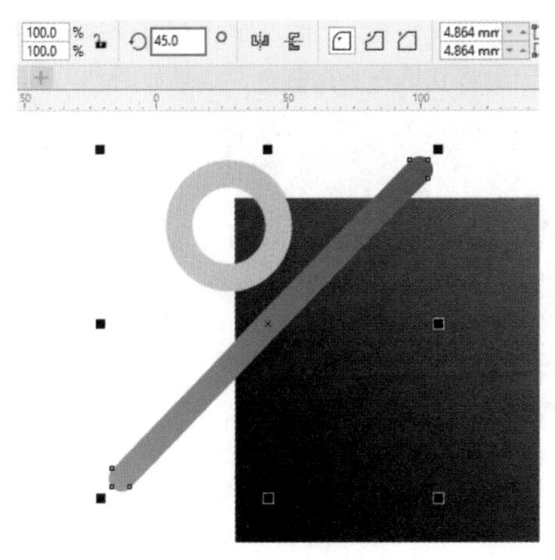

图 13-186

步骤 07 绘制圆角矩形。在属性栏中单击“圆角”按钮，设置“圆角半径”为22.0mm。设置完成后在背景矩形左下角绘制一个圆角矩形。效果如图13-187所示。

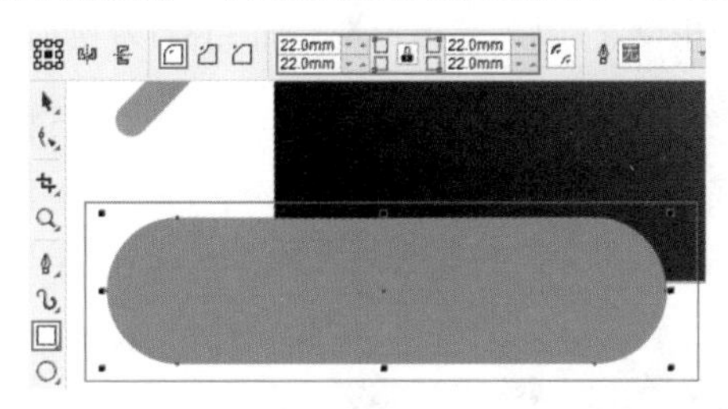

图 13-187

步骤 08 为其填充渐变色。选中图形，使用“交互式填充”工具，在属性栏中单击“渐变填充”按钮，设置“渐变类型”为“线性渐变填充”。设置完成后编辑一个淡蓝色系的线性渐变。效果如图13-188所示。

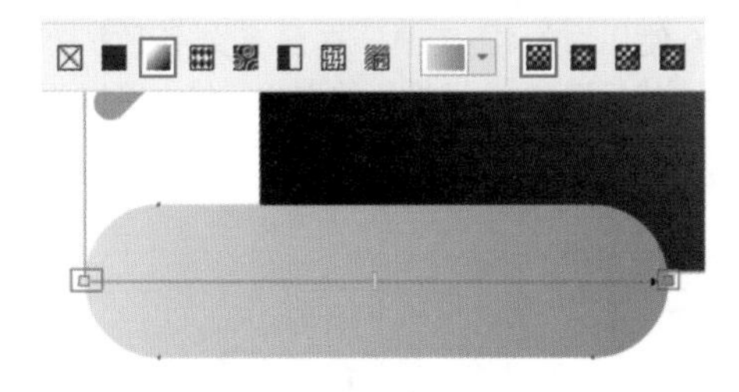

图 13-188

步骤 09 对渐变圆角矩形进行适当的旋转。在图形选中状态下，在属性栏中设置“旋转角度”为45.0°。效果如图13-189所示。

步骤 10 使用“矩形”工具绘制多个圆角矩形，填充为合适的颜色后旋转相同的角度。效果如图13-190所示。

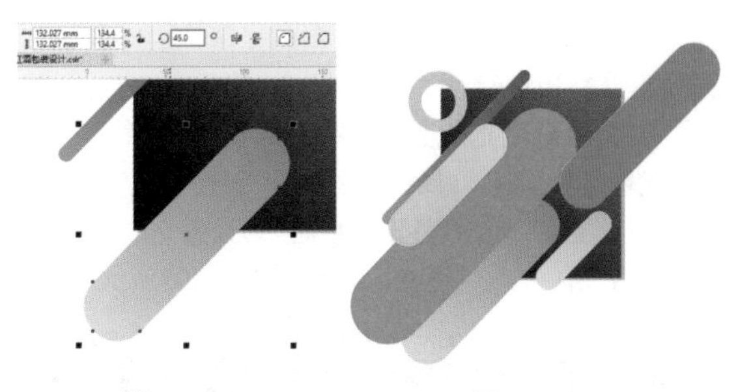

图 13-189　　图 13-190

步骤 11 在画面中添加小三角形。使用“多边形”工具，在属性栏中设置“点数或边数”为3。设置完成后在背景矩形右上角，按住Ctrl键的同时按住鼠标左键，拖动绘制一个青色的正三角形。效果如图13-191所示。

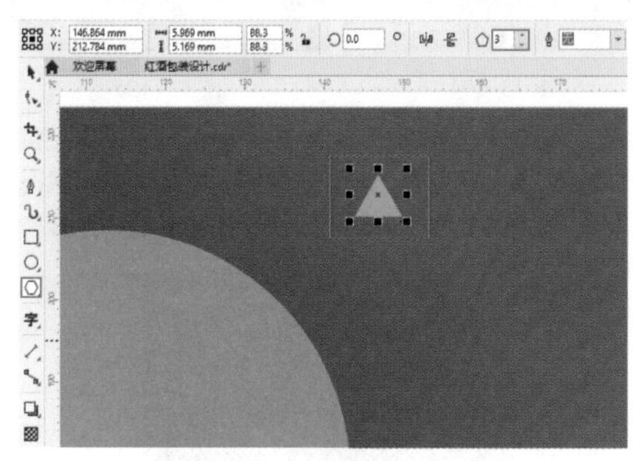

图 13-191

步骤 12 对绘制完成的正三角形进行适当旋转。选中图形，在其上方单击调出旋转定界框。将光标放在定界框一角，按住鼠标左键进行旋转。效果如图13-192所示。

步骤 13 选中旋转完成的三角形，进行多次复制。接着将复制得到的三角形进行大小及颜色的调整。然后将其摆放在画面中合适的位置。效果如图13-193所示。

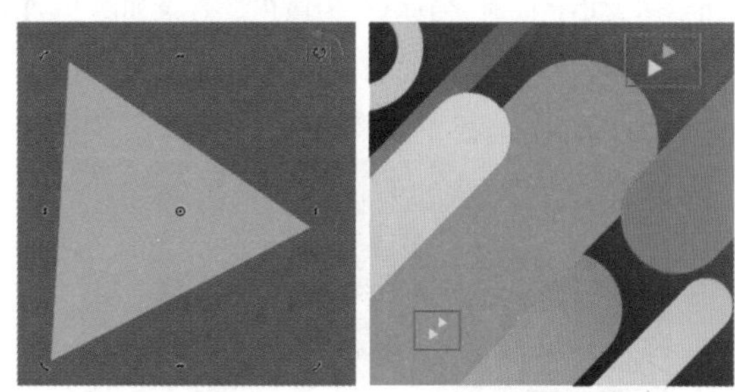

图 13-192　　图 13-193

步骤 14 在画面中添加星星，丰富整体的细节效果。使用“星形”工具，在属性栏中单击“星形”按钮，设置“点数或边数”为5，“锐度”为53。设置完成后，在右上角的三角形下方，绘制一个白色的星形，去除轮廓线。效果如图13–194所示。

步骤 15 为星形填充渐变色。在图形选中状态下，使用“交互式填充”工具，在属性栏中单击“渐变填充”按钮，设置“渐变类型”为“线性渐变填充”。设置完成后编辑一个淡灰色到白色的线性渐变。效果如图13–195所示。

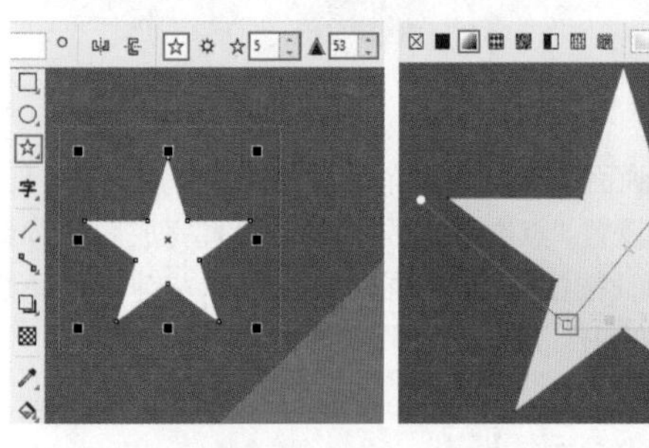

图13–194　　图13–195

步骤 16 选中渐变的星形，将其复制一份放在粉色圆角矩形左侧位置。然后在“交互式填充”工具使用的状态下，编辑一个蓝色系的线性渐变。效果如图13–196所示。

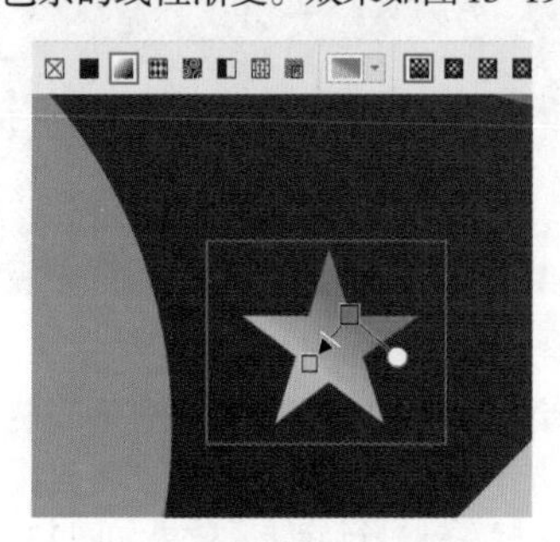

图13–196

步骤 17 制作顶部的文字效果。使用“文本”工具，在画面顶部输入文字。选中文字，在属性栏中设置合适的字体和字体大小，同时将其填充为白色。效果如图13–197所示。

图13–197

步骤 18 使用“文本”工具，在已有文字下方单击输入文字，同时将其填充为深蓝色。效果如图13–198所示。

图13–198

步骤 19 添加的深蓝色文字，全部设置为大写字母形式。将文字选中，调出右侧的“文本”泊坞窗，接着单击“字符”按钮A，进入字符属性面板。然后单击“大写字母”按钮AB，在弹出的下拉列表中选择“全部大写字母”，将文字选中设置为大写字母形式，如图13–199所示。

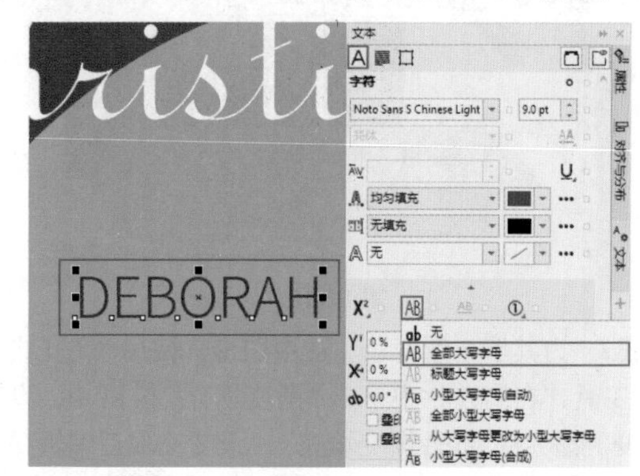

图13–199

步骤 20 使用“文本”工具，在已有文字下方输入合适的文字，然后以Enter键换行的方式，将文字以两行进行呈现。效果如图13–200所示。

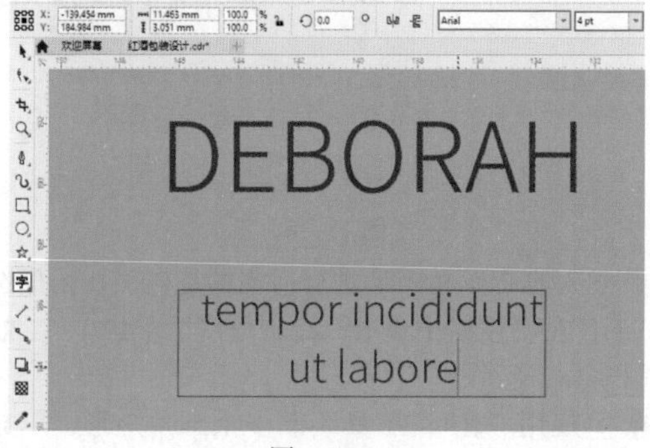

图13–200

步骤 21 对输入的两行文字进行字母样式及行间距的调整。选中文字，调出右侧的“文本”泊坞窗，单击“字符”按钮A，进入字符属性面板，然后单击“全部大写”字母按钮AB，在弹出的下拉列表中选择“全部大写字母”，将文字字母全部设置为大写形式，如图 13-201 所示。

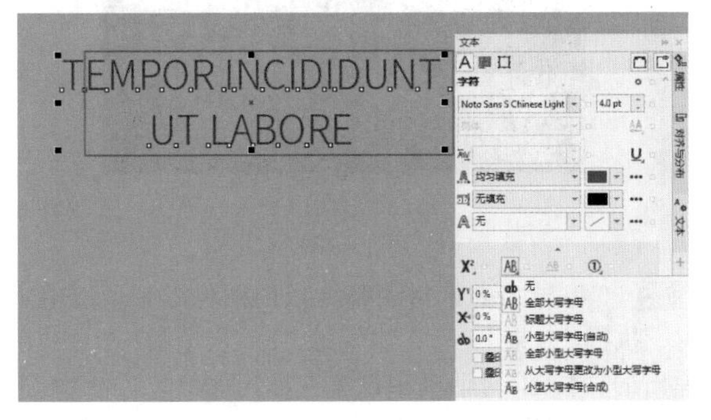

图 13-201

步骤 22 调整文字的行间距。在文字选中状态下，单击“段落”按钮，进入段落属性面板，然后设置“行间距”为 183.0%，如图 13-202 所示。

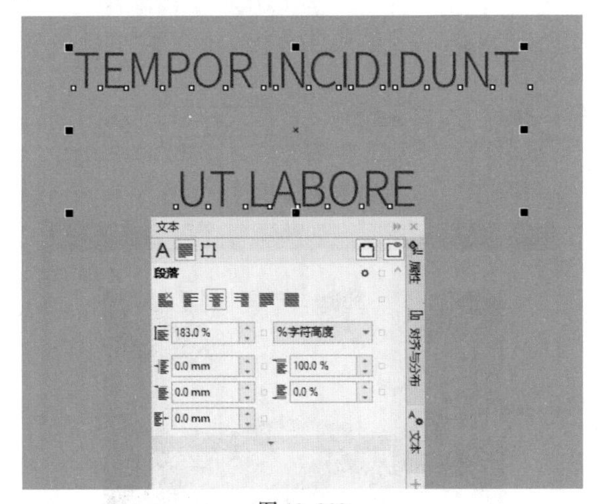

图 13-202

步骤 23 在文字外围添加一个矩形边框，以增强视觉聚拢感。使用“矩形”工具，在文字外围绘制一个深蓝色的描边矩形，在属性栏中设置“轮廓宽度”为 0.5mm。效果如图 13-203 所示。

步骤 24 使用“文本”工具，在深蓝色矩形边框下方单击输入文字，同时设置文字颜色为合适的颜色。效果如图 13-204 所示。

图 13-203

图 13-204

步骤 25 制作白色文字左、右两侧的图形元素装饰效果。使用“钢笔”工具，在白色文字左侧绘制一个白色三角形，然后去除轮廓线。效果如图 13-205 所示。

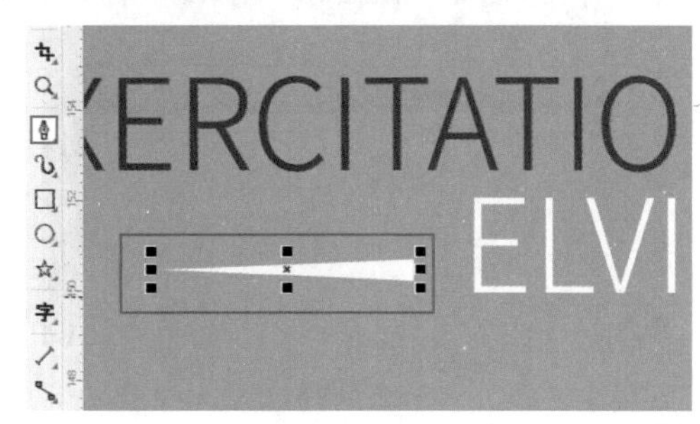

图 13-205

步骤 26 选中绘制完成的图形，将其复制一份放在白色文字相对应的右侧位置。在复制得到的图形选中状态下，在属性栏中单击“水平镜像”按钮，将其进行水平方向的翻转。效果如图13-206所示。

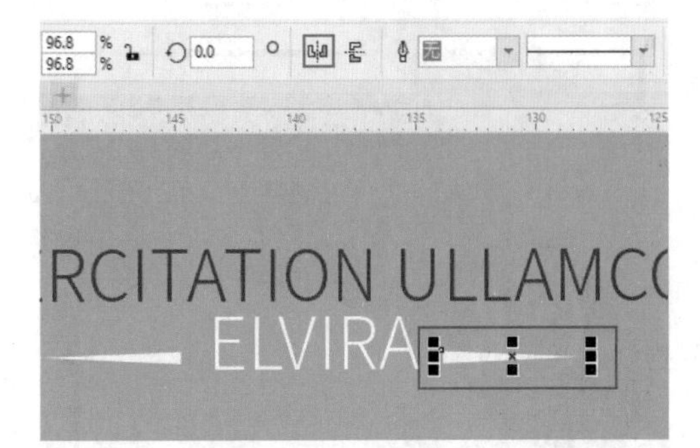

图 13-206

步骤 27 制作底部的文字标签说明效果。使用“矩形”工具，在画面底部绘制一个白色的矩形。效果如图13-207所示。

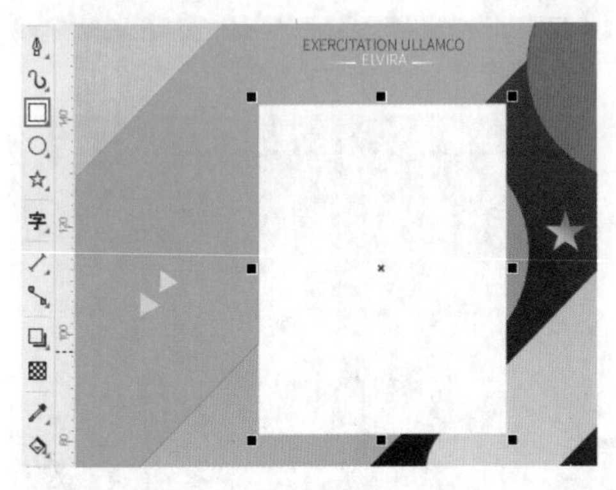

图 13-207

步骤 28 使用“矩形”工具，在白色矩形顶部绘制一个深蓝色的长条矩形。效果如图13-208所示。

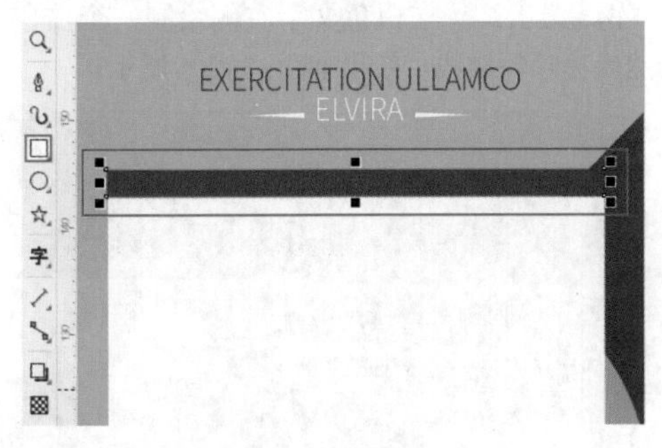

图 13-208

步骤 29 制作白色矩形上方的黑白图像。执行“文件”→“导入”命令，导入素材1。并调整大小放在白色矩形上。效果如图13-209所示。

图 13-209

步骤 30 将导入的素材调整为黑白图像效果。选中素材，执行“效果”→“艺术笔触”→“炭笔画”命令，在弹出的“木炭”对话框中设置“大小”为10，“边缘”为0，设置完成后单击OK按钮，如图13-210所示。效果如图13-211所示。

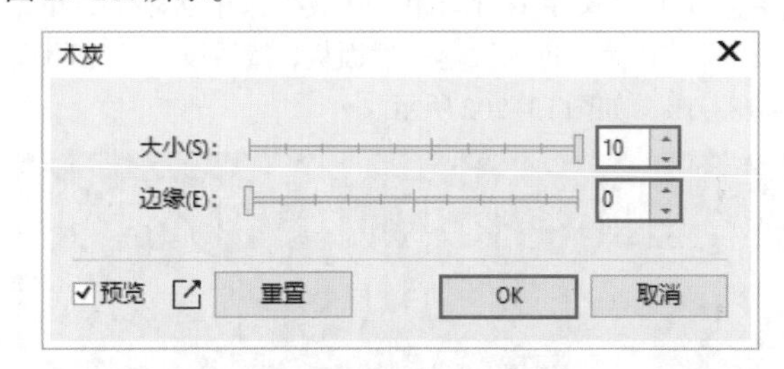

图 13-210

图 13-211

步骤 31 在素材图像下方添加段落文字。使用“文本”工具，在素材图像下方绘制一个文本框，在文本框中输入相应的文字。接着选中文本框，在属性栏中设置合适的字体、字体大小、文本对齐方式。效果如图13-212所示。

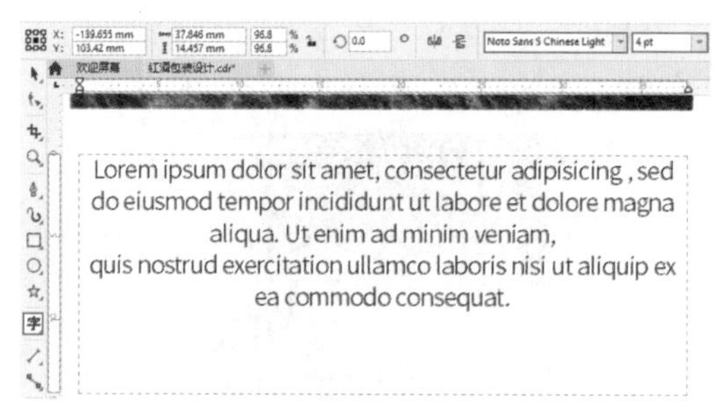

图 13–212

步骤 32 对段落文字的行间距进行调整。将段落文字选中，打开右侧的“文本”泊坞窗，单击“段落”按钮，进入段落属性面板。然后设置“行间距”为150.0%，此时可以看到，文字的行间距变得更加稀疏一些，如图13–213所示。

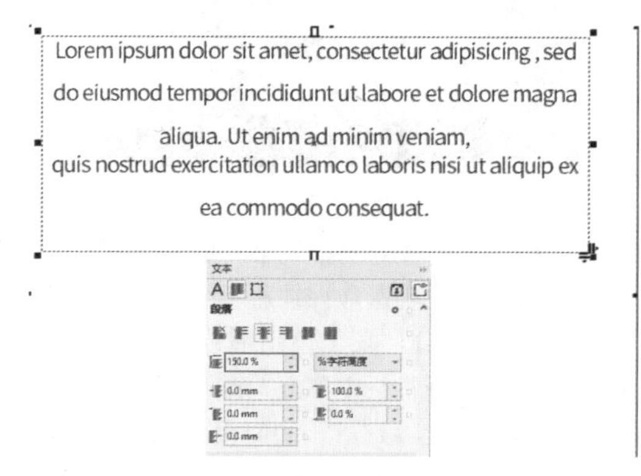

图 13–213

步骤 33 使用“矩形”工具，在段落文字下方绘制一个深蓝色的长条矩形。效果如图13–214所示。

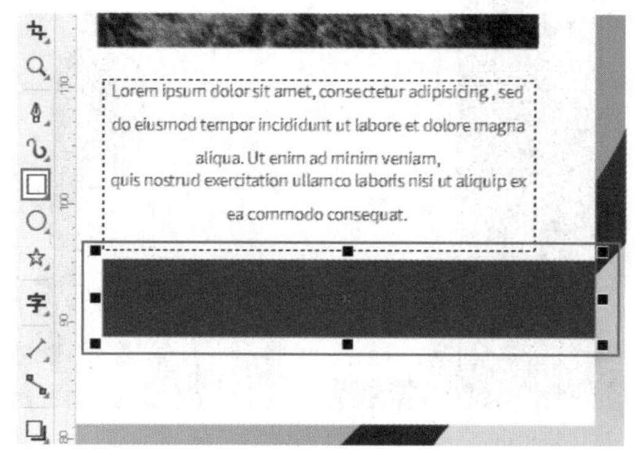

图 13–214

步骤 34 使用“文本”工具，在刚绘制的矩形中添加白色的文字。效果如图13–215所示。

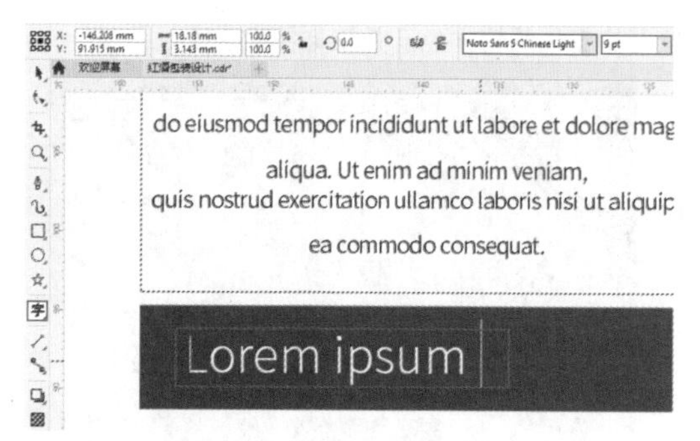

图 13–215

步骤 35 使用“选择”工具，将所有图形与文字对象选中，按住鼠标左键往绘图区外拖动，至合适位置时右击进行复制，以备后面操作时使用。效果如图13–216所示。

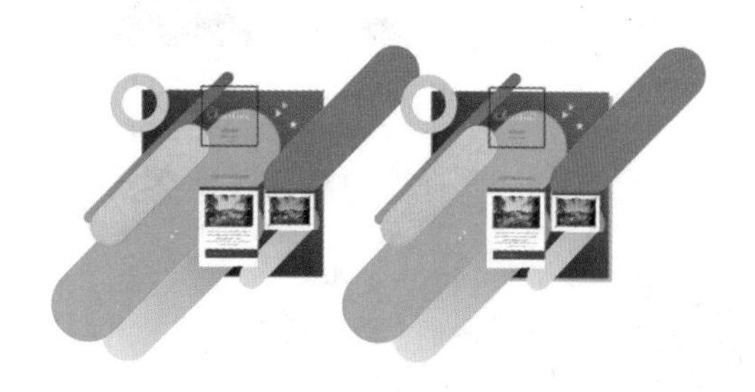

图 13–216

步骤 36 平面图中的元素制作完成，但是有超出绘图区的部分，需要将其进行隐藏。将在绘图区中的所有图形及文字对象选中，使用快捷键Ctrl+G进行编组。接着使用“矩形”工具，绘制一个与绘图区等大的矩形，如图13–217所示（为了方便观察绘制，该步骤操作将其轮廓设置为黄色）。

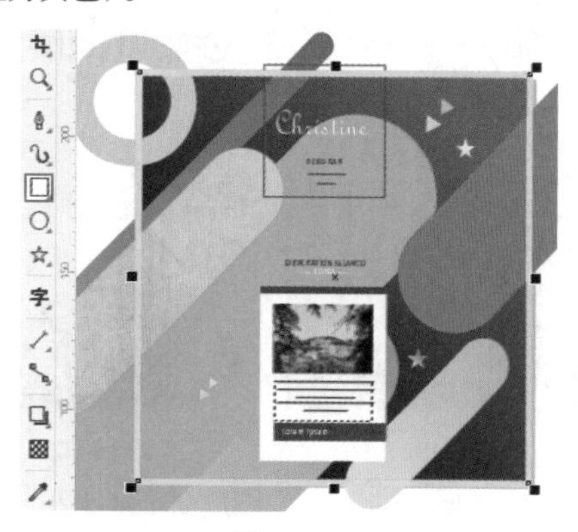

图 13–217

步骤 37 选中图形组，执行“对象”→PowerClip→“置于图文框内部”命令，此时光标变为朝右的黑色小箭头。然后在黄色描边矩形上单击，即可将不需要的部分隐藏。

同时去除黄色的轮廓色。效果如图13-218所示。

图 13-218

13.5.2 制作红酒包装立体展示效果

扫一扫，看视频

步骤 01 执行“文件”→“导入”命令，将素材2导入画面，放在绘图区外的空白位置。效果如图13-219所示。

步骤 02 制作左侧红酒瓶身上的标签。由于立体的瓶子表面带有一定的弯曲弧度，如果直接将制作完成的平面图放上去，则与实际包装效果不符合。因此需要将瓶子的外观轮廓绘制出来，然后通过执行PowerClip命令制作出带有弧度感的标签。使用“钢笔”工具，在瓶子上绘制出标签区域的轮廓，如图13-220所示。将绘制完成的平面效果图标签轮廓复制两份，以备后面操作时使用(为了便于观察效果，在该步骤操作中，将轮廓色设置为白色)。

图 13-219　　图 13-220

步骤 03 将平面图复制一份，缩放到合适大小，摆放在标签处，执行“对象”→PowerClip→“置于图文框内部”命令，单击标签轮廓图形。效果如图13-221所示。

步骤 04 在标签上添加阴影和高光效果，增强标签立体感。选中复制得到的瓶身轮廓图形，将其填充为黑色并去除轮廓线。然后执行“对象”→“顺序”→“到页面前面”命令，将其放置在瓶身的前面。效果如图13-222所示。

图 13-221

步骤 05 制作不同位置的阴影效果。由于瓶子是一个凸出的曲面效果，因此阴影应该在瓶子的左、右两侧以及中间部位的一小部分。在黑色图形选中状态下，使用“透明度”工具，在属性栏中单击“渐变透明度”按钮，设置“合并模式”为“减少”，同时设置“渐变类型”为“线性渐变透明度”。设置完成后在黑色图形上添加透明度渐变。效果如图13-223所示。

图 13-222　　图 13-223

步骤 06 由于需要在瓶身的左、右两侧以及中间部位添加阴影，所以需要在控制柄上方添加节点，将不同位置的节点透明度调整到一个合适的范围。最左侧节点的设置为66，效果如图13-224所示。

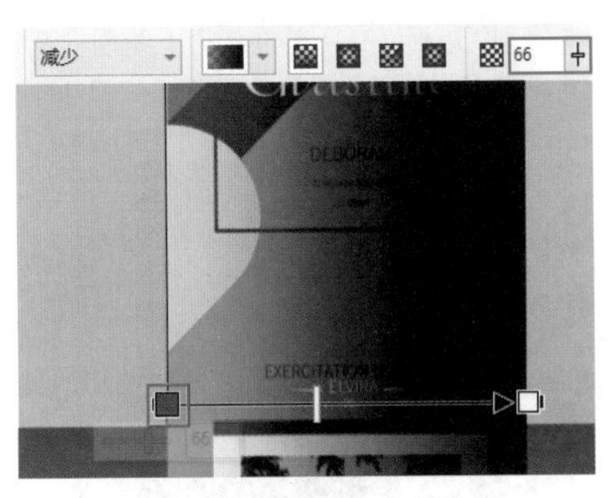

图 13-224

步骤 07 在控制柄上方添加节点，然后在属性栏中设置“节点透明度”为100，效果如图13-225所示。

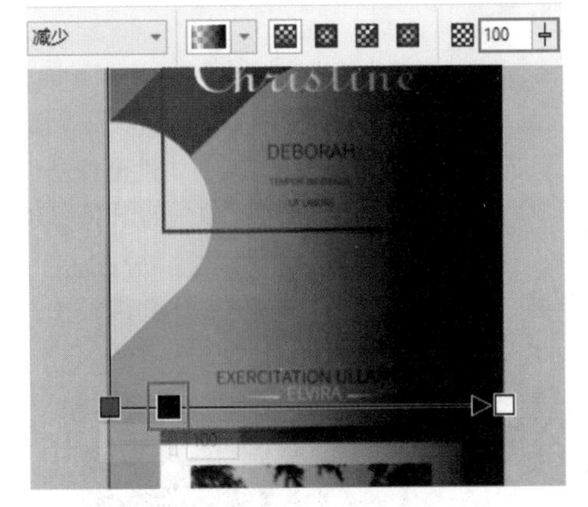

图 13-225

步骤 08 在该节点右侧再次添加一个透明度节点，效果如图13-226所示。

图 13-226

步骤 09 制作瓶身中间部位的阴影效果。在控制柄中间部位双击添加节点，然后在属性栏中设置“节点透明度”为80。效果如图13-227所示。

图 13-227

步骤 10 使用同样的方法，制作最右侧的阴影效果，同时对不同位置节点的透明度进行调整。效果如图13-228所示。

图 13-228

步骤 11 制作高光效果。瓶身上方的高光部位，刚好与阴影位置相反，它集中在瓶身中间的左、右两侧。将复制得到的瓶身轮廓图形移动至画面中，通过调整图层顺序，摆放在画面最上方，同时将其填充为白色。效果如图13-229所示。

图 13-229

步骤 12 使用“透明度”工具，在控制柄上方添加节点，对不同位置的节点透明度进行调整。效果如图13-230所示。

图 13-230

步骤 13 制作纸盒的展示效果。首先绘制出包装盒的外观轮廓。使用“矩形”工具，在属性栏中单击“圆角”按钮，设置“圆角半径”为2.0mm。设置完成后在立体包装盒上方绘制外观轮廓图，将其轮廓色去除，如图13-231所示。将外观轮廓图复制一份，以备后面操作时使用。

图 13-231

步骤 14 将平面图复制一份，缩放到合适的大小。执行“对象”→PowerClip→“置于图文框内部”命令，单击纸盒的外轮廓，隐藏不需要的部分。效果如图13-232所示。

图 13-232

步骤 15 使用“矩形”工具在包装盒上绘制一个等大的矩形，将其填充为深灰色。效果如图13-233所示。

图 13-233

步骤 16 在图形选中状态下，使用“透明度”工具，在属性栏中单击“渐变透明度”按钮，设置“合并模式”为“减少”，同时设置“渐变类型”为“线性渐变透明度”。设置完成后在图形上设置透明度。效果如图13-234所示。

图 13-234

步骤 17 选中底部的节点，在属性栏中设置“节点透明度”为50，如图13-235所示。

图 13-235

步骤 18 选中右上角的白色节点，在属性栏中设置“节点透明度”为100，如图13-236所示。此时包装的立体展示效果制作完成，效果如图13-237所示。

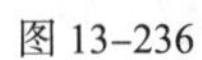
图 13-236

图 13-237

Chapter 14

第14章

书籍杂志设计

本章内容简介

书籍是人类社会实践的产物，是一种特定的不断发展的知识传播工具。“书籍设计”是一个比较大的概念，当读者在购买一本书时，吸引他的不仅仅是内容，还有可能是书籍的封面、内容的排版或书籍的装订方式，可以说书籍设计是一门大学问。在平面设计中，书籍设计主要是书籍封面设计和书籍内页排版设计两大方面。书籍排版设计是将书籍原稿通过合理的、有层次结构地编排在一起，以此达到方便读者阅读，从而给读者美的享受的目的。本章学习书籍设计的基础知识，通过相关案例的制作进行书籍内页及封面设计制图的练习。

14.1 书籍设计基础知识

书籍是一种特殊的商品，它不仅是商品，也是一种文化。在商品经济竞争非常激烈的今天，一本完美的书籍，不仅要内容充实，还要有个性的封面和精美的版式，这样才能让读者充分享受阅读的过程。

14.1.1 什么是书籍设计

书籍是人类社会实践的产物，是一种特定的不断发展的知识传播工具。“书籍设计”是一个比较大的概念，当读者在购买一本书时，吸引他的不仅仅是内容，还有可能是书籍的封面、内容的排版或者书籍的装订方式，可以说书籍设计是一门大学问。在平面设计中，书籍设计主要是书籍封面设计和书籍内页排版设计两大方面。书籍排版设计是将书籍原稿通过合理、有层次结构地编排在一起，以此达到方便读者阅读，从而给读者美的享受的目的，如图14–1和图14–2所示。

图 14–1

图 14–2

14.1.2 书籍封面设计

广义来说，封面是指书刊外面的一层，主要由图案和文字组成。封面的作用是保护书籍的内容，体现书籍名称、作者等信息和在陈列中吸引读者。狭义上讲，封面是指书籍的正面，是整本书的“脸面”。书籍的“脸面”包括封面、封底、书脊、腰封和护封，如图14–3所示。

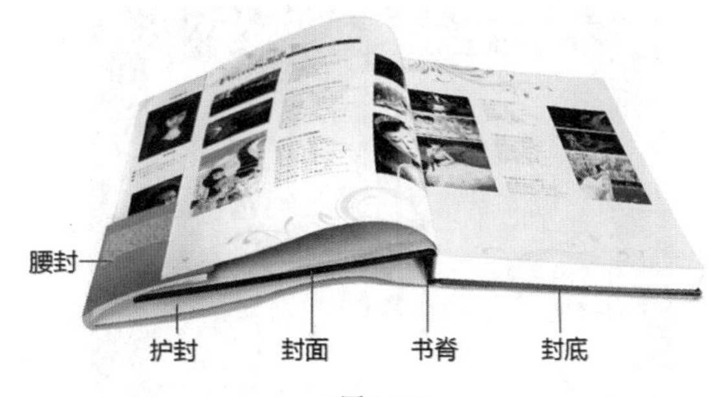

图 14–3

下面重点介绍该部分。

- 封面：是包裹住书刊最外面的一层，它在书籍设计中占有重要地位，封面的设计在很大程度决定了消费者是否会拿起该书籍。封面主要包括书名、作者名、出版社名等内容。
- 封底：指书刊的背面，跟封面相对的一面，是封面、书脊的延展、补充、总结或强调。封底与封面两者之间紧密关联，相互帮衬，相互补充，缺一不可。
- 书脊：是指书刊封面、封底连接的部分，相当于书芯厚度。
- 腰封：是指包裹在书籍封面的一条腰带纸，其不仅可用来装饰和补充书籍的不足之处，还能起到一定的引导作用，使消费者快捷了解该书的内容和特点。
- 护封：主要用来避免书籍在运输、翻阅、光线和日光照射过程中受损和帮助书籍的销售。

封面设计相当于商品的外包装，它有非常重要的意义，是整本书的设计重点。因此在设计封面时可以尝试以下3种方法。

（1）以一个完整的图形横跨封面、封底和书脊，如图14–4所示。

图 14–4

(2) 将封面上的全部或局部图形缩小后放在封底上，作为封底的标志或图案，从而与封面相互呼应，如图14-5所示。

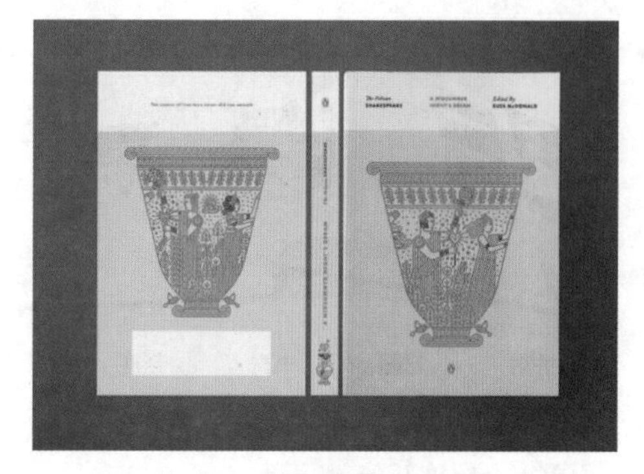

图14-5

(3) 封面和封底相似，如图14-6所示。

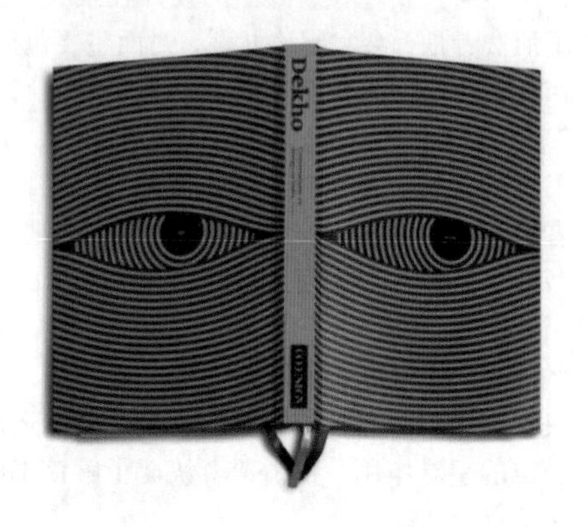

图14-6

14.1.3 内页设计

翻开书籍的封面便是书的内页了，内页由多部分组成，最基本的就是扉页、目录和正文版面。扉页是整本书的入口和序曲，具有向读者介绍书名、作者名和出版社名的作用。目录是书刊中章、节标题的记录，主要起到主题索引的作用，便于读者查找，通常来说，目录放在书刊正文之前。

正文版面是书籍排版的重要内容，以页为单位。每一版面由大小不同的文字、图案、表格等内容组成。整个正文版面中包括版心、页眉、页脚和注解，因此对正文进行排版时要处理好各部分的关系，使版面主次分明、美观大方、易读性好。图14-7和图14-8所示为内页设计。

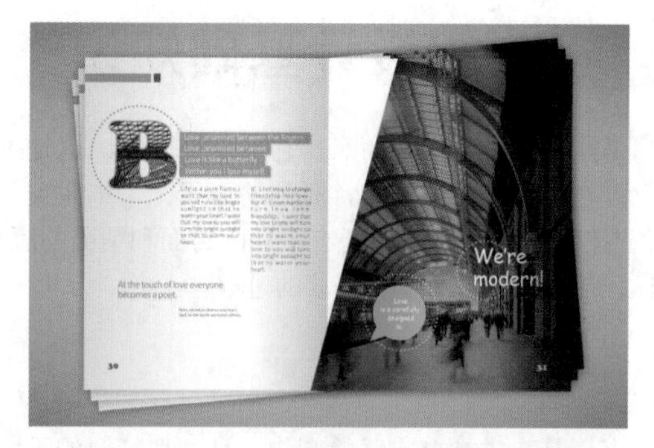

图14-7

图14-8

正文的排版是内页设计的重点，通常书籍的正文都会包含版心、页眉、页脚、注解等几大要素。

- 版心：是指正文版面中被集中印刷的范围，一般会在版心的四周会留下一些空白，这些空白的作用是让读者更好地阅读内容，减少阅读产生的压迫感。常见的版式布局有骨骼型、满版型、上下分割型、左右分割型、中轴型、曲线型、倾斜型、对称型、重心型、三角型、并置型和自由型等。
- 页眉与页脚：页眉位于版面的顶部，页脚位于版面的底部，页眉与页脚通常是图案与文字的搭配，在画面中起到装饰、说明的作用。
- 注解：是对正文中某个词或某句话的解释和说明。通常在正文中用一种特殊符号来表示，之后会在当前页的下面进行具体解释。可以将注解分为段后注、脚注、边注和后注4个部分。

14.2 项目案例：影视杂志内页设计

扫一扫，看视频

文件路径	资源包\第14章\影视杂志内页设计
难易指数	★★★★★
技术掌握	“涂抹”工具、“立体化”工具、“阴影”工具

案例效果

案例效果如图14-9所示。

图14-9

操作步骤

步骤 01 新建一个A4大小的空白文档。执行“文件”→“导入”命令，在弹出的“导入”对话框中找到素材，选择素材“1.jpg”，单击“导入”按钮，如图14-10所示。

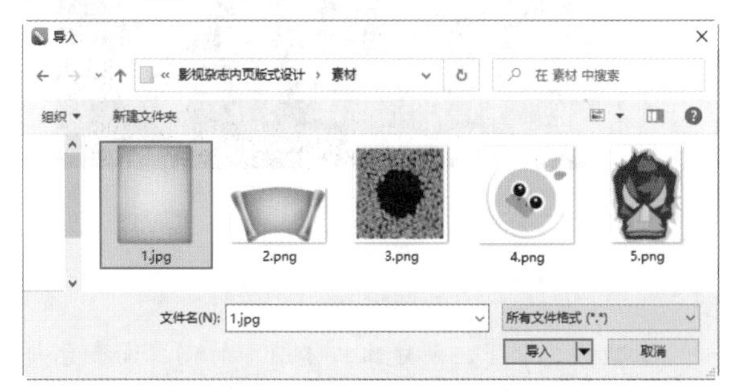

图14-10

步骤 02 在画面中按住鼠标左键拖动，松开鼠标后完成导入操作，然后调整素材使其铺满整个绘图区，如图14-11所示。使用同样方法导入素材“2.png”，如图14-12所示。

图14-11

图14-12

步骤 03 继续导入素材“3.png”，将其调整至合适的大小，如图14-13所示。

图14-13

步骤 04 使用“矩形”工具，在绘图区绘制一个与背景等宽的矩形，如图14-14所示。

图14-14

步骤 05 选中导入的素材，执行“对象”→PowerClip→“置于图文框内部”命令，当光标变成箭头形状时单击绘制的矩形，去除轮廓线，如图14-15所示。

图 14-15

步骤 06 导入其他素材，将其放置在合适的位置，效果如图14-16所示。

图 14-16

步骤 07 制作标题文字。选择工具箱中的“文本”工具，在左上角单击插入光标，然后输入文字。选中输入的文字，在属性栏中设置合适的字体、字体大小，同时将其填充为红色。效果如图14-17所示。

图 14-17

步骤 08 选中输入的文字，选择工具箱中的“立体化”工具，按住鼠标左键拖动，制作立体效果。在属性栏中单击“立体化颜色”按钮，在弹出的下拉面板中单击“使用递减的颜色”按钮，设置“从”为红色，“到”为深灰色。效果如图14-18所示。

图 14-18

步骤 09 使用“阴影”工具为立体文字添加阴影效果，如图14-19所示。

图 14-19

提示：立体图形的颜色设置

在默认情况下，创建出立体图形的侧立面颜色与正面是完全相同的，这会导致图形的立体感不明显。此时可以通过更改侧立面颜色的方式增强对象立体感。

那么需要设置成什么颜色呢？如果使用纯色，则可以设置为比正面深一些的颜色。如果设置为渐变，则可以使用比正面深一些的色彩到深很多的色彩之间的渐变，这样立体效果会比较真实。

步骤 10 使用“文本”工具在绘图区中输入文字，效果如图14–20所示。

图14–20

步骤 11 使用“矩形”工具，在画面中绘制一个矩形，将其填充为红色。效果如图14–21所示。

图14–21

步骤 12 选择工具箱中的“涂抹”工具，在属性栏中设置“笔尖半径”为8.0mm，“压力”为100，单击“尖状抹除”按钮，当光标变成圆形时，按住鼠标左键在矩形边缘上反复拖动，使这部分形态发生变化，如图14–22所示。

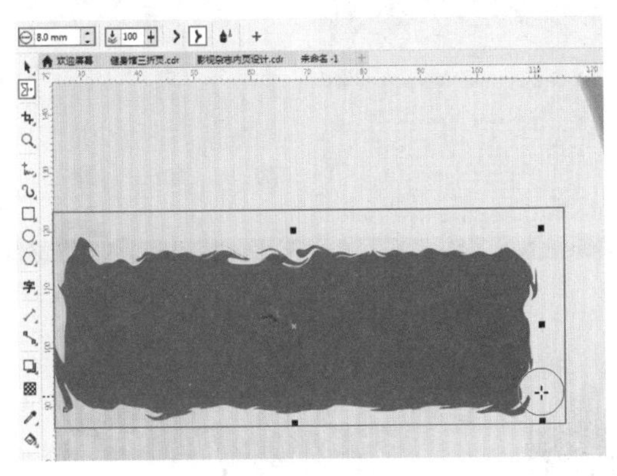

图14–22

步骤 13 使用同样的方法绘制另外两个图形。效果如图14–23所示。

图14–23

步骤 14 选中绘制的白色矩形，使用“阴影”工具，在矩形的上方按住鼠标左键拖动为其添加阴影。在属性栏中设置“阴影颜色”为黑色，“阴影不透明度”为50，“阴影羽化”为15，如图14–24所示。

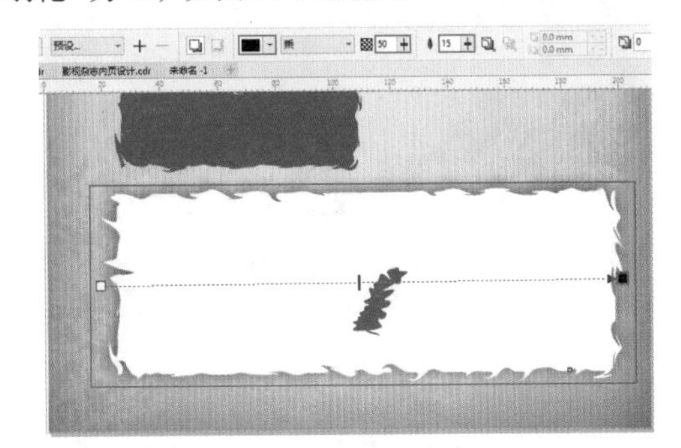

图14–24

步骤 15 为另外3个对象添加阴影效果。效果如图14–25所示。

图14–25

步骤 16 使用“矩形”工具，在白色矩形右下角绘制一个矩形并为其填充灰色。效果如图14–26所示。

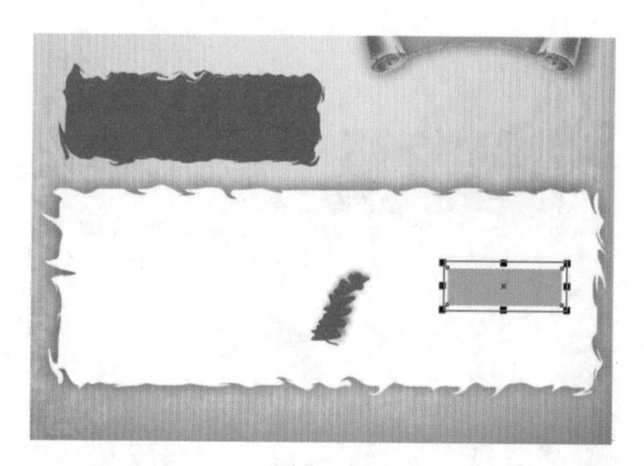

图 14-26

步骤 17 使用同样的方法绘制其他矩形，为其填充颜色。效果如图 14-27 所示。

图 14-27

步骤 18 输入段落文字。使用“文本”工具，在版面左侧的空白位置按住鼠标左键拖动绘制一个文本框，接着在属性栏中设置合适的字体、字体大小，设置文本对齐方式为“左”，设置完成后在文本框内输入段落文字，如图 14-28 所示。

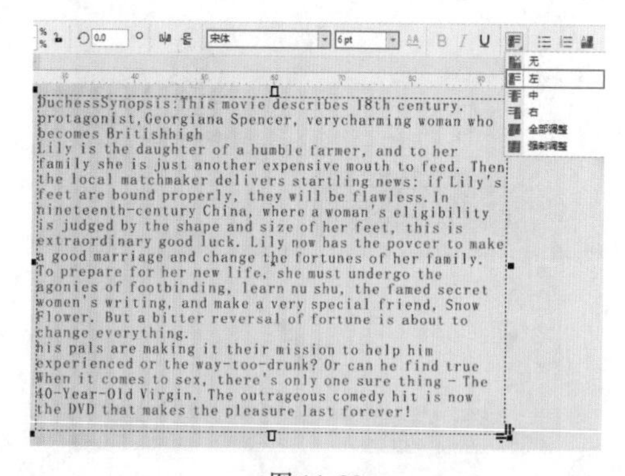

图 14-28

步骤 19 在下半部分的两个图形中输入文字。至此，本案例制作完成，效果如图 14-29 所示。

图 14-29

14.3 项目案例：购物杂志内页

文件路径	资源包\第14章\购物杂志内页
难易指数	★★★★★
技术掌握	“文本”工具、“交互式填充”工具、“透明度”工具

案例效果

案例效果如图 14-30 所示。

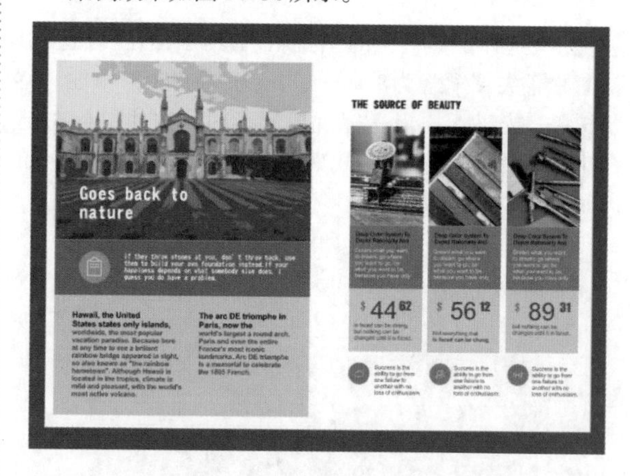

图 14-30

操作步骤

扫一扫，看视频

14.3.1 制作杂志左侧页面

步骤 01 执行“文件”→“新建”命令，新建一个A4大小的横向文档。选择工具箱中的“矩形”工具，在工作区中绘制一个矩形。将其填充为深灰色，去除黑色的轮廓线。效果如图14–31所示。

图 14–31

步骤 02 使用“矩形”工具，继续绘制一个稍小一些的白色矩形。效果如图14–32所示。

图 14–32

步骤 03 执行“文件”→“导入”命令，将风景素材导入。调整大小后放在左侧页面的上半部分，如图14–33所示。

图 14–33

步骤 04 在素材上添加文字。使用工具箱中的“文本”工具，在风景素材左下方单击，建立文字输入的起始点，然后在属性栏中设置合适的字体、字体大小。设置完成后输入相应的文字，效果如图14–34所示。

图 14–34

步骤 05 在素材下方继续绘制矩形。选择工具箱中的“矩形”工具，在风景素材下方绘制一个矩形，同时将其填充为灰绿色，去除轮廓线，效果如图14–35所示。

图 14–35

步骤 06 使用工具箱中的“椭圆形”工具，在刚刚绘制的矩形左侧按住Ctrl键并按住鼠标左键拖动绘制一个小正圆，同时将其填充为绿色，效果如图14–36所示。

图 14–36

步骤 07 执行“文件”→“打开”命令，在打开的素材中，选中“记事本”素材，使用快捷键Ctrl+C进行复制，回到刚刚操作的文档中使用快捷键Ctrl+V进行粘贴。然后使用“选择”工具将其移动到刚刚绘制的正圆上，效果如图14–37所示。

图 14-37

步骤 08 使用工具箱中的“文本”工具，在正圆右侧单击，建立文字输入的起始点，在属性栏中设置合适的字体、字体大小，然后输入相应的文字，效果如图14-38所示。

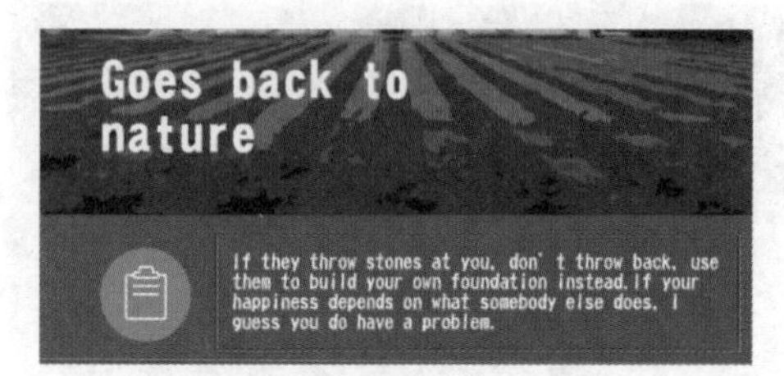

图 14-38

步骤 09 使用工具箱中的“矩形”工具在左页下方绘制一个浅青灰色的矩形，去除黑色的轮廓线，效果如图14-39所示。

图 14-39

步骤 10 在绘制的浅灰色矩形上方添加文字。选择工具箱中的“文本”工具，在刚刚绘制的矩形上方按住鼠标左键从左上角向右下角拖动创建出文本框，效果如图14-40所示。

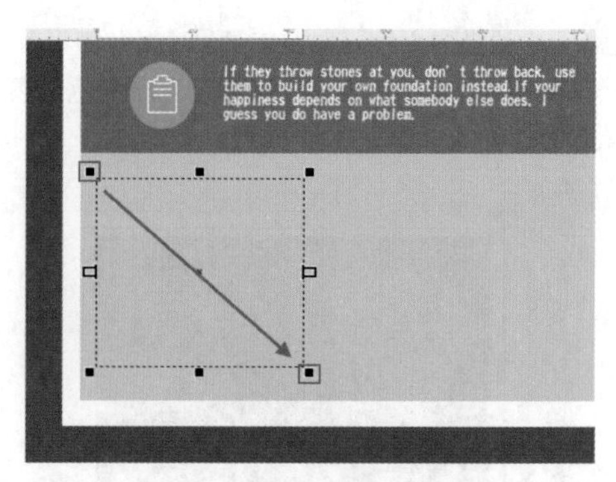

图 14-40

步骤 11 在属性栏中设置合适的字体、字体大小，设置完成后在文本框中输入文字，效果如图14-41所示。

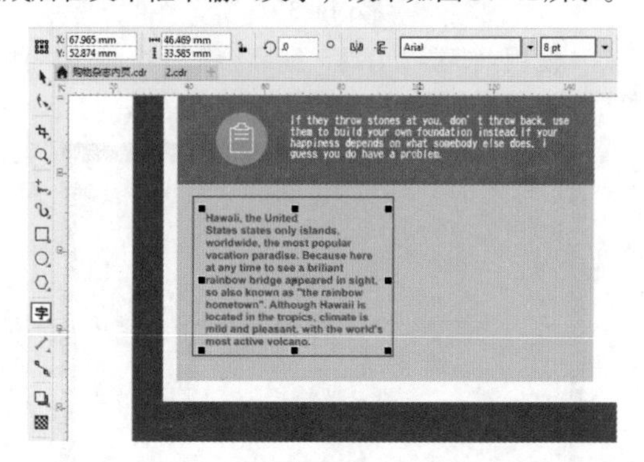

图 14-41

步骤 12 在使用“文本”工具的状态下，在第二段文字后方单击插入光标，然后按住鼠标左键向前拖动，使第二段文字和第一段文字被选中，然后在属性栏中更改字体，单击“粗体”按钮 **B**，如图14-42所示。

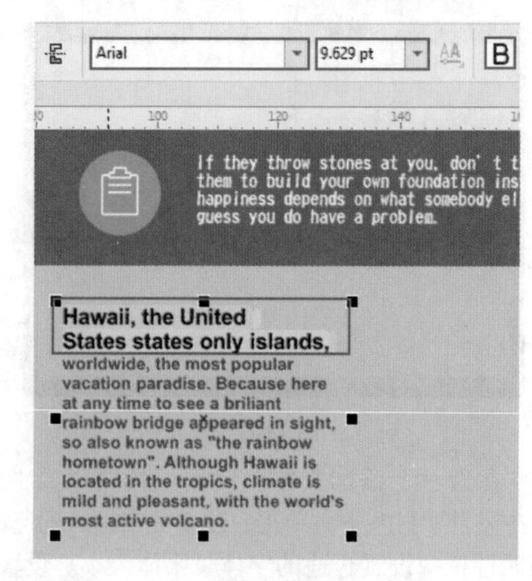

图 14-42

步骤 13 使用同样的方法在段落文字右侧制作其他段落文字，效果如图14-43所示。

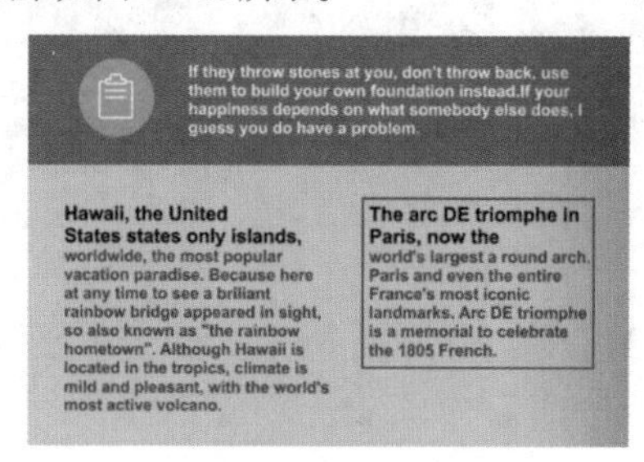

图 14-43

步骤 14 制作左侧翻页效果。使用“矩形”工具，在左侧区域绘制一个矩形。效果如图14-44所示。

图 14-44

步骤 15 选中该矩形，选择工具箱中的“交互式填充”工具，在属性栏中单击“渐变填充”按钮，设置“渐变类型”为“线性渐变填充”，然后编辑一个白色到黑色的渐变，效果如图14-45所示。

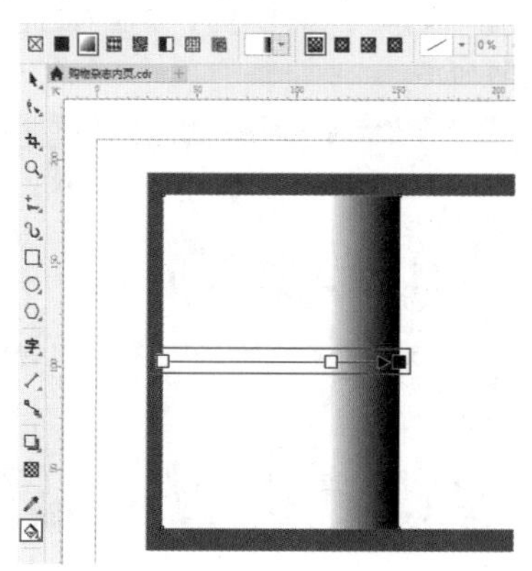

图 14-45

步骤 16 在该矩形选中的状态下，选择工具箱中的“透明度”工具，在属性栏中设置“透明度类型”为“渐变透明度”，设置“合并模式”为“乘”，“渐变模式”为“线性渐变透明度”，去除黑色的轮廓线，如图14-46所示。此时左侧页面呈现立体效果，如图14-47所示。

图 14-46

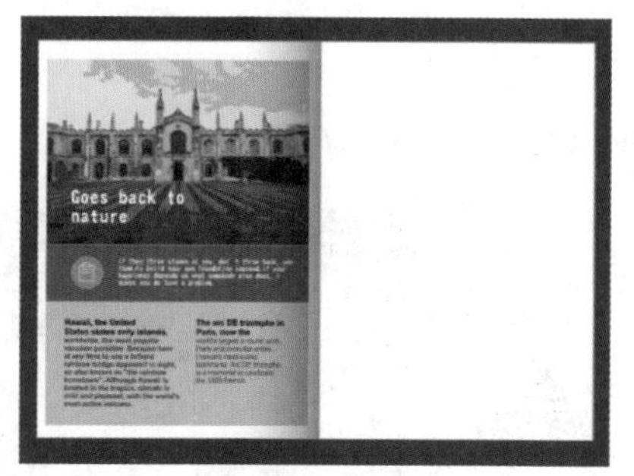

图 14-47

14.3.2 制作杂志右侧页面

步骤 01 使用“文本”工具，在内页右侧上方单击，建立文字输入的起始点，在属性栏中设置合适的字体、字体大小，然后输入相应的文字，如图14-48所示。

扫一扫，看视频

图 14-48

步骤 02 将素材导入画面，调整大小放在文字下方的位置，效果如图14–49所示。

图 14–49

步骤 03 使用同样的方法在该素材右侧导入其他素材，选中所有素材，打开“对齐与分布”泊坞窗，单击“水平分散排列间距”按钮，使素材图片之间水平均匀分布。效果如图14–50所示。

图 14–50

步骤 04 在素材下方绘制矩形。选择工具箱中的“矩形”工具，在素材下方绘制一个绿色矩形，去除黑色的轮廓线，如图14–51所示。

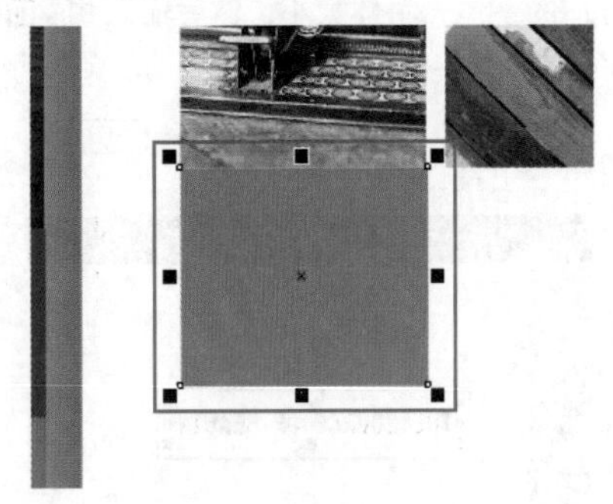

图 14–51

步骤 05 复制该图形，摆放在另外两个图片下方。效果如图14–52所示。

图 14–52

步骤 06 使用工具箱中的“文本”工具，在刚刚绘制的第一个矩形上单击，建立文字输入的起始点，在属性栏中设置合适的字体、字体大小，然后输入两行文字。效果如图14–53所示。

图 14–53

步骤 07 使用“文本”工具在其下方输入白色文字。效果如图14–54所示。

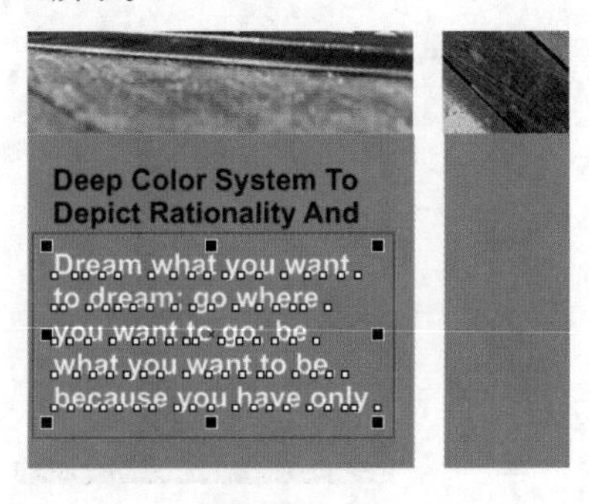

图 14–54

步骤 08 使用同样的方法在其他矩形上输入合适的文字，效果如图 14-55 所示。

图 14-55

步骤 09 选择工具箱中的“矩形”工具，在内页右侧下方绘制一个浅灰色的矩形，去除黑色的轮廓线。效果如图 14-56 所示。

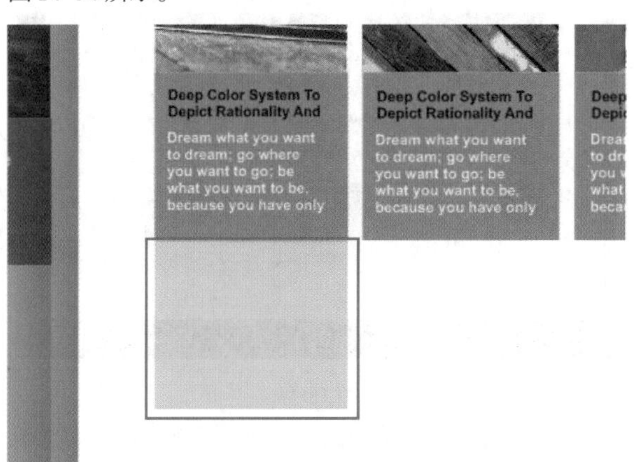

图 14-56

步骤 10 复制该图形，移动到另外的两个绿色矩形下方。效果如图 14-57 所示。

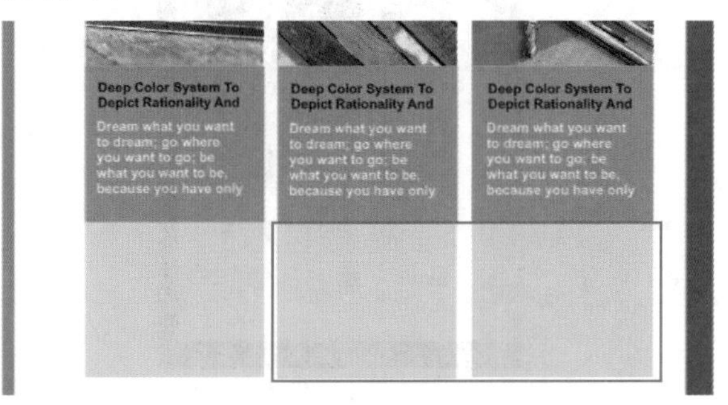

图 14-57

步骤 11 使用“文本”工具，在刚刚绘制的第一个矩形上输入相应的文字。效果如图 14-58 所示。

步骤 12 使用“文本”工具在刚刚输入的文字周围继续输入其他文字。效果如图 14-59 所示。

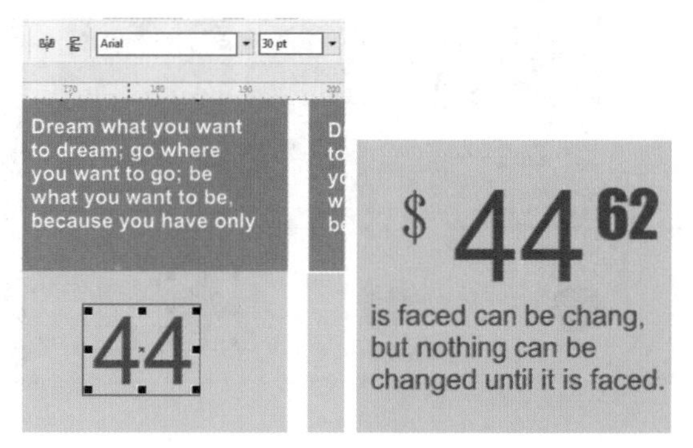

图 14-58　　图 14-59

步骤 13 复制这几组文字，移动到另外两个矩形上，更改文字的内容。效果如图 14-60 所示。

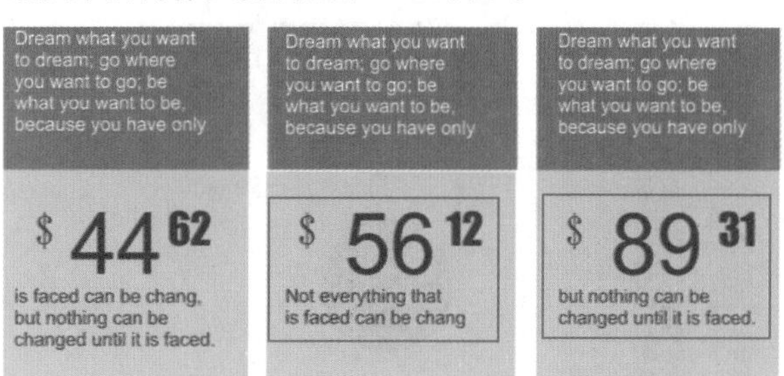

图 14-60

步骤 14 使用“椭圆形”工具，在刚刚绘制的矩形下方按住Ctrl键并按住鼠标左键拖动绘制一个小正圆，将其填充为相同的绿色，同时去除轮廓线，如图 14-61 所示。

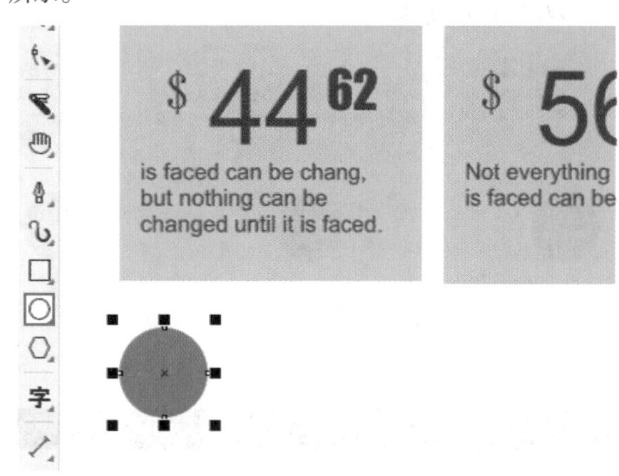

图 14-61

步骤 15 选中该正圆，按住鼠标左键向右移动的同时按住Shift键，移动到合适位置后右击进行复制，再次使用快捷键Ctrl+D继续复制一个正圆。效果如图14–62所示。

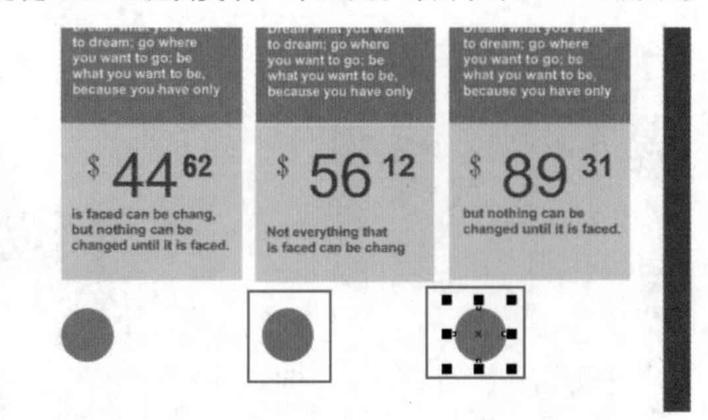

图 14–62

步骤 16 在打开的素材中复制“云朵”素材，将其粘贴到操作的文档中，将其缩小至合适大小，移动到刚刚绘制的正圆上方。效果如图14–63所示。

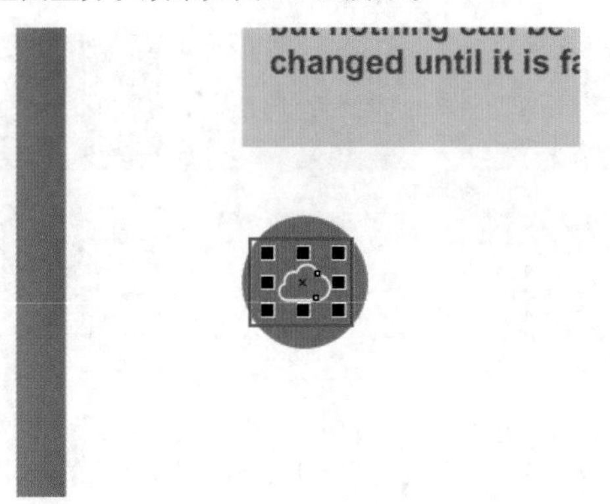

图 14–63

步骤 17 使用同样的方法复制其他素材在其他正圆上。效果如图14–64所示。

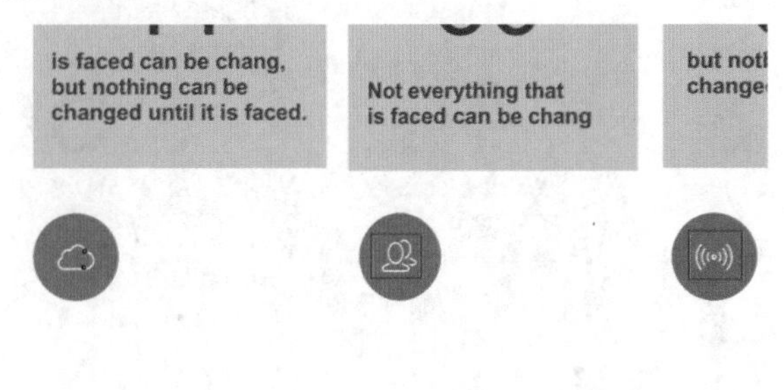

图 14–64

步骤 18 选择工具箱中的“文本”工具，在刚刚绘制的第一个正圆右侧单击，建立文字输入的起始点。接着在属性栏中设置合适的字体、字体大小，设置完成后输入相应的文字。效果如图14–65所示。

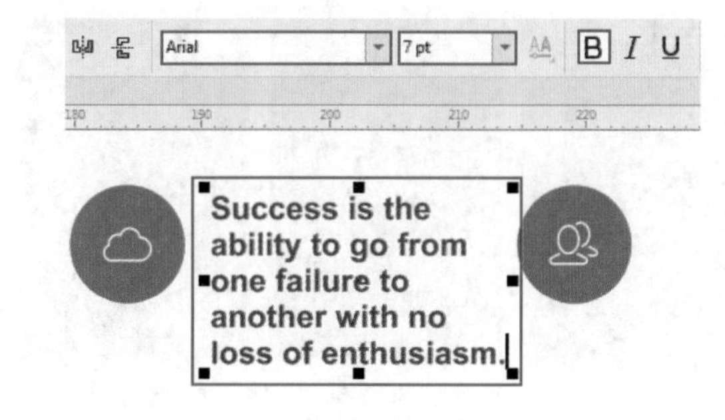

图 14–65

步骤 19 复制文字到另外两个圆形的右侧。效果如图14–66所示。

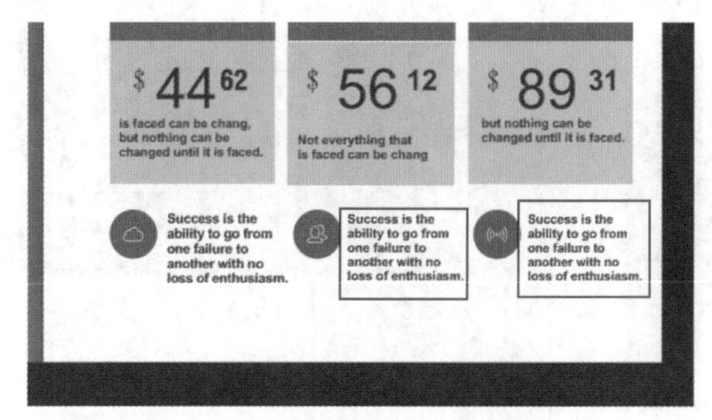

图 14–66

步骤 20 制作右侧的翻页效果。使用“矩形”工具，在内页右侧绘制一个矩形，如图14–67所示。

图 14–67

步骤 21 选中该矩形，使用“交互式填充”工具，在属性栏中单击“渐变填充”按钮，设置“渐变类型”为“线性渐变填充”，编辑一个渐变，效果如图14–68所示。

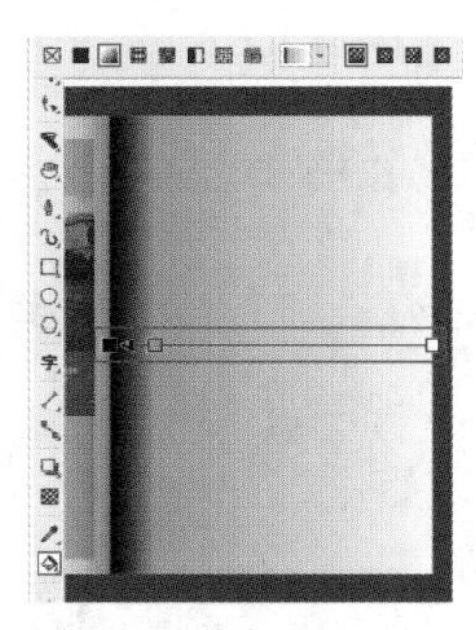

图 14-68

步骤 22 调整渐变矩形的透明度。选中该矩形，选择工具箱中的“透明度”工具，在属性栏中设置“透明度的类型”为“渐变透明度”，“渐变模式”为“线性渐变透明度”，“合并模式”为“乘”。设置“左侧节点透明度”为36，“右侧节点透明度”为20。设置完成后去除黑色的轮廓线，如图14-69所示。至此，画册内页版式制作完成，效果如图14-70所示。

图 14-69

图 14-70

14.4 项目案例：企业画册内页版式设计

文件路径	资源包\第14章\企业画册内页版式设计
难易指数	★★★★★
技术掌握	“文本”工具、“裁剪”工具、取消饱和度、“透明度”工具

案例效果

案例效果如图14-71所示。

图 14-71

操作步骤

14.4.1 制作版面背景及插图

步骤 01 新建一个A4大小的横向空白文档。使用“矩形”工具，绘制一个与绘图区等大的矩形，将其填充为灰色，效果如图14-72所示。

扫一扫，看视频

步骤 02 在矩形区域内创建参考线，从而将版面分割为两个页面，划分出页边距的区域，效果如图14-73所示。

图 14-72

图 14-73

步骤 03 使用“矩形”工具在左侧版面中绘制一个矩形，为其填充白色。效果如图14-74所示。

图 14-74

步骤 04 执行“文件”→“导入”命令，导入素材1后参照参考线的位置调整图片的位置。效果如图14–75所示。

图 14–75

步骤 05 选中导入的素材图片，使用“裁剪”工具，参照参考线的位置按住鼠标左键拖动，绘制裁剪框，如图14–76所示。

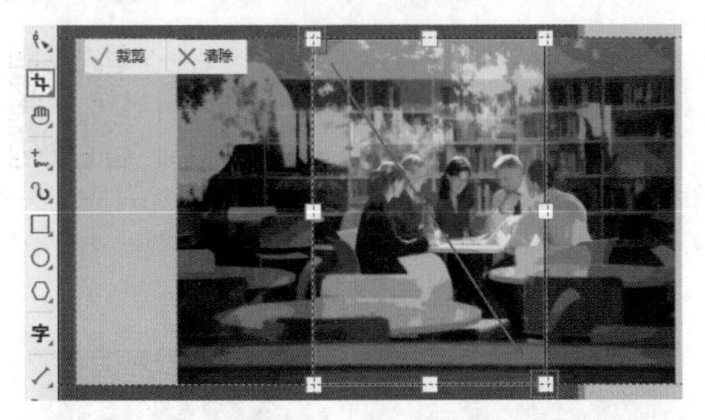

图 14–76

步骤 06 按Enter键确定裁剪操作。效果如图14–77所示。

图 14–77

步骤 07 选择导入的素材，执行“效果”→“调整”→“取消饱和”命令，去除图片的色彩。效果如图14–78所示。

图 14–78

步骤 08 使用“矩形”工具在页面上方和下方的相应位置上绘制矩形，填充相应的颜色。效果如图14–79所示。

图 14–79

步骤 09 导入素材2，将其移动到合适的位置。效果如图14–80所示。

图 14–80

步骤 10 选中导入的素材2，执行“效果”→“调整”→“取消饱和”命令，去除图片的色彩。效果如图14–81所示。

图 14-81

步骤 11 导入素材3，如图14-82所示。

步骤 12 使用“钢笔”工具，在导入的素材上绘制一个四边形。效果如图14-83所示。

图 14-82

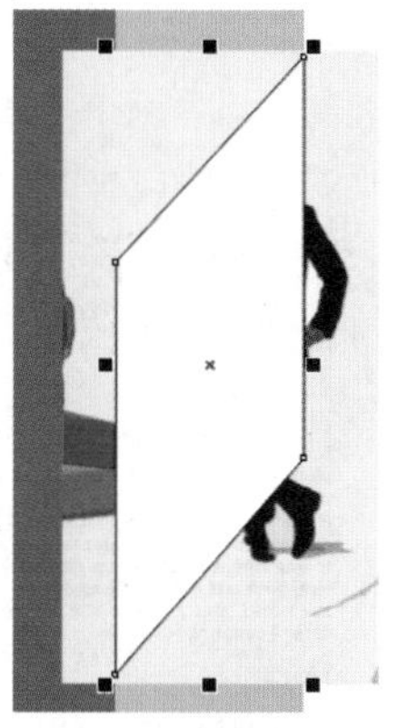

图 14-83

步骤 13 选择素材3，执行“对象”→ PowerClip →“置于图文框内部”命令，当光标变成箭头形状时单击绘制的四边形，将其置于图文框内，然后去除轮廓线。效果如图14-84所示。

图 14-84

步骤 14 使用“钢笔”工具，绘制一个同样大小的四边形，将其填充为土黄色。效果如图14-85所示。

步骤 15 选择土黄色的四边形，使用“透明度”工具，在属性栏中设置“合并模式”为“乘”，如图14-86所示。此时效果如图14-87所示。

图 14-85　　图 14-86

图 14-87

14.4.2 添加文字内容

步骤 01 使用工具箱中的“文本”工具，在画面中单击插入光标后输入文字。选中输入的文字，在属性栏中设置合适的字体、字体大小，设置文本颜色为淡黄色，如图14-88所示。

扫一扫，看视频

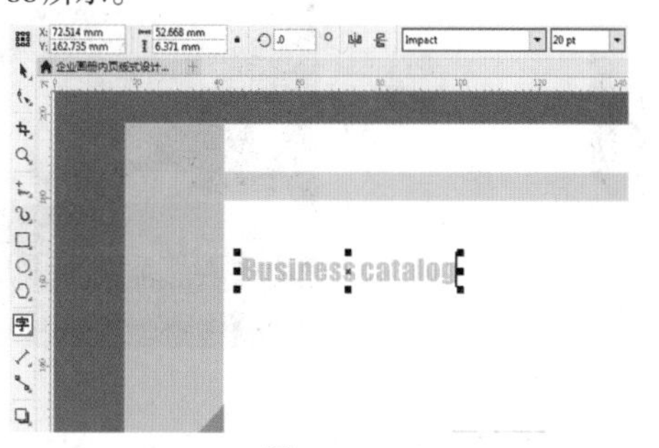

图 14-88

步骤 02 使用“文本”工具在黄色文字下方按住鼠标左键拖动，绘制一个文本框，然后在属性栏中设置合适的字体、字体大小，设置文本对齐方式为“全部调整”，接着在文本框内输入文字，如图14-89所示。

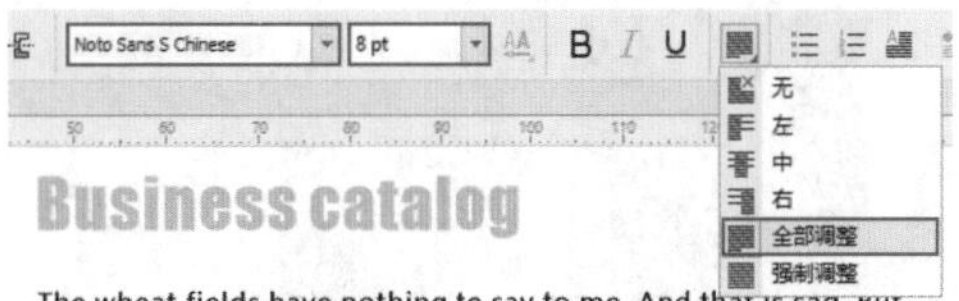

图 14-89

步骤 03 继续使用“文本”工具，在下方绘制两个段落文本框，输入合适的文字。效果如图14-90所示。

图 14-90

步骤 04 更改部分标题文字的颜色及字体。效果如图14-91所示。

图 14-91

步骤 05 此时右侧段落文本遮挡住了图片，选择文字处的图片，在属性栏中单击“文本换行”按钮，在弹出的下拉列表中选择“文本从右向左排列”，设置“文本换行偏移”为2.0mm，如图14-92所示。此时文字和图片不再互相遮挡，如图14-93所示。页面效果如图14-94所示。

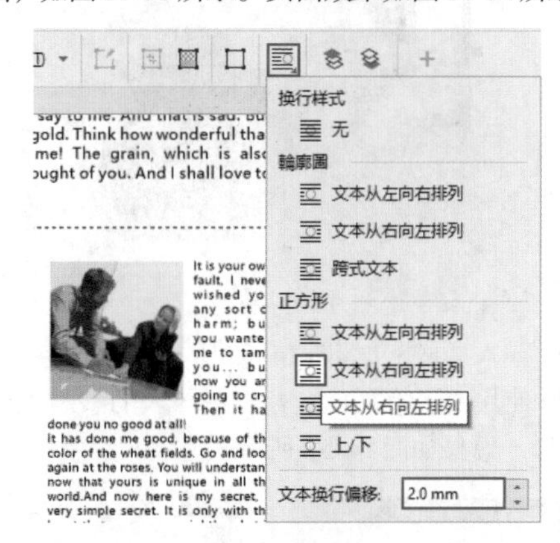

图 14-92

图 14-93

图 14-94

步骤 06 制作页面的阴影部分。使用“矩形”工具，在左侧页面绘制一个黑色矩形，如图14-95所示。

图 14-95

步骤 07 使用“透明度”工具，在属性栏中单击“渐变透明度”按钮，在黑色矩形上按住鼠标左键向右拖动，使黑色矩形产生渐变的透明效果。效果如图14-96所示。至此，本案例制作完成，最终效果如图14-97所示。

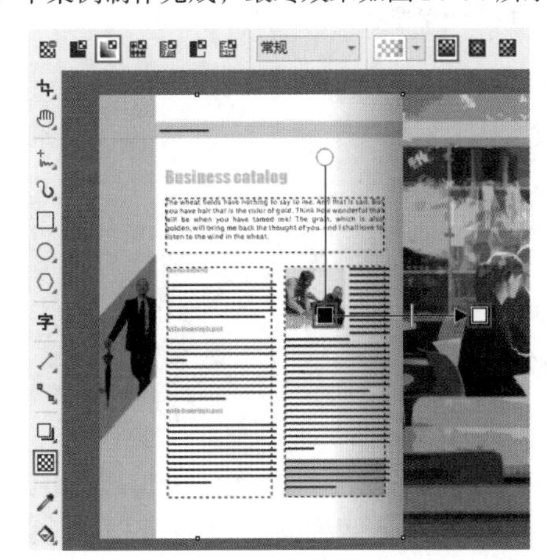

图 14-96

图 14-97

14.5 项目案例：时尚多彩折页画册设计

文件路径	资源包\第14章\时尚多彩折页画册设计
难易指数	★★★★★
技术掌握	“矩形”工具、“星形”工具、“形状”工具、“透明度”工具、添加透视、“阴影”工具

案例效果

案例效果如图14-98所示。

图 14-98

操作步骤

14.5.1 制作折页的左侧版面

步骤 01 新建一个A4大小的横向文档。使用工具箱中的“矩形”工具，绘制一个和绘图区等大的矩形。然后单击调色板中的黄色色块，将其填充为黄色并去除轮廓线。效果如图14-99所示。

扫一扫，看视频

步骤 02 执行“文件”→“导入”命令，将人物素材导入到画面中，放在左上角位置。效果如图14-100所示。

图 14-99

图 14-100

步骤 03 使用工具箱中的“钢笔”工具，在素材上绘制形状。效果如图14-101所示。

步骤 04 选择人物素材，执行“对象”→PowerClip→“置入图文框内部”命令，此时将光标放在绘制的形状上单击，将素材置于形状内部，隐藏不需要的部分。效果如图14-102所示。

图 14-101　　　　图 14-102

步骤 05 使用工具箱中的“星形”工具，按住Ctrl键绘制图形，然后在属性栏中单击“星形”按钮☆，设置“点数或边数”为10，“锐度”为10。设置“填充颜色”为青绿色，同时设置“轮廓色”为无。效果如图14-103所示。

步骤 06 选中星形，执行“对象”→“转换为曲线”命令，将其转换为曲线。选择工具箱中的“形状”工具，选中全部锚点，单击属性栏中的“转换为曲线”按钮。效果如图14-104所示。

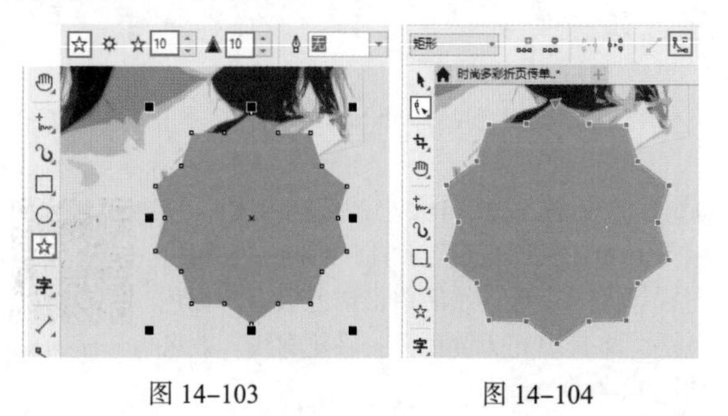

图 14-103　　　　图 14-104

步骤 07 单击“平滑节点”按钮，将节点由尖角转换为圆角，如图14-105所示。效果如图14-106所示。

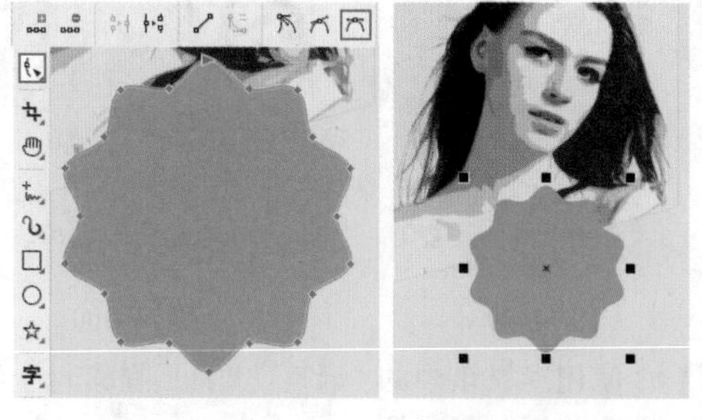

图 14-105　　　　图 14-106

步骤 08 选择工具箱中“透明度”工具，在属性栏中单击“均匀透明度”按钮，设置“透明度”为20。效果如图14-107所示。

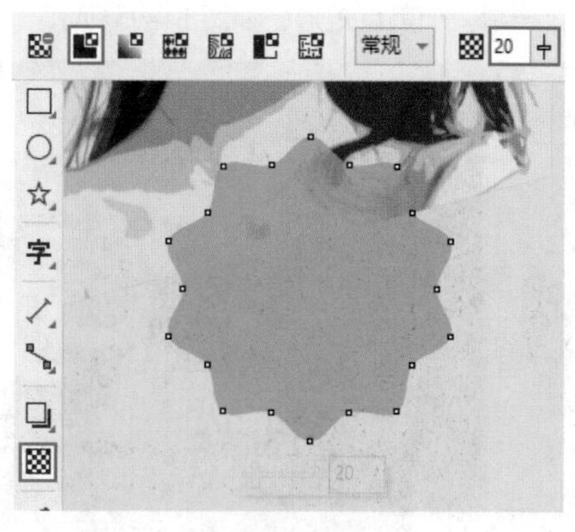

图 14-107

步骤 09 选择工具箱中的“椭圆形”工具，在青色星形图形左上角按住Ctrl键绘制一个白色正圆。效果如图14-108所示。

步骤 10 使用该工具在青色星形图形上绘制其他正圆。效果如图14-109所示。

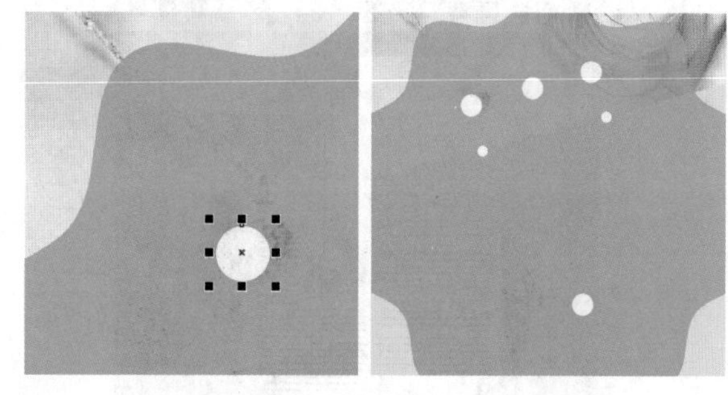

图 14-108　　　　图 14-109

步骤 11 使用“2点线”工具按钮，在属性栏中设置“轮廓宽度”为9.0px，设置完成后在白色正圆中间绘制一条白色直线。效果如图14-110所示。

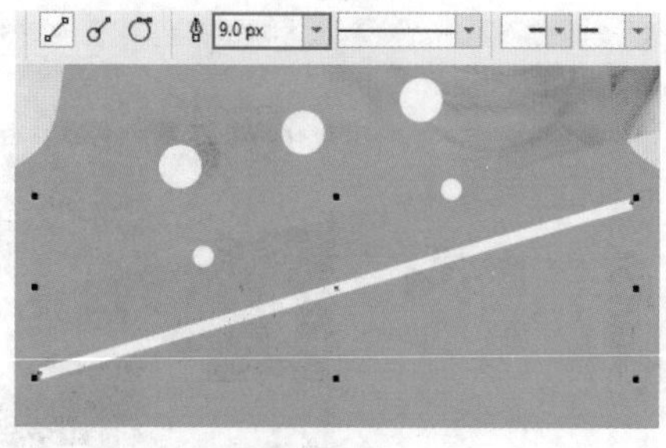

图 14-110

步骤 12 选择该直线向下拖动至合适位置，右击进行复制。效果如图14-111所示。

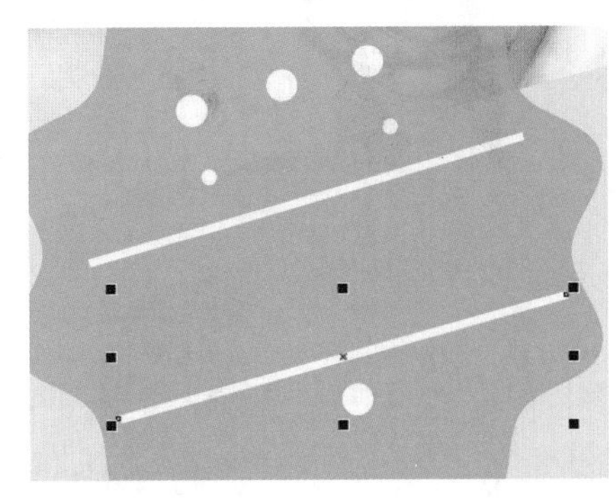

图 14–111

步骤 13 使用工具箱中的“文本”工具，在画面中单击插入光标接着输入文字，选中文字在属性栏中设置合适的字体、字体大小、颜色，然后设置“旋转角度”为16.0°，效果如图14–112所示。

图 14–112

步骤 14 在该文字上方继续输入文字。效果如图14–113所示。

图 14–113

步骤 15 使用“文本”工具，在星形的下方输入多行文字，设置文本对齐方式为“中”，如图14–114所示。此时页面效果如图14–115所示。

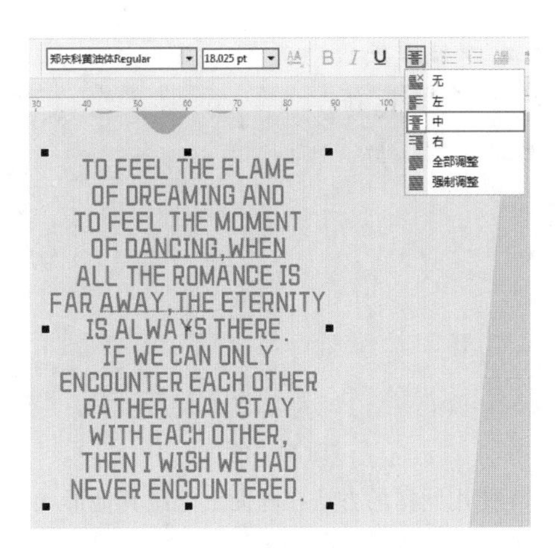

图 14–114

图 14–115

14.5.2 制作折页的中间版面

步骤 01 选择工具箱中的“钢笔”工具，在画面中间位置绘制形状。效果如图14–116所示。

扫一扫，看视频

步骤 02 使用“钢笔”工具，在该形状下方绘制一个三角形。效果如图14–117所示。

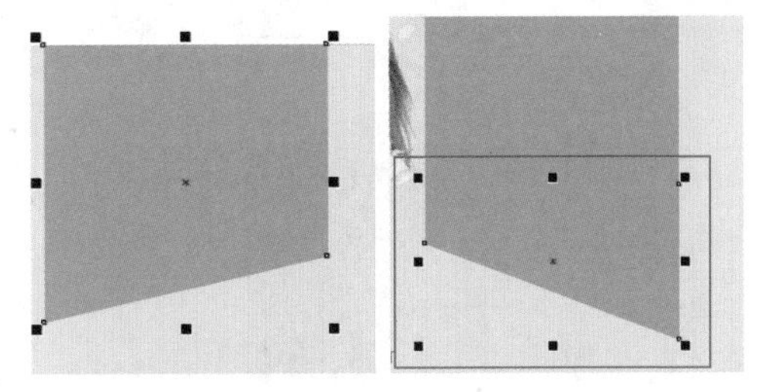

图 14–116　　图 14–117

步骤 03 选中绘制的三角形，使用“透明度”工具，单击“均匀透明度”按钮，设置“透明度”为85。效果如图14–118所示。

图 14–118

步骤 04 使用同样的方法在画面上绘制其他形状，设置相应的透明度。效果如图14–119所示。

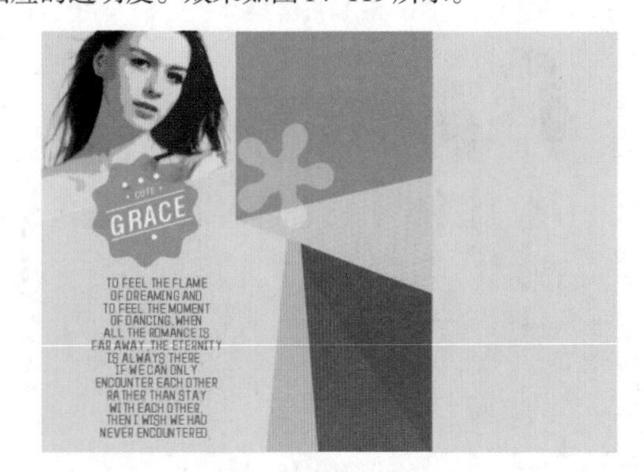

图 14–119

步骤 05 使用“文本”工具，在属性栏中设置合适的字体、字体大小，设置完成后在画面中输入文字，旋转到合适角度。效果如图14–120所示。

图 14–120

步骤 06 将左边的文字和白色正圆复制一份，放在画面中间并将颜色更改为黄色。效果如图14–121所示。

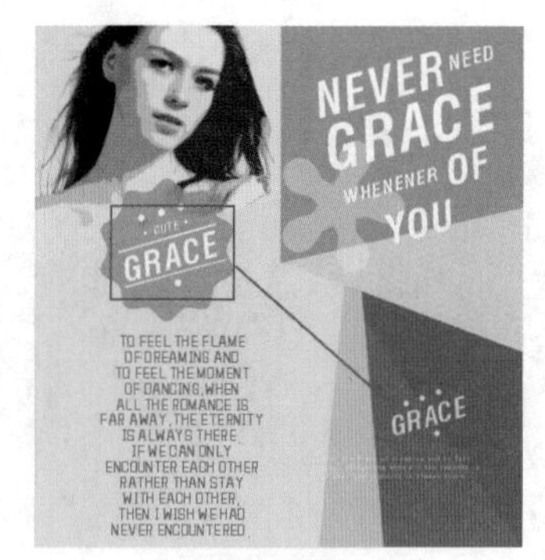

图 14–121

14.5.3 制作折页的右侧版面

扫一扫，看视频

步骤 01 将人物素材2导入画面，放在最右侧的位置，如图14–122所示。

步骤 02 在该素材上方绘制一个白色矩形，去除轮廓线，将其作为图文框。效果如图14–123所示。

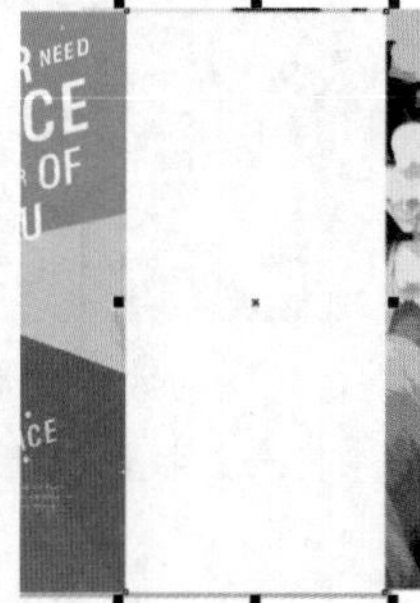

图 14–122　　图 14–123

步骤 03 选择人像素材，执行“对象”→ PowerClip →“置于图文框内部”命令，此时将光标在白色矩形上单击，这样会使素材置于该矩形内部，从而隐藏不需要的部分。效果如图14–124所示。

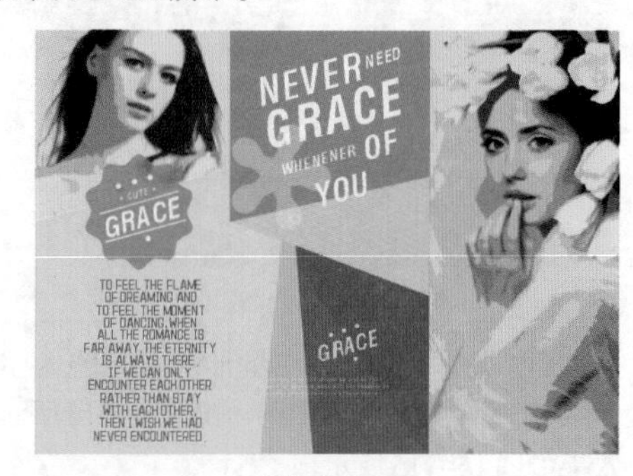

图 14–124

步骤 04 将画面左侧的星形图形和相应的文字复制一份，放在右侧人物上方后更改颜色。效果如图14-125所示。

图 14-125

步骤 05 使用"钢笔"工具，在右下角位置绘制形状。然后选择工具箱中的"透明度"工具，在属性栏中设置"合并模式"为"颜色"，如图14-126所示。

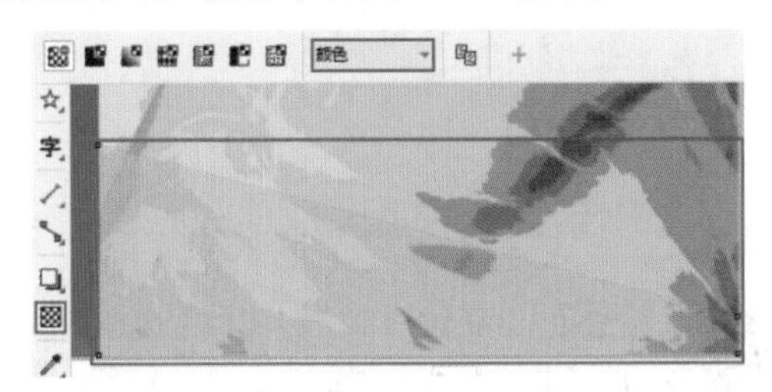

图 14-126

步骤 06 使用"文本"工具在画面的底部输入文字。效果如图14-127所示。此时本案例的平面图制作完成，效果如图14-128所示。

图 14-127

图 14-128

14.5.4 制作折页的展示效果

步骤 01 将平面图复制一份移动至空白区域，然后选中复制的平面图，选择工具箱中的"裁剪"工具，在中间页面的位置绘制裁剪框，如图14-129所示。然后按Enter键完成裁剪，效果如图14-130所示。

扫一扫，看视频

图 14-129　　图 14-130

步骤 02 选择裁剪的效果图，执行"位图"→"转换为位图"命令，在弹出的"转换为位图"对话框中设置"分辨率"为300dpi，"颜色模式"为"RGB色(24位)"，设置完成后单击OK按钮，如图14-131所示。将矢量图转换为位图。以备后面操作时使用。

步骤 03 制作立体展示效果。将素材3导入画面，如图14-132所示。

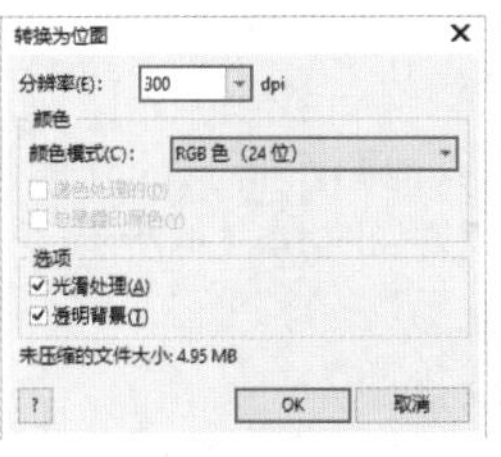

图 14-131　　图 14-132

步骤 04 选择转换为位图的平面图，将其复制一份。然后选择复制得到的图形，调整大小放在立体折页模型上方。效果如图14-133所示。

图 14-133

第14章 书籍杂志设计

步骤 05 选中该图形，执行“对象”→“透视点”→“添加透视”命令，对平面图的四个角进行调整，使其与折页立体效果的边缘相吻合。效果如图14-134所示。

图 14-134

步骤 06 选择工具箱中的“阴影”工具，在属性栏中设置“阴影不透明度”为50，“阴影羽化”为5，“颜色”为黑色，设置完成后为图形添加阴影。效果如图14-135所示。

图 14-135

步骤 07 使用同样的方法制作其他两个折页的立体效果。至此，本案例制作完成，效果如图14-136所示。

图 14-136

14.6 项目案例：文艺类书籍封面设计

文件路径	资源包\第14章\文艺类书籍封面设计
难易指数	★★★★★
技术掌握	“变换”泊坞窗、转换为位图、添加透视

案例效果

案例效果如图14-137所示。

图 14-137

操作步骤

14.6.1 制作封面平面图

扫一扫，看视频

步骤 01 新建一个空白文档。选择工具箱中的“矩形”工具，绘制一个与绘图区等大的矩形，将其填充为深灰色。效果如图14-138所示。

步骤 02 绘制一个稍小的矩形并填充为白色，白色为封面的底色。效果如图14-139所示。

图 14-138　　图 14-139

步骤 03 使用“矩形”工具在白色矩形下方绘制一个细长的矩形。选中绘制的图形，使用“交互式填充”工具，在属性栏中单击“均匀填充”按钮■，设置“填充色”为深蓝色，去除黑色的轮廓线。效果如图14-140所示。

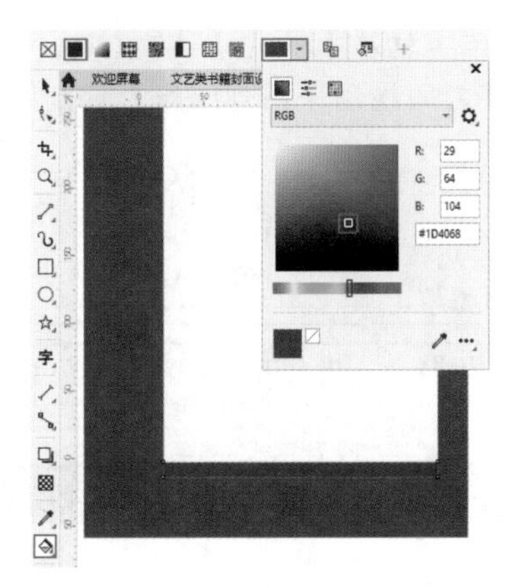

图 14-140

步骤 04 使用工具箱中的“矩形”工具，在属性栏中单击“圆角”按钮，设置“圆角半径”为6.0mm，然后按住Ctrl键绘制一个圆角矩形。效果如图 14-141 所示。

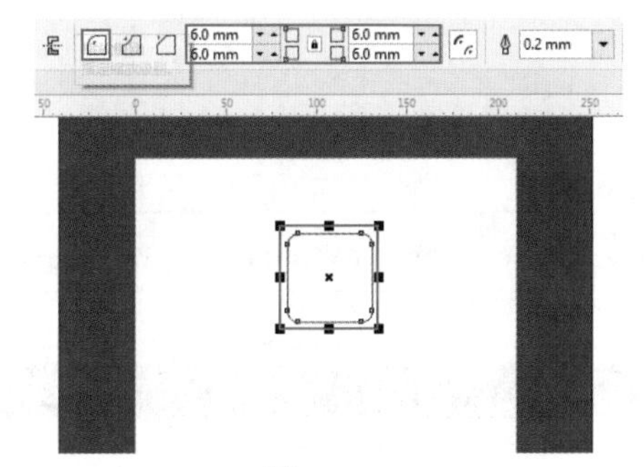

图 14-141

步骤 05 将为圆角矩形填充为深蓝色。效果如图 14-142 所示。

步骤 06 执行“文件”→“导入”命令，将素材导入画面。在画面中按住鼠标左键拖动，松开鼠标后完成导入操作。效果如图 14-143 所示。

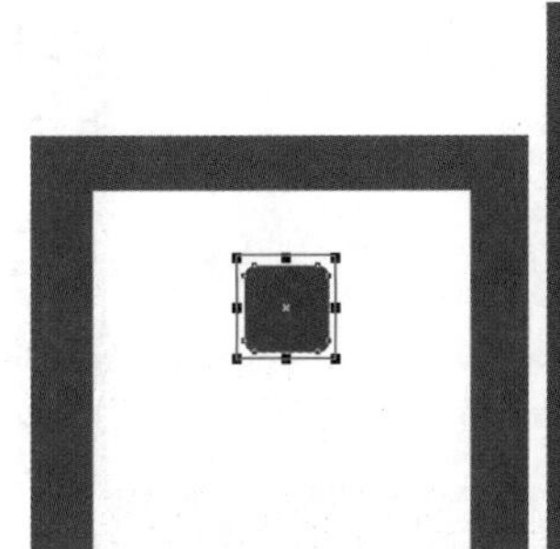

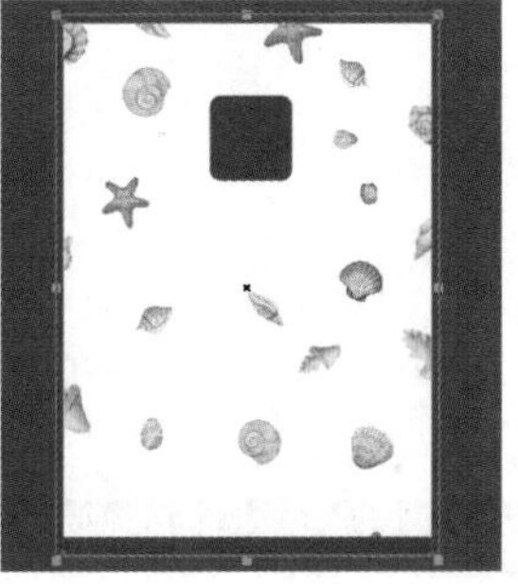

图 14-142　　图 14-143

步骤 07 使用工具箱中的“文本”工具，在深蓝色圆角矩形中单击插入光标，然后输入两行文字。选中输入的文字，在属性栏中设置合适的字体、字体大小。效果如图 14-144 所示。

步骤 08 单击“将文本改为垂直方向”按钮。文字效果如图 14-145 所示。

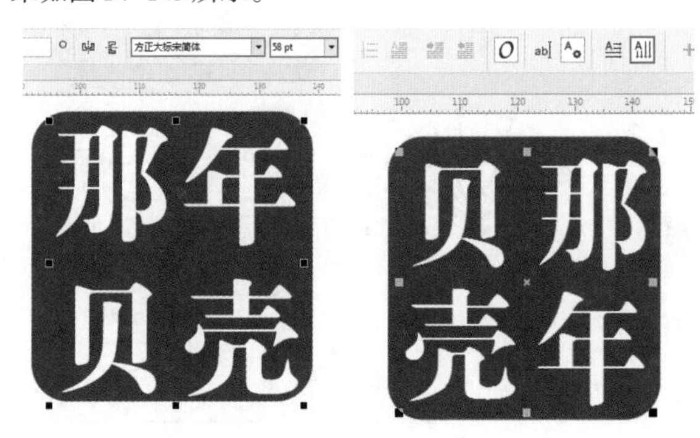

图 14-144　　图 14-145

步骤 09 再次选择“文本”工具，在主体文字下方绘制一个文本框，然后在属性栏中设置合适的字体、字体大小，单击“将文本改为垂直方向”按钮，然后在文本框内输入文字。效果如图 14-146 所示。

步骤 10 在主体文字周围输入另外两组文字。效果如图 14-147 所示。

图 14-146　　图 14-147

步骤 11 制作标志图形。选择工具箱中的“钢笔”工具，在封面左上角的位置绘制一个三角形，将其填充为黄色。效果如图 14-148 所示。

图 14-148

步骤 12 选中该三角形，执行“窗口”→“泊坞窗”→“变换”命令，在弹出的“变换”泊坞窗中单击“旋转”按钮，设置“旋转角度”为30.0°，“旋转中心”为左下角，“副本”为4，设置完成后单击“应用”按钮。效果如图14-149所示。

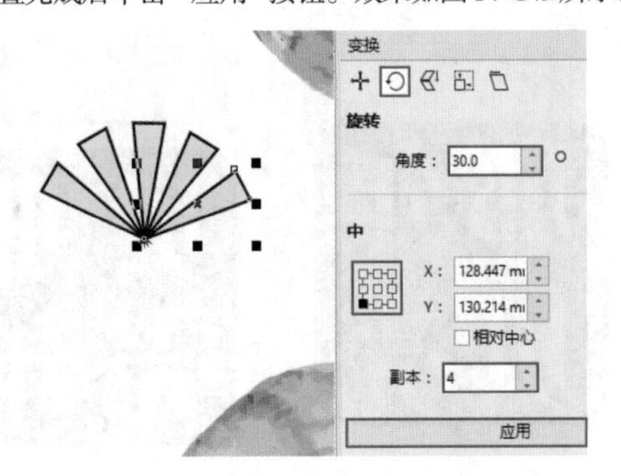

图14-149

步骤 13 在标志图形的下方输入文字。效果如图14-150所示。

图14-150

步骤 14 继续使用“文本”工具在画面的下方输入文字。效果如图14-151所示。

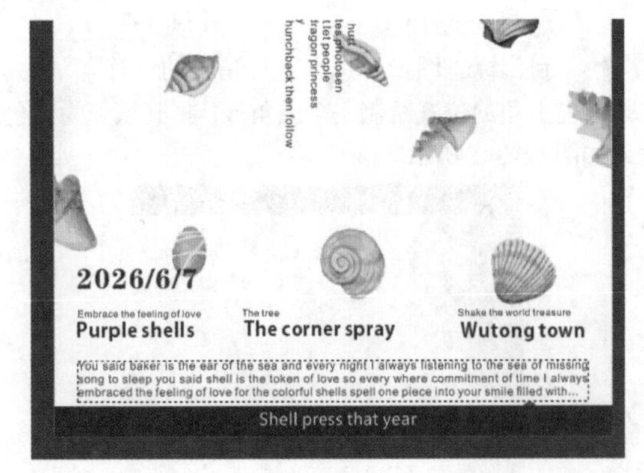

图14-151

步骤 15 使用工具箱中的“2点线”工具，按住Shift键在底部文字之间绘制一条直线作为分割线。效果如图14-152所示。

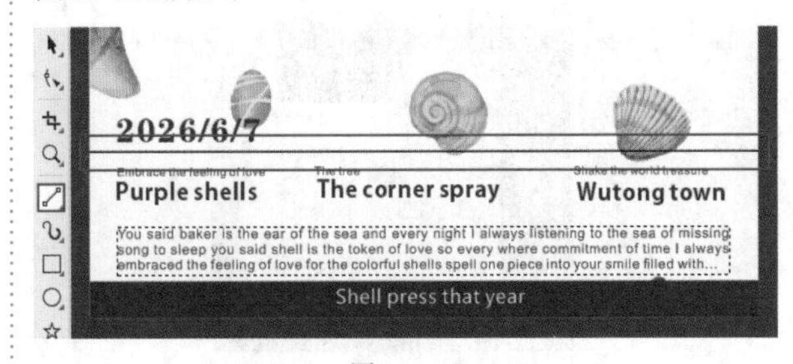

图14-152

步骤 16 绘制另外几条直线作为文字的分割线。效果如图14-153所示。

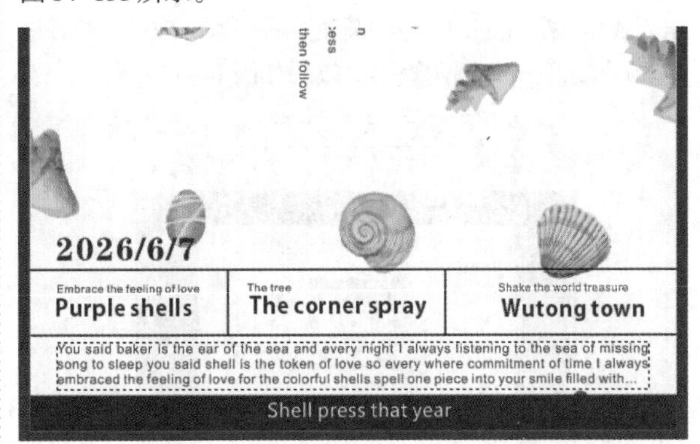

图14-153

步骤 17 按住Shift键加选四条直线，设置其轮廓色为深蓝色，效果如图14-154所示。封面效果如图14-155所示。

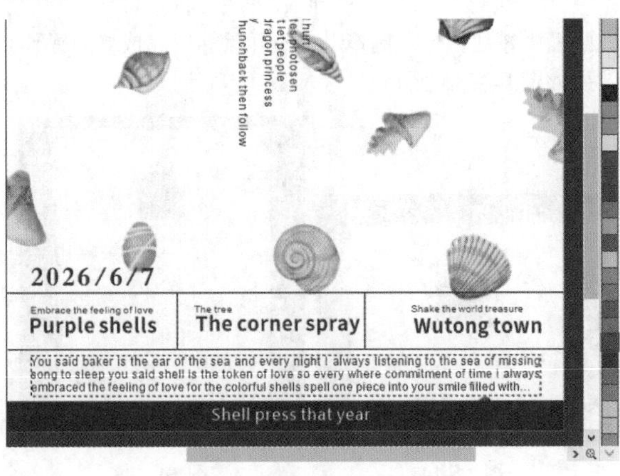

图14-154

图 14-155

步骤 18 制作书脊。使用“矩形”工具在封面左侧绘制一个矩形作为书脊。效果如图 14-156 所示。

步骤 19 将封面的部分内容复制到书脊上，适当调整文字的大小和颜色。效果如图 14-157 所示。

图 14-156

图 14-157

14.6.2 制作书籍立体效果

步骤 01 分别将封面和书脊部分转换为位图对象，借助“透视”功能制作出立体效果。因此首先选中封面的全部内容，执行“位图”→“转换为位图”命令，在弹出的“转换为位图”对话框中设置“颜色模式”为“RGB色(24位)”，设置完成后单击OK按钮，如图 14-158 所示。同样对书脊部分进行转换为位图的操作。

扫一扫，看视频

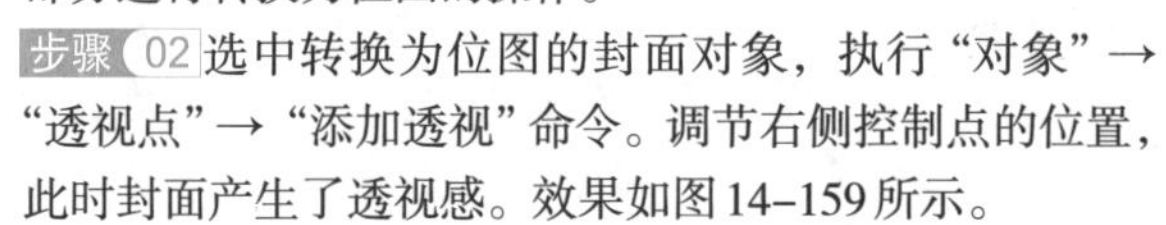

步骤 02 选中转换为位图的封面对象，执行“对象”→“透视点”→“添加透视”命令。调节右侧控制点的位置，此时封面产生了透视感。效果如图 14-159 所示。

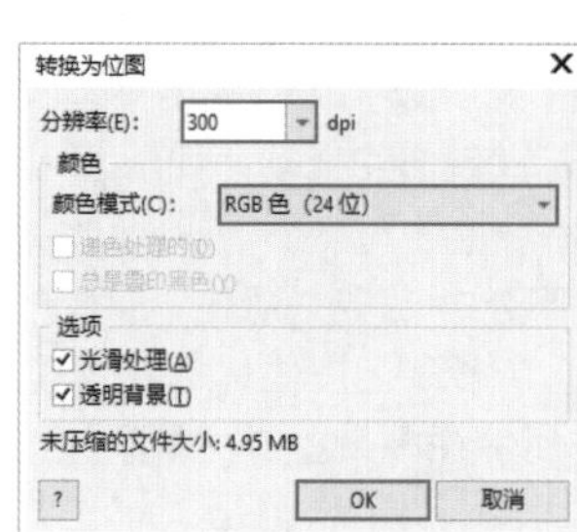

图 14-158

图 14-159

步骤 03 选中转换为位图的书脊对象，执行“对象”→“透视点”→“添加透视”。调整控制点的位置，此时书脊也发生了变化。效果如图 14-160 所示。

步骤 04 此时封面和书脊都产生了透视变化。选中封面，将光标放在右侧的控制点上，按住鼠标左键向左拖动。效果如图 14-161 所示。

图 14-160

图 14-161

步骤 05 同样对书脊的宽度进行调整。效果如图 14-162 所示。

步骤 06 使用“钢笔”工具绘制一个书脊的形状，并填充为黑色。效果如图 14-163 所示。

图 14-162

图 14-163

步骤 07 选中这个黑色的图形，使用“透明度”工具，在属性栏中单击“渐变透明度”按钮，设置“合并模式”为“底纹化”，“渐变类型”为“线性渐变透明度”。设置完成后在画面中按住鼠标左键向左拖动，如图14–164所示。

步骤 08 书籍中的图形全部选中，按快捷键Ctrl+G进行编组。使用“阴影”工具，在书籍上按住鼠标左键向左拖动，为其添加阴影。在属性栏中设置“阴影颜色”为黑色，“阴影不透明度”为50，“阴影羽化”为15，如图14–165所示。

图 14–164

图 14–165

步骤 09 选中书籍，按快捷键Ctrl+C进行复制，按快捷键Ctrl+V进行粘贴，复制出另外两个书籍，效果如图14–166所示。

图 14–166

步骤 10 执行“文件”→“导入”命令，导入背景素材，并按快捷键Shift+Page Down将背景图片置于底层。至此，本案例制作完成，最终效果如图14–167所示。

图 14–167

14.7 项目案例：儿童书籍封面设计

文件路径	资源包\第14章\儿童书籍封面设计
难易指数	★★★★★
技术掌握	“钢笔”工具、“文本”工具，“交互式填充”工具、添加透视

案例效果

案例效果如图14–168所示。

图 14–168

操作步骤

14.7.1 制作书籍封面

扫一扫，看视频

步骤 01 使用工具箱中的“矩形”工具，在画面中绘制矩形。然后选择工具箱中的“交互式填充”工具，在属性栏中单击“渐变填充”按钮，设置“渐变类型”为“椭圆形渐变填充”，设置完成后在绘制的矩形上填充深青色系渐变。效果如图 14–169 所示。

步骤 02 选择渐变矩形，将其向右拖动至合适位置右击进行复制。效果如图 14–170 所示。

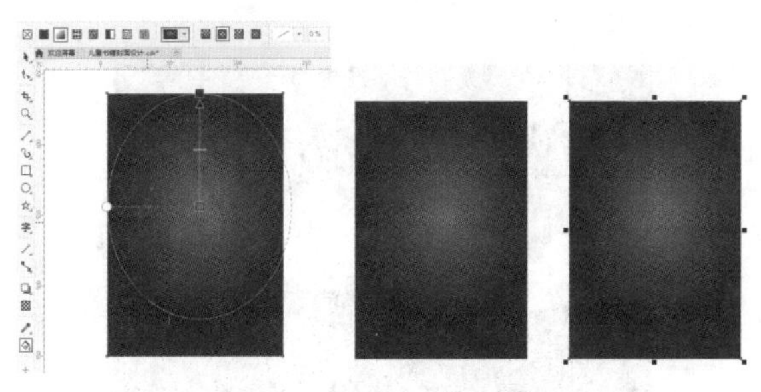

图 14–169　　图 14–170

步骤 03 复制矩形，调整其大小并放在两个矩形中间的空白位置，如图 14–171 所示。此时书籍的封面、封底和书籍的位置确定完成。

步骤 04 使用“矩形”工具，在封底底部位置绘制矩形并填充为棕色。效果如图 14–172 所示。

图 14–171　　图 14–172

步骤 05 复制该矩形，放在封面和书籍的相应位置。效果如图 14–173 所示。

步骤 06 选择工具箱中的“钢笔”工具，在封面下方绘制形状，将其填充为青色。效果如图 14–174 所示。

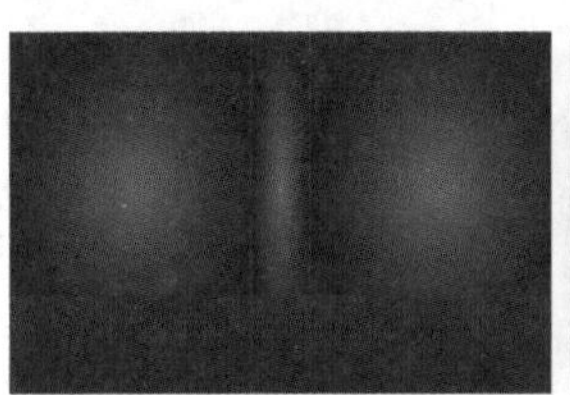

图 14–173　　图 14–174

步骤 07 继续使用“钢笔”工具绘制一条曲线段，选中该曲线段，执行“窗口”→“泊坞窗”→“属性”命令，在弹出的“属性”泊坞窗中设置“轮廓颜色”为浅青色，“轮廓宽度”为4.0px，在“线条样式”下拉列表中选择一个合适的虚线样式，如图 14–175 所示。效果如图 14–176 所示。

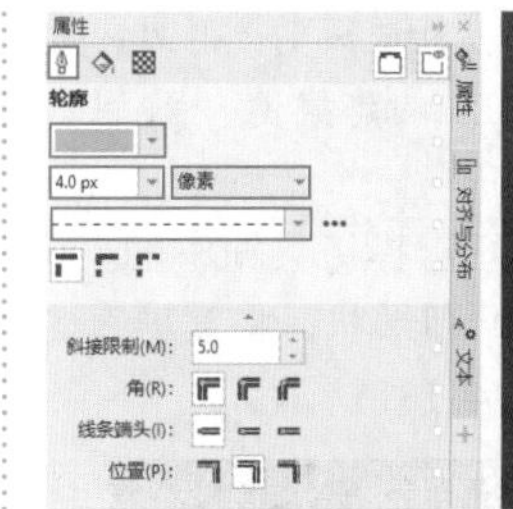

图 14–175　　图 14–176

步骤 08 按住Shift键依次加选两个形状将其复制一份，调整大小并更改颜色为深青色。效果如图 14–177 所示。

图 14–177

步骤 09 选择这两个图形，使用快捷键Ctrl+Page Down调整顺序，将其放在青色图形后方的位置。效果如图 14–178 所示。

图 14–178

步骤 10 选择深青色图形将其复制一份，调整大小后放在封面最右侧的位置。效果如图 14–179 所示。

图 14–179

步骤 11 选中复制得到的图形，使用“裁剪”工具，将需要保留的部分框选，然后按Enter键裁剪。效果如图14-180所示。

步骤 12 在画面中制作云朵图形。选择工具箱中的“椭圆形”工具，在封面的左侧位置绘制形状，将其填充为浅灰色，去除轮廓线。效果如图14-181所示。

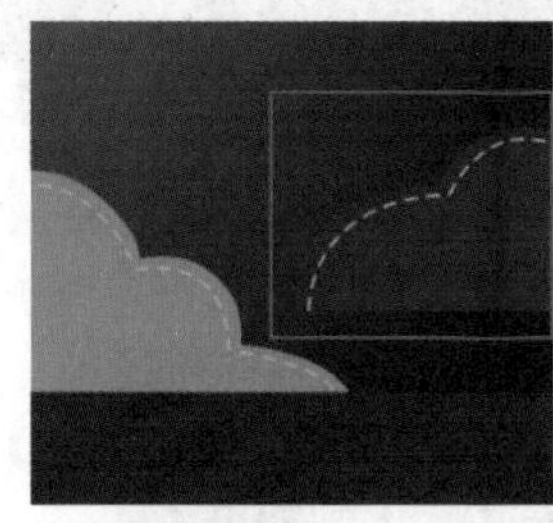

图14-180

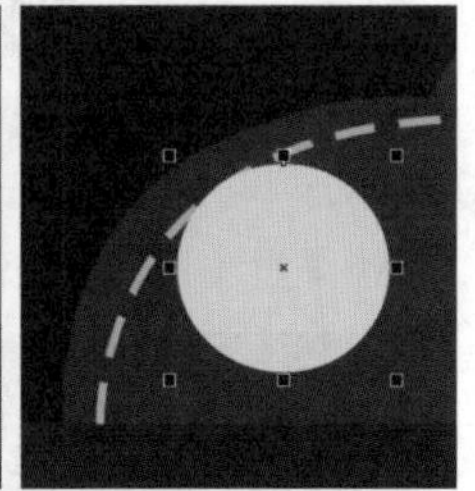

图14-181

步骤 13 在已有椭圆右侧继续绘制椭圆，按住Shift键依次加选这两个椭圆，在属性栏中单击“焊接”按钮，将两个图形合并为一个图形。效果如图14-182所示。

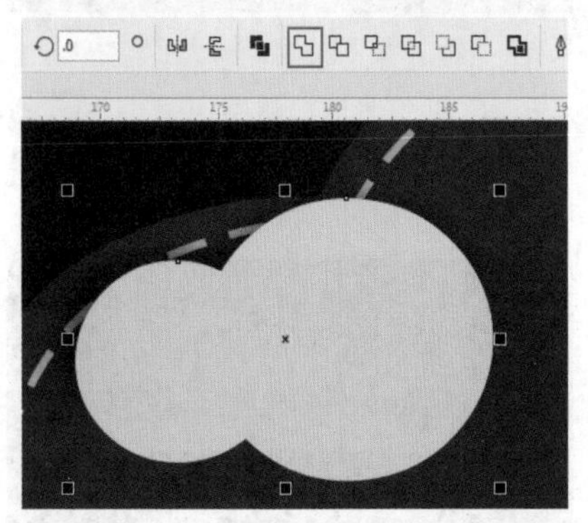

图14-182

步骤 14 选择合并的云朵图形，使用“阴影”工具，在属性栏中设置“颜色”为黑色，“阴影不透明度”为50，“阴影羽化”为15，设置完成后在图形上添加阴影。效果如图14-183所示。

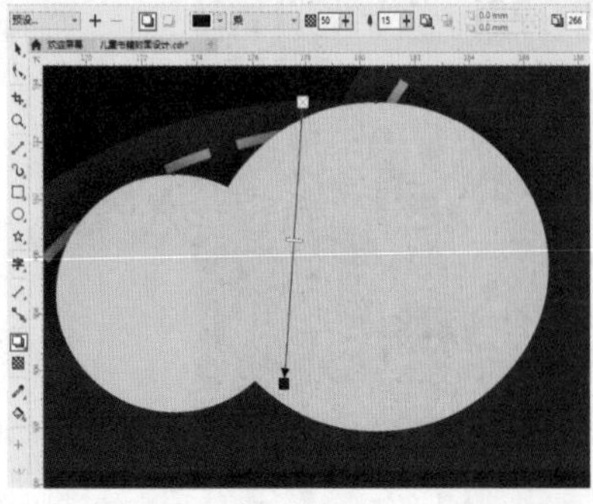

图14-183

步骤 15 使用同样的方法制作其他云朵图形，并为其添加阴影效果。此时在封面最右侧的云朵图形有多余的部分，使用“裁剪”工具对其进行裁剪。效果如图14-184所示。

图14-184

步骤 16 在画面中制作悬挂的星星和月亮，首先制作月亮。使用“2点线”工具，按住Shift键绘制一条垂直的直线。设置“轮廓颜色”为淡青色，“轮廓宽度”为5.0px。效果如图14-185所示。

步骤 17 复制该直线，调整长短放在已有直线的右边。效果如图14-186所示。

图14-185

图14-186

步骤 18 使用工具箱中的“钢笔”工具，在直线端点位置绘制蝴蝶结形状作为装饰。设置与直线相同的轮廓宽度与轮廓颜色。效果如图14-187所示。

步骤 19 将该形状复制一份，放在右侧直线下端位置。效果如图14-188所示。

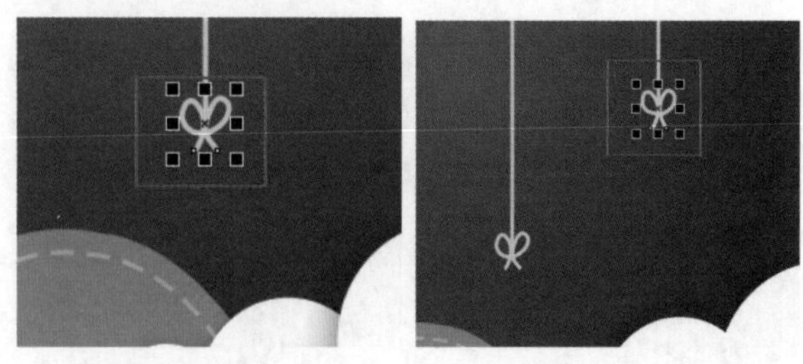

图14-187　　图14-188

步骤 20 制作月亮。使用“椭圆形”工具，在两个蝴蝶结形状位置绘制椭圆，接着在该椭圆上方再次绘制一个稍小一些的椭圆。效果如图14-189所示。

步骤 21 按住Shift键依次加选这两个椭圆，在属性栏中单击“移除前面对象”按钮，移除后面椭圆中的前面椭圆，设置其填充色为黄色，如图14-190所示。

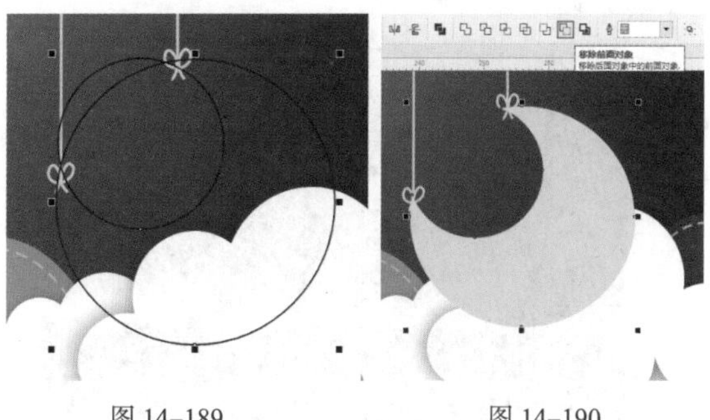

图14-189　　图14-190

步骤 22 选中月亮图形，使用“阴影”工具，为其添加阴影效果。效果如图14-191所示。

步骤 23 使用快捷键Ctrl+Page Down调整顺序，将其放置在蝴蝶结图形后方，如图14-192所示。此时悬挂的月亮制作完成。

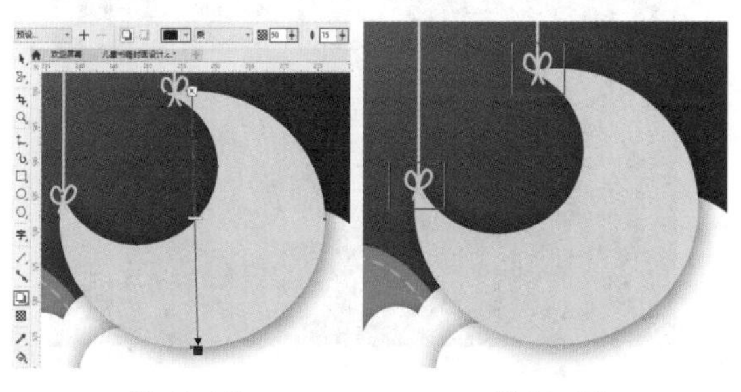

图14-191　　图14-192

步骤 24 制作悬挂的星星。使用“2点线”工具在封面的左上角绘制直线。效果如图14-193所示。

图14-193

步骤 25 选择工具箱中的“星形”工具，在属性栏中单击“星形”按钮☆，设置“点数或边数”为5，“锐度”为30，设置完成后在直线下端绘制星形。效果如图14-194所示。

图14-194

步骤 26 使用同样的方法制作其他星形。效果如图14-195所示。

图14-195

步骤 27 在画面中添加文字。选择工具箱中的“文本”工具，在画面中单击插入光标接着输入文字，选中文字在属性栏中设置合适的字体、字体大小。效果如图14-196所示。

图14-196

步骤 28 使用“阴影”工具，为文字制作阴影效果，如图14-197所示。

图 14-197

步骤 29 使用“文本”工具在已有文字下方继续输入文字。效果如图14-198所示。

步骤 30 使用“椭圆形”工具，按住出Ctrl键在封面底部文字左侧绘制3个白色正圆。效果如图14-199所示。

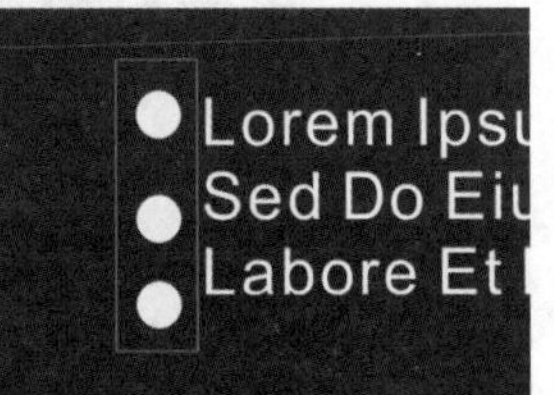

图 14-198　　图 14-199

步骤 31 执行“文件”→“导入”命令，将素材1导入画面，如图14-200所示。此时封面效果图制作完成。

图 14-200

14.7.2 制作书脊和封底

扫一扫，看视频

步骤 01 将书名的文字复制一份，并通过调整大小与旋转将文字放在书脊的位置。效果如图14-201所示。

图 14-201

步骤 02 使用同样的方法将作者名复制一份，旋转后摆放在书脊底部。效果如图14-202所示。

图 14-202

步骤 03 制作封底效果。将封面中的云朵复制一份，摆放在封底中间。效果如图14-203所示。

图 14-203

步骤 04 复制多个不同的云朵，调整至合适大小，并层叠摆放。效果如图14-204所示。

图14-204

步骤 05 将封面中的月亮复制一份，摆放在封底中间的位置，调整堆叠顺序，放在云朵下。效果如图14-205所示。

图14-205

步骤 06 将封面的卡通素材复制一份，摆放在云朵和月亮之间，进行适当缩放。效果如图14-206所示。

图14-206

步骤 07 使用工具箱中的“文本”工具，在画面中单击插入光标输入文字，选中文字在属性栏中设置合适的字体、字体大小，设置“文本对齐方式”为“中”。效果如图14-207所示。此时书籍的平面图制作完成。效果如图14-208所示。

图14-207

图14-208

14.7.3 制作书籍展示效果

扫一扫，看视频

步骤 01 制作封面的立体效果。将背景素材2导入画面。效果如图14-209所示。

步骤 02 使用同样的方法将立体书籍模型素材4导入画面。效果如图14-210所示。

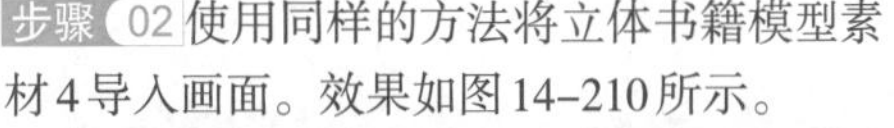

图14-209

图14-210

步骤 03 选中封面部分的图形，然后将其复制一份。执行“位图”→“转换为位图”命令，在弹出的“转换为位图”对话框中设置“分辨率”为300dpi，“颜色模式”为“RGB色(24位)”，设置完成后单击OK按钮，如

图14-211所示。将封面的矢量图转换为位图，以备后面操作时使用。

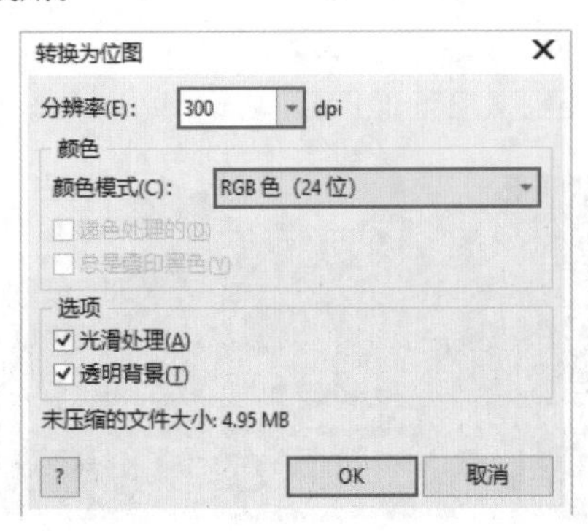
转换为位图
分辨率(E): 300 dpi
颜色
颜色模式(C): RGB色（24位）
递色处理的(D)
总是叠印黑色(V)
选项
光滑处理(A)
透明背景(T)
未压缩的文件大小: 4.95 MB
?
OK
取消

图14-211

步骤 04 调整封面效果图的大小并放置在立体书籍模型上方。接着执行“对象”→“透视点”→“添加透视”命令，调整效果图四个角的位置，使其与立体书籍的轮廓相吻合，效果如图14-212所示。

步骤 05 使用同样的方法制作另外一个立体书籍的展示效果，如图14-213所示。

图14-212

图14-213

步骤 06 制作书籍的投影效果。选择工具箱中的“椭圆形”工具，在画面中绘制形状，效果如图14-214所示。

步骤 07 选择工具箱中的“透明度”工具，在属性栏中单击“渐变透明度”按钮，设置“渐变类型”为“椭圆形渐变透明度”，设置完成后在椭圆上按住鼠标左键拖动调整渐变，同时设置节点的不透明度，如图14-215所示。

图14-214

图14-215

步骤 08 使用快捷键Ctrl+Page Down将阴影放置在立体书籍下方。此时书籍的立体展示效果制作完成，效果如图14-216所示。

图14-216

Chapter 15

第15章

视觉形象设计

本章内容简介

企业形象识别系统（CIS）是由理念识别（MI）、行为识别（BI）、视觉识别（VI）三大模块组成的。视觉识别是根据企业文化、企业产品进行一系列视觉方面的包装，以此来区别其他企业和其他产品的手段，这是企业的无形资产。本章学习VI设计的基础知识，通过相关案例的制作进行VI设计制图的练习。

15.1 VI设计的基础知识

企业形象识别系统（CIS）是由理念识别（MI）、行为识别（BI）、视觉识别（VI）三大模块组成的。视觉识别是根据企业文化、企业产品进行一系列视觉方面的包装，以此来区别其他企业和其他产品的手段，它是企业的无形资产。

15.1.1 认识VI

VI是CIS的重要组成部分，它通过视觉形象来进行个性识别。VI识别系统作为企业的外在形象，它浓缩着企业的特征、信誉和文化，代表着品牌的核心价值。它是传播企业经营理念、建立企业知名度、塑造企业形象的最快途径，如图15–1和图15–2所示。VI设计主要包括基础部分和应用部分。

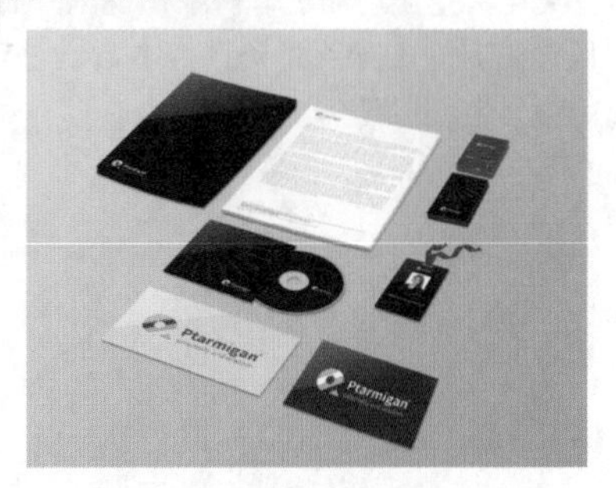

图 15–1

图 15–2

15.1.2 VI设计的基础部分

基础部分是视觉形象系统的核心，其主要包括品牌名称、品牌标志、标准字体、品牌标准色、品牌的辅助图形、品牌吉祥物及禁用规则等内容。

（1）品牌名称。品牌名称即企业的命名。企业的命名方法有很多种，如以名字或名字的第一个字母命名，以地方命名，以动物、水果、物体命名等。品牌名称是浓缩了品牌的特征、属性、类别等多种信息而塑造的名称。品牌名称一般要求简单、明确、易读、易记，且能够引发联想，如图15–3所示。

图 15–3

（2）品牌标志。品牌标志是在掌握品牌的文化、背景、特色的前提下利用文字、图形、色彩等元素设计出来的标识或符号。品牌标志又称为品标，它与品牌名称都是构成完整品牌的要素。品牌标志以直观、形象的形式向消费者传达了品牌信息，塑造了品牌形象，创造了品牌认知，给品牌企业创造了更多价值，如图15–4所示。

图 15–4

（3）标准字体。标准字体是指经过设计的，专用来表现企业名称或品牌的字体，也被称为专用字体、个性字体等。标准字体包括企业名称标准字和企业品牌标准字。其更具严谨性、说明性和独特性，在强化了企业形象和品牌的诉求的同时，也达到了视觉和听觉同步传递信息的目的，如图15–5所示。

图 15-5

（4）品牌标准色。品牌标准色是用来象征企业或产品特性的颜色，是建立统一形象的视觉要素之一，它能够正确地反映品牌理念的特质、属性和情感，以快速而精确地传达企业信息为目的。标准色有单色标准色、复合标准色、多色系统标准色等类型。标准色设计主要体现企业的经营理念和产品特性，突出竞争企业之间的差异性等，如图15-6所示。

图 15-6

（5）品牌象征图形。品牌象征图形也被称为辅助图案，是有效地辅助视觉系统的应用。辅助图案在传播媒介中可以丰富整体内容、强化企业整体形象，如图15-7所示。

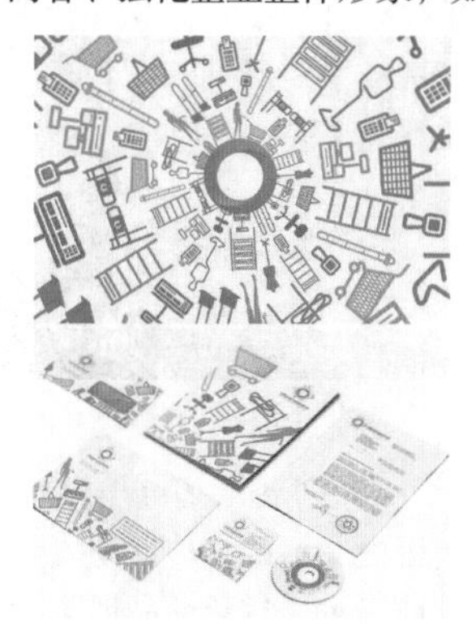

图 15-7

（6）品牌吉祥物。品牌吉祥物是为配合广告宣传而为企业量身创造的人物、动物、植物等拟人化的模型。通过这种形象可以拉近企业与消费者的距离，拉近消费者与品牌的距离，使得整个品牌形象更加生动、有趣，让人印象深刻，如图15-8所示。

图 15-8

15.1.3 VI设计的应用部分

应用部分是将VI基础部分中设定的规则应用到各个应用部分的元素上，以一种统一性、系统性来加强品牌形象。应用部分主要包括办公事务用品、产品包装、环境和指示、交通工具、服装服饰、广告媒体、店面招牌、陈列展示、印刷出版物、网络推广等。

（1）办公事务用品。办公事务用品包括名片、信封、便笺、合同书、传真函、报价单、文件夹、文件袋、资料袋、工作证、备忘录、办公用具等，如图15-9所示。

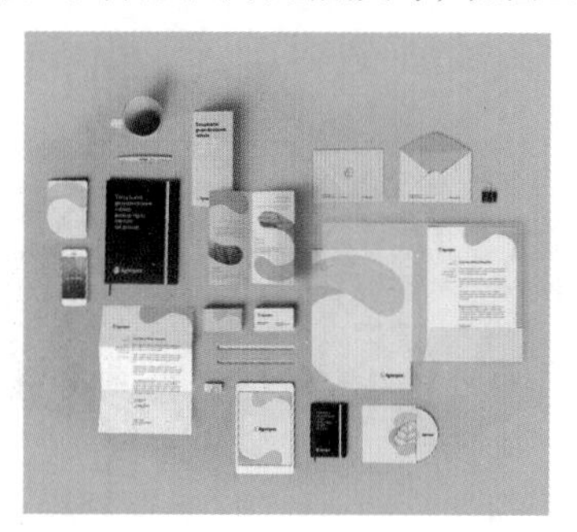

图 15-9

（2）印刷品。VI设计中的印刷品是指设计编排一致，以固定印刷字体和排版格式并将品牌标志和标准字统一放置于某一特定的版式以营造一种统一的视觉形象为目的的印刷物。一般包括企业简介、商品说明书、产品简介、年历、宣传明信片等，如图15-10所示。

图 15-10

（3）广告媒体。广告媒体包括各种报纸、杂志、招贴广告等媒介方式。通过采用各种类型的媒体和广告形式，能够快速、广泛地传播企业信息，如图15-11所示。

图 15-11

（4）产品包装。产品包装包括纸盒包装、纸袋包装、木箱包装、玻璃包装、塑料包装、金属包装、陶瓷包装等多种材料形式的包装。产品包装不仅可以保护产品在运输过程中不受损害，还具有传播企业和品牌形象的作用，如图15-12所示。

图 15-12

（5）服装服饰。统一的服装服饰设计，不仅能在与受众面对面服务时起到辨识作用，还能提高品牌员工的归属感、荣誉感、责任感，以及工作效率。VI设计中的服装服饰部分主要包括男女制服、工作服、文化衫、领带、工作帽、纽扣、肩章等，如图15-13所示。

图 15-13

（6）交通工具。包括业务用车、运货车等企业的各种车辆，如轿车、面包车、大巴士、货车、工具车等，如图15-14所示。

图 15-14

（7）内部/外部建筑。VI设计的外部建筑包括建筑造型、公司旗帜、门面招牌、霓虹灯等。内部建筑包括各部门标识牌、楼层标识牌、形象牌、旗帜、广告牌、POP广告等，如图15-15所示。

图 15-15

（8）陈列展示。陈列展示是突出品牌形象，对企业产品或企业发展历史展示的宣传活动。阵列展示包括橱窗展示、会场设计展示、货架商品展示、陈列商品展示等，如图15-16所示。

图 15-16

（9）网络推广。网络推广是VI设计中一个新兴的应用方面，其包括网页的版式设计和基本流程等。而网页的版式又包括品牌主页、品牌活动介绍、品牌代言人展示、品牌商品网络展示和销售等，如图15-17所示。

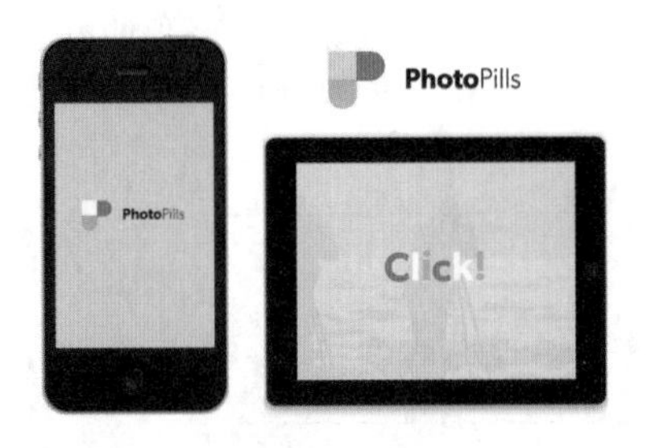

图 15-17

15.2 项目案例：简约企业VI设计

文件路径	资源包\第15章\简约企业VI设计
难易指数	★★★★★
技术掌握	“矩形”工具、“钢笔”工具、“文本”工具、“阴影”工具

案例效果

案例效果如图15-18所示。

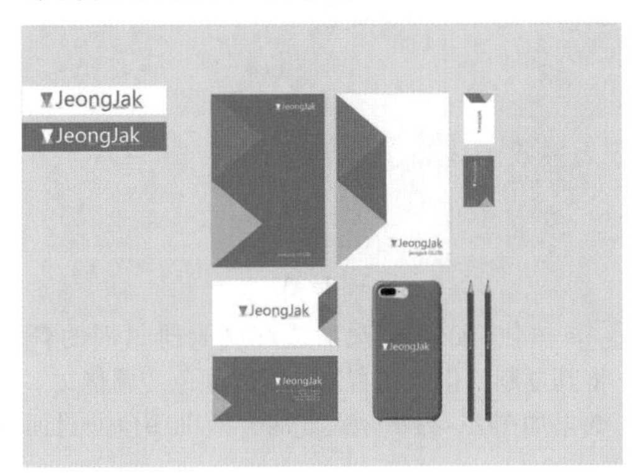

图 15-18

操作步骤

15.2.1 制作企业的标志

步骤 01 新建一个A4大小的横向文档。选择工具箱中的“矩形”工具，绘制一个与绘图区等大的矩形，将其填充为淡蓝色并去除轮廓线。效果如图15-19所示。

扫一扫，看视频

步骤 02 制作企业的标志。使用“矩形”工具在画面左上角绘制一个白色矩形。效果如图15-20所示。

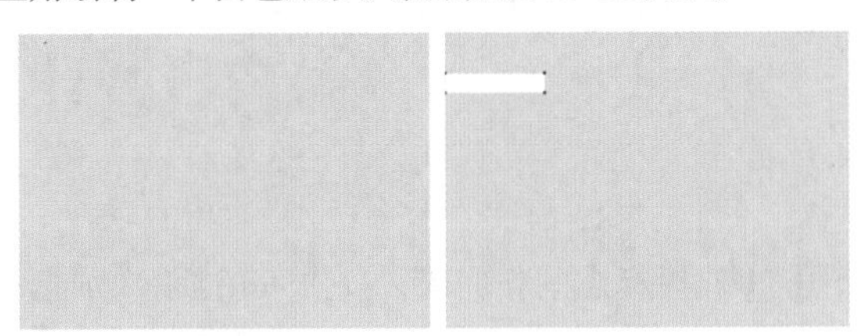

图 15-19　　图 15-20

步骤 03 使用工具箱中的“钢笔”工具，在白色矩形中绘制一个红色的三角形。效果如图15-21所示。

步骤 04 选择红色三角形，按住鼠标左键向下拖动右击将其复制一份。接着单击工具箱中的“垂直镜像”按钮将图形垂直翻转，更改其颜色为粉色。效果如图15-22所示。

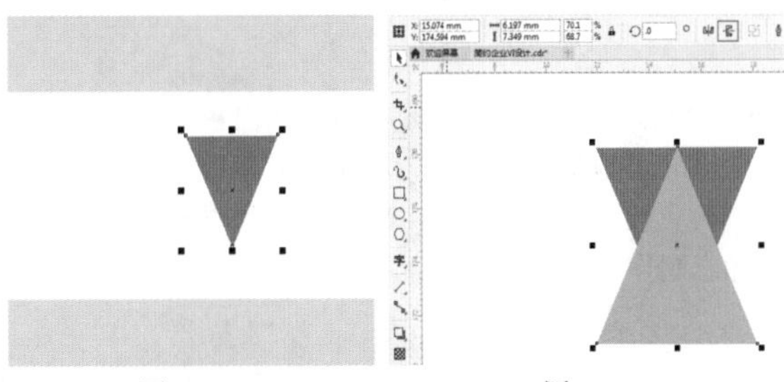

图 15-21　　图 15-22

步骤 05 选择粉色的三角形，单击工具箱中的“透明度工具”按钮，设置“透明度”为50，效果如图15-23所示。此时标志的图案制作完成。

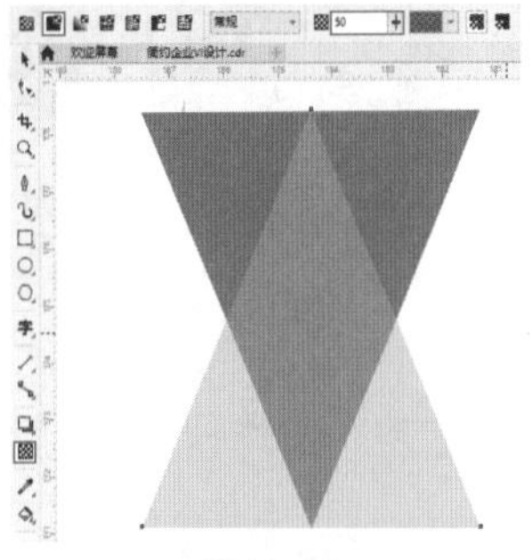

图 15-23

步骤 06 制作标志的主体文字。选择工具箱中的“文本”工具，在三角形右侧单击，输入文字，选中文字，在属性栏中设置合适的字体、字体大小，将文字颜色设置为红色。效果如图15-24所示。

步骤 07 在该文字下方输入文字。效果如图15-25所示。

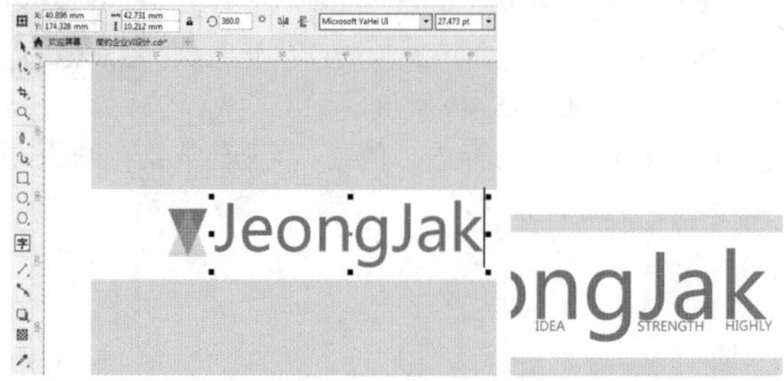

图 15-24　　图 15-25

步骤 08 此时标志制作完成，按住Shift键依次加选标志图案和文字，使用快捷键Ctrl+G将其编组。效果如图15-26所示。

图 15-26

步骤 09 按住Shift键加选标志图案和白色矩形，按住鼠标左键向下拖动至合适位置右击将其复制一份。对其颜色进行更改，效果如图15-27所示。此时两种不同颜色的标志制作完成。

图 15-27

扫一扫，看视频

15.2.2　制作画册的封面

步骤 01 使用“矩形”工具在标志右侧绘制一个红色矩形。效果如图15-28所示。

步骤 02 使用“钢笔”工具在红色矩形中绘制两个三角形，为其填充合适的颜色。效果如图15-29所示。

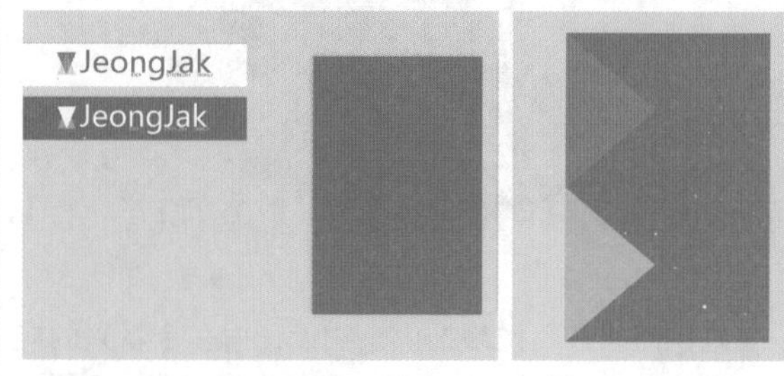

图 15-28　　图 15-29

步骤 03 复制白色标志一份，调整其大小并放在红色矩形的右上角。效果如图15-30所示。

步骤 04 使用“文本”工具在红色矩形的右下角输入文字。效果如图15-31所示。此时，红底画册的封面制作完成。效果如图15-32所示。

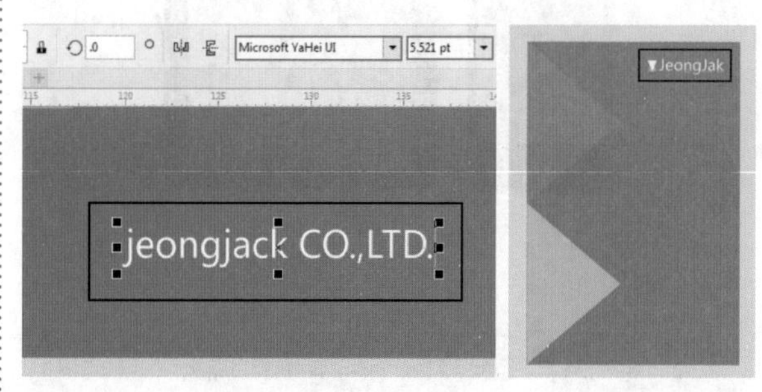

图 15-30　　图 15-31

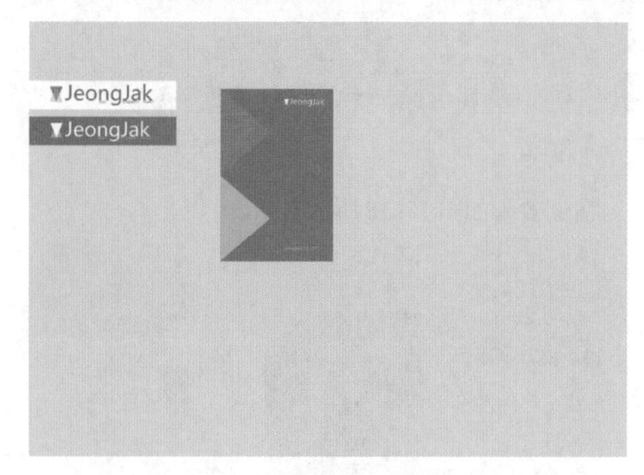

图 15-32

步骤 05 按住Shift键依次加选红底画册封面的各个图形，将其复制一份放在右侧。更改颜色，调整文字的位置，效果如图15-33所示。此时，两种颜色的封面制作完成。

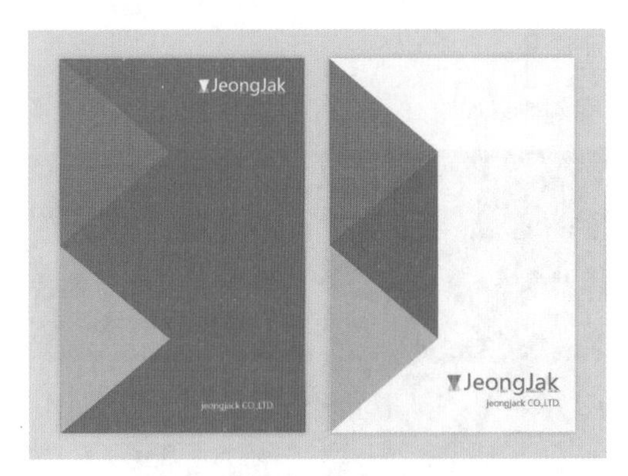

图 15-33

15.2.3　制作名片和其他

步骤 01 制作名片背面，使用“矩形”工具在红色信纸下方绘制矩形，填充为白色。效果如图 15-34 所示。

扫一扫，看视频

步骤 02 将白色信纸上的三个三角形复制一份，单击属性栏中“水平镜像”按钮将其进行水平翻转。同时调整大小放在白色矩形最右边。效果如图 15-35 所示。

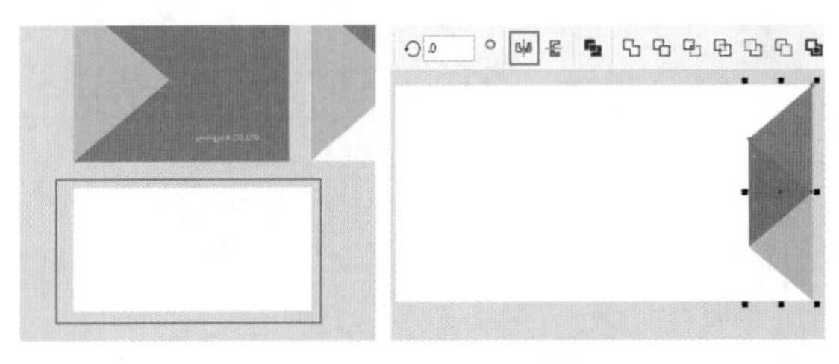

图 15-34　　图 15-35

步骤 03 复制一份红色文字，调整大小并放在三角形左边，效果如图 15-36 所示。此时名片的背面制作完成。

图 15-36

步骤 04 制作名片的正面。按住Shift键加选名片背面的白色矩形和三个三角形，将其复制一份。调整位置与颜色放在名片背面效果图下方，如图 15-37 所示。

图 15-37

步骤 05 复制一份白色标志，调整大小放在名片正面右上角，如图 15-38 所示。

图 15-38

步骤 06 使用“文本”工具，在属性栏中设置合适的字体、字体大小，设置文本对齐方式为“右”，设置完成后在标志下方单击输入其他文字，效果如图 15-39 所示。此时，名片正、反面的效果都制作完成。

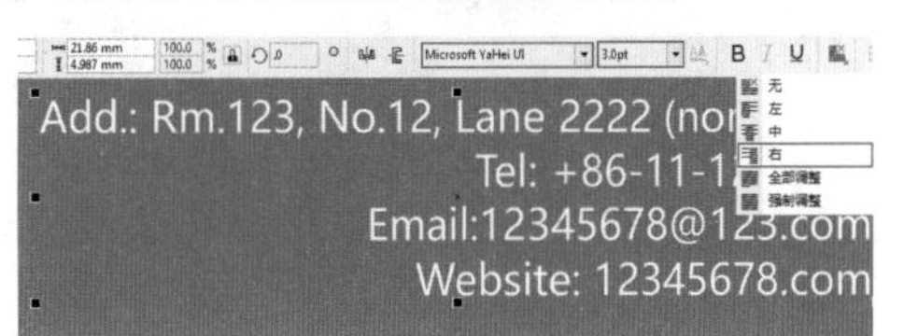

图 15-39

步骤 07 按住Shift键加选名片背面的各个图形和文字，将其复制一份。然后在属性栏中设置“旋转角度”为90.0°，调整大小放在画面右侧的位置。效果如图 15-40 所示。

步骤 08 使用同样的方法将名片正面复制并旋转，摆放在右侧。效果如图 15-41 所示。

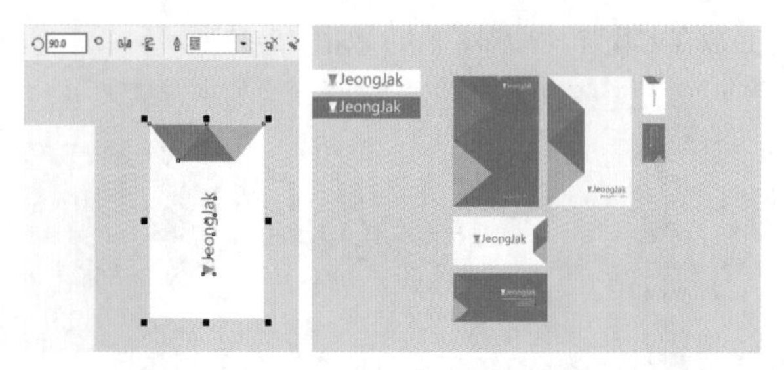

图 15-40　　图 15-41

步骤 09 执行“文件”→“导入”命令，将手机素材导入画面。然后复制一份白色的标志，调整大小并放在手机中间。效果如图15-42所示。

步骤 10 使用同样的方法制作铅笔的展示效果，如图15-43所示。

图 15-42　　图 15-43

步骤 11 使用工具箱中的“阴影”工具，为每一个对象添加阴影，增加立体效果。至此，本案例制作完成，效果如图15-44所示。

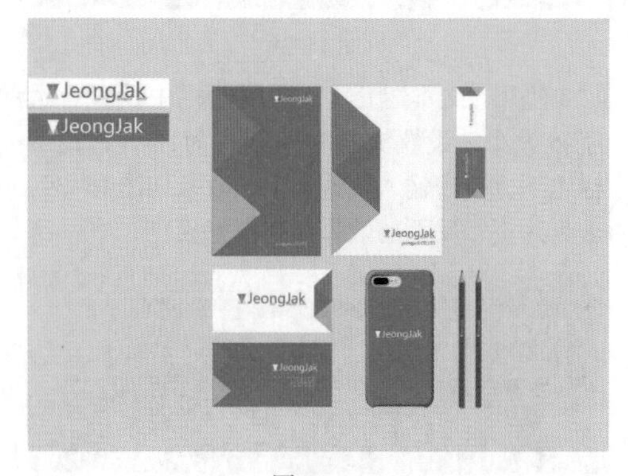

图 15-44

15.3 项目案例：活力感企业VI设计

文件路径	资源包\第15章\活力感企业VI设计
难易指数	★★★★★
技术掌握	“钢笔”工具、对齐与分布、“交互式填充”工具、“阴影”工具

案例效果

案例效果如图15-45～图15-48所示。

图 15-45　　图 15-46

图 15-47　　图 15-48

操作步骤

15.3.1 制作画册封面

扫一扫，看视频

步骤 01 新建一个A4大小的竖向文档。效果如图15-49所示。

步骤 02 制作画册封面。使用工具箱中的“矩形”工具，绘制一个与绘图区等大的矩形，将其填充为深紫色。效果如图15-50所示。

图 15-49　　图 15-50

步骤 03 选择工具箱中的“钢笔”工具，在页面中绘制一个倾斜的图形，填充为橘色，效果如图15-51所示。

步骤 04 使用同样的方法绘制其他图形，填充为合适的颜色。效果如图15-52所示。

图 15-51　　图 15-52

步骤 05 制作标志部分。使用工具箱中的“文本”工具，在绘图区中单击插入光标，输入文字，然后选中整个文字，在属性栏中设置合适的字体、字体大小。效果如图15-53所示。

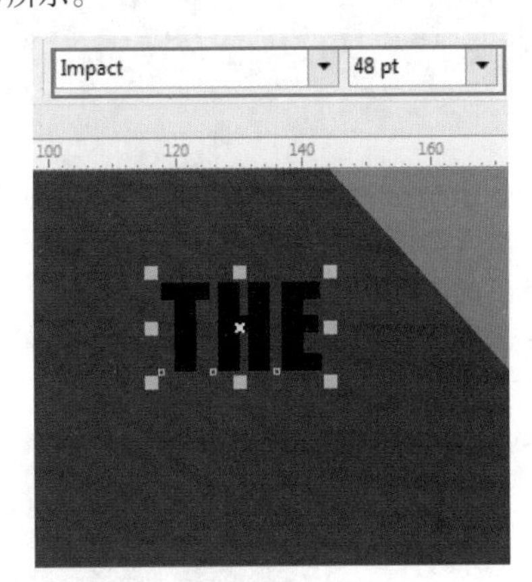

图 15-53

步骤 06 设置文本颜色为橙色。效果如图15-54所示。

图 15-54

步骤 07 使用“文本”工具，用同样的方法输入其他文字，效果如图15-55所示。至此，画册封面制作完成，效果如图15-56所示。

图 15-55　　图 15-56

15.3.2 制作信纸

步骤 01 使用工具箱中的“矩形”工具，绘制一个矩形，将其填充为浅灰色。效果如图15-57所示。

扫一扫，看视频

步骤 02 选中之前绘制的标志，使用快捷键Ctrl+C进行复制，再使用快捷键Ctrl+V进行粘贴。将复制的标志移动到信纸的左上角，更改右侧的文字为深紫色。效果如图15-58所示。

图 15-57　　图 15-58

步骤 03 使用工具箱中的“文本”工具，在画面中单击插入光标，输入文字后，选中整个文字对象，在属性栏中设置合适的字体、字体大小。效果如图15-59所示。

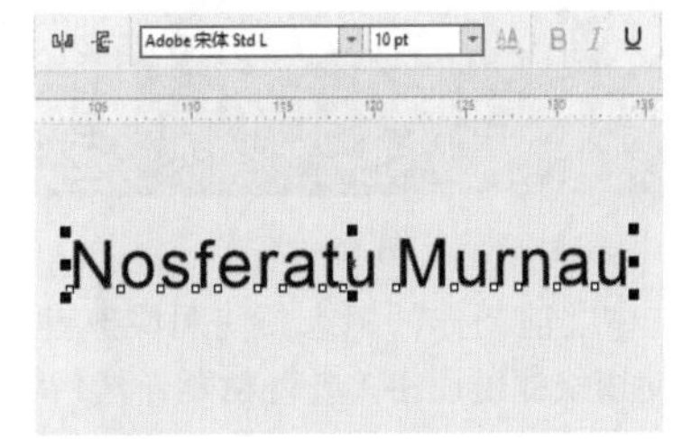

图 15-59

步骤 04 输入另外几行文字。效果如图15-60所示。

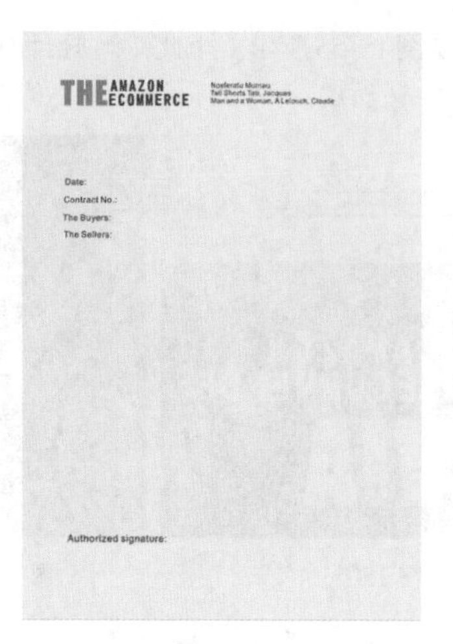

图 15-60

15.3.3 制作名片

扫一扫，看视频

步骤 01 使用工具箱中的“矩形”工具，绘制一个矩形，将其填充为深紫色。效果如图15-61所示。

图 15-61

步骤 02 将画册封面中的图形复制到当前版面中，进行适当缩放。效果如图15-62所示。

图 15-62

步骤 03 选中之前制作的标志，使用快捷键Ctrl+C进行复制，并使用快捷键Ctrl+V进行粘贴，然后将复制的标志移动至名片的左上角，同时适当调整大小。效果如图15-63所示。

图 15-63

步骤 04 使用工具箱中的“文本”工具，在画面中单击插入光标，输入文字，然后选中整个文字对象，在属性栏中设置合适的字体、字体大小，然后设置文字颜色为白色。效果如图15-64所示。

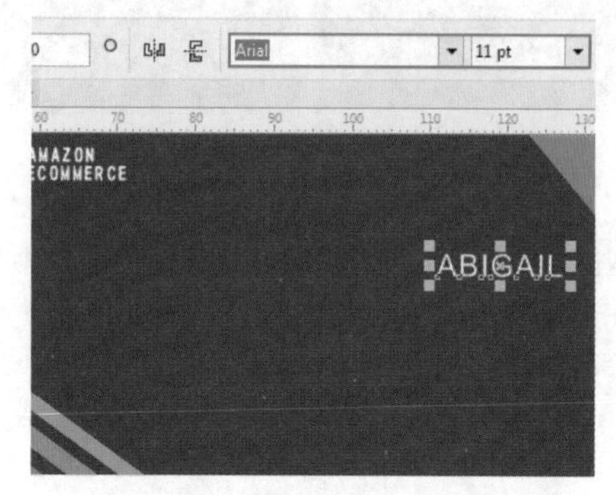

图 15-64

步骤 05 使用同样的方法输入其他文字。框选名片右侧的文字，执行“窗口”→“泊坞窗”→“对齐与分布”命令，在弹出的“对齐与分布”属性泊坞窗中单击“右对齐”按钮，如图15-65所示。此时名片的正面制作完成，效果如图15-66所示。

图 15-65

图 15-66

步骤 06 复制名片，更改各部分的颜色，得到另一款名片效果，如图15-67所示。

图15-67

步骤 07 制作名片背面。绘制一个等大的矩形，将其填充为深紫色。效果如图15-68所示。

图15-68

步骤 08 复制之前绘制的标志，将其摆放到合适的位置。效果如图15-69所示。

图15-69

15.3.4 制作笔记本

步骤 01 使用工具箱中的“矩形”工具，绘制一个矩形，填充为深紫色。效果如图15-70所示。

扫一扫，看视频

步骤 02 使用“钢笔”工具绘制边缘线条，并在属性栏中设置“线条样式”为虚线，更改轮廓色为白色。效果如图15-71所示。

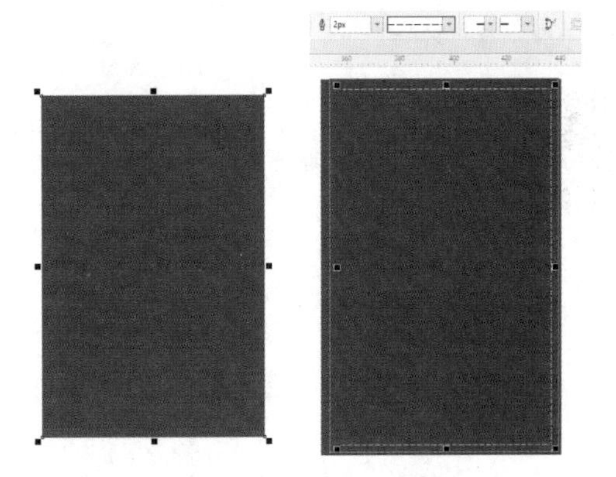

图15-70　　图15-71

步骤 03 在左侧边缘处绘制一个矩形，然后单击工具箱中的“交互式填充”工具按钮，在属性栏中单击“渐变填充”按钮，设置“渐变类型”为“线性渐变填充”，为其填充紫色系渐变。效果如图15-72所示。

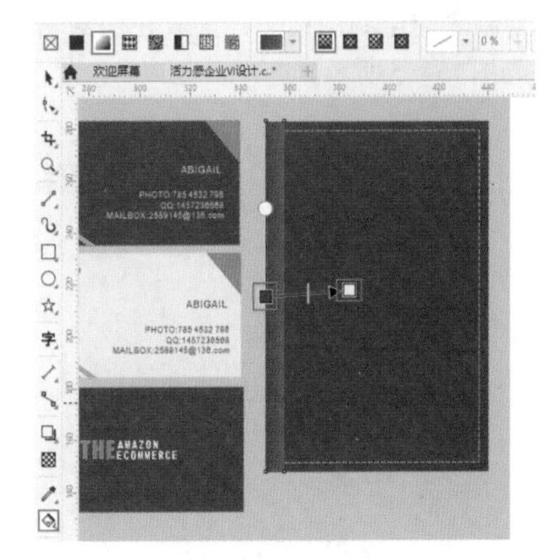

图15-72

步骤 04 复制之前绘制的标志并摆放在笔记本封面的上部，如图15-73所示。

图15-73

15.3.5 制作信封

扫一扫，看视频

步骤 01 绘制一个矩形，填充为浅灰色。效果如图15-74所示。

图 15-74

步骤 02 复制之前绘制的标志，摆放在信封右上角的位置。效果如图15-75所示。

图 15-75

步骤 03 选择工具箱中的“钢笔”工具，在矩形的左上角绘制一个三角形，填充为橙色。效果如图15-76所示。

图 15-76

步骤 04 使用同样的方法绘制其他图形，为其填充合适的颜色，效果如图15-77所示。也可以将之前页面中的元素进行复制，进行适当缩放，摆放在当前页面中。

图 15-77

步骤 05 在信封的左下角继续绘制一个无填充的矩形，同时将其轮廓色更改为紫色。效果如图15-78所示。

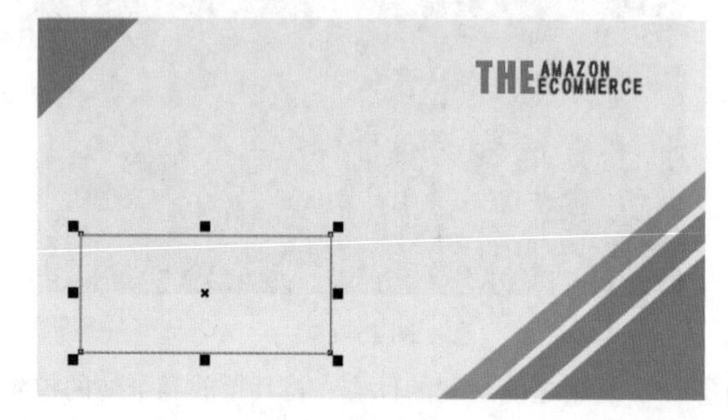

图 15-78

步骤 06 复制制作好的信封，更改各部分的颜色，得到另一款信封。效果如图15-79所示。

图 15-79

15.3.6 制作办公用品

扫一扫，看视频

步骤 01 选择工具箱中的“钢笔”工具，绘制一个四边形作为笔尖部分。接着选择工具箱中的“交互式填充”工具，在属性栏中单击“渐变填充”按钮，设置“渐变类型”

为“线性渐变填充”，为其填充浅灰色系渐变。效果如图15-80所示。

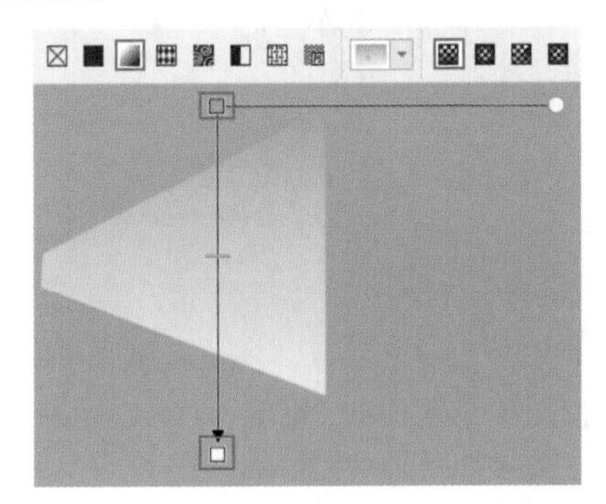

图 15-80

步骤 02 制作笔杆。绘制一个矩形，以同样的方法为其填充紫色系渐变。效果如图15-81所示。

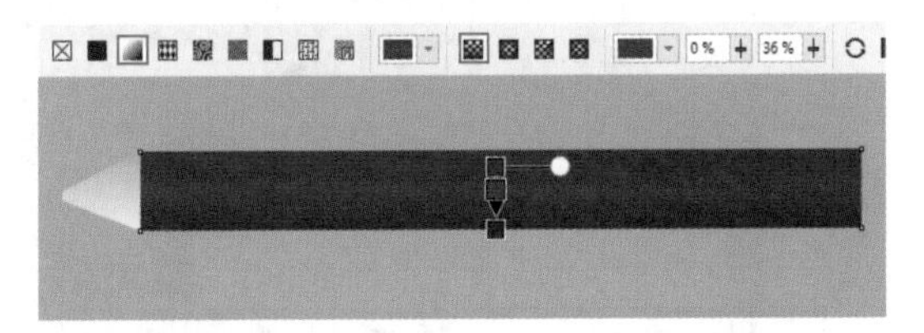

图 15-81

步骤 03 在笔杆的右侧绘制一个矩形，选择工具箱中的“交互式填充”工具，在属性栏中单击“渐变填充”按钮，设置“渐变类型”为“线性渐变填充”，为其填充浅灰色系渐变。效果如图15-82所示。

步骤 04 使用同样的方法制作另一个浅灰色系的矩形。效果如图15-83所示。

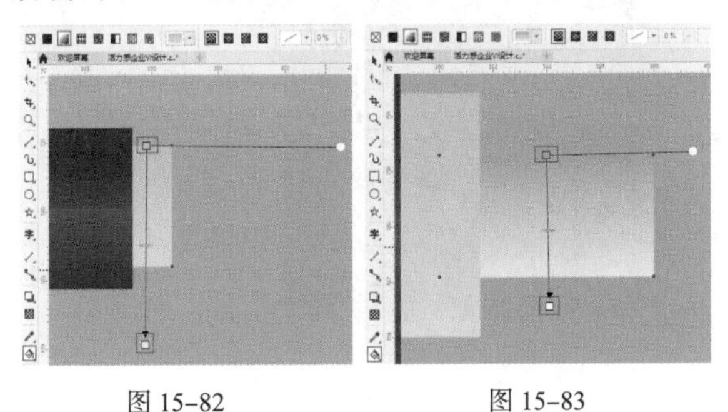

图 15-82　　图 15-83

步骤 05 复制制作好的标志，进行等比例缩小，将其摆放在笔身右侧，效果如图15-84所示。

图 15-84

步骤 06 选中笔的全部组成部分，使用快捷键Ctrl+G进行编组。在编组图形选中状态下，选择工具箱中的“阴影”工具，将光标移动到笔杆上，按住鼠标左键并拖动至合适位置，释放鼠标添加阴影效果。在属性栏中设置“阴影颜色”为黑色，“阴影不透明度”为50，“阴影羽化”为15。效果如图15-85所示。

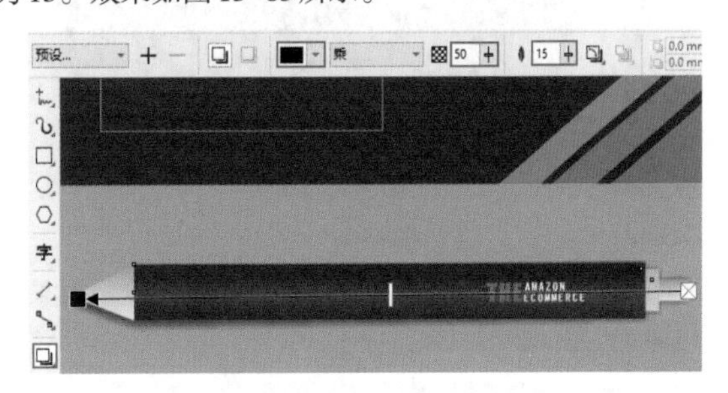

图 15-85

步骤 07 使用同样的方法制作另一支笔。效果如图15-86所示。

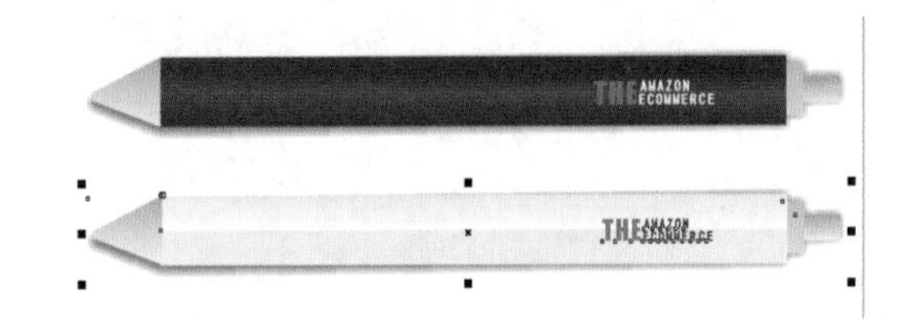

图 15-86

步骤 08 绘制一个矩形，将其填充为白色。效果如图15-87所示。

步骤 09 选择工具箱中的“阴影”工具，将光标移动到白色矩形上，按住鼠标左键从右向左拖动，释放鼠标添加阴影效果。在属性栏中设置“阴影颜色”为黑色，“阴影不透明度”为50，“阴影羽化”为15。效果如图15-88所示。

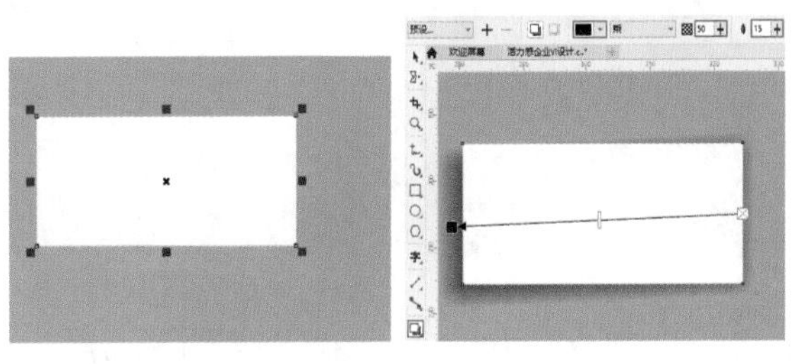

图 15-87　　图 15-88

步骤 10 在白色矩形上再绘制一个矩形，填充为深紫色。使用同样的方法添加阴影效果，如图15-89所示。

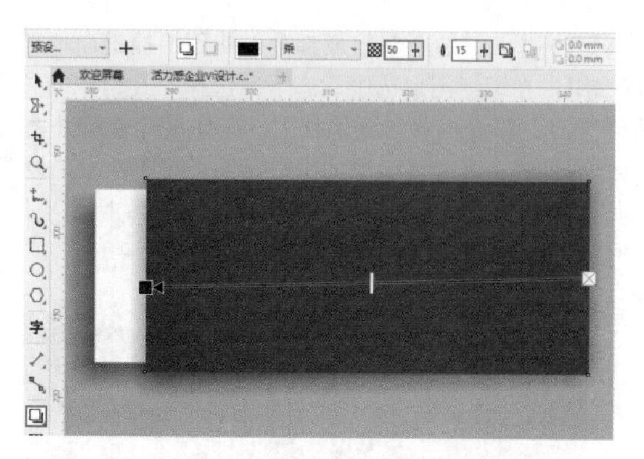

图 15-89

步骤 11 使用制作好的标志摆放在合适的位置。效果如图15-90所示。

图 15-90

步骤 12 使用工具箱中的“椭圆形”工具，按住Ctrl键拖动鼠标，绘制一个正圆，将其填充为浅灰色。效果如图15-91所示。

步骤 13 使用同样的方法再绘制一个稍小的正圆，填充为浅灰色。效果如图15-92所示。

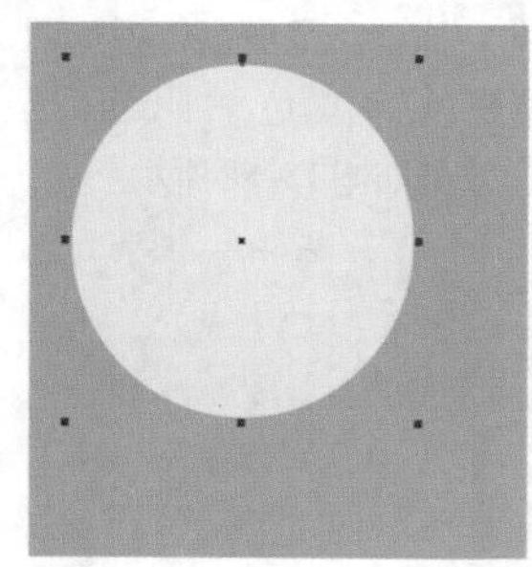

图 15-91

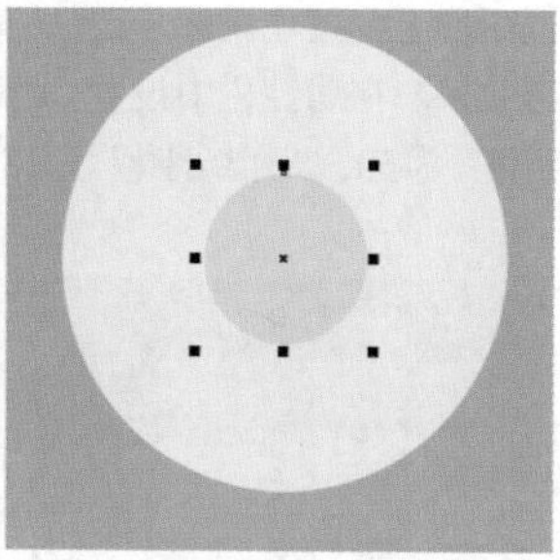

图 15-92

步骤 14 在浅灰色圆形的上再绘制一个稍小的圆形，填充为灰色。效果如图15-93所示。

步骤 15 复制制作好的标志，将其放置在光盘的下方。效果如图15-94所示。

图 15-93

图 15-94

步骤 16 使用工具箱中的“钢笔”工具，绘制图形，填充为橘色。效果如图15-95所示。

步骤 17 使用同样的方法绘制其他图形，为图形填充合适的颜色，效果如图15-96所示。

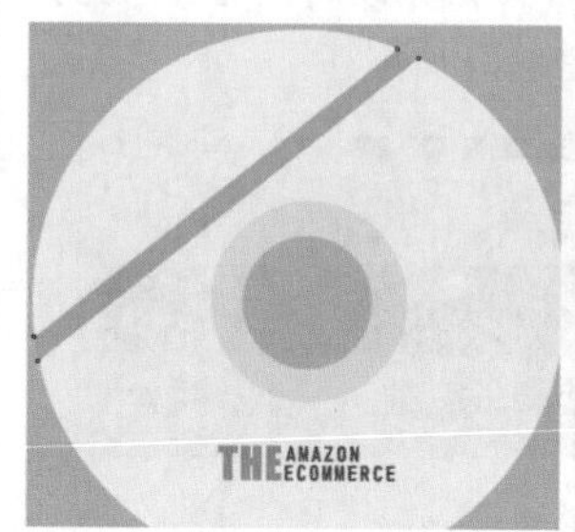

图 15-95

图 15-96

步骤 18 绘制一个正方形，将其填充为深紫色。效果如图15-97所示。

图 15-97

步骤 19 复制标志，将其摆放在光盘包装的左上角。效果如图15-98所示。

图 15-98

步骤 20 使用工具箱中的“文本”工具，在画面中单击插入光标，输入文字。接着选中整个文字对象，在属性栏中设置合适的字体、字体大小。效果如图15-99所示。

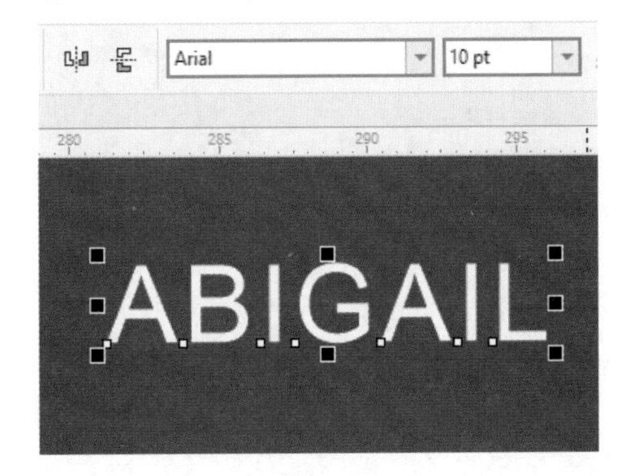

图 15-99

步骤 21 使用同样的方法输入其他文字，如图15-100所示。

图 15-100

步骤 22 至此，企业VI全部制作完成，最终效果如图15-101～图15-104所示。

图 15-101

图 15-102

图 15-103

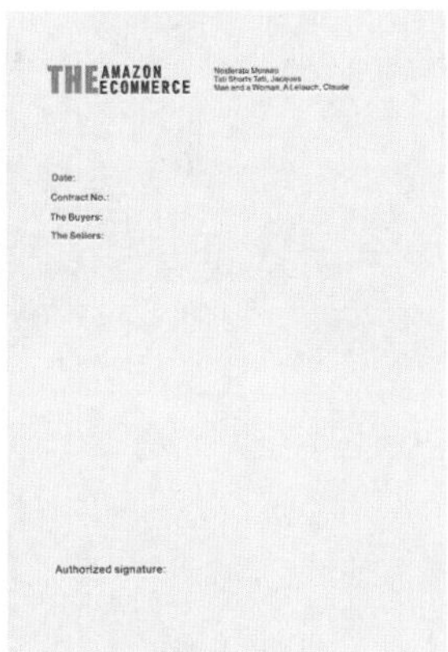

图 15-104